深智數位
股份有限公司

前言

在深度神經網路技術剛剛興起的那幾年，圖型、語音、文字等形式的資料已經可以在深度學習中被極佳地應用，並獲得了很好的效果，這促使大量的相關應用進入實用階段，如人臉辨識、助理卷和機器翻譯等。儘管如此，深度學習一直無法極佳地對其他形式的資料（如圖資料）進行有效處理。圖資料在業界有更多的應用場景，如社群網站場景中，可以找到圖資料的應用。圖神經網路的出現極佳地填補了上述技術空白，實現了圖資料與深度學習技術的有效結合。圖神經網路是一類基於深度學習處理圖域資訊的方法。它是圖型分析方法與深度神經網路的融合，涉及神經網路和圖型分析的知識。

✤ 本書特色

（1）知識系統，逐層遞進。

（2）內容貼近技術趨勢
本書介紹的知識與近年來發表的圖神經網路論文中涉及的技術同步。為了拓寬讀者的視野，本書在介紹原理和應用的同時，還附上相關的論文編號。

（3）圖文結合，化繁為簡
本書在介紹模型結構、技術原理的同時，配有大量插圖。這些圖將模型中的資料流程向視覺化，展示模型擬合能力，細化某種技術的內部原理，直觀反映模型的內部結構，方便讀者簡單、方便地了解和掌握相關知識。

（4）理論和實踐相結合，便於讀者學以致用

本書在撰寫時採用了兩種介紹知識的方式：

■ 先介紹基礎知識，再對該基礎知識進行程式實現；
■ 直接從實例入手，在實現過程中，對對應基礎知識進行詳解。

為了不讓讀者閱讀時感到枯燥，本書將上述兩種方式穿插使用。

在重要的基礎知識後面，本書用特殊格式的文字列出提示，這些提示是作者多年的經驗累積，希望可以幫助讀者在學習過程中掃除障礙，消除困惑，抓住重點。

（5）在基礎原理之上，注重通用規律

從原理的角度介紹深度學習與圖神經網路是本書的一大亮點。本書說明的原理不是晦澀的數學公式，而是通俗易懂、化繁為簡的知識。本書從單一神經元的原理開始，說明了神經網路的作用；接著從生物視覺的角度介紹了卷積神經網路 (用容易了解的語言說明了卷積分、離散積分、Sobel 演算法等的原理)；隨後從人類記憶規律的角度解釋了 RNN；然後從熵的角度系統地介紹了非監督模型的統一規律和相互資訊等前端技術；最後從深度學習的角度介紹了圖卷積的實現過程，並將該過程延伸到空間域的圖神經網路實現方法，同時沿著空間域的方向進行深入，並結合深度學習中的殘差結構、注意力、相互資訊等基礎理論，介紹了更多的圖神經網路模型。

（6）站在初學者的角度講解，內容系統，更易學習

考慮到初學者的知識儲備不足，因此，從 PyTorch 框架的安裝、使用，到向量、矩陣、張量的基礎變換，再到熵論，本書均從零開始系統介紹，力爭消除讀者學習過程中的跳躍感。只要讀者掌握了 Python，就可以閱讀本書。

由於撰寫過程倉促，書中難免存在不足之處，希望讀者們閱讀後給予回饋，以便我們對本書進行修訂和完善。本書編輯的聯繫電子郵件為 zhangtao@ptpress.com.cn。本書由大蛇智慧網站提供有關內容的技術支援。在閱讀過程中，如有不了解之處，可到討論區 https://bbs.aianaconda.com 提問。

作者

目錄

03 PyTorch 基本開發步驟 -- 用邏輯回歸擬合二維資料

04 快速上手 PyTorch

05 神經網路的基本原理與實現

第二篇
基礎 -- 神經網路的監督訓練與無監督訓練

06 實例 5：辨識黑白圖中的服裝圖案

第三篇
提高 -- 圖神經網路

09 快速了解圖神經網路 -- 少量樣本也可以訓練模型

10 基於空間域的圖神經網路實現

第一篇
入門 -- PyTorch 基礎

本篇將介紹人工智慧與 PyTorch 的基本概念、如何架設 PyTorch 的開發環境、PyTorch 的基本開發步驟、PyTorch 程式設計基礎,並透過一個辨識圖中模糊數字的案例,幫助讀者鞏固 PyTorch 的程式設計基礎知識。

▶ 第 1 章　快速了解人工智慧與 PyTorch
▶ 第 2 章　架設開發環境
▶ 第 3 章　PyTorch 基本開發步驟 -- 用邏輯回歸擬合二維資料
▶ 第 4 章　快速上手 PyTorch
▶ 第 5 章　神經網路的基本原理與實現

快速了解人工智慧與 PyTorch

本章介紹一下什麼是 PyTorch、什麼是圖神經網路，以及兩者之間的關係。另外介紹一下現在都有哪些與 PyTorch 同級的開放原始碼框架，以及它們之間都是什麼關係，各有什麼特點。

1.1 圖神經網路與深度學習

提到人工智慧 (Artificial Intelligence，AI)，人們往往會想到深度學習。那麼圖神經網路又是什麼呢？

圖神經網路是一類處理圖域資訊的方法。它是圖型分析方法與深度神經網路的融合，可以視為深度學習的延伸，即把圖領域的相關技術融入深度學習中，來提升人工智慧的效果。若要掌握圖神經網路，那麼需要從深度學習開始入門。

深度學習不像人工智慧那樣容易從字面上了解。這是因為，深度學習是從內部機制來說明的，而人工智慧是從其應用的角度來說明的，即深度學習是實現人工智慧的一種方法。

1.1.1　深度神經網路

在人工智慧領域，人們起初從簡單的神經網路開始研究。該研究的進展中，神經網路模型越來越龐大，結構也越來越複雜，於是人們將其命名為「深度學習」。可以這樣了解 -- 深度學習屬於後神經網路時代的技術。

深度學習近年來的發展突飛猛進，越來越多的人工智慧應用得以實現，其本質為一個可以模擬人腦進行分析學習的神經網路，它模仿人腦的機制來解釋資料 (例如圖型、聲音和文字)，透過組合低層特徵，形成更加抽象的高層特徵或屬性類別，來擬合我們日常生活中的各種事情。

深度學習被廣泛用在與人們生活和工作息息相關的各種領域，如機器翻譯、人臉辨識、語音辨識、訊號恢復、商業推薦、金融分析、醫療輔助、智慧交通等。

1.1.2　圖神經網路

圖神經網路 (Graph Neural Networks, GNN) 是一類能夠從圖結構資料中學習的神經網路。它是機器學習中處理圖結構資料 (非歐式空間資料) 問題的最重要的技術之一。

在人們使用人工智慧解決問題的過程中，很多場景下所使用的樣本並不是獨立的，它們彼此之間是具有連結的，而這個連結一般都會用圖來表示。

圖是一種資料結構,它對一組物件 (節點) 及其關係 (邊) 進行建模,形成一種特別的度量空間。這個空間僅表現了節點間的關係,它不同於二維、三維之類的空間資料,因此被稱為非歐式空間資料。

圖神經網路的主要作用就是將圖結構的資料利用起來,透過機器學習的方法進行擬合、預測。

神經網路是對單一樣本的特徵進行擬合,而圖神經網路在擬合單一樣本特徵基礎之上,又加入了樣本間的關係資訊,這不但有較好的可解釋性,而且大大提升了模型性能。

1.2 PyTorch 是做什麼的

PyTorch 是 Facebook 開發的一套深度學習開放原始碼框架,於 2017 年初發佈,之後迅速成為 AI 研究者廣泛使用的框架。PyTorch 靈活、動態的程式設計環境以及對使用者友善的介面使其適用於快速實驗。PyTorch 社區也在不斷發展和壯大,如今,PyTorch 已經成為 GitHub 上星號數量增長速度最快的開放原始碼專案之一。

PyTorch 是當今深度學習領域中最熱門的框架之一。在 GitHub 上,PyTorch 目前排名已經與 TensorFlow 相當。它裡面有完整的資料流向與處理機制,封裝了大量高效可用的演算法及神經網路架設方面的函數。

初學者選擇學習 PyTorch 的優勢是,在學習道路上不會孤單,會有許多資料可供參考,以及可與很多的同好進行交流。更為重要的是,目前,越來越多的發表相關學術論文的研究人員更加傾向於在 PyTorch 上開發自己的範例原型。這些優勢可以讓讀者在獲取當今最新技術的過程中節省不少時間。

1.3 PyTorch 的特點

PyTorch 是用 C++ 語言開發的，並且通常會使用 Python 語言來驅動應用。利用 C++ 開發可以保證其執行的效率。Python 作為上層應用語言，可以為研究人員節省大量的開發時間。這些是其能夠廣受歡迎的重要原因。

相對於其他框架，PyTorch 有以下特點。

1. 靈活強大的介面

包括 eager execution 和 graph execution 模式之間無縫轉換的混合前端、改進的分散式訓練、用於高性能研究的純 C++ 前端，以及與雲端平台的深度整合。

2. 豐富的課程資源

Udacity 和 Facebook 已經上線了一門新課程 (Introduction to Deep Learning with PyTorch) 並推出了 PyTorch 挑戰賽 (PyTorch Challenge Program)，後者為持續 AI 教育提供獎學金。在課程發佈後的短短幾周內，數萬學生積極參與該線上專案。此外，該教育課程促使現實世界的學習者會面 (meet-up)，使開發者社區變得更有凝聚力，這種 meet-up 在全世界展開。

PyTorch 的相關完整課程可在 Udacity 網站上免費獲取，之後開發者可以在更進階的 AI 奈米學位專案中繼續學習 PyTorch 。

除線上教育課程之外，fast.AI 等組織還提供軟體函數庫，支援開發者使用 PyTorch 建構神經網路。

3. 更多的專案擴充

在開發者社區中，對 PyTorch 開發的典型拓展如下。

- Horovod：分散式訓練框架，讓開發人員可以輕鬆地使用單一 GPU 程式，並快速在多個 GPU 上訓練。
- PyTorch Geometry：PyTorch 的幾何電腦視覺函數庫，提供一組路徑和可區分的模組。
- TensorBoardX：一個將 PyTorch 模型記錄到 TensorBoard 的模組，允許開發者使用視覺化工具訓練模型。

此外，Facebook 內部團隊還建構並開放原始碼了多個 PyTorch 專案，如 Translate(用於訓練基於 Facebook 機器翻譯系統的序列到序列模型的函數庫)。對想要快速啟動特定領域研究的 AI 開發者來說，PyTorch 專案支援的生態系統使他們能夠輕鬆了解產業前端研究成果。

4. 支持更多的雲端平台

為了使 PyTorch 更加易於獲取且對使用者友善，PyTorch 團隊繼續深化與雲端平台和雲端服務的合作，如 AWS、Google 雲端平台、微軟 Azure。最近，AWS 上線了 Amazon SageMaker Neo，支援 PyTorch，允許開發者使用 PyTorch 建構機器學習模型、訓練模型，然後將它們部署在雲端或邊緣裝置上。透過這種形式的訓練，模型性能會提升很多。

開發者可以在 Google 雲端平台上建立一個新的深度學習虛擬機器實例來嘗試使用 PyTorch 1.0。具體資訊可在 Google 雲端平台上搜尋 pytorch_start_instance 來獲取。

此外，微軟 Azure 機器學習服務現在也可以廣泛使用 PyTorch ，它允許資料科學家在 Azure 上無縫訓練、管理和部署 PyTorch 模型。透過使用 Azure 服務的 Python SDK，Python 開發者可以利用所需的分散式運算能力，使用 PyTorch 1.0 規模化訓練模型，並加速從訓練到生產模型的過程。

1.4 PyTorch 與 TensorFlow 各有所長

截至本書出版時，深度學習領域兩個非常受歡迎的框架 --PyTorch 與 TensorFlow 具有不相上下的市場佔有率。初學者應該如何選擇？本書為 什麼選擇 PyTorch 呢？

PyTorch 有程式設計風格好、學術客戶群龐大等優勢。在 GitHub 上，使 用 PyTorch 實現的高品質原始程式有很多，且有些優秀的論文只提供了 PyTorch 的實現版本。在這種情況下，學習者直接參考 PyTorch 框架實 現的學術文章，可以快速吸收前端知識。

1. PyTorch 與 TensorFlow 的比較

下面透過一組視覺化的圖表呈現 PyTorch 與 TensorFlow 的關係。

(1) 來自 Medium 網站的統計資料
Medium 是發佈資料科學文章和教學的熱門網站。它在資料科學的教學資 源門戶網站中具有一定的代表性。

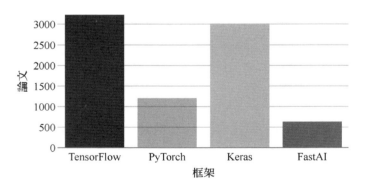

▲ 圖 1-1　來自 Medium 網站的統計資料

圖 1-1 中所示的資料是 2018 年 10 月到 2019 年 3 月之間，Medium 網 站所發佈的使用 TensorFlow、PyTorch、Keras 和 FastAI 框架的文章數

量統計資料。可以看到使用 TensorFlow 和 Keras 的文章數量相似，而使用 PyTorch 的文章相對較少。但是到了 2020 年，這一資料發生了很大變化，使用 PyTorch 的文章數量超過了 TensorFlow。

(2) 來自使用者搜尋興趣的統計資料

在圖 1-2 中，4 筆聚合線從上到下依次代表 TensorFlow、Keras、PyTorch、FastAI 的搜尋量。該資料顯示的是從 2018 年 3 月到 2019 年 2 月統計的結果。從圖 1-2 中可以看出，TensorFlow 的搜尋量有所下降，而 PyTorch 的搜尋量在增長。

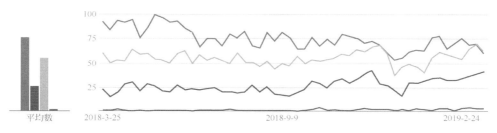

▲ 圖 1-2　來自使用者搜尋興趣的統計資料

2. 建議 PyTorch 與 TensorFlow 要二者兼顧

作者建議讀者二者都要兼顧。TensorFlow 至今仍是主流，PyTorch 更像一股清流，也絕不能忽視。從深度學習資源 (Medium 與 arXiv 上框架的統計資料) 來看，TensorFlow 更勝一籌。從使用者的增長量來看，PyTorch 更有優勢。一個佔據了現有的優勢，另一個具有更好的未來。只有二者一起掌握才可以讓自己不會因技術的更新被淘汰。

3. 殊途同歸

PyTorch 與 TensorFlow 兩個框架在不斷的版本迭代中提升性能。二者提升性能的目的是一樣的，即用更好的性能、更友善的程式設計規則帶給使用者更好的程式設計體驗。

在這個資訊開放的時代，二者的原始程式都是公開的。兩個框架也是在自身的演化過程中，互相借鏡，取長補短。如今二者的開發規則變得越來越像。隨著 TensorFlow 2.0 的推出，糾結 PyTorch 與 TensorFlow 哪個開發起來更方便，實在是沒有必要了。

舉例如下。

(1) PyTorch 程式

```
import torch                  # 引入 PyTorch 函數庫
x = torch.Tensor([[2.]])      # 定義張量
print(x)                      # 顯示張量，輸出 tensor([[2.]])
m = torch.matmul(x,x)         # 進行矩陣相乘
print(m)                      # 顯示結果，輸出 tensor([[4.]])
```

(2) TensorFlow 的動態圖程式 (預設 TensorFlow 2.0 以上版本)

```
import tensorflow as tf       # 引入 TensorFlow 函數庫
x = [[2.]]                    # 定義二維陣列
print(x)                      # 顯示陣列，輸出 [[2.0]]
m = tf.matmul(x,x)            # 進行矩陣相乘
print(m)    # 顯示結果，輸出 tf.Tensor([[4.]], shape=(1, 1), dtype=float32)
```

透過比較上面兩個程式部分會發現，從語法上來看，二者類似。當然，聚焦到具體的 API 時，還會有一些命名上的不同。當掌握 PyTorch 和 TensorFlow 兩個框架的用法之後，讀者會發現在兩個框架的程式間進行移植非常容易。因此，再去計較哪個框架更好用，已經沒有任何意義。

1.5 如何使用本書學好深度學習

使用 PyTorch 進行深度學習，入門會非常容易。在學習本書之前，要求讀者需要具有 Python 基礎，並且熟悉 Matplotlib 和 NumPy 函數庫的使用。

讀者不用過分擔心自己的數學基礎較弱、不清楚神經網路原理等問題，因為 PyTorch 已經將這些底層原理及演算法封裝成進階介面，提供給使用者方便且快捷的開發環境。本書重點介紹如何快速使用 PyTorch 的這些介面來實現深度學習的模型。

理論加實踐的方式是學習知識的經典模式。本書中會介紹深度學習中各種常用技術特點及使用場景，並配有大量實例，讀者只需要全篇通讀並跟著實例去做，即可達到熟練掌握 PyTorch 的水準。

本書會先從 PyTorch 的應用開始，逐步介紹神經網路、圖神經網路的相關內容，這些內容是必備知識。

Chapter

02

架設開發環境

本章先從環境的架設開始，重點介紹 PyTorch 在 GPU 上的架設方法。本書使用 Python 3.7 開發環境，開發工具為 Anaconda，作業系統為 Windows 10 和 Ubuntu 16.04。

> **提示**
>
> 雖然 PyTorch 支持 CPU 執行，但是為了能夠讓讀者更順暢地學習，建議讀者在學習本書之前購買一台帶有獨立顯示卡 (GPU) 的電腦。

PyTorch 的執行與平台無關，讀者可以使用 Windows 系統、Linux 系統或 macOS。如果讀者對安裝過程已經掌握，那麼可以跳過本章。

2.1 下載及安裝 Anaconda

在 Anaconda 的 環 境 架 設 中，重 點 是 版 本 的 選 擇。下 面 詳 細 介 紹 Anaconda 的下載及安裝方法。

2.1.1 下載 Anaconda 開發工具

Anaconda 官網軟體下載頁面如圖 2-1 所示，其中有 Linux、Windows、macOS 的各種版本，讀者可以任意選擇。

Anaconda installer archive

Filename	Size	Last Modified	MD5
Anaconda3-2020.02-Linux-ppc64le.sh	276.0M	2020-03-11 10:32:32	fef889d3939132d9caf7f56ac9174ff6
Anaconda3-2020.02-Linux-x86_64.sh	521.6M	2020-03-11 10:32:37	17600d1f12b2b047b62763221f29f2bc
Anaconda3-2020.02-MacOSX-x86_64.pkg	442.2M	2020-03-11 10:32:57	d1e7fe5d52e5b3ccb38d9af262688e89
Anaconda3-2020.02-MacOSX-x86_64.sh	430.1M	2020-03-11 10:32:34	f0229959e0bd45dee0c14b20e58ad916
Anaconda3-2020.02-Windows-x86.exe	423.2M	2020-03-11 10:32:58	64ae8d0e5095b9a878d4522db4ce751e
Anaconda3-2020.02-Windows-x86_64.exe	466.3M	2020-03-11 10:32:35	6b02c1c91049d29fc65be68f2443079a
Anaconda2-2019.10-Linux-ppc64le.sh	295.3M	2019-10-15 09:26:13	6b9809bf5d36782bfa1e35b791d983a0
Anaconda2-2019.10-Linux-x86_64.sh	477.4M	2019-10-15 09:26:03	69c64167b8cf3a8fc6b50d12d8476337
Anaconda2-2019.10-MacOSX-x86_64.pkg	635.7M	2019-10-15 09:27:30	67dba3993ee14938fc4acd57cef60e87

▲ 圖 2-1　下載清單 (部分)

以 Linux 64 位元下的 Python 3.7 版本為例，可以選擇對應的安裝套件為 Anaconda3-2020.02-Linux-x86_64.sh（見圖 2-1 中的標注）。

📖 提示

本書的內容均是使用 Python 3.7 版本來實現的。

Python 3.x 中每個版本間也會略有區別 (例如 Python 3.5 與 Python 3.6)，並且沒有向下相容。在與其他的 Python 軟體套件整合使用時，一定要按照所要整合軟體套件的說明文件來找到完全匹配的 Python 版本，否則會帶來不可預料的麻煩。

另外，不同版本的 Anaconda 預設支援的 Python 版本是不一樣的：支持 Python 2 版本的 Anaconda，統一以 "Anaconda2" 為開頭來命名；支持 Python 3 的版本 Anaconda，統一以 "Anaconda3" 為開頭來命名。在本書寫作時，使用的版本為 Anaconda3-2020.02，支援 Python 3.7 版本。

2.1.2 安裝 Anaconda 開發工具

以 Ubuntu 16.04 版本為例，下載 Python 3.7 版的 Anaconda 整合開發工具，可以下載 Anaconda3-2020.02-Linux-x86_64.sh 安裝套件，然後在命令列終端透過 chmod 命令為其增加可執行許可權、執行該安裝套件。輸入命令如下：

```
chmod u+x Anaconda3-2020.02-Linux-x86_64.sh
./Anaconda3-2020.02-Linux-x86_64.sh
```

在安裝過程中，會有各種互動性提示，有的需要按確認鍵，有的需要輸入 "yes"，按照提示操作即可。

> **📖 提示**
>
> 如果在安裝過程意外中止，導致本機有部分殘留檔案，影響再次重新安裝，那麼可以使用以下命令進行覆蓋安裝：
>
> `./Anaconda3-2020.02-Linux-x86_64.sh -u`

在 Windows 下安裝 Anaconda 軟體的方法與一般的軟體安裝相似。按右鍵安裝套件，在彈出的快顯功能表中選擇「以管理員身份執行」命令即可。

2.1.3 安裝 Anaconda 開發工具時的注意事項

在安裝 Anaconda 的過程中，會詢問是否要整合環境變數。這裡一定要將環境變數整合到系統中，否則系統將不會辨識 Anaconda 中附帶的命令。舉例來說，在 Linux 下安裝 Anaconda 時，會出現圖 2-2 所示的介面。

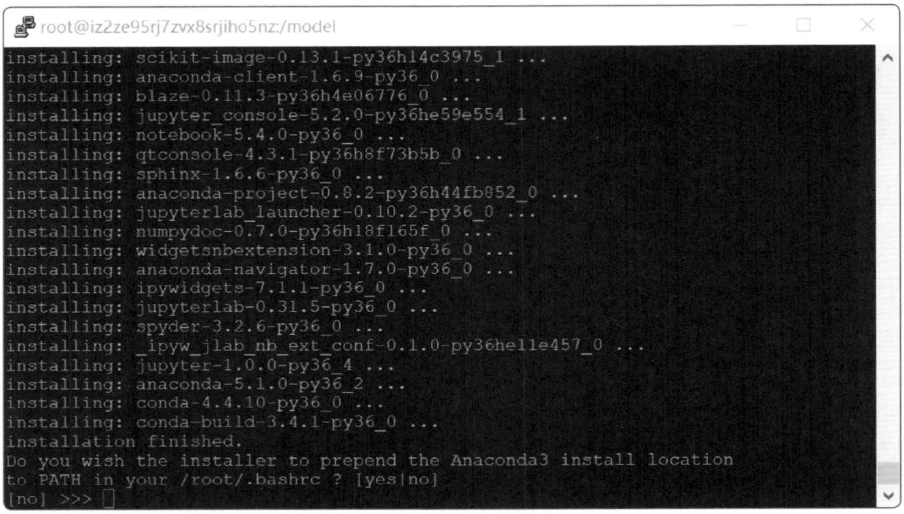

▲ 圖 2-2　是否整合環境變數的提示介面

在圖 2-2 所示的介面中，輸入 "yes" 並按確認鍵，進行下一步的安裝。在安裝完成後重新打開一個終端，即可使 Anaconda 中的命令生效。

> **提示**
>
> 在 Windows 系統中安裝 Anaconda 的過程中，提示介面有個核取方塊，需要先將其選取，再進行下一步的安裝。

2.2 安裝 PyTorch

在 PyTorch 的官網中,提供了一個設定安裝命令的網頁,使得安裝變得更加簡單,具體做法如下。

2.2.1 打開 PyTorch 官網

進入 PyTorch 官網。

在進入 PyTorch 官網後,會看到圖 2-3 所示的介面。

▲ 圖 2-3　PyTorch 官網

2.2.2 設定 PyTorch 安裝命令

點擊圖 2-3 中的 "Get Started" 按鈕,進入命令設定介面,如圖 2-4 所示。

如圖 2-4 所示,該網頁會提供多個視覺化的選項按鈕,使用者需要按照自己本機的環境進行選擇,即可得到安裝命令(如圖 2-4 中箭頭所指的命令)。

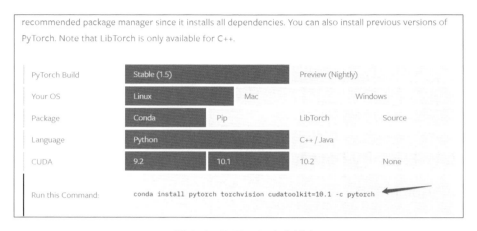

▲ 圖 2-4　PyTorch 命令設定

> **📖 提示**
>
> 在 Windows 下用 Anaconda 安裝 PyTorch 時，如果是 PyTorch 1.0 及
> 之前的版本，那麼必須安裝到主環境中 (不能安裝到其他的虛擬環境
> 中)，因為 PyTorch 1.0 及之前的版本只能在主環境下使用 GPU 版本。
> 如果是 PyTorch 1.0 之後的版本，那麼不會存在這個問題。

2.2.3　使用設定好的命令安裝 PyTorch

本機環境為 Python 3.7，所選的 CUDA 版本為 10.1。根據圖 2-4 所示的
頁面進行設定後得到以下命令：

```
conda install pytorch torchvision cudatoolkit=10.1 -c pytorch
```

從 命 令 中 可 以 看 出，PyTorch 需 要 安 裝 兩 個 函 數 庫：pytorch 與
torchvision，其中 pytorch 是主模組，torchvision 是輔助模組。

將該命令複製到命令列中即可進行安裝，安裝介面如圖 2-5 所示。

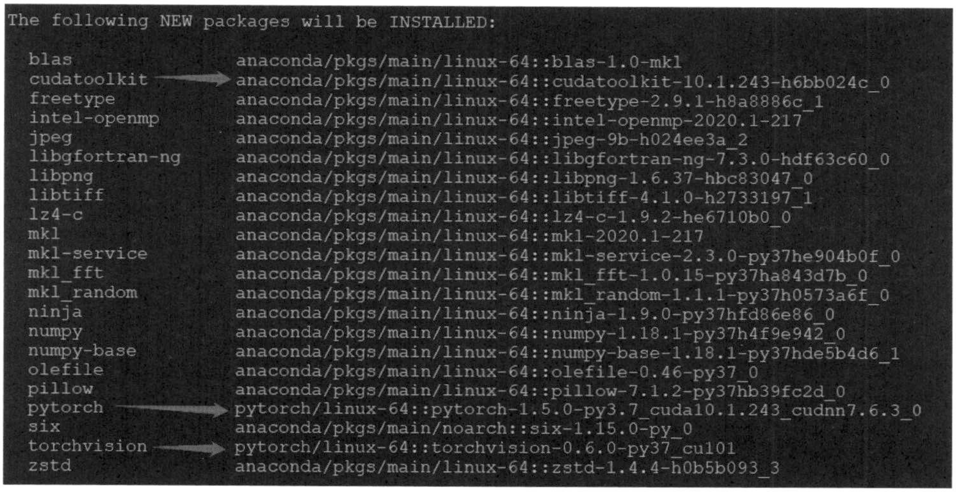

```
The following NEW packages will be INSTALLED:

  blas            anaconda/pkgs/main/linux-64::blas-1.0-mkl
  cudatoolkit ——→ anaconda/pkgs/main/linux-64::cudatoolkit-10.1.243-h6bb024c_0
  freetype        anaconda/pkgs/main/linux-64::freetype-2.9.1-h8a8886c_1
  intel-openmp    anaconda/pkgs/main/linux-64::intel-openmp-2020.1-217
  jpeg            anaconda/pkgs/main/linux-64::jpeg-9b-h024ee3a_2
  libgfortran-ng  anaconda/pkgs/main/linux-64::libgfortran-ng-7.3.0-hdf63c60_0
  libpng          anaconda/pkgs/main/linux-64::libpng-1.6.37-hbc83047_0
  libtiff         anaconda/pkgs/main/linux-64::libtiff-4.1.0-h2733197_1
  lz4-c           anaconda/pkgs/main/linux-64::lz4-c-1.9.2-he6710b0_0
  mkl             anaconda/pkgs/main/linux-64::mkl-2020.1-217
  mkl-service     anaconda/pkgs/main/linux-64::mkl-service-2.3.0-py37he904b0f_0
  mkl_fft         anaconda/pkgs/main/linux-64::mkl_fft-1.0.15-py37ha843d7b_0
  mkl_random      anaconda/pkgs/main/linux-64::mkl_random-1.1.1-py37h0573a6f_0
  ninja           anaconda/pkgs/main/linux-64::ninja-1.9.0-py37hfd86e86_0
  numpy           anaconda/pkgs/main/linux-64::numpy-1.18.1-py37h4f9e942_0
  numpy-base      anaconda/pkgs/main/linux-64::numpy-base-1.18.1-py37hde5b4d6_1
  olefile         anaconda/pkgs/main/linux-64::olefile-0.46-py37_0
  pillow          anaconda/pkgs/main/linux-64::pillow-7.1.2-py37hb39fc2d_0
  pytorch     ——→ pytorch/linux-64::pytorch-1.5.0-py3.7_cuda10.1.243_cudnn7.6.3_0
  six             anaconda/pkgs/main/noarch::six-1.15.0-py_0
  torchvision ——→ pytorch/linux-64::torchvision-0.6.0-py37_cu101
  zstd            anaconda/pkgs/main/linux-64::zstd-1.4.4-h0b5b093_3
```

▲ 圖 2-5　在 Linux 中安裝 PyTorch

在圖 2-5 中，輸入字元 "y"，系統便會自動下載 cudatoolkit-10.1.243-
h6bb024c_0 安裝套件，該安裝套件即為 CUDA 10.1 和 cudnn7.6.3 組
合之後的工具套件。該工具套件可以使 PyTorch 程式在 GPU 上進行模型
訓練，提高執行速度。

2.2.4　設定 PyTorch 的映像檔來源

如果由於網路問題，導致在 Linux 系統中使用 conda 或 pip 命令安裝
PyTorch 失敗，那麼可以增加映像檔來源。

1. 為 conda 增加映像檔來源

可以為 conda 增加映像檔來源，具體做法如下。

```
(pt15) C:\Users\ljh>conda config --show-sources    # 查看來源
==> C:\Users\ljh\.condarc <==                       # 以下是輸出的內容
ssl_verify: True
```

```
channels:
  - defaults                                    # 顯示當前有一個預設的來源
(pt15) C:\Users\ljh>conda config --add channels   # 增加其它的映像檔來源
       https://mirrors.tuna.tsinghua.edu.cn/anaconda/pkgs/free/
(pt15) C:\Users\ljh>conda config --add channels   # 增加其它的映像檔來源
       https://mirrors.tuna.tsinghua.edu.cn/anaconda/pkgs/main/
(pt15) C:\Users\ljh>conda config --add channels   # 增加其它的映像檔來源
       https://mirrors.tuna.tsinghua.edu.cn/anaconda/cloud/conda-forge/
(pt15) C:\Users\ljh>conda config --add channels   # 增加其它的 PyTorch 映像
檔來源
       https://mirrors.tuna.tsinghua.edu.cn/anaconda/cloud/pytorch/
(pt15) C:\Users\ljh>conda config --set show_channel_urls yes
```

在增加完後，可以使用 conda info 命令查看 conda 所有的資訊。若要刪除映像檔來源，可以使用以下命令：conda config--remore channels 映像檔來源位址。

2. 使用 conda 映像檔來源安裝 PyTorch 的注意事項

如果要使用 conda 映像檔來源安裝 PyTorch，那麼需要在輸入的命令列中去掉 "-c pytorch" 參數。具體命令如下：

```
conda install pytorch torchvision cudatoolkit=10.1
```

conda 的 -c 參數表示指定下載通道。如果手動指定通道，那麼預設會優先從 conda 映像檔來源下載，如圖 2-6 所示。

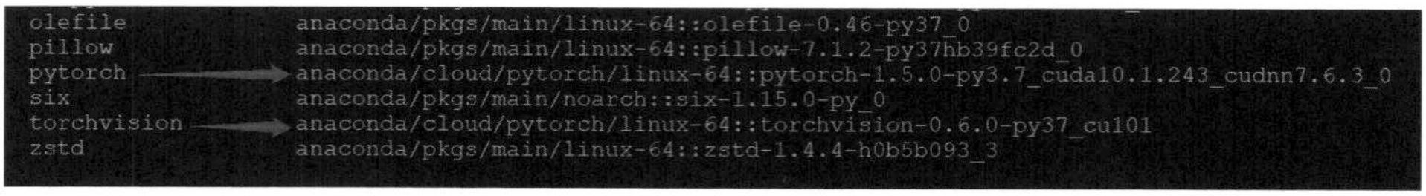

▲ 圖 2-6　從 conda 映像檔來源安裝 PyTorch

比較圖 2-5 和圖 2-6 可以看出，圖 2-5 中的 pytorch 和 torchvision 是從 pytorch 開頭的安裝路徑下載，而圖 2-6 中的 pytorch 和 torchvision 是從 anaconda 開頭的安裝路徑下載。

📖 提示

在從 Anaconda 映像檔來源中安裝時，預設的 PyTorch 版本有可能不是最新版本，此時可以透過指定版本的方式強制安裝最新版本，例如：

```
conda install pytorch=1.5 torchvision=0.6.0 cudatoolkit=10.1
```

最新的 **PyTorch** 版本編號可以從 **PyTorch** 的官網上查到。

另外，**PyTorch** 的版本也要與 CUDA 的版本對應。**PyTorch** 1.5 版本最高可以支援 CUDA 10.2，**PyTorch** 1.2.0 版本最高可以支援 CUDA 10.0。

如果當前系統的安裝版本是 PyTorch 1.2.0，而在使用安裝命令時指定了 CUDA 為 10.1，命令如下：

```
conda install pytorch torchvision cudatoolkit=10.1
```

那麼，在該命令執行時，系統將找不到與 CUDA 10.1 對應的 **PyTorch** 1.2.0 版本。這時系統會下載一個 CPU 版的 **PyTorch**，導致 GPU 功能不能使用，安裝時需要額外小心。

---

3. 為 pip 增加映像檔來源

除使用 conda 命令安裝 Python 工具套件外，還可以使用 pip 安裝 Python 工具套件。透過為 pip 增加映像檔來源也可以縮短使用 pip 安裝 Python 工具套件的時間。

為 pip 增加映像檔來源的具體方法如下。

（1）建立 pip 設定檔

在 Windows 系統下，pip 的設定檔為使用者目錄下的 pip 資料夾 (即 C:\
Users\xx\pip)；在 Linux 系統下，pip 的設定檔為 ~/.pip/pip.conf。如果
本機中沒有設定檔，那麼需要重新建立。

（2）增加內容

在 Windows 系統下，直接增加即可；在 Linux 系統中，需要修改 index-
url 至 tuna 間的內容。如果沒有 index-url，那麼直接增加，增加的內容
如下：

```
[global]
index-url = https://pypi.tuna.tsinghua.edu.cn/simple
```

2.3 熟悉 Anaconda 3 的開發工具

本書中使用的開發環境是 Anaconda 3。在 Anaconda 3 中，常用的有兩
個工具：Spyder 和 Jupyter Notebook，它們的位置在「開始」選單的
Anaconda3(64-bit) 目錄下，如圖 2-7 所示。

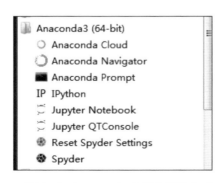

▲ 圖 2-7　Anaconda 3 目錄下的內容

2.3.1 快速了解 Spyder

本書推薦使用 Spyder 作為編譯器的原因是它的使用比較方便，從安裝到應用都進行了對應的整合，只下載一個安裝套件即可，省去了架設環境的時間。另外，Spyder 的功能很強大，基本上可以滿足開發者的日常需求。下面透過幾個常用的功能來介紹其具體使用細節。

1. 面板介紹

如圖 2-8 所示，Spyder 啟動後可以分為 6 個區域。

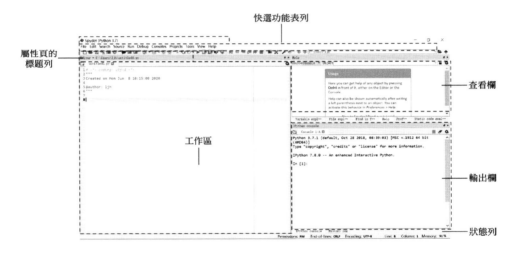

▲ 圖 2-8 Spyder 面板

- 快顯功能表欄：是功能表列的捷徑，其上需要放置哪些捷徑可以透過選取功能表列中 View 裡面的選項來實現，如圖 2-9 所示。
- 工作區：撰寫程式的地方。
- 屬性頁的標題列：可以顯示當前程式的名字及位置。
- 查看欄：可以查看檔案，以及檔案偵錯時的物件和變數。
- 輸出欄：可以看到程式的輸出資訊，也可以當作 Shell 終端來輸入 Python 敘述。

■ 狀態列：用來顯示當前檔案許可權、編碼，滑鼠指標指向的位置，系統記憶體。

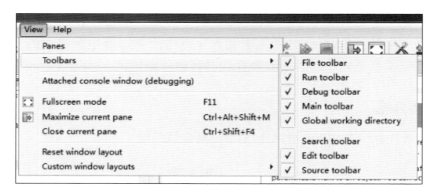

▲ 圖 2-9　捷徑設定

2. 註釋功能

註釋功能是撰寫程式時常用的功能，下面介紹一下 Spyder 的批次註釋功能。在圖 2-9 中，選取 "Edit toolbar" 後會看到圖 2-10 所示的註釋圖示按鈕。

▲ 圖 2-10　註釋圖示按鈕

當選中幾行程式之後，點擊註釋圖示按鈕即可註釋程式，再次點擊該圖示按鈕取消註釋。該圖示按鈕右側的兩個圖示按鈕是程式縮排圖示按鈕與程式不縮排圖示按鈕。程式縮排與否可以透過快速鍵 "Tab" 與 "Shift+Tab" 實現。

3. 執行程式功能

在圖 2-11 中，點擊數字 1 標示的執行圖示按鈕可執行當前工作區內的

Python 檔案。點擊數字 2 標示的圖示按鈕會彈出一個視窗，可以在該視窗中輸入啟動程式的參數，如圖 2-11 中框內的部分。

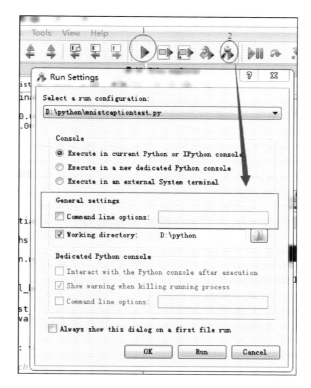

▲ 圖 2-11　執行

4. 偵錯功能

圖 2-11 中執行圖示按鈕右側的圖示按鈕為偵錯功能的按鈕。在 Python 程式執行中，同樣可以透過設定中斷點來偵錯工具。

5. source 操作

當同時打開多個程式時，若想回到剛才看過的程式的位置，Spyder 中有一個功能可以幫開發者實現。在圖 2-9 中，選取 "Source toolbar" 後會看到圖 2-12 所示的 Source 介面。在圖 2-12 所示的介面中，第一個圖示按鈕為建立書籤圖示按鈕，第二個圖示按鈕為回復到上一個的程式位置的圖示按鈕，第三個圖示按鈕為前進到下一個程式位置的圖示按鈕。

▲ 圖 2-12　Source 界面

以上是 Spyder 的常用操作。當然，Spyder 還有很多功能，這裡就不一一介紹了。

2.3.2　快速了解 Jupyter Notebook

在深度學習程式設計中，有許多程式檔案是副檔名為 ipynb 的檔案，這類檔案是 Jupyter Notebook 類型檔案。這類檔案既可以當成說明文件，又能作為 Python 執行的程式檔案。Anaconda 中也整合了對應的工具。在圖 2-7 中，找到 Jupyter Notebook 項，點擊此項即可看到圖 2-13 所示的介面。

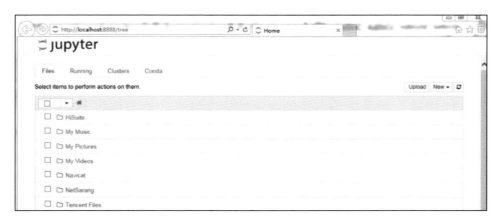

▲ 圖 2-13　Jupyter 介面

在啟動 Jupyter Notebook 時，系統會先啟動一個 Web 伺服器，再啟動一個瀏覽器，然後透過瀏覽器來存取本機的 Web 服務。使用者可以在瀏覽器中上傳、下載或撰寫自己的 ipynb 程式檔案。

關於 Jupyter Notebook 工具的具體使用，這裡不做過多介紹，有興趣的讀者可以在網路上搜尋相關教學。

2.4 測試開發環境

在安裝好 PyTorch 的電腦上，可以使用以下程式測試開發環境。

```
import torch                            # 引入 PyTorch 函數庫
print(torch.cuda.is_availabel())        # 測試 GPU 是否生效
```

上述程式執行後，如果輸出 True，那麼表明開發環境一切正常。

📖 提示

如果返回 False，那麼有可能是本機的 NVIDIA 顯示卡驅動版本相對 CUDA 的版本較舊，需要對本地 NVIDIA 顯示卡的驅動進行更新。

PyTorch 基本開發步驟 --
用邏輯回歸擬合二維資料

本章將透過一個例子,一步一步地實現一個簡單的神經網路程式。這個實例可以幫助讀者了解模型,並了解 PyTorch 開發的基本步驟。

3.1 實例 1:從一組看似混亂的資料中找出規律

深度學習模型是由神經網路組成的,人工智慧的能力表現也主要源於神經網路的擬合效果。下面透過一個簡單的邏輯回歸實例來展示神經網路的擬合效果,讓讀者能夠快速、直觀地感受到深度學習的開發過程。

> **實例描述**
>
> 假設有這樣一組資料集，它包含了兩種資料分佈，每種資料分佈都呈半圓形狀。
>
> 本實例嘗試讓神經網路學習這些樣本資料，並找到其中的規律，即讓神經網路本身能夠將混合在一起的兩組半圓形資料分開。

實現深度學習有下列一般步驟：

準備資料、架設網路模型、訓練模型、使用及評估模型。

在準備資料階段，把任務的相關資料收集起來，然後建立網路模型，透過一定的迭代訓練讓網路學習收集來的資料特徵形成可用的模型，最後就是使用模型來解決問題。

下面透過一個完整的例子介紹深度學習的實現步驟。為了讓讀者更進一步地進行了解，在本例中，將上述的一般步驟擴充為更具體的 7 個步驟進行實現，具體如下。

3.1.1 準備資料

使用 sklearn.datasets 函數庫生成半圓形資料集，並將生成的資料視覺化。

具體實現過程如下。

- 匯入標頭檔 (見下列程式第 1 ～ 4 行)。
- 設定隨機數種子，並呼叫 sklearn.datasets 的 make_moons 函數生成兩組半圓形資料 (見下列程式第 6 ～ 7 行)。
- 將生成的資料在直角座標系中顯示出來 (見下列程式第 9 ～ 15 行)。

程式檔案：code_01_moons.py

```
01  import sklearn.datasets                              # 資料集
02  import torch
03  import numpy as np
04  import matplotlib.pyplot as plt
05  from code_02_moons_fun import LogicNet, plot_losses predict,
    plot_decision_boundary
06  np.random.seed(0)                                    # 設定隨機數種子
07  X, Y = sklearn.datasets.make_moons(200,noise=0.2)    # 生成兩組半圓形資料
08
09  arg = np.squeeze(np.argwhere(Y==0),axis = 1)         # 獲取第 1 組資料索引
10  arg2 = np.squeeze(np.argwhere(Y==1),axis = 1)        # 獲取第 2 組資料索引
11  plt.title("moons data")                              # 將資料顯示出來
12  plt.scatter(X[arg,0], X[arg,1], s=100,c='b',marker='+',label='data1')
13  plt.scatter(X[arg2,0], X[arg2,1],s=40, c='r',marker='o',label='data2')
14  plt.legend()
15  plt.show()
```

執行上面的程式，會顯示圖 3-1 所示的結果。

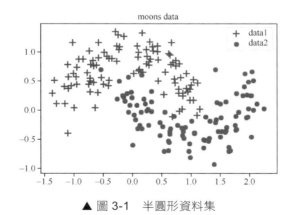

▲ 圖 3-1　半圓形資料集

如圖 3-1 所示，資料分成了兩類，一類用十字形狀表示，另一類用小數點
表示。

> **提示**
>
> 如果沒有安裝 **sklearn.datasets** 函數庫，那麼，在執行的時候，會報以下錯誤：
>
> ```
> ModuleNotFoundError: No module named 'sklearn'
> ```
>
> 此時，可以在命令列中輸入以下命令安裝 **sklearn.datasets** 函數庫：
>
> ```
> pip install sklearn
> ```

3.1.2 定義網路模型

PyTorch 支援以類別的方式來定義網路模型。定義網路模型類別 LogicNet，並在其內部實現以下介面。

- 初始化介面：定義該類別中的網路層結構。
- 正向介面：將網路層結構按照正向傳播的順序架設。
- 預測介面：利用架設好的正向介面，得到模型預測結果。
- 損失值介面：計算模型的預測結果與真實值之間的誤差，在反向傳播時使用。

具體實現程式如下。

程式檔案：code_02_moons_fun.py

```
01  import torch.nn as nn                        # 引入 torch 網路模型函數庫
02  import torch
03  import numpy as np
04  import matplotlib.pyplot as plt
05  class LogicNet(nn.Module): # 繼承 nn.Module 類別，建構網路模型
06      def __init__(self,inputdim,hiddendim,outputdim):   # 初始化網路結構
07          super(LogicNet,self).__init__()
08          self.Linear1 = nn.Linear(inputdim,hiddendim)    # 定義全連接層
```

```
09              self.Linear2 = nn.Linear(hiddendim,outputdim)  # 定義全連接層
10              self.criterion = nn.CrossEntropyLoss()          # 定義交叉熵函數
11
12  def forward(self,x):                    # 架設用兩個全連接層組成的網路模型
13      x = self.Linear1(x)                 # 將輸入資料傳入第 1 個全連接層
14      x = torch.tanh(x)                   # 對第 1 個連接層的結果進行非線性變換
15      x = self.Linear2(x)                 # 將網路資料傳入第 2 個連結層
16      return x
17
18  def predict(self,x):                    # 實現 LogicNet 類別的預測介面
19      # 呼叫自身網路模型，並對結果進行 softmax 處理，分別得出預測資料屬於
          每一類的機率
20      pred = torch.softmax(self.forward(x),dim=1)
21      return torch.argmax(pred,dim=1)     # 返回每組預測機率中最大值的索引
22
23   def getloss(self,x,y):                    # 實現 LogicNet 類別的損失值介面
24       y_pred = self.forward(x)
25       loss = self.criterion(y_pred,y)    # 計算損失值的交叉熵
26       return loss
```

上述程式中的第 6 ～ 10 行是 LogicNet 類別的初始化介面。該介面中定義了兩個全連接層和一個交叉熵函數。

上述程式中的第 12 ～ 16 行是 LogicNet 類別的正向介面。該介面將初始化的兩個全連接層連接起來，其中使用啟動函數 tanh() 進行非線性變換處理，並將最終的輸出返回。

上述程式中的第 18 ～ 21 行是 LogicNet 類別的預測介面。該介面對網路的正向結果進行 softmax 變換，分別得出預測資料屬於每一類的機率。

上述程式中的第 23 ～ 26 行是 LogicNet 類別的損失值介面。該介面呼叫 criterion() 函數計算預測結果與目標之間誤差的交叉熵。

> **📖 提示**
>
> 本小節的程式演示了神經網路的基本結構,其中出現了一些與神經網路
> 相關的術語,如全連接層、啟動函數等。讀者可以先略過這些概念,將
> 重點放在熟悉神經網路的開發步驟上。這些相關術語會在本書第 4 章進
> 行講解。

3.1.3 架設網路模型

只需要將定義好的網路模型類別 LogicNet 進行實例化,即可真正地完成
網路模型的架設。同時,需要定義訓練模型所需的最佳化器。最佳化器
會在訓練模型時的反向傳播過程中使用。具體程式如下。

程式檔案:code_01_moons.py(續1)

```
16  model = LogicNet(inputdim=2,hiddendim=3,outputdim=2)        # 實例化模型
17  optimizer = torch.optim.Adam(model.parameters(), lr=0.01) # 定義最佳化器
```

在實例化模型 (程式第 16 行) 時,傳入了 3 個參數,具體說明如下。

- 參數 inputdim:輸入資料的維度。因為本例中輸入的資料是一個具有
  x 和 y 兩個座標值的資料,所以維度為 2。
- 參數 hiddendim:隱藏層節點的數量,即 LogicNet 類別中 Linear2 層
  所包含的網路節點數量。這個值可以隨意定義,節點數量越多,網路
  的擬合效果越好。但太多數量的節點也會為網路帶來訓練困難、泛化
  性差的問題。
- 參數 outputdim:模型輸出的維度,這個參數具有一定的規律。在分
  類模型中,模型的最終結果有多少個分類,該參數就設定成多少。

3.1.4　訓練模型

神經網路的訓練過程是一步步進行的，每一步的詳細操作如下。

（1）每次都將資料傳入到網路中，透過正向結構得到預測值。

（2）把預測結果與目標間的誤差作為損失 [見 code_01_moons.py（續 2) 中的第 23 行]。

（3）利用反向求導的連鎖律，求出神經網路中每一層的損失 [見 code_01_moons.py(續 2) 中的第 26 行]。

（4）根據損失值對其當前網路層的權重參數進行求導，計算出每個參數的修正值，並對該層網路中的參數進行更新 [見 code_01_moons.py(續 2) 中的第 27 行]。

具體程式如下。

程式檔案：code_01_moons.py(續2)

```
18  xt = torch.from_numpy(X).type(torch.FloatTensor)# 將 NumPy 資料轉化為張量
19  yt = torch.from_numpy(Y).type(torch.LongTensor)
20  epochs = 1000                          # 定義迭代次數
21  losses = []                            # 定義列表，用於接收每一步的損失值
22  for i in range(epochs):
23      loss = model.getloss(xt,yt)
24      losses.append(loss.item())         # 保存中間狀態的損失值
25      optimizer.zero_grad()              # 清空之前的梯度
26      loss.backward()                    # 反向傳播損失值
27      optimizer.step()                   # 更新參數
```

上述程式中的第 18 行和第 19 行將 NumPy 資料轉成 PyTorch 支持的張量資料，用於傳入模型。

上述程式中的第 22 行使用了一個迴圈敘述對網路進行訓練。

3.1.5 視覺化訓練結果

定義函數 moving_average() 對訓練過程中的損失值進行平滑處理，返回
損失值的移動平均值，並將處理後的損失值視覺化。

1. 定義函數 moving_average() 與 plot_losses()

函數 moving_average()、plot_losses() 的具體實現程式如下。

程式檔案：code_02_moons_fun.py(續1)

```
27  def moving_average(a, w=10):          # 定義函數計算移動平均損失值
28      if len(a) < w:
29          return a[:]
30      return [val if idx < w else sum(a[(idx-w):idx])/w for idx, val in
    enumerate(a)]
31
32  def plot_losses(losses):
33      avgloss= moving_average(losses) # 獲得損失值的移動平均值
34      plt.figure(1)
35      plt.subplot(211)
36      plt.plot(range(len(avgloss)), avgloss, 'b--')
37      plt.xlabel('step number')
38      plt.ylabel('Training loss')
39      plt.title('step number vs. Training loss')
40      plt.show()
```

2. 呼叫函數 moving_average()

呼叫函數 moving_average()，並將結果視覺化，具體程式如下。

程式檔案：code_01_moons.py(續3)

```
28  plot_losses(losses)
```

程式執行後,可以看到視覺化結果如圖 3-2 所示。

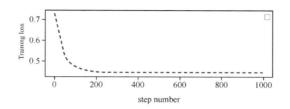

▲ 圖 3-2　視覺化結果

3.1.6　使用及評估模型

直接呼叫網路模型類別 LogicNet 的 predict 介面,即可使用模型進行預測。同時,可以使用 sklearn.metrics 的 accuracy_score() 函數對預測結果進行評分。具體程式如下。

程式檔案:code_01_moons.py(續4)

```
29  from sklearn.metrics import accuracy_score
30  print(accuracy_score(model.predict(xt),yt))
```

程式執行後,輸出以下結果:

```
0.985
```

結果表明模型的準確率為 0.985。

> **提示**
>
> 在實際執行時期,神經網路節點的初值是隨機的,而訓練過程是基於網路節點中的原始值進行調節,因此對每次訓練完的模型進行評估都會得到不同的分數。但是,評估值整體會在一個範圍之內浮動,不會有太大差異。

3.1.7 視覺化模型

由於模型的輸入資料是二維陣列，因此可以在直角座標系中進行視覺化，即從直角座標系中進行取樣，生成許多個輸入資料，並進行批次預測，所得的結果便可以在整個座標系中直觀地表現出來。

1. 定義函數 plot_decision_boundary()

函數 plot_decision_boundary() 用於從直角座標系中進行取樣，生成許多個輸入資料，並進行批次預測。具體程式如下。

程式檔案：code_02_moons_fun.py(續2)

```
41  def predict(x):            # 封裝支援 NumPy 的預測介面
42      x = torch.from_numpy(x).type(torch.FloatTensor)
43      ans = model.predict(x)
44      return ans.numpy()
45
46  def plot_decision_boundary(pred_func,X,Y):  # 在直角座標系中視覺化模型
47      # 計算設定值範圍
48      x_min, x_max = X[:, 0].min() - .5, X[:, 0].max() + .5
49      y_min, y_max = X[:, 1].min() - .5, X[:, 1].max() + .5
50      h = 0.01
51      # 在座標系中採用資料生成網格矩陣，用於輸入模型
52      xx,yy=np.meshgrid(np.arange(x_min, x_max, h), np.arange(y_min,
    y_max, h))
53      # 將資料登錄並進行預測
54      Z = pred_func(np.c_[xx.ravel(), yy.ravel()])
55      Z = Z.reshape(xx.shape)
56      # 將預測的結果視覺化
57      plt.contourf(xx, yy, Z, cmap=plt.cm.Spectral)
58      plt.title("Linear predict")
59      arg = np.squeeze(np.argwhere(Y==0),axis = 1)
60      arg2 = np.squeeze(np.argwhere(Y==1),axis = 1)
61      plt.scatter(X[arg,0], X[arg,1], s=100,c='b',marker='+')
```

```
62      plt.scatter(X[arg2,0], X[arg2,1],s=40, c='r',marker='o')
63      plt.show()
```

2. 呼叫函數 plot_decision_boundary()

將資料傳入函數 plot_decision_boundary()，生成視覺化結果。具體程式
如下。

程式檔案：code_01_moons.py(續5)

```
31  # 呼叫函數，進行模型視覺化
32  plot_decision_boundary(lambda x : predict(x) ,xt.numpy(), yt.numpy())
```

程式執行後，可以看到視覺化結果，如圖 3-3 所示。

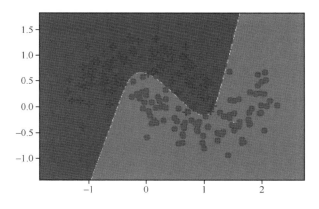

▲ 圖 3-3　模型視覺化結果

從圖 3-3 中可以看到，模型已經將兩個半圓形資料集徹底分開了。

3.2 模型是如何訓練出來的

上面例子僅迭代了 1000 次就獲得了一個可以擬合兩個半圓形資料集的模型。下面具體介紹一下該模型是如何得來的。

3.2.1 模型裡的內容及意義

一個標準的模型結構分為輸入、中間節點、輸出三大部分，而讓這 3 個部分連通起來學習規則並可以進行計算，則是框架 PyTorch 所做的事情。

在 PyTorch 中，存在一個「計算圖」的概念。PyTorch 將中間節點及節點間的運算關係 (ops) 定義在自己內部的「圖」上，每次執行時期都會重新建構一個新的計算圖。

建構一個完整的圖一般需要定義 3 種變數，如圖 3-4 所示。

- 輸入節點：網路的入口。
- 用於訓練的模型參數 (也稱為學習參數)：連接各個節點的路徑。
- 模型中的節點 (OP)：最複雜的就是 OP。OP 可以用來代表模型中的中間節點，也可以代表最終的輸出節點，它是網路中的真正結構。

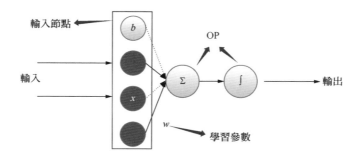

▲ 圖 3-4　模型中的圖

如圖 3-4 所示，將這 3 種變數放在圖中就組成了網路模型。在實際訓練中，透過動態的階段將圖中的各個節點按照事先定義好的正則運算，每一次的迭代都會對圖中的學習參數進行更新調整，透過一定次數的迭代運算之後，最終所形成的計算結構便是所要得到的「模型」。

3.2.2 模型內部資料流程向

模型的資料流程向分為正向和反向。

1. 正向

正向是指將輸入和各個節點定義的運算連在一起，一直運算到輸出。它是模型中基本的資料流程向。它直觀地表現了網路模型的結構，在模型的訓練、測試和使用的場景下均會用到。這部分是必須要掌握的。

2. 反向

反向只有在訓練場景下才會用到，這裡使用了一個稱為反向鏈式求導的方法，即先從正向的最後一個節點開始，計算其與真實值的誤差，然後求與誤差相關的學習參數方程式關於每個參數的導數，得到其梯度修正值，同時反推出上一層的誤差，這樣就將該層節點的誤差按照正向的相反方向傳到上一層，結合著去計算上一層的修正值，如此反覆下去，進行一步步的轉播，直到傳到正向的第一個節點。

這部分功能的實現已內建於 PyTorch 中，讀者簡單了解其原理即可。要把重點放在使用什麼方法來計算誤差、使用哪些梯度下降的最佳化方法、如何調節梯度下降中的參數（如學習率）上。

3.3 複習

本章透過一個簡單的實例介紹了使用 PyTorch 框架開發模型的過程，可以讓讀者快速感受到使用 PyTorch 框架開發模型的便捷性。後面的章節將系統地介紹 PyTorch 框架的使用及其技巧，一步步地啟動讀者熟練掌握該框架的使用。

快速上手 PyTorch

本章主要是對 PyTorch 的基礎模組與基本使用方法介紹。閱讀本章後，讀者能掌握 PyTorch 的使用方法。

4.1 神經網路中的幾個基底資料型態

PyTorch 是一個建立在 Torch 函數庫之上的 Python 套件，其內部主要將資料封裝成張量 (Tensor) 來進行運算。

有關張量的介紹，需要從神經網路中的基本類型開始講起，具體介紹如下。

神經網路中的基底資料型態有純量 (Scalar)、向量 (Vector)、矩陣 (Matrix) 和張量 (Tensor)，範例如圖 4-1 所示。

▲ 圖 4-1　純量、向量、矩陣和張量的範例

它們的層級關係解讀如下：

- 純量只是某個具體的數字；
- 向量由多個純量組成；
- 矩陣由多個向量組成；
- 張量由多個矩陣組成。

PyTorch 中的張量就是元素屬同一資料類型的多維矩陣。

4.2 張量類別的基礎

在 PyTorch 中，張量主要造成承載資料及進行計算的作用。張量是透過最底層的 Aten 運算函數庫進行計算的。Aten 函數庫是一個用 C++ 開發的底層運算函數庫，具有非常好的計算性能。

下面介紹張量類別的更多細節。

4.2.1 定義張量的方法

在 PyTorch 中定義張量的函數可以分為以下兩種。

- 函數 torch.tensor()：相對簡單，直接將傳入的數值原樣轉成張量。
- 函數 torch.Tensor()：功能更強大，可以指定數值和形狀來定義張量。

1. 函數 torch.tensor() 介紹

函數 torch.tensor() 只支持一個參數，其功能就是將傳入的物件轉成張量。該函數不但支援 Python 中的原生類型，而且支持 NumPy 類型。下面舉例説明。

```
import torch              # 引入 PyTorch 函數庫
import numpy as np        # 引入 NumPy 函數庫
a = torch.tensor(5)       # 定義一個張量 5
print(a)                  # 列印該張量，輸出：tensor(5)

anp = np.asarray([4])     # 定義一個 NumPy 陣列
a = torch.tensor(anp)     # 將 NumPy 陣列轉成張量
print(a)                  # 列印該張量，輸出：tensor([4], dtype=torch.int32)
```

2. 函數 torch.Tensor() 介紹

透過使用 torch.Tensor() 函數可以直接定義一個張量。在使用此函數定義張量時，可以指定張量的形狀，也可以指定張量的內容。下面舉例説明。

```
import torch              # 引入 PyTorch 函數庫
a = torch.Tensor(2)       # 定義一個指定形狀的張量
print(a)                  # 輸出：tensor([1.1210e-43, 4.7265e-01])

b = torch.Tensor(1,2)     # 定義一個指定形狀的張量
print(b)                  # 輸出：tensor([[-1.4754e+04,  4.5909e-41]])

c = torch.Tensor([2])     # 定義一個指定內容的張量
print(c)                  # 輸出：tensor([2.])

d = torch.Tensor([1,2])   # 定義一個指定內容的張量
print(d)                  # 輸出：tensor([1., 2.])
```

上面的範例程式解讀如下。

- 在定義張量 a 時，向 torch.Tensor() 函數中傳入 2，指定張量的形狀，系統便生成一個含有兩個數的一維陣列。
- 在定義張量 b 時，向 torch.Tensor() 函數中傳入 1 和 2，指定張量的形狀，系統便生成一個二維陣列。
- 在定義張量 c、d 時，向 torch.Tensor() 函數中傳入一個串列，系統直接生成與該串列內容相同的張量。

透過這個例子可以看出，向 torch.Tensor() 中傳入數值，可以生成指定形狀的張量；向 torch.Tensor() 中傳入串列，可以生成指定內容的張量。

> **📖 提示**
>
> 在以指定形狀的方式呼叫 torch.Tensor() 函數時，得到的張量是沒有初始化的。如果想得到一個隨機初始化後的張量，那麼可以使用 torch. rand() 函數。例如：
>
> ```
> x = torch.rand(2,1)    # 輸出 tensor([[0.0446],[0.5492]])
> ```
>
> torch.rand() 函數可以隨機生成元素位於 0 ～ 1 間的張量。

3. 張量的判斷

PyTorch 中還封裝了函數 is_tensor()，用於判斷一個物件是否為張量，具體用法如下。

```
import torch                    # 引入 PyTorch 函數庫
a = torch.Tensor(2)            # 定義一個指定形狀的張量
print(torch.is_tensor(a))      # 判斷 a 是否是張量，輸出：True
```

4. 獲得張量中元素的個數

可以透過 torch.numel() 函數獲得張量中元素的個數,具體用法如下。

```
import torch              # 引入 PyTorch 函數庫
a = torch.Tensor(2)      # 定義一個指定形狀的張量
print(torch.numel (a))   # 獲得 a 中元素的個數,輸出:2
```

4.2.2 張量的類型

PyTorch 中的張量包含了多種類型,每種類型的張量有單獨的定義函數。

1. 指定張量類型的常用函數

指定張量類型的常用函數見表 4-1。

表 4-1 張量類型及其定義函數

張量類型	函數
浮點數	torch.FloatTensor()
整數	torch.IntTensor()
Double 型	torch.DoubleTensor()
Long 型	torch.LongTensor()
位元組型	torch.ByteTensor()
字元型	torch.CharTensor()
Short 型	torch.ShortTensor()

2. 張量的預設類型

如果沒有特殊要求,那麼直接用函數 torch.Tensor() 所定義的張量是 32 位元浮點數,與呼叫 torch.FloatTensor() 函數定義張量的效果是一樣的。函數 torch.Tensor() 所定義的張量類型是根據 PyTorch 中的預設類型來生成的。當然,也可以透過修改預設類型來設定 torch.Tensor() 生成的張量類型。範例程式如下:

```
import torch                              # 引入 PyTorch 函數庫
print(torch.get_default_dtype())         # 輸出預設類型：torch.float32
print(torch.Tensor([1, 3]).dtype )       # 輸出 torch.Tensor() 函數返回的類
型：torch.float32
torch.set_default_dtype(torch.float64)   # 將預設的類型修改成 torch.float64
print(torch.get_default_dtype())         # 輸出預設類型：torch.float64
print(torch.Tensor([1, 3]).dtype )       # 輸出 torch.Tensor() 函數返回的類
型：torch.float64
```

3. 預設類型在其他函數中的應用

PyTorch 還提供了一些固定值的張量函數，方便程式設計師的開發工作。
例如：

- 使用 torch.ones() 生成指定形狀、元素值均為 1 的張量陣列；
- 使用 torch.zeros() 生成指定形狀、元素值均為 0 的張量陣列；
- 使用 torch.ones_like() 生成與目標張量形狀相同、元素值均為 1 的張量陣列；
- 使用 torch.zeros_like() 生成與目標張量形狀相同、元素值均為 0 的張量陣列；
- 使用 torch.randn() 生成指定形狀的隨機數張量陣列；
- 使用 torch.eye() 生成對角矩陣的張量；
- 使用 torch.full() 生成元素值均為 1 的矩陣的張量。

這些函數（還包括 4.5 節所介紹的函數）會根據系統的預設類型來生成張量。

4.2.3 張量的 type() 方法

PyTorch 將張量以類別的形式封裝起來，每一個具體類型的張量都有其自
身的許多屬性。其中 type() 方法是張量的屬性之一，該屬性可以實現張

量的類型轉換。例如：

```
import torch                          # 引入 PyTorch 函數庫
a = torch.FloatTensor([4])           # 定義一個浮點數張量
# 使用 type() 方法將其轉成 int 類型
print(a.type(torch.IntTensor))       # 輸出：tensor([4], dtype=torch.int32)
# 使用 type() 方法定義一個 Double 類型
print(a.type(torch.DoubleTensor))    # 輸出：tensor([4.], dtype=torch.float64)
```

數值類別的張量還可以直接透過該類別特有的屬性方法實現更簡潔的類型變換。舉例來說，上面程式還可以寫成：

```
print(a.int())                       # 轉為 int 類型
print(a.double())                    # 轉為 double 類型
```

PyTorch 為每個張量封裝了強大的屬性方法，不但適用於類型轉換，而且可用於一些正常的計算函數，如使用 **mean()** 進行平均值計算，使用 **sqrt()** 進行開平方運算等。具體程式如下：

```
print(a.mean())                      輸出：tensor(4.)
print(a.sqrt())                      輸出：tensor([2.])
```

另外，可以在編譯器中使用系統附帶的提示功能找到更多的可用函數，如圖 **4-2** 所示。

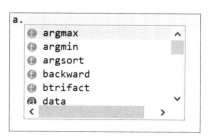

▲ 圖 4-2　張量的函數提示

4.3 張量與 NumPy

NumPy 是資料科學中用處最為廣泛的 Python 函數庫之一，PyTorch 框架對 NumPy 的支持非常合格。在 PyTorch 中，可以實現張量與 NumPy 類型資料的任意轉換。

4.3.1 張量與 NumPy 類型資料的相互轉換

下面透過程式來演示張量與 NumPy 類型資料的相互轉換，具體如下：

```
import torch                  # 引入 PyTorch 函數庫
import numpy as np            # 引入 NumPy 函數庫
a = torch.FloatTensor([4])    # 定義一個張量
print(a.numpy())             # 將張量轉成 NumPy 類型的物件，輸出：[4.]
anp = np.asarray([4])        # 定義一個 NumPy 類型的物件
# 將 NumPy 類型的物件轉成張量
print(torch.from_numpy(anp)) # 輸出：tensor([4], dtype=torch.int32)
print(torch.tensor (anp))    # 另一種方法實現將 NumPy 類型資料轉成張量
```

張量與 NumPy 類型資料的轉換是基於零複製技術實現的。在轉換過程中，PyTorch 張量與 NumPy 陣列物件共用同一記憶體區域，PyTorch 張量會保留一個指向內部 NumPy 陣列的指標，而非直接複製 NumPy 的值。

4.3.2 張量與 NumPy 各自的形狀獲取

張量與 NumPy 的形狀獲取方式也非常相似，具體程式如下：

```
x = torch.rand(2,1)          # 定義一個張量
print(x.shape)               # 列印張量形狀，輸出：torch.Size([2, 1])
```

```
print(x.size())              # 列印張量大小，輸出：torch.Size([2, 1])
anp = np.asarray([4,2])      # 定義一個 NumPy 類型的物件
print(anp.shape, anp.size)   # 列印 NumPy 變數的形狀和大小
```

二者也都可以透過 reshape() 屬性函數進行變形，接上面程式，具體程式如下：

```
print(x.reshape([1,2]).shape)     # 輸出：torch.Size([1, 2])
print(anp.reshape([1,2]).shape)   # 輸出：(1, 2)
```

4.3.3 張量與 NumPy 各自的切片操作

切片操作包含於 Python 的基礎語法，可以使陣列設定值變得簡單。

張量與 NumPy 的切片操作相似，具體程式如下：

```
x = torch.rand(2,1)          # 定義一個張量
print(x[:])                  # 輸出：tensor([[0.1273],[0.3797]])
anp = np.asarray([4,2])      # 定義一個 NumPy 類型的物件
print(anp[:])                # 輸出：[4 2]
```

從上面的程式中可以看出，透過切片操作設定值時，二者的語法相似。

> **⚑ 提示**
>
> 張量和 NumPy 還支持條件類型的切片，例如：
>
> ```
> print(x[x > 0.5])           # 輸出：tensor([0.5795, 0.9994])
> print(anp[anp > 3])         # 輸出：[4]
> ```

4.3.4 張量與 NumPy 類型資料相互轉換間的陷阱

4.3.1 節介紹的將 NumPy 類型資料轉化成張量的過程只是簡單的指標設定值，並不會發生複製現象。然而，這種快捷的方式卻會帶來安全隱憂：由於兩個變數共用一塊記憶體，因此，一旦修改了其中某一個變數，勢必會影響到另一個變數的值。

其實 PyTorch 考慮到了這一點，當 NumPy 類型資料轉成張量後，如果對張量進行修改，那麼其內部會觸發複製機制，額外開闢一塊記憶體，並將值複製過去，不會影響到原來 NumPy 類型資料的值。

但是在 NumPy 類型資料轉成張量後，如果對 NumPy 類型資料進行修改，那麼結果就不一樣了，因為 NumPy 並沒有 PyTorch 這種共用記憶體的設定。這會導致在對 NumPy 類型資料修改時，「悄悄」使張量的值發生了變化。例如下面的程式：

```
import torch                     # 引入 PyTorch 函數庫
import numpy as np               # 引入 NumPy 函數庫
nparray = np.array([1,1])        # 定義一個 NumPy 陣列
x = torch.from_numpy(nparray)    # 將陣列轉成張量
print(x)      # 顯示張量的值，輸出 tensor([1, 1], dtype=torch.int32)
nparray+=1    # 對 NumPy 陣列進行加 1
print(x)      # 再次顯示張量的值，輸出 tensor([2, 2], dtype=torch.int32)
```

上面的程式中沒有對張量 x 進行任何操作，但是從兩次的輸出來看，張量的值確實發生了變化。這種風險會使程式隱藏錯誤，在開發時一定要當心。

在對 NumPy 類型資料進行變化時，如果不使用替換記憶體的運算操作，就不會遇到這個問題。例如下面的程式：

```
nparray = np.array([1,1])        # 定義一個 NumPy 陣列
x = torch.from_numpy(nparray)    # 將陣列轉成張量
print(x)              # 顯示張量的值，輸出 tensor([1, 1], dtype=torch.int32)
nparray = nparray+1 # 對 NumPy 陣列進行加 1
print(x)              # 再次顯示張量的值，輸出 tensor([1, 1], dtype=torch.int32)
```

對於上面程式的寫法 (nparray = nparray+1)，系統會額外複製一份記憶體將 nparray+1 的結果值設定給 nparray 變數，並沒有在 nparray 的原有記憶體上進行改變，因此張量 x 的值沒有受到影響，並不會發生變化。

4.4 在CPU和GPU 控制的記憶體中定義張量

PyTorch 會預設將張量定義在 CPU 所控制的記憶體之上。如果想要使用 GPU 進行加速運算，那麼有兩種方法可以實現，具體如下。

4.4.1 將 CPU 記憶體中的張量轉化到 GPU 記憶體中

先在 CPU 上建立張量，再呼叫該張量的 cuda() 方法進行轉化，該方法會將張量重新在 GPU 所管理的記憶體中建立。具體程式如下：

```
import torch              # 引入 PyTorch 函數庫
a = torch.FloatTensor([4])  # 定義一個張量
b = a.cuda()
print(b)                    # 輸出：tensor([4.], device='cuda:0')
```

如果要將 GPU 上的張量建立到 CPU 上，那麼可以使用 cpu() 方法，例如：

```
print(b.cpu())              # 輸出：tensor([4.])
```

4.4.2　直接在 GPU 記憶體中定義張量

透過呼叫函數 torch.tensor() 並指定 device 參數為 cuda()，可以直接在
GPU 控制的記憶體中定義張量。具體程式如下：

```
import torch                              # 引入 PyTorch 函數庫
a = torch.tensor([4],device="cuda")       # 定義一個張量
print(a)                                  # 輸出：tensor([4],
device='cuda:0')
```

4.4.3　使用 to() 方法來指定裝置

將前面張量的 cpu() 和 cuda() 兩種方法合併到一起，可以透過張量的
to() 方法來實現對裝置的任意指定。這種方法也是 PyTorch 中推薦的用
法。具體程式如下：

```
import torch                   # 引入 PyTorch 函數庫
a = torch.FloatTensor([4])     # 定義一個張量
print(a)                       # 輸出：tensor([4.])
print(a.to("cuda:0"))          # 輸出：tensor([4.], device='cuda:0')
```

在電腦中，當有多個 GPU 時，它們的編號是從 0 開始的。程式中的
"cuda:0" 是指使用電腦的第 1 個 GPU。

4.4.4　使用環境變數 CUDA_VISIBLE_DEVICES 來
##　　　　指定裝置

使用環境變數 CUDA_VISIBLE_DEVICES 來為程式指定所執行的裝置，
這是 PyTorch 中常見的方式。該方式可以不用對程式中的各個變數依次
設定，只需要在執行 Python 程式時統一設定一次環境變數。舉例來說，
在命令列中，輸入以下啟動命令：

```
CUDA_VISIBLE_DEVICES=0 python 自己的程式 .py
```

該命令可以指定「自己的程式 .py」在第 1 個 GPU 上執行。

使用 CUDA_VISIBLE_DEVICES 時，還支援基於程式的設定。舉例來說，在程式的最前端加入以下敘述：

```
import os
os.environ["CUDA_VISIBLE_DEVICES"] = "0"
```

該敘述表示當前程式將在第 1 個 GPU 上執行。

4.5 生成隨機值張量

PyTorch 支持各種隨機值張量的生成，下面就來一一介紹。

4.5.1 設定隨機值種子

所有的隨機值都是基於種子參數生成的。使用 torch.initial_seed() 函數可以查看當前系統中的隨機值種子，使用 torch.manual_seed() 函數可以設定隨機值種子。

具體用法如下：

```
torch.initial_seed()          # 查看隨機值種子，輸出：1
torch.manual_seed(2)          # 設定隨機值種子
torch.initial_seed()          # 查看隨機值種子，輸出：2
```

4.5.2 按照指定形狀生成隨機值

函數 torch.randn() 可以根據指定形狀生成隨機值，具體用法如下：

```
import torch                # 引入 PyTorch 函數庫
torch.randn(2, 3)           # 輸出：tensor([[-0.3374, -1.6030]])
```

4.5.3 生成線性空間的隨機值

PyTorch 中有兩個函數可以生成線性空間的隨機值：torch.arange() 與 torch.linspace()。二者的用法略有不同，下面舉例說明。

```
import torch                      # 引入 PyTorch 函數庫
print(torch.arange(1,10,step=2))  # 在 1 到 10 之間，按照步進值為 2 進行設定值
                                  # 輸出：tensor([1, 3, 5, 7, 9])
print(torch.linspace(1,9,steps=5)) # 在 1 到 9 之間，均勻地取出 5 個值
                                  # 輸出：tensor([1., 3., 5., 7., 9.])
```

上面的程式同樣是輸出了值為 tensor([1, 3, 5, 7, 9]) 的張量陣列 (這裡先忽略類型)，但呼叫 torch.arange() 與 torch.linspace() 函數的方法卻截然不同。這裡有兩個需要注意的點，具體如下。

- 函數 torch.arange()：設定值範圍只包括起始值，不包括結束值。透過步進值來控制設定值的數量。
- 函數 torch.linspace()：設定值範圍既包括起始值又包括結束值。可以直接指定設定值的數量。

4.5.4 生成對數空間的隨機值

生成對數空間的隨機值函數是 torch.logspace()。該函數的用法與 torch.linspace() 函數完全相同。範例程式如下：

```
import torch                          # 引入 PyTorch 函數庫
print(torch.logspace(1,9,steps=5))   # 輸出：tensor([1.0000e+01,
1.0000e+03, 1.0000e+05, 1.0000e+07, 1.0000e+09])
```

4.5.5 生成未初始化的矩陣

呼叫函數 torch.empty() 可以生成未初始化的矩陣，例如：

```
import torch                    # 引入 PyTorch 函數庫
print(torch.empty(1, 2))       # 輸出：tensor([[6.9518e-310,  0.0000e+00]])
```

4.5.6 更多的隨機值生成函數

在 PyTorch 中，還有更多的隨機值生成函數。它們根據不同的取樣規則進行隨機值的生成。具體的取樣規則這裡不會詳細介紹。相關函數如下所示。

- torch.bernoulli()：伯努利分佈。
- torch.cauchy()：柯西分佈。
- torch.exponential()：指數分佈。
- torch.geometric()：幾何分佈。
- torch.log_normal()：對數正態分佈。
- torch.normal()：正態分佈。
- torch.random()：均勻分佈。
- torch.uniform()：連續均勻分佈。

4.6 張量間的數學運算

PyTorch 支持的張量之間的數學運算達到 200 種以上。同時，PyTorch 多載了 Python 中常用的運算子號，使得張量之間的運算與 Python 的基本運算語法一致，例如：

```
import torch                    # 引入 PyTorch 函數庫
a = torch.FloatTensor([4])      # 定義一個張量，值是 [4]
print(a,a+a)                    # 輸出：tensor([4.]) tensor([8.])
```

4.6.1 PyTorch 的運算函數

上面程式中的 "a+a" 呼叫了 PyTorch 加法函數的多載運算符號號。還可以直接呼叫 PyTorch 的加法函數進行運算。接上面的程式，具體實現如下：

```
b=torch.add(a,a)      # 呼叫 torch.add() 進行相加
print(b)              # 輸出：tensor([8.])
```

在 torch.add() 函數中還可以指定輸出，具體實現如下：

```
torch.add(a,a,out=b)    # 呼叫 torch.add() 進行相加，並將結果輸出給 b
print(b)               # 輸出：tensor([8.])
```

在以指定輸出的方式呼叫運算函數時，需要確保輸出變數已經定義，不然程式執行時期會顯示出錯。

4.6.2 PyTorch 的自變化運算函數

自變化運算函數是指在變數本身基礎上做運算，其結果直接作用在變數自身。接上面的程式，具體實現如下：

```
a.add_(b)                  # 實現 a+=b
print(a)                   # 輸出：tensor([12.])
```

上面程式執行後，可以看到 a 的值發生了變化。

> **📖 提示**
>
> 在 PyTorch 中，所有的自變化運算函數都會帶有一個底線，如 x.copy_
> (y)、x.t_()。

4.7 張量間的資料操作

架設網路模型過程中用得最多的還是基於張量形式的資料操作，該操作
可以將張量中的資料以不同維度的方式進行表現及運算，實現神經網路
各層之間的對接。

4.7.1 用 torch.reshape() 函數實現資料維度變換

函數 torch.reshape() 在保證張量矩陣資料不變的前提下改變資料的維
度，使其轉換成指定的形狀。在神經網路的上下層連接時，經常會用到
函數 torch.reshape()。該函數主要用於調節資料的形狀，使其與下層網
路的輸入匹配。

舉例來說，對圖片處理用的卷積層一般是基於四維形狀 (批次、通道、
高、寬) 的資料操作的。而全連接層一般是基於二維形狀 (批次、特徵
值) 的資料操作的。如果要將卷積層的結果交給全連接層進行處理，那麼
必須形狀變換。

函數 torch.reshape() 的用法如下：

```
a = torch.tensor([[1,2],[3,4]])      # 定義一個二維張量
print(torch.reshape(a,(1,-1)))       # 將其轉為只有 1 行資料的張量
                                     # 輸出：tensor([[1, 2, 3, 4]])
```

在使用函數 torch.reshape() 時，要求指定的形狀必須要與原有的輸入張量所具有的元素個數一致，不然程式執行時期會顯示出錯。在指定形狀的過程中，可以使用 -1 來代表維度由系統自動計算。

除直接使用 torch.reshape() 函數進行形狀變換以外，還可以使用張量的 reshape() 或 view() 方法。例如：

```
print(a.reshape((1,-1)))    # 將其轉為只有 1 行資料的張量，輸出：tensor([[1,
2, 3, 4]])
print(a.view((1,-1)))       # 將其轉為只有 1 行資料的張量，輸出：tensor([[1,
2, 3, 4]])
```

可以看到，呼叫張量的 reshape() 方法與使用 torch.reshape() 函數的效果是一樣。

注意：在 PyTorch 中，還可以使用 torch.squeeze() 對某張量進行壓縮 (在變形過程中，將值為 1 的維度去掉)，例如：

```
a = torch.tensor([[1,2],[3,4]])                # 定義一個二維張量
torch.squeeze(torch.reshape(a,(1,-1)))         # 輸出：tensor([1, 2, 3, 4])
```

函數 torch.squeeze() 預設在變形過程中將輸入張量中所有值為 1 的維度去掉。如果一個張量中值為 1 的維度有很多，但是又不想全部去掉，那麼可以在函數中透過設定 dim 參數，選擇去掉某一個維度 (dim 參數所指定的維度必須滿足值為 1)。

如果要刪掉一個不為 1 的維度，那麼可以使用 torch.unbind() 函數。

另外，還有一個與 torch.squeeze() 函數功能相反的函數：torch. unsqueeze()。它可以為輸入張量增加一個值為 1 的維度。該函數的定義如下：

```
torch.unsqueeze(input, dim, out=None)
```

其中 dim 參數用於指定所要增加維度的位置。dim 的預設值為 1，即在維度索引為 1 的位置增加值為 1 的維度。

4.7.2 實現張量資料的矩陣轉置

函數 torch.t() 和 torch.transpose() 都可以實現張量的矩陣轉置運算，其中函數 torch.t() 使用起來比較簡單。函數 torch.transpose() 功能更為強大，但使用起來較為複雜。具體操作如下：

```
b = torch.tensor([[5,6,7],[2,8,0]])   # 定義一個二維張量
torch.t(b)                  # 轉置矩陣，輸出：tensor([[5, 2], [6, 8], [7, 0]])
torch.transpose(b, dim0=1, dim1=0)   # 轉置矩陣，輸出：tensor([[5, 2], [6,
8], [7, 0]])
```

可以看到 torch.transpose() 函數接收兩個參數 dim0 與 dim1，分別用於指定原始的維度和轉換後的目標維度。上述程式中的 "dim0=1, dim1=0" 表示：將原有資料的第 1 個維度轉換到第 0 個維度上。

另外，還可以使用張量的 permute() 方法實現轉置，例如：

```
b.permute(1,0)   # 將第 0 維度與第 1 維度交換，輸出：tensor([[5, 2], [6, 8],
[7, 0]])
```

4.7.3　view() 方法與 contiguous() 方法

在早期的 PyTorch 版本中，就有一個 view() 方法，是用來改變張量形狀的。在 PyTorch 的後續版本中，這個 view() 方法一直保留了下來。

view() 方法比 reshape() 方法更為底層，也更為不智慧。view() 方法只能作用於整塊記憶體上的張量。

在 PyTorch 中，有些張量 (tensor) 並不佔用一整塊記憶體，而是由不同的資料區塊組成的，view() 方法無法對這樣的張量資料進行變形處理。同樣，view() 方法也無法對已經用過 transpose()、permute() 等方法改變形狀後的張量進行變形處理。透過張量的 is_contiguous() 方法可以判斷張量的記憶體是否連續。

如果要使用 view() 方法，那麼最好是與 contiguous() 方法一起使用。contiguous() 方法可以將張量複製到連續的整塊記憶體中。

範例程式如下：

```
b = torch.tensor([[5,6,7],[2,8,0]])      # 定義一個二維張量
print(b.is_contiguous() )                # 判斷記憶體是否連續，輸出：True
c = b.transpose(0, 1)                     # 對 b 進行轉置
print(c.is_contiguous() )                # 判斷記憶體是否連續，輸出：False
print(c.contiguous().is_contiguous())    # 判斷記憶體是否連續，輸出：True
print( c.contiguous().view(-1))          # 改變 c 的形狀，輸出：tensor([5, 2,
6, 8, 7, 0])
```

4.7.4　用 torch.cat() 函數實現資料連接

函數 torch.cat() 可以將兩個張量資料沿著指定的維度連接起來，這種資料操作是神經網路中的常見做法。多分支卷積和殘差結構乃至注意力機制都會用 torch.cat() 函數進行實現。

函數 torch.cat() 的用法如下：

```
a = torch.tensor([[1,2],[3,4]])       # 定義一個二維張量
b = torch.tensor([[5,6],[7,8]])       # 定義一個二維張量
print( torch.cat([a,b], dim=0) )      # 將張量 a、b 沿著第 0 維度連接
                          # 輸出：tensor([[1, 2], [3, 4], [5, 6], [7, 8]])
print( torch.cat([a,b], dim=1) )      # 將張量 a、b 沿著第 1 維度連接
                          # 輸出：tensor([[1, 2, 5, 6], [3, 4, 7, 8]])
```

在使用 torch.cat() 函數時，dim 參數主要用於指定連接的維度。在卷積操作中，常常會將不同張量中代表通道的維度進行連接，然後統一處理。

> **注意**：還可以使用 torch.stack() 函數對串列中的多個元素進行合併。該函數的作用與 torch.cat() 非常相似，只不過要求串列中的張量元素維度必須一致，常用於建構輸入張量。舉例來說，實現內部注意力機制時建構的 K、Q、V 輸入資料。

4.7.5 用 torch.chunk() 函數實現資料均勻分割

函數 torch.chunk() 可以將一個多維張量按照指定的維度和拆分數量進行分割。在語義分割等大型網路 (如 Mask RCNN 等模型) 中，經常會用到它。具體用法如下：

```
a = torch.tensor([[1,2],[3,4]])            # 定義一個二維張量
print( torch.chunk(a, chunks=2,dim = 0))# 將張量 a 沿著第 0 維度分割成 2 部分
                     # 輸出：(tensor([[1, 2]]), tensor([[3, 4]]))
print( torch.chunk(a, chunks=2,dim = 1))# 將張量 a 沿著第 1 維度分割成 2 部分
                     # 輸出：(tensor([[1], [3]]), tensor([[2], [4]]))
```

在使用 torch.chunk() 函數時，chunks 參數用於指定拆分後的數量；dim 參數用於指定連接的維度。其返回值是一個元組 (tuple) 類型。

> **注意**：元組 (tuple) 是 Python 中的基底資料型態之一，主要特性是不可被
> 修改。

4.7.6　用 torch.split() 函數實現資料不均勻分割

使用 torch.split() 函數可以實現將資料按照指定規則進行分割。具體做法
如下：

```
b = torch.tensor([[5,6,7],[2,8,0]])        # 定義一個二維張量
torch.split(b, split_size_or_sections = (1,2),dim =1)  # 將張量 b 沿著第 1
維度分割成 2 部分，輸出：(tensor([[5], [2]]), tensor([[6, 7], [8, 0]]))
```

可以看到輸出的結果是不均勻的兩部分：一個形狀是 [2,1]，另一個形狀
是 [2,2]，這是由參數 split_size_or_sections 決定的。

> **注意**：當 split_size_or_sections 參數為一個具體的數值時，代表系統將
> 按照指定的元素個數對張量資料進行拆分。在分割過程中，不滿足指定個
> 數的剩餘資料將被作為分割資料的最後一部分。例如：
>
> ```
> torch.split(b,split_size_or_sections = 2,dim =1) # 將張量 b 按照每部分 2 個
> 元素進行拆分
> ```
>
> 由於 b 中 1 維度裡共有 3 個元素，分割出來 2 個之後，只剩 1 個元素，不
> 滿足參數 split_size_or_sections 所指定的元素個數，因此這 1 個元素將
> 作為剩餘資料單獨分割出來。

4.7.7　用 torch.gather() 函數對張量資料進行檢索

torch.gather() 函數與 TensorFlow() 中的 gather() 函數意義相近，但用法
截然不同。torch.gather() 函數的作用是對張量資料中的值按照指定的索
引和順序進行排列。該函數在與目標檢測相關的模型中經常用到 (一般用

來處理模型結果的輸出資料)。具體做法如下：

```
b = torch.tensor([[5,6,7],[2,8,0]])     # 定義一個二維張量
torch.gather(b,dim=1,index= torch.tensor([[1,0],[1,2]]))   # 沿著第 1 維
度，按照 index 的形狀進行設定值排列。輸出：tensor([[6,#5], [8, 0]])
torch.gather(b,dim=0,index=torch.tensor([[1,0,0]]))   # 沿著第 0 維度，按照
index 形狀進行取值排列。輸出：tensor([[2, 6, 7]])
```

在 torch.gather() 函數中，index 參數必須是張量類型，而且要與輸入的維度相同。index 參數中的內容值是輸入資料中的索引。

> **注意**：如果要從多維張量中取出整行或整列的資料，那麼可以使用 torch.index_select() 函數。具體用法如下：
>
> ```
> torch.index_select(b, dim=0, index=torch.tensor(1))   # 沿著第 0 維度，取出
> 第一個元素，輸出：#tensor([[2, 8, 0]])
> ```
>
> 其中 index 參數還可以是個一維陣列，代表所選取資料的索引值。

4.7.8 按照指定設定值對張量進行過濾

在處理神經網路預測出的分類結果時，常常會需要按照設定值對網路輸出的特徵資料進行過濾。這種應用可以透過 PyTorch 中的邏輯比較函數 (torch.gt()、torch.ge()、torch.lt()、torch.le()) 和隱藏設定值函數 (torch.masked_select()) 實現。具體用法如下：

```
import torch                         # 引入 PyTorch 函數庫
a = torch.tensor([[1,2],[3,4]])      # 定義一個二維張量
mask = a.ge(2)                       # 找出大於或等於 2 的數
print(mask)   # 輸出隱藏，輸出：tensor([[0, 1], [1, 1]], dtype=torch.uint8)
torch.masked_select(a, mask)         # 按照隱藏設定值，輸出：tensor([2, 3, 4])
```

上面的程式實現了從張量 a 中找出大於或等於 2 的值的過程。

> **注意**：常用的邏輯比較函數如下。
>
> - torch.gt()：大於。
> - torch.ge()：大於或等於。
> - torch.lt()：小於。
> - torch.le()：小於或等於。

4.7.9　找出張量中的非零值索引

使用函數 torch.nonzero() 可以找出張量中非零值的索引。具體用法如下：

```
eye=torch.eye(3)            # 生成一個對角矩陣
print(eye)                  # 列印對角矩陣，輸出：tensor([[1., 0., 0.], [0.,
1., 0.], [0., 0., 1.]])
print(torch.nonzero(eye))   # 找出對角矩陣中的非零值索引
                            # 輸出：tensor([[0, 0], [1, 1], [2, 2]])
```

4.7.10　根據條件進行多張量設定值

函數 torch.where() 可以根據設定的條件從兩個張量中進行設定值。具體用法如下：

```
b = torch.tensor([[5,6,7],[2,8,0]])      # 定義一個二維張量
c = torch.ones_like(b)      # 生成值為 1 的矩陣
print(c)                    # 列印 c，輸出：tensor([[1, 1, 1], [1, 1, 1]])
torch.where(b>5,b,c)        # 將 b 中值大於 5 的元素取出，值不大於 5 的元素從 c
                            # 中設定值。輸出：tensor([[1, 6, 7], [1, 8, 1]])
```

4.7.11 根據設定值進行資料截斷

根據設定值進行資料截斷的功能常用於梯度的計算過程中，為梯度限制一個固定的設定值，來避免訓練過程中梯度「爆炸」現象 (模型每次訓練的調整值都變得很大，導致最終訓練過程難以收斂) 的發生。

使用函數 torch.clamp() 可以實現根據設定值對資料進行截斷的功能。具體用法如下：

```
a = torch.tensor([[[1,2],[3,4]]])   # 定義一個二維張量
torch.clamp(a, min=2, max=3)        # 按照最小值 2、最大值 3 進行截斷
                                    # 輸出：tensor([[[2, 2], [3, 3]]])
```

4.7.12 獲取資料中最大值、最小值的索引

函數 torch.argmax() 用於返回最大值索引，函數 torch.argmin() 用於返回最小值索引。具體用法如下：

```
a = torch.tensor([[1,2],[3,4]])     # 定義一個二維張量
torch.argmax(a,dim = 0)     # 沿第 0 維度找出最大值索引，輸出：tensor([1, 1])
torch.argmin(a,dim = 0)     # 沿第 1 維度找出最小值索引，輸出：tensor([0, 0])
```

其中，函數 torch.argmax() 在處理分類結果時最常使用。該函數常用於統計每個分類資料中的最大值，從而得到模型最終的預測結果。

> **提示**
>
> 還可以使用功能更為強大的 torch.max() 和 torch.min() 函數，該類別函數在輸出張量資料中的最大值、最小值的同時，還會輸出其對應的索引。例如：

```
a = torch.tensor([[1,2],[3,4]]) # 定義一個二維張量
print(torch.max(a,dim = 0)) # 沿第 0 維度找出最大值及索引，輸出：(tensor
    ([3, #4]), tensor([1, 1])) ，其中第一個張量是最大值，第二個張量是索引
print(torch.min(a,dim = 0)) # 沿第 1 維度找出最小值及索引，輸出：(tensor
    ([1, #2]), tensor([0, 0])) ，其中第一個張量是最小值，第二個張量是索引
```

4.8 Variable 類型與自動微分模組

Variable 是 PyTorch 中的另一個變數類型，它是由 Autograd 模組對張量進一步封裝實現的。一旦張量 (Tensor) 被轉化成 Variable 物件，便可以實現自動求導的功能。

4.8.1 自動微分模組簡介

自動微分模組 (Autograd) 是組成神經網路訓練的必要模組。它主要是在神經網路的反向傳播過程中，基於正向計算的結果對當前參數進行微分計算，從而實現網路權重的更新。Autograd 模組與張量相同，也是建立在 ATen 框架上。

Autograd 提供了所有張量操作的自動求微分功能。它的靈活性表現在可以透過程式的執行來決定反向傳播的過程，這樣就使得每一次的迭代都可以讓權重參數向著目標結果進行更新。

4.8.2 Variable 物件與張量物件之間的轉化

Variable 物件與普通的張量物件之間的轉化方法如下：

```
import torch                          # 引入 PyTorch 函數庫
from torch.autograd import Variable

a = torch.FloatTensor([4])     # 定義一個張量，值是 [4]
print(Variable(a))                    # 張量轉成 Variable 物件，輸出：tensor([4.])
# 張量轉成支援梯度計算的 Variable 物件
print(Variable(a,requires_grad=True))   # 輸出：tensor([4.], requires_
grad=True)
print(a.data)                         # Variable 物件轉成張量，輸出：tensor([4.])
```

在使用 Variable 對張量進行轉化時，可以使用 requires_grad 參數指定該張量是否需要梯度計算。

> **📖 提示**
>
> 在使用 requires_grad 時，要求該張量的值必須是浮點數。PyTorch 中不支持整數進行梯度運算。例如：
>
> ```
> x = torch.tensor([1], requires_grad=True)     # 程式顯示出錯
>                       # 輸出："RuntimeError: Only Tensors
>                       #of floating point dtype can require gradients"
> x = torch.tensor([1.], requires_grad=True)    # 正確寫法
> ```

4.8.3 用 no_grad() 與 enable_grad() 控制梯度計算

Variable 類別中的 requires_grad 屬性還會受到函數 no_grad()(設定 Variable 物件不需要梯度計算) 和 enable_grad()(重新使 Variable 物件的梯度計算屬性生效) 的影響。具體如下。

- no_grad() 比定義 Variable 物件時的 requires_grad 屬性許可權更高；
- 當某個需要梯度計算的 Variable 物件被 no_grad() 函數設定為不需要梯度計算後，enable_grad() 可以重新使其恢復具有需要梯度計算的屬性。

> **📖 提示**
>
> enable_grad() 函數只對具有需要梯度計算屬性的 Variable 物件有效。
> 如果定義 Variable 物件時，沒有設定 requires_grad 屬性為 True，那麼
> enable_grad() 函數也不能使其具有需要梯度計算的屬性。

4.8.4 函數 torch.no_grad() 介紹

函數 torch.no_grad() 會使其作用區域中的 Variable 物件的 requires_grad 屬性故障。具體用法如下。

（1）用函數 torch.no_grad() 配合 with 敘述限制 requires_grad 的作用域。

```
import torch                          # 引入 PyTorch 函數庫
from torch.autograd import Variable

x=torch.ones(2,2,requires_grad=True)  # 定義一個需要梯度計算的 Variable 物件
with torch.no_grad():
    y = x * 2
print(y.requires_grad)                # 輸出：False
```

從上面的程式可以看出，即使 Variable 物件在定義時宣告了需要計算梯度，在函數 torch.no_grad() 作用域下透過計算生成的 Variable 物件也一樣沒有需要計算梯度的屬性。

> **📖 提示**
>
> torch.ones() 函數支援 requires_grad 參數，該函數可以直接生成
> Variable 物件。同理，torch.tensor() 函數也支援 requires_grad 參數的
> 設定。但是 torch.Tensor() 函數不支援 requires_grad 參數。

（2）用函數 no_grad() 裝飾器限制 requires_grad 的作用域。接上面的程式，具體實現如下：

```
@torch.no_grad()            # 用裝飾器的方式修飾函數
def doubler(x):             # 將張量的計算封裝到函數中
    return x * 2
z = doubler(x)              # 呼叫函數，得到張量
print(z.requires_grad)     # 輸出：False
```

上面的程式使用裝飾器來限制函數等級的運算梯度屬性，這種方法也可以使張量的 requires_grad 屬性故障。

> **◀ 提示**
>
> 在神經網路模型的開發中，常將架設網路結構的過程封裝起來，例如上面程式的 **doubler()** 函數即是如此。有些模型不需要進行訓練的情況下，使用裝飾器會使開發更便捷。

4.8.5 函數 enable_grad() 與 no_grad() 的巢狀結構

在函數 enable_grad() 的作用域中，Variable 物件的 requires_grad 屬性將變為 True。enable_grad() 常與函數 no_grad() 巢狀結構使用，具體實現如下。

（1）用函數 enable_grad() 配合 with 敘述限制 requires_grad 的作用域。

```
import torch                            # 引入 PyTorch 函數庫
x=torch.ones(2,2,requires_grad=True)   # 定義一個需要梯度計算的 Variable 物件
with torch.no_grad():                   # 呼叫函數 no_grad() 將需要梯度計算屬性故障
    with torch.enable_grad():           # 巢狀結構函數 enable_grad() 使需要梯度計算
                                        # 屬性生效
```

```
        y = x * 2
print(y.requires_grad)          # 輸出：True
```

從上面的程式可以看出，在函數 no_grad() 的 with 敘述內層又用了 enable_grad() 的 with 敘述，使 Variable 物件恢復需要計算梯度的屬性。於是，在輸出 y.requires_grad 的值時，輸出了 True。

（2）用函數 enable_grad() 支援裝飾器的方式對函數進行修飾。接上面的程式，具體實現如下：

```
@torch.enable_grad()            # 用裝飾器的方式修飾函數
def doubler(x):                 # 將張量的計算封裝到函數中
    return x * 2
with torch.no_grad():           # 呼叫函數 no_grad() 將需要梯度計算屬性故障
    z = doubler(x)              # 呼叫函數，得到 Variable 物件
print(z.requires_grad)          # 輸出：True
```

上面的程式使用裝飾器的方式，用函數 enable_grad() 來修飾 Variable 物件計算函數。該函數被修飾後將不再受 with torch.no_grad() 敘述的影響。

（3）當 enable_grad() 函數作用在沒有 requires_grad 屬性的 Variable 物件上時，將故障 (不能使其具有需要計算梯度的屬性)。具體實現如下：

```
import torch                    # 引入 PyTorch 函數庫
x=torch.ones(2,2)               # 定義一個不需要梯度計算的 Variable 物件
with torch.enable_grad():       # 呼叫 enable_grad() 函數
    y = x * 2
print(y.requires_grad)          # 輸出：False
```

在上面的程式中，定義 Variable 物件 x 時，沒有設定 requires_grad() 屬性。於是，即使呼叫了 enable_grad() 函數，透過張量 x 所計算出來的 y 仍沒有需要計算梯度的屬性。

4.8.6 用 set_grad_enabled() 函數統一管理梯度計算

4.8.3 節～ 4.8.5 節介紹了控制梯度計算的基本方法。在實際使用中，用得更多的是呼叫 set_grad_enabled() 函數對梯度計算進行統一管理。具體程式如下：

```
import torch                              # 引入 PyTorch 函數庫
x=torch.ones(2,2,requires_grad=True)     # 定義一個需要梯度計算的 Variable 物件
torch.set_grad_enabled(False)            # 統一關閉梯度計算功能
y = x * 2
print(y.requires_grad)                   # 輸出：False
torch.set_grad_enabled(True)             # 統一打開梯度計算功能
y = x * 2
print(y.requires_grad)                   # 輸出：True
```

在上面的程式中，透過呼叫 set_grad_enabled() 函數來進行全域梯度計算功能的控制。在透過變數計算得到 Variable 物件時，該物件會根據當前的梯度計算開關，來決定自己是否需要具有梯度計算屬性。

4.8.7 Variable 物件的 grad_fn 屬性

在前向傳播的計算過程中，每個透過計算得到的 Variable 物件都會有一個 grad_fn 屬性。該屬性會隨著變數的 backward() 方法進行自動的梯度計算。但是，沒有經過計算得到的 Variable 物件是沒有 grad_fn 屬性的，如下所示。

（1）沒有經過計算的變數沒有 grad_fn 屬性。

```
import torch                                    # 引入 PyTorch 函數庫
from torch.autograd import Variable
x=Variable(torch.ones(2,2),requires_grad=True)  # 定義一個 Variable 物件
```

```
print(x,x.grad_fn)          # 輸出：tensor([[1., 1.], [1., 1.]],
                            # requires_grad=True) None
```

如上面的程式所示，因為 x 是透過定義生成的，並不是透過計算生成的，所以 x 的 **grad_fn** 屬性為 **None**。

（2）經過計算得到的變數有 **grad_fn** 屬性。接上面的程式，具體實現如下：

```
m = x+2                     # 經過計算得到 m
print(m.grad_fn)            # 輸出：<AddBackward0 object at 0x0000026913263D30>
```

該梯度函數是可以呼叫的，見以下程式：

```
# 對 x 變數求梯度
print(m.grad_fn(x))         # 輸出：tensor([[1., 1.], [1., 1.]],
                            # requires_grad=True)
```

上面的這種情況求出了 x 的導數為 **[[1.,1.],[1.,1.]]**。該結果便是 x 變數關於 m 的梯度。

（3）對於下面這種情況，所得的變數也沒有 **grad_fn** 屬性。接上面的程式，具體實現如下：

```
x2=torch.ones(2,2)          # 定義一個不需要梯度計算的張量
m = x2+2                    # 經過計算得到 m
print(m.grad_fn)            # 輸出：None
```

在上面的程式中，變數 m 是經過計算得到的。但是，參與計算的 x2 是一個不需要梯度計算的變數。因此，m 也是沒有 **grad_fn** 屬性。

4.8.8 Variable 物件的 is_leaf 屬性

在 4.8.7 節中，在自訂 Variable 物件時，如果將屬性 requires_grad 設為
True，那麼該 Variable 物件就被稱為葉子節點，其 is_leaf 屬性為 True。

如果 Variable 物件不是透過自訂生成，而是透過其他張量計算得到，
不是葉子節點，那麼該 Variable 物件不是葉子節點，其 is_leaf 屬性為
False。

具體程式如下：

```
import torch                          # 引入 PyTorch 函數庫
x=torch.ones(2,2,requires_grad=True)  # 定義一個 Variable 物件
print(x.is_leaf)                      # 輸出：True
m = x+2                               # 經過計算得到 m
print(m.is_leaf)                      # 輸出：False
```

在上面的程式中，變數 x 為直接定義的 Variable 物件，其 is_leaf 屬性
為 True。變數 m 為透過計算得到的 Variable 物件，其 is_leaf 屬性為
False。

PyTorch 會在模型的正向執行過程中記錄每個張量的由來，最終在記憶體
中形成一個樹狀結構。該結構可幫助神經網路在最佳化參數時進行反向
鏈式求導。葉子節點的屬性主要用於反向鏈式求導過程中，為遞迴迴圈
提供訊號指示。當反向鏈式求導遇到葉子節點時，終止遞迴迴圈。

4.8.9 用 backward() 方法自動求導

當帶有需求梯度計算的張量經過一系列計算最終生成一個純量 (具體的
數) 時，便可以使用該純量的 backward() 方法進行自動求導。該方法會
自動呼叫每個需要求導變數的 grad_fn() 函數，並將結果放到該變數的
grad 屬性中。例如：

```
import torch                              # 引入 PyTorch 函數庫
x=torch.ones(2,2,requires_grad=True)      # 定義一個 Variable 物件
m = x+2                                   # 透過計算得到 m 變數
f = m.mean()          # 透過 m 的 mean() 方法，得到一個純量
f.backward()          # 呼叫純量 f 的 backward() 進行自動求導
print(f,x.grad)       # 輸出 f 與 x 的梯度：tensor(3., grad_
fn=<MeanBackward1>)
                      tensor([[0.2500, 0.2500], [0.2500, 0.2500]])
```

在上面的程式中，純量 f 呼叫 backward() 方法後，便會得到 x 的梯度
tensor([[0.2500, 0.2500], [0.2500, 0.2500]])。

> **提示**
>
> backward() 方法一定要在當前變數內容是純量的情況下使用，否則會顯
> 示出錯。

4.8.10　自動求導的作用

PyTorch 正是透過 backward() 方法實現了自動求導的功能，從而在複雜
的神經網路計算中，自動將每一層中每個參數的梯度計算出來，實現訓
練過程中的反向傳播。該功能大大簡化了開發者的工作。

4.8.11　用 detach() 方法將 Variable 物件分離成葉子節點

需要求梯度的 Variable 物件無法被直接轉化為 NumPy 物件，舉例來
說，下面的程式會顯示出錯。

```
from torch.autograd import Variable
x=Variable(torch.ones(2,2),requires_grad=True)
x.numpy()                    # 將 Variable 物件轉成 NumPy 物件
```

該程式在執行時期會報以下錯誤。

```
RuntimeError: Can't call numpy() on Variable that requires grad. Use
var.detach().numpy() instead.
```

正確的寫法是應該使用 Variable 物件的 detach() 方法，將 Variable 從建立它的圖中分離之後，再進行 NumPy 物件的轉換。例如：

```
x.detach().numpy()
```

該程式會返回一個新的、從當前圖中分離的 Variable，並把它作為葉子節點。

被返回的 Variable 和被分離的 Variable 指向同一個張量，並且永遠不會需要梯度。

注意：如果被分離的 Variable 物件的 volatile 屬性為 True，那麼分離出來的 volatile 屬性也為 True。

在實際應用中，還可以用 detach() 方法實現對網路中的部分參數求梯度的功能。

舉例來說，有兩個網路 A 和 B，想求 B 網路參數的梯度，但是又不想求 A 網路參數的梯度。此時，可以用 detach() 方法來處理。下面列出兩種方法的範例程式。

```
# y=A(x), z=B(y) 求 B 中參數的梯度，不求 A 中參數的梯度
# 第一種方法
y = A(x)
z = B(y.detach())
z.backward()
# 第二種方法
```

```
y = A(x)
y.detach_()
z = B(y)
z.backward()
```

在對抗神經網路中,需要對兩個模型進行交替訓練,在交替的過程中,需要固定一個模型而訓練另一個模型。在這種情況下,可以使用該方法來固定模型。

4.8.12 volatile 屬性擴充

在 PyTorch 的早期版本中,還可以透過設定 Variable 類別的 volatile 屬性為 True 的方法來實現停止梯度更新。該方法相當於 requires_grad=Fasle。讀者只需要了解這個基礎知識,並在遇到早期版本程式中的 volatile 屬性時,明白其含義。

4.9 定義模型結構的步驟與方法

參考 3.1.2 節的程式,可以將定義神經網路模型分為以下幾個步驟:

(1)定義網路模型類別,使其繼承於 Module 類別;
(2)在網路模型類別的初始化介面中定義網路層;
(3)在網路模型類別的正向傳播介面中,將網路層連接起來 (並增加啟動函數),架設網路結構。

從上面的步驟可以看出,定義一個神經網路需要用到 Module 類別、網路層函數和啟動函數。下面就來一一介紹。

4.9.1 程式實現：Module 類別的使用方法

Module 類別是所有網路模型的基礎類別。在 3.1.2 節定義 LogicNet 模型時，也是繼承了 Module 類別。

1. Module 類別的 add_module() 方法

Module 類別也可以包含其他 Modules 物件，允許使用樹的結構進行嵌入。例如 3.1.2 節定義的模型類別 LogicNet，在初始化介面中也可以使用 add_module() 方法進行定義。具體程式如下。

```
程式檔案：code_03_use_module.py(部分)
01  …
02  import torch.nn as nn              # 引入 torch 網路模型函數庫
03
04  class LogicNet(nn.Module):        # 繼承 nn.Module 類別，建構網路模型
05  def __init__(self,inputdim,hiddendim,outputdim): # 初始化網路結構
06  super(LogicNet,self).__init__()
07  self.Linear1 = nn.Linear(inputdim,hiddendim)      # 定義全連接層
08  self.Linear2 = nn.Linear(hiddendim,outputdim)     # 定義全連接層
09  self.add_module("Linear1", nn.Linear(inputdim,hiddendim))
10  self.add_module("Linear2", nn.Linear(hiddendim,outputdim))
11  self.criterion = nn.CrossEntropyLoss()            # 定義交叉熵函數
12
13  def forward(self,x):      # 架設用兩個全連接層組成的網路模型
14  x = self.Linear1(x)       # 將輸入資料傳入第 1 層
15  …
```

上述程式的第 9 行和第 10 行，使用了 add_module() 方法向模型裡增加了兩個全連接層。這種寫法的效果等於上述程式中的第 7 行和第 8 行所示的用等號直接定義的方法。

> **提示**
>
> 在架設網路模型時，還有更進階的 **ModuleList()** 方法，該方法可以將
> 網路層以串列組合起來進行架設。在 **9.6.2** 節的程式中，就是使用了
> **ModuleList()** 方法進行網路模型的架設。

2. Module 類別的 children() 方法

所有透過 **Module** 類別定義的網路模型，都可以從其實例化物件中透過
children() 方法取得各層的資訊。實現程式如下。

程式檔案：code_03_use_module.py(續1)

```
16  …
17  model = LogicNet(inputdim=2,hiddendim=3,outputdim=2)   # 初始化模型
18  optimizer = torch.optim.Adam(model.parameters(), lr=0.01)# 定義最佳化器
19
20  for sub_module in model.children():   # 呼叫模型的 children() 方法獲取
                                          # 各層資訊
21  print(sub_module)
```

上述程式執行後，輸出以下結果：

```
Linear(in_features=2, out_features=3, bias=True)
Linear(in_features=3, out_features=2, bias=True)
CrossEntropyLoss()
```

結果包含 3 行資訊，前兩行資訊對應於 **LogicNet** 類別的兩層全連接網路
結構，第 3 行資訊是模型的交叉熵函數。

3. Module 類別的 named_children() 方法

透過 Module 類別定義的網路模型，還可以從其實例化物件中透過 named_children() 方法取得模型中各層的名字及結構資訊。接上面的程式，在第 22 行處增加以下程式。

程式檔案：code_03_use_module.py(續2)

```
22  for name, module in model.named_children():  # 呼叫模型的 named_
    children() 方法獲取各層資訊 ( 包括名字 )
23  print(name,"is:",module)
```

上述程式執行後，輸出以下結果：

```
Linear1 is: Linear(in_features=2, out_features=3, bias=True)
Linear2 is: Linear(in_features=3, out_features=2, bias=True)
criterion is: CrossEntropyLoss()
```

可以看出呼叫模型物件的 named_children() 方法的結果與呼叫模型物件的 children() 方法輸出的結果相比，多了每層的名字資訊。

4. Module 類別的 modules() 方法

透過 Module 類別定義的網路模型，還可以從其實例化物件中透過 modules() 方法取得整個網路的結構資訊。接上面的程式，在第 24 行處增加以下程式。

程式檔案：code_03_use_module.py(續3)

```
24  for module in model.modules():    # 呼叫模型的 modules() 方法獲取整數個
    網路的結構資訊
25  print(module)
```

上述程式執行後，輸出以下結果：

```
LogicNet(
  (Linear1): Linear(in_features=2, out_features=3, bias=True)
  (Linear2): Linear(in_features=3, out_features=2, bias=True)
  (criterion): CrossEntropyLoss()
)
Linear(in_features=2, out_features=3, bias=True)
Linear(in_features=3, out_features=2, bias=True)
CrossEntropyLoss()
```

可以看出呼叫模型物件的 modules() 方法的結果比呼叫模型物件的
children() 方法輸出的結果更加豐富。

> **提示**
>
> 可以使用 print() 函數直接將模型列印出來，還可以使用模型的 eval() 方
> 法輸出模型結構。例如：
>
> ```
> print(model)
> model.eval()
> ```
>
> 這兩行程式執行後均會輸出以下結果：
>
> ```
> LogicNet(
>   (Linear1): Linear(in_features=2, out_features=3, bias=True)
>   (Linear2): Linear(in_features=3, out_features=2, bias=True)
>   (criterion): CrossEntropyLoss()
> )
> ```

4.9.2 模型中的參數 Parameters 類別

Parameters 是 Variable 的子類別，代表模型參數 (module parameter)。
它是模型的重要組成部分。

1. 模型與參數的關係

深度學習中的網路模型可以抽象成由一系列參數按照固定的運算規則所組成的公式。模型中的每個參數都是具體的數字（在 **PyTorch** 中，用 **Parameters** 類別的實例化物件表示），運算規則就是模型的網路結構。

在訓練過程中，模型將公式的計算結果與目標值反覆比較，並利用二者的差距來對每個參數進行調整。經過多次調整後的參數，可以使公式最終的輸出結果高度接近目標值，得到可用的模型。

2. Parameter 參數的屬性

透過 **Parameters** 類別實例化的 **Parameter** 參數本質也是一個變數物件，但卻與 Varibale 類型的變數具有不同的屬性。

- 在將 Parameter 參數設定值給 Module 的屬性時，Parameter 參數會被自動加到 Module 的參數列表中（即會出現在 parameters() 迭代器中）。
- 在將 Varibale 變數設定值給 Module 的屬性時，Variable 變數不會被加到 Module 的參數列表中。

如果讀者對這部分感到困惑的話，那麼可以閱讀 4.9.4 節中「3. 用 state_dict() 方法獲取模型的全部參數」部分所示的範例程式。

4.9.3 為模型增加參數

在 4.9.1 節所示程式的第 9 行和第 10 行中，向模型中增加網路層時，系統會根據該網路層的定義在模型中建立對應的參數。這些參數就是模型訓練過程中所要調整的物件。

除透過定義網路層的方式向模型中增加參數的方式以外，還可以透過直接呼叫 Module 類別的方法向模型中增加參數。具體實現如下。

1. 為模型增加 parameter 參數

```
register_parameter(name, param)
```

向 module 增加 parameter。parameter 可以透過註冊時候的 name 獲取。

> **ⅲ 提示**
>
> 在架設網路模型時，還有更進階的 **ParameterList()** 方法，該方法可以將 **parameter** 參數以串列形式組合起來進行架設。

2. 為模型增加狀態參數

在神經網路架設過程中，有時會需要保存一個狀態，但是這個狀態不能看作模型參數 (例如批次正則化中的平均值和方差變數)。這時可以使用 register_buffer() 函數為模型增加狀態參數。該函數的定義如下：

```
register_buffer(name, tensor)
```

所註冊的狀態參數不屬於模型的參數，但是在模型執行中，又需要保存該值。該狀態參數也被稱為 buffer。該值可以透過註冊時候的 name 獲取。範例程式如下：

```
self.register_buffer('running_mean', torch.zeros(num_features))
                                # 保存狀態參數
                                # running_mean 到模型裡
```

4.9.4 從模型中獲取參數

Module 類別中也提供了獲取參數的方法。具體實現如下。

1. 用 parameters() 方法獲取模型的 Parameter 參數

透過 Module 類別定義的網路模型，可以從其實例化物件中透過 parameters() 方法取得該模型中的 Parameter 參數。在 4.9.1 節所示程式的第 26 行處增加以下程式。

```
程式檔案：code_03_use_module.py(續4)
26  for param in model.parameters():  # 呼叫模型的 parameters() 方法獲取
    # 整數個網路結構中的參數變數
27  print(type(param.data), param.size())
```

上述程式執行後，輸出以下結果：

```
<class 'torch.Tensor'> torch.Size([3, 2])
<class 'torch.Tensor'> torch.Size([3])
<class 'torch.Tensor'> torch.Size([2, 3])
<class 'torch.Tensor'> torch.Size([2])
```

結果包含 4 筆資訊，前兩筆是 Linear1 層的參數權重，後兩筆是 Linear2 層的參數權重。

在模型的反向最佳化中，通常透過模型的 parameters() 方法獲取到模型參數，並進行參數的更新。

2. 用 named_parameters() 方法獲取模型中的參數和參數名字

透過 Module 類別定義的網路模型，可以從其實例化物件中透過 parameters() 方法取得該模型中的 Parameter 參數。接上文繼續增加程式如下。

```
程式檔案：code_03_use_module.py(續5)
28  for param in model.named_parameters ():# 呼叫模型的 named_parameters()
    方法獲取整數個網絡結構中的參數變數及變數的名稱
29  print(type(param.data), param.size(),name)
```

上述程式執行後，輸出以下結果：

```
<class 'torch.Tensor'> torch.Size([3, 2]) Linear1.weight
<class 'torch.Tensor'> torch.Size([3]) Linear1.bias
<class 'torch.Tensor'> torch.Size([2, 3]) Linear2.weight
<class 'torch.Tensor'> torch.Size([2]) Linear2.bias
```

結果輸出了 4 筆資訊，每筆資訊的最後部分是模型中參數變數的名稱。

3. 用 state_dict() 方法獲取模型的全部參數

透過 Module 類別的 state_dict() 方法可以獲取模型的全部參數，包括模型參數 (Parameter) 與狀態參數 (buffer)。

下面將網路層、Variable 變數、Parameter 參數與 buffer 參數一同定義在 ModelPar 類別中，查看用 state_dict() 方法設定值後的效果。具體程式如下：

```
import torch
from torch.autograd import Variable
import torch.nn as nn

class ModelPar(nn.Module):        # 定義 ModelPar 類別
    def __init__(self):
```

```
        super(ModelPar, self).__init__()
        self.Line1 = nn.Linear(1, 2)              # 定義全連接層
        self.vari = Variable(torch.rand([1]))     # 定義 Variable 變數
```

<cite>
</cite>

```
        self.par = nn.Parameter(torch.rand([1]))    # 定義 Parameter 參數
        self.register_buffer("buffer", torch.randn([2,3]))# 定義 buffer 參數

model = ModelPar()                              # 實例化 ModelPar 類別
for par in model.state_dict():                  # 取其內部的全部參數
    print(par,':',model.state_dict()[par])      # 依次列印出來
```

上述程式執行後，輸出以下結果：

```
par : tensor([0.0701])
buffer : tensor([[0.6635, 0.9307, 0.4224],
        [1.4274, 0.4996, 0.0608]])
Line1.weight : tensor([[ 0.7248],
        [-0.5080]])
Line1.bias : tensor([-0.9028, -0.5151])
```

從輸出結果中可以看出，state_dict() 方法可以將模型中的 Parameter 和
buffer 參數取出，但不能將 Variable 變數取出。

4. 為模型中的參數指定名稱，並查看權重

在深層網路模型中，如果想查看某一層的權重，那麼可以透過為其指定
名稱的方式對該層權重進行快速提取。具體做法如下：

```
import torch
import torch.nn as nn
from collections import OrderedDict    # 定義一個網路

model = nn.Sequential(OrderedDict([    # 為每個網路層指定名稱
    ('conv1', nn.Conv2d(1,20,5)),
    ('relu1', nn.ReLU()),
    ('conv2', nn.Conv2d(20,64,5)),
    ('relu2', nn.ReLU())]))
print(model)                           # 列印網路的結構
```

上述程式執行後，輸出以下內容：

```
Sequential(
  (conv1): Conv2d(1, 20, kernel_size=(5, 5), stride=(1, 1))
  (relu1): ReLU()
  (conv2): Conv2d(20, 64, kernel_size=(5, 5), stride=(1, 1))
  (relu2): ReLU()
)
```

從輸出結果中可以看出，在 Sequential 結構中的每個網路層部分都已經有了名稱。接下來可以根據網路層的名稱來直接提取對應的權重。具體程式如下：

```
params=model.state_dict()
print(params['conv1.weight'])          # 列印 conv1 的 weight
print(params['conv1.bias'])            # 列印 conv1 的 bias
```

4.9.5 保存與載入模型

呼叫 torch.save() 函數可以將模型保存。該函數常與模型的 state_dict() 方法聯合使用。載入模型使用的是 torch.load() 函數，該函數與模型的 load_state_dict() 方法聯合使用。

1. 保存模型

在 4.9.4 節中「3. 用 state_dict() 方法獲取模型的全部參數」部分的範例程式最後，增加以下程式即可實現保存模型的功能。

```
torch.save(model.state_dict(), './model.pth')
```

該命令執行之後，會在本地目錄下生成一個檔案 model.pth。該檔案就是保存好的模型檔案。

2. 載入模型

接上面「1. 保存模型」部分的程式,可以使用以下程式,將保存好的模型檔案載入模型 model 中。具體程式如下:

```
model.load_state_dict(torch.load( './ model.pth'))
```

該程式執行後,model 中的值將與 model.pth 檔案中的值保持同步。讀者可以用 model 模型的 state_dict() 方法將其列印出來並進行驗證。

3. 將模型載入指定硬體裝置中

在使用 torch.load() 函數時,還可以透過 map_location 參數指定硬體裝置。這時模型會被載入指定硬體裝置中,例如:

```
model.load_state_dict(torch.load( './ model.pth',map_location=
{'cuda:1':'cuda:0'}))
```

該程式實現了將模型同時載入 GPU1 和 GPU0 裝置中。

📖 提示

使用 torch.load() 函數一次性將模型載入指定硬體裝置中的這種操作不是很常用。它可以被拆分成兩步:

(1)將模型載入記憶體;
(2)使用模型的 to() 方法,將模型複製到指定的裝置。

這種細粒度的分步載入模型方法更利於偵錯。

4. 多卡平行計算環境下對模型的保存與載入

在 PyTorch 中，多卡平行計算環境下，模型的記憶體結構與正常情況下的記憶體結構是不同的，開發時需要注意這個細節，具體實現可參考 6.6.2 節。

4.9.6 模型結構中的鉤子函數

透過向模型結構中增加鉤子函數，可以實現對模型的細粒度控制，具體方法如下。

1. 模型正向結構中的鉤子

模型中正向結構中的鉤子函數定義如下：

```
register_forward_hook(hook)
```

在 module 上註冊一個 forward_hook。在每次呼叫 forward() 方法計算輸出的時候，這個 hook() 就會被呼叫。hook() 函數的定義如下：

```
hook(module, input, output)
```

hook() 函數不能修改 input 和 output 的值。這個函數返回一個控制碼 (handle)。呼叫 handle 的 remove() 方法，可以將 hook 從 module 中移除。

具體的使用實例如下。

```
import torch
from torch import nn
import torch.functional as F
from torch.autograd import Variable
```

```
def for_hook(module, input, output):                    # 定義鉤子函數
    print(" 模型 :",module)
    for val in input:
        print(" 輸入 :",val)
    for out_val in output:
        print(" 輸出 :", out_val)

class Model(nn.Module):                                  # 定義模型
    def __init__(self):
        super(Model, self).__init__()
    def forward(self, x):
        return x+1

model = Model()                                          # 實例化模型
x = Variable(torch.FloatTensor([1]), requires_grad=True)
handle = model.register_forward_hook(for_hook)           # 註冊鉤子
print(" 模型結果 :",model(x))                             # 執行模型
```

上述執行程式後，輸出以下結果：

```
模型 : Model()
輸入 : tensor([1.], requires_grad=True)
輸出 : tensor(2., grad_fn=<SelectBackward>)
模型結果 :tensor([2.], grad_fn=<AddBackward0>)
```

輸出結果的前 3 行是鉤子函數中的內容。將鉤子刪除，再次執行模型，
實現程式如下：

```
handle.remove()
print(" 模型結果 :",model(x))   # 刪除鉤子後，再次執行模型
```

上述程式執行後，輸出以下結果：

```
模型結果：tensor([2.], grad_fn=<AddBackward0>)
```

從結果中可以看出，程式沒有輸出鉤子函數中的內容。

2. 模型反向結構中的鉤子

模型反向結構中的鉤子函數定義如下：

```
register_backward_hook(hook)
```

在 module 上註冊一個 backward_hook。每次計算 module 的 input 的梯度的時候，這個 hook 會被呼叫。hook() 函數的定義如下：

```
hook(module, grad_input, grad_output)
```

如果 module 有多個輸入或輸出的話，那麼 grad_input 和 grad_output 將是個元組。hook() 不修改它的參數，但是它可以選擇性地返回關於輸入的梯度，這個返回的梯度在後續的計算中會替代 grad_input。

與正向結構中的鉤子函數一樣，反向結構中的鉤子函數也會返回一個控制碼。呼叫 handle 的 remove() 方法，可以將 hook 從 module 中移除。

4.10 模型的網路層

4.9 節介紹過，模型由參數和網路結構組成，其中網路結構還可以被拆分成一個個獨立的網路層。

PyTorch 提供了一系列比較常用的網路層 API，可供使用者進行網路模型的架設。同時，也支援自訂網路層，使用者可以使用自訂網路層架設自己特有的網路結構。

常見的網路層有全連接層、卷積層、池化層和循環層等，例如 3.1.2 節所示程式的第 8 行和第 9 行，就是建構了兩個全連接層。

模型的網路層是其擬合能力的核心。不同應用場景下的模型，其網路層結構是不同的。與網路層相關的知識會在第 7 章中進行系統講解。

Chapter

05

神經網路的基本原理
與實現

本章將介紹神經網路的原理。閱讀本章後，讀者可以在了解原理的基
礎上，有能力使用神經網路解決一個具體的問題。

5.1 了解深度學習中的神經網路與神經元

深度學習是指用深層神經網路實現機器學習。

神 經 網 路 (Neural Network，NN) 又 稱 類 神 經 網 路 (Artificial Neural
Network，ANN)，是一種模仿生物神經網路 (動物的中樞神經系統，特
別是大腦) 的結構和功能的數學模型或計算模型，用於對函數進行估計或
近似。

神經網路是由許多最基本的神經元組成的。因為單一神經元是神經網路的基礎，所以要了解深度學習，需要從單一神經元開始。

5.1.1 了解單一神經元

生物界的神經網路由無數個神經元組成。電腦界的神經網路模型也效仿了這一結構，將生物神經元抽象成數學模型。

1. 生物界中的神經元結構

在生物界中，大腦就是一個碳基電腦，處理各種資訊和計算，最外面的皮層是其中的中央處理單元。它在大腦中最為進階，也是大腦演化中出現最晚的部分。在皮層中，分佈著一個個神經元。神經元結構，如圖 5-1 所示。

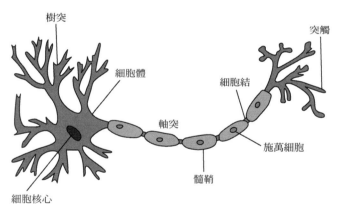

▲ 圖 5-1 神經元結構

每個神經元具有多個樹突，樹突的電學特性決定了神經元的輸入和輸出，是大腦各種複雜功能的基礎。樹突主要用來接受傳入資訊，而軸突只有一條，軸突尾端有許多軸突末梢可以給其他多個神經元傳遞資訊。軸突末梢與其他神經元的樹突連接，從而傳遞訊號。這個連接的結構在生物學上稱為「突觸」。

2. 電腦界中的神經元結構

電腦界中的神經元數學模型如圖 5-2 所示。

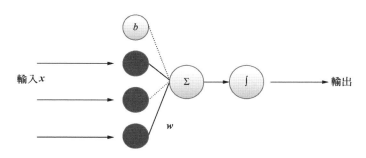

▲ 圖 5-2　神經元數學模型

圖 5-2 用計算公式表示如式 (5-1)：

$$z=\text{activate}\left(\sum_{i=1}^{n}w_i x_i + b\right)=\text{activate}\left(\boldsymbol{w}\cdot\boldsymbol{x}+b\right) \tag{5-1}$$

在式 (5-1) 中，各項的含義如下：

- z 為輸出的結果；
- activate 為啟動函數；
- n 為輸入節點個數；
- $\sum_{i=1}^{n}$ 表示從某序列中，從 i=1 開始，一直設定值到第 n 個，並對所取出的值進行求和計算；
- x_i 為輸入節點；
- x 為輸入節點所組成的矩陣；
- w_i 為權重；
- w 為權重所組成的矩陣；
- b 為偏置值；
- · 為點積運算。

w 和 b 可以視為兩個常數。w 和 b 的值是由神經網路模型透過訓練得到的。

下面透過兩個例子了解一下該模型的含義。

（1）以只含有一個節點的神經元為例，假設 w 只包含一個值 3，b 的值是 2，啟動函數 (activate) 為 $f(x)=x$ (相當於沒有對輸入值做任何的變換)。其公式可以寫成：

$$z = 3x + 2 \qquad (5\text{-}2)$$

該神經元相當於一條直線 (z=3x+2) 的幾何意義，如圖 5-3 所示。

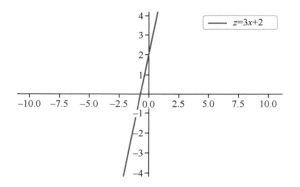

▲ 圖 5-3　一個神經元的幾何意義

這樣的神經元可以將輸入的 x 按照直線上所對應的 z 值進行輸出。

（2）以含有兩個輸入節點的神經元為例，假設輸入節點的名稱為 x_1、x_2，對應的 w 為 3 和 2 組成的矩陣，b 的值為 1，啟動函數 (activate) 為 $f(x)=0$ 或 1(如果 x 小於 0，那麼返回 1，否則返回 0)。

其公式可以寫成：

$$z = \text{activate}\left(\begin{bmatrix} x_1 \\ x_2 \end{bmatrix} \cdot [3 \ 2] + 1 \right) \qquad (5\text{-}3)$$

在式 (5-3) 中，該神經元的結構如圖 5-4 所示。

圖 5-4 中神經元結構的幾何意義如圖 5-5 所示。

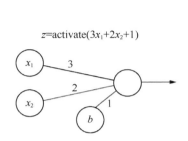

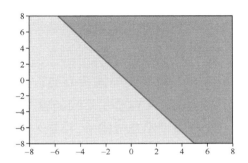

▲ 圖 5-4　兩個輸入節點的神經元　　　▲ 圖 5-5　兩個神經元結構的幾何意義

在圖 5-5 中，水平座標代表 x_1，垂直座標代表 x_2，黃色和紅色 (實際執行中可看到) 區域之間的線即是神經元所表達的含義。該神經元用一條直線將一個平面分開，其意義為：將黃色區域內的任意座標輸入神經元得到的值為 1；將紅色區域內的任意座標輸入神經元得到的值為 0。

5.1.2　生物神經元與電腦神經元模型的結構相似性

電腦神經元模型是一個包含輸入、輸出與計算功能的模型。輸入可以類比為神經元的樹突，而輸出可以類比為神經元的軸突，計算則可以類比為細胞核心。

圖 5-4 是一個簡單的電腦神經元模型，包含 2 個輸入、1 個輸出。輸入與輸出之間的連線稱為連接。每個連接上有一個權重。

連接是神經元中最重要的概念之一。

一個神經網路的訓練演算法的目的就是讓權重的值調整到最佳，以使得整個網路的預測效果最好。

5.1.3 生物神經元與電腦神經元模型的工作流程相似性

生物神經元與電腦神經元模型的工作流程也非常相似，具體表述如下。

（1）大腦神經細胞是靠生物電來傳遞訊號的，可以了解成經過模型裡的具體數值。

（2）神經細胞之間的連接有強弱之分，生物電傳遞的訊號透過不同強弱的連接時，會產生不同的變化。這就好比權重 w，因為每個輸入節點都會與相關連接的 wi 相乘，也就實現對訊號的放大和縮小處理。

（3）這裡唯獨看不到的就是中間的神經元，我們將所有輸入的訊號 x_i 乘以 w_i 之後加在一起，再增加個額外的偏置值 b，然後選擇一個模擬神經元處理的函數來實現整個過程的模擬。這個函數稱為啟動函數。

當把 w 和 b 指定合適的值時，再配合合適的啟動函數，電腦模型便會產生很好的擬合效果。而在實際應用中，權重的值會透過訓練模型的方式得到。

📖 提示

在人類的腦神經元中，有一種鈣介導的樹突狀動作電位，這種電位以樹突為單位，鈣為媒體，可以呈現更加複雜的狀態，而並不是只有 0、1 兩種狀態。它相當於幾個簡單的多層神經元。

5.1.4 神經網路的形成

在生物界中，神經元細胞彼此之間的連接程度不同，代表了生物個體對外界不同訊號的關注程度。

電腦神經元也採用了相同的形成原理，只不過是透過數學模型的方式計算實現。這一過程稱為訓練模型。目前，最常用的方式之一是用反向傳播 (Back Propagation，BP) 演算法將模型的誤差作為刺激的訊號，沿著神經元處理訊號的反方向逐層傳播，並更新當前層中節點的權重 (w)。

5.2 深度學習中的基礎神經網路模型

在深度學習中，較為常用的基礎神經網路模型有 3 個。

- 全連接神經網路：基本的神經網路，常用來處理與數值相關的任務。
- 卷積神經網路：常用來處理與電腦視覺相關的任務。
- 循環神經網路：常用來處理與序列相關的任務。

一個具體的模型就是由多個這種基礎的神經網路層架設而成的。

隨著人工智慧的發展，越來越多的高精度模型被設計出來，這些模型有個共同的特點：層數越來越多。這種由很多層組成的模型稱為深層神經網路。

5.3 什麼是全連接神經網路

全連接神經網路是指將神經元按照層進行組合，相鄰層之間的節點互相連接，如圖 5-6 所示。它是基本的神經網路。

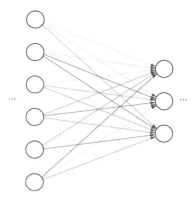

▲ 圖 5-6　全連接神經網路

5.3.1　全連接神經網路的結構

將結構如圖 5-4 所示的 3 個神經元按照如圖 5-7 所示的結構組合起來，便組成了一個簡單的全連接神經網路。其中神經元 1、神經元 2 組成隱藏層，神經元 3 組成輸出層。

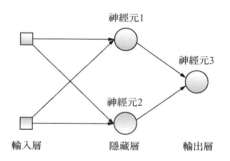

▲ 圖 5-7　簡單的全連接神經網路

5.3.2　實例 2：分析全連接神經網路中每個神經元的作用

下面透過一個實例來分析全連接神經網路中每個神經元的作用。

針對圖 5-7 所示的結構,我們為各個節點的權重設定值,來觀察每個節點在網路中的作用。

實現的具體步驟如下。

1. 為神經元各節點的權重設定值

為圖 5-7 中的 3 個神經元分別賦上指定的權重值,如圖 5-8 所示。

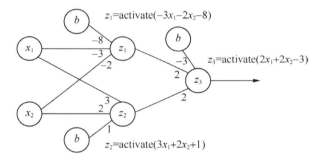

$z_1 = \text{activate}(-3x_1 - 2x_2 - 8)$

$z_3 = \text{activate}(2x_1 + 2x_2 - 3)$

$z_2 = \text{activate}(3x_1 + 2x_2 + 1)$

▲ 圖 5-8　帶有權重的神經元

如圖 5-8 所示,3 個神經元分別是 z_1、z_2、z_3,分別對應式 (5-4) ~式 (5-6)。

$$z_1 = \text{activate}\left(\begin{bmatrix} x_1 \\ x_2 \end{bmatrix} \begin{bmatrix} -3 & -2 \end{bmatrix} - 8 \right) \tag{5-4}$$

$$z_2 = \text{activate}\left(\begin{bmatrix} x_1 \\ x_2 \end{bmatrix} \begin{bmatrix} 3 & 2 \end{bmatrix} + 1 \right) \tag{5-5}$$

$$z_3 = \text{activate}\left(\begin{bmatrix} x_1 \\ x_2 \end{bmatrix} \begin{bmatrix} 2 & 2 \end{bmatrix} - 3 \right) \tag{5-6}$$

其中 z_2 所對應的公式在式 (5-3) 中也介紹過,其所代表的幾何意義是將平面直角座標系分成大於 0 和小於 0 兩個部分,如圖 5-5 所示。

2. 整個神經網路的幾何意義

為節點 z_1 和 z_2 各設定一個根據符號設定值的啟動函數：$y=0$ 或 1(如果 x 小於 0，那麼返回 1；否則返回 0)。z_2 所代表的幾何意義與圖 5-5 中所描述的一致，同理可以了解 z_2 節點的意義。z_1 和 z_2 兩個節點都把平面直角座標系上的點分成了兩部分。z_3 則可以了解成是對 z_1 和 z_2 兩個節點輸出結果的二次計算。

為節點 z_3 也設定一個根據符號設定值的啟動函數：$y=0$ 或 1(如果 x 小於 0，那麼返回 0，否則返回 1)。圖 5-8 中 z_1、z_2 和 z_3 節點作用在一起所形成的幾何意義如圖 5-9 所示。

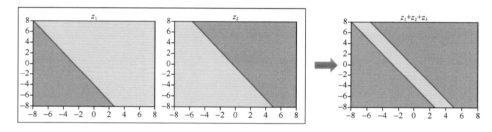

▲ 圖 5-9　全連接神經網路的幾何意義

在圖 5-9 中，最右側是全連接神經網路的幾何意義。它會將平面直角座標系分成 3 個區域，這 3 個區域的點被分成了兩類 (中間區域是一類，其他區域是另一類)。

在複雜的全連接神經網路中，隨著輸入節點的增多，神經網路的幾何意義便由二維的平面空間上升至多維空間中對點進行分類的問題。而透過增加隱藏層節點和層數的方法，也使模型能夠在二維的平面空間中劃分區域並分類的能力升級到可以在多維空間中實現。

3. 隱藏層神經節點的意義

將圖 5-8 中 z_1 和 z_2 節點在直角座標系中各個區域對應的輸出輸入到圖

5-8 的 z3 節點中，可以看到 z_3 節點其實是完成了邏輯門運算中的「與」(AND) 運算，如圖 5-10 所示。

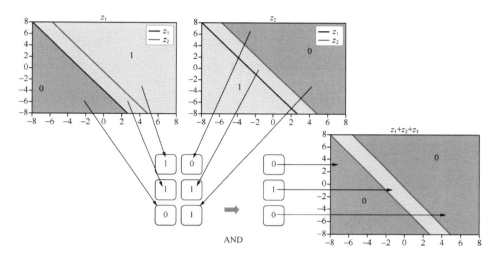

▲ 圖 5-10　z_3 節點的「與」運算

從圖 5-10 中可以看出，第二層的 z_3 節點充當了對前層 (z_1、z_2 節點) 網路輸出訊號再計算的作用。它可以實現一定的邏輯推理功能。

5.3.3　全連接神經網路的擬合原理

如果對神經元這種模型結構進行權重人工設定，那麼可以架設出更多的邏輯門運算。舉例來說，圖 5-11 中為神經元實現的「與」「或」、「非」邏輯門運算等。

透過對基礎邏輯門組合，還可以架設出更複雜的邏輯門運算，例如圖 5-11b 所示。

在圖 5-11 中，每個橢圓代表一個節點，橢圓與橢圓之間連線上的數字，代表權重。在圖 5-11a 中從左到右依次實現了邏輯門的「與」「或」「非」運算；在圖 5-11b 中左側是「互斥」邏輯運算，右側是其他的邏輯運算。

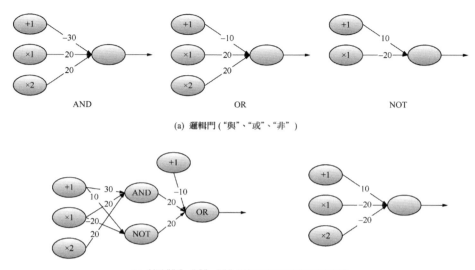

(a) 邏輯門 ("與"、"或"、"非")

(b) 利用 "與"、"或"、"非" 門架設出 "異或" 和其它邏輯

▲ 圖 5-11　邏輯門

了解電腦原理的讀者可能清楚，**CPU** 的基礎運算是在建構邏輯門基礎之上完成的，如用邏輯門組成基本的加減乘除四則運算，再用四則運算組成更複雜的功能操作，最終可以實現現在的作業系統上面的各種應用。

神經網路的結構和功能，使其天生具有程式設計和實現各種進階功能的能力，只不過這個程式設計不需要人腦透過學習演算法來擬合現實，而是使用模型學習的方式，直接從現實的表面來將其最佳化成需要的結構。

> **提示**
>
> 本書第 3 章的例子中就使用了全連接神經網路結構。全連接神經網路的本質是將低維資料向高維資料映射，透過增加資料所在的維度空間，來使資料變得線性可分。該模型理論上可以對任何資料進行分類，但缺點是會需要更多的參數進行訓練。一旦參數過多，訓練過程較難收斂。

5.3.4 全連接神經網路的設計思想

在實際應用中，全連接神經網路的輸入節點、隱藏層的節點數、隱藏層的數量都會比圖 5-7 中的多。

在全連接神經網路中，輸入節點是根據外部的特徵資料來確定的。隱藏層的節點數、隱藏層的數量是可以設計的，但二者會相互影響，必須要掌握各自的特點，具體説明如下。

- 隱藏層的節點數決定了模型的擬合能力。從理論上講，如果在單一隱藏層中設定足夠多的節點，可以對世界上各種維度的資料進行任意規則的分類。但過多的節點在帶來擬合能力的同時，又會使模型的泛化能力下降，使模型無法適應具有同樣分佈規則的其他資料。

- 隱藏層的數量決定了模型的泛化能力，層數越多，模型的推理能力越強，但是隨著推理能力的提升，會對擬合能力產生影響。

調節隱藏層的節點數與隱藏層的數量對模型的影響如圖 5-12 所示。

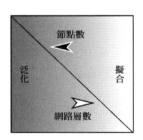

▲ 圖 5-12　隱藏層的節點數與隱藏層的數量的關係

Google 公司設計的推薦演算法模型 --wide_deep 模型（一個由深度和廣度組成的全連接神經網路模型），就是根據隱藏層的節點數與隱藏層的數量設計出來的。

在深度學習中，全連接神經網路常常被放在整個深層網路結構的最後部分，以使網路有更好的表現。從程式設計的角度來看，全連接神經網路在整個深層網路架設中具有調節維度的作用，透過指定輸入層和輸出層的節點數，就可以很容易地將特徵從原有維度變換到任一維度。

在使用全連接神經網路進行維度變換時，一般會將前後層的維度控制在彼此的 5 倍以內，這樣的模型更容易訓練。

> **注意**：這裡介紹一個技巧。在架設多層全連接神經網路時，對隱藏層的節點數設計，本著將維度先擴大再縮小的方式來進行，會使模型的擬合效果更好。在膠囊網路的程式中，有關特徵重建部分，就是利用這個想法實現的。

5.4 啟動函數 -- 加入非線性因素，彌補線性模型缺陷

啟動函數可以視為一個特殊的網路層。它的主要作用是透過加入非線性因素，彌補線性模型表達能力不足的缺陷，在整個神經網路裡造成非常重要的作用。

因為神經網路的數學基礎是處處可微分的函數，所以選取的啟動函數要能保證資料登錄與輸出也是可微分的。

在神經網路中，常用的啟動函數有 Sigmoid、tanh、ReLU 等，下面一一介紹。

5.4.1 Sigmoid 函數

Sigmoid 是非常常見的啟動函數，下面具體介紹一下。

1. 函數介紹

（1）Sigmoid 是常用的非線性啟動函數，它的數學形式為：

$$f(x) = \frac{1}{1 + e^{-x}} \tag{5-7}$$

Sigmoid 函數曲線如圖 5-13 所示，它的 x 可以是負無限大到正無限大之間的值，但是對應的 f(x) 的值卻只有 0 到 1 之間的值，因此，輸出的值都會落在 0 和 1 之間。也就是說，它能夠把輸入的連續實數值「壓縮」到 0 和 1 之間。

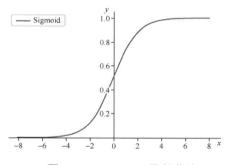

▲ 圖 5-13　Sigmoid 函數曲線

從圖型上看，隨著 x 趨近正無限大和負無限大，f(x) 的值分別越來越接近 1 或 0。這種情況稱為飽和。處於飽和態的啟動函數表示，x=100 和 x=1000 得出的結果幾乎相同，這樣的特性轉換相當於將 1000 等於 100 的 10 倍這個資訊給遺失了。

因此，為了能有效地使用 Sigmoid 函數，從圖上看，x 的設定值極限也只能是 -6 到 6 之間 (x 在大於 6 且小於 -6 時對應的 y 值幾乎無變化)。而 x 在 -3 到 3 之間應該會有比較好的效果 (x 在大於 -3 且小於 3 時對應的 y 值相對變化較大)。

（2）LogSigmoid 即對 Sigmoid 函數的輸出值再取對數，它的數學形式為：

$$\text{LogSigmoid}(x) = \log\big(\text{Sigmoid}(x)\big) \tag{5-8}$$

該啟動函數常用來與 NLLLoss 損失函數 (見 5.7.4 節) 一起使用，用在神經網路反向傳播過程中的計算交叉熵環節。其曲線如圖 5-14 所示。

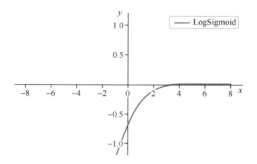

▲ 圖 5-14　LogSigmoid 函數曲線

2. 在 PyTorch 中對應的函數

在 PyTorch 中，關於 Sigmoid 的各種實現，有以下函數。

- torch.nn.Sigmoid()：啟動函數 Sigmoid 的具體實現。
- torch.nn.LogSigmoid()：啟動函數 LogSigmoid 的具體實現。

範例程式如下：

```
import torch
input = torch.autograd.Variable(torch.randn(2))     # 定義兩個隨機數
print(input)                          # 輸出：tensor([-0.7305, -1.3090])
print(nn.Sigmoid()(input))            # 輸出：tensor([0.3251, 0.2127])
print(nn.LogSigmoid()(input))         # 輸出：tensor([-1.1236, -1.5481])
```

5.4.2　tanh 函數

tanh 可以是 Sigmoid 的值域升級版，將函數輸出值的設定值範圍由 Sigmoid 的 0 到 1 升級為 -1 到 1。但是 tanh 不能完全替代 Sigmoid，在某些輸出需要大於 0 的情況下，Sigmoid 還是要用的。

1. 函數介紹

tanh 也是常用的非線性的啟動函數，它的數學形式為：

$$\tanh(x) = 2\text{Sigmoid}(2x) - 1 \tag{5-9}$$

其曲線如圖 5-15 所示，它的 x 設定值範圍也是負無限大到正無限大，對應的 y 變為從 1 到 -1，相對於 Sigmoid 函數，有更廣的值域。

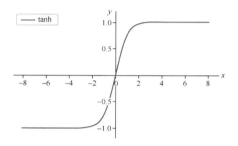

▲ 圖 5-15　tanh 函數曲線

2. 在 PyTorch 中對應的函數

```
torch.nn.tanh(input, out=None)
```

顯而易見，tanh 與 Sigmoid 有一樣的缺陷，也存在飽和問題，因此，在使用 tanh 時，也要注意，輸入值的絕對值不能過大，不然模型無法訓練。

5.4.3 ReLU 函數

ReLU 是深度學習在影像處理任務中使用最為廣泛的啟動函數之一。

1. 函數介紹

ReLU 函數的數學形式為：

$$f(x) = \max(0, x) \qquad\qquad (5\text{-}10)$$

如果 x 大於 0，那麼函數的返回值為 x 本身，否則函數的返回值為 0。具體的函數曲線如圖 5-16 所示。它的應用廣泛性是與它的優勢分不開的，這種重視正向訊號、忽略負向訊號的特性，與我們人類神經元細胞對訊號的反應極其相似。

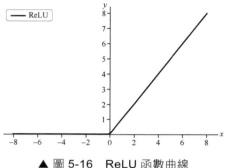

▲ 圖 5-16　ReLU 函數曲線

因此，在神經網路中使用 ReLU 可以取得很好的擬合效果。另外，由於其運算簡單，因此大大提升了機器的執行效率，這也是它的很大的優點。

與 ReLU 類似的還有 Softplus 函數，如圖 5-17 所示。

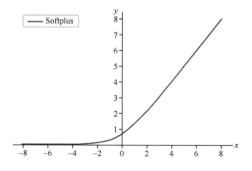

▲ 圖 5-17　Softplus 函數曲線

相對於 ReLU 函數，Softplus 函數曲線會更加平滑，但是計算量會很大，

而且對小於 0 的值保留得相對更多一點。Softplus 函數的數學形式為

$$f(x) = \frac{1}{\beta}\ln(1 + e^{\beta x}) \tag{5-11}$$

雖然 ReLU 在訊號回應上有很多優勢，但這僅表現在正向傳播方面，由於對負值的全部捨去，很容易使模型輸出全零，從而無法再進行訓練。舉例來說，在隨機初始化時，假如權重中的某個值是負的，則其對應的正值輸入就全部被隱藏了（變成了 0 值），而該權重所對應的負值輸入值被啟動了（變成了正值），這顯然不是我們想要的結果。於是，基於 ReLU 又演化出來了一些變種函數，現舉例如下。

（1）ReLU6：將 ReLU 的最大值控制在 6，該啟動函數可以有效地防止在訓練過程中的梯度「爆炸」現象。其數學形式為：

$$f(x) = \min(\max(0, x), 6) \tag{5-12}$$

（2）LeakyReLU：在 ReLU 基礎上保留一部分負值，在 x 為負時將其乘以 0.01，即 LeakyReLU 對負訊號不是一味地拒絕，而是將其縮小。其數學形式為：

$$f(x) = \begin{cases} x & (x \geq 0) \\ 0.01x & (x < 0) \end{cases} \tag{5-13}$$

再進一步將這個 0.01 換為可調參數，於是有：當 x < 0 時，將其乘以 negative_slope，且 negative_slope 小於或等於 1。其數學形式為：

$$f(x) = \begin{cases} x & (x \geq 0) \\ \text{negative\_slope} \times x & (x < 0) \end{cases} \Leftrightarrow f(x) = \max(x, \text{negative\_slope} \times x) \tag{5-14}$$

得到 LeakyReLU 的公式 max(x,negative_slope×x)。

（3）PReLU：與 LeakyReLU 的公式類似，唯一不同的地方是，PReLU 中的參數是透過自我學習得來的。其數學公式為：

$$f(x) = \max(x, ax) \tag{5-15}$$

其中，a 是一個透過自我學習得到的參數。

（4）ELU：當 x ＜ 0 時，進行了更複雜的變換：

$$f(x) = \begin{cases} x & (x \geq 0) \\ a(e^x - 1)(x < 0) \end{cases} \tag{5-16}$$

ELU 啟動函數與 ReLU 一樣，都是沒有參數的，但是 ELU 的收斂速度比 ReLU 更快。在使用 ELU 時，不使用批次處理能夠比使用批次處理獲得更好的效果，ELU 不使用批次處理的效果比 ReLU 加批次處理的效果要好。

2. 在 PyTorch 中對應的函數

在 PyTorch 中，關於 ReLU 的各種實現，有以下函數。

- torch.nn.ReLU(input, inplace=False) 是一般的 ReLU 函數，即 max (input, 0)。如果參數 inplace 為 True 則會改變輸入的資料，否則不會改變原輸入，只會產生新的輸出。

- torch.nn.ReLU6(input, inplace=False) 是啟動函數 ReLU6 的實現。如果參數 inplace 為 True 則將改變輸入的資料，否則不會改變原輸入，只會產生新的輸出。

- torch.nn.LeakyReLU(input, negative_slope=0.01, inplace=False) 是啟動函數 LeakyReLU 的實現。如果參數 inplace 為 True 則將改變輸入的資料，否則不會改變原輸入，只會產生新的輸出。

- torch.nn.PReLU(num_parameters=1, init=0.25) 是啟動函數 PReLU 的實現。其中參數 num_parameters 代表可學習參數的個數，init 代表可學習參數的初始值。

- torch.nn.ELU(alpha=1.0, inplace=False) 是啟動函數 ELU 的實現。

> **注意**：在使用 ReLU 架設模型時，設定參數 inplace 為 True 還是 False
> 只與記憶體的使用有關。如果參數 inplace 為 True，那麼會減少記憶體的
> 負擔，但要注意的是，這時的輸入值已經被改變了。如果認為 inplace 增
> 加了開發過程的複雜性，那麼可以將 ReLU 的呼叫方式寫成：
>
> ```
> x= torch.nn.ReLU(x)
> ```
>
> 這種寫法直接將函數 torch.nn.ReLU() 的返回值指定給一個新的 x 變數，
> 而不再去關心原有的輸入 x。即使 torch.nn.ReLU() 函數對輸入的 x 做了修
> 改，也不會影響程式的其他部分。

在 PyTorch 中，Softplus 的定義如下：

```
torch.nn.Softplus(beta=1, threshold=20)
```

其中 beta 為式 (5-11) 中的 β 參數。參數 threshold 為啟動函數輸出的最
大設定值。

5.4.4 啟動函數的多種形式

在 PyTorch 中，每個啟動函數都有兩種形式：類形式和函數形式。

- 類形式在 torch.nn 模組中定義。在使用時，需要先對其實例化才能應
  用。
- 函數形式在 torch.nn.functional 模組中定義。在使用時，可以直接以
  函數呼叫的方式進行。

以啟動函數 tanh 為例，以下寫法都是正確的。

（1）以類別形式使用
在模型類別的 init() 方法中，定義啟動函數：

```
self.tanh = torch.nn.tanh()        # 對 tanh 類別進行實例化
```

接著便可以在模型類別的 forward() 方法中，增加啟動函數的應用：

```
output = self.tanh (input)          # 應用 tanh 類別的實例化物件
```

（2）以類別形式直接應用

還可以將（1）中的操作統一在模型類別的 forward() 方法中完成，例如：

```
output = torch.nn.tanh()(input)
```

（3）以函數形式使用

在模型類別的 forward() 方法中，直接呼叫啟動函數的方式，例如：

```
output = torch.nn.functional.tanh(input)
```

在以函數的形式使用啟動函數時，該啟動函數不會駐留在模型類別的記憶體裡，會與其他的 PyTorch 函數庫函數一樣，在全域記憶體中被呼叫。

注意：torch.nn.functional 中啟動函數的命名都是小寫形式。

5.4.5 擴充 1：更好的啟動函數 (Swish 與 Mish)

好的啟動函數可以對特徵資料的啟動更加精準，能夠提高模型的精度。目前，業界公認的好的啟動函數為 Swish 與 Mish。在保持結構不變的基礎上，直接將模型中的其他啟動函數換成 Swish 或 Mish 啟動函數，都會使模型的精度有所提高。二者的曲線圖如圖 5-18 所示。

從圖 5-18 中可以看出，二者的曲線非常相似。在大量實驗中，發現 Mish 比 Swish 更勝一籌。

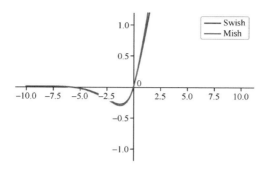

▲ 圖 5-18 　Swish 與 Mish 啟動函數

1. Swish 啟動函數

Swish 是 Google 公司發現的效果更優於 ReLU 的啟動函數。在測試中，保持所有的模型參數不變，只是把原來模型中的 ReLU 啟動函數修改為 Swish 啟動函數，模型的準確率均有提升。其公式為：

$$f(x) = x\mathrm{Sigmoid}(\beta x) \tag{5-17}$$

其中 β 為 x 的縮放參數，一般情況取預設值 1 即可。在使用了批次歸一化演算法（見 7.8.9 節）的情況下，還需要對 x 的縮放值 β 進行調節。

在實際應用中，β 參數可以是常數，由手動設定，也可以是可訓練的參數，由神經網路自己學習。

2. Mish 啟動函數

Mish 啟動函數從 Swish 中獲得「靈感」，也使用輸入變數與其非線性變化後的啟動值相乘。其中，將非線性變化部分的縮放參數 β 用 Softplus 啟動函數來代替，使其無須輸入任何純量（縮放參數）就可以更改網路參數，其公式為：

$$f(x) = x\tanh(\mathrm{Softplus}(x)) \tag{5-18}$$

將 Softplus 的公式代入，式 (5-18) 也可以寫成：

$$f(x) = x \tanh\left(\ln\left(1 + e^x\right)\right) \tag{5-19}$$

相比於 Swish，Mish 啟動函數沒有了參數，使用起來更加方便。

3. 程式封裝與使用

在 PyTorch 的低版本中，沒有單獨的 Swish 和 Mish 函數。可以手動封裝。實現程式如下。

```python
import torch
import torch.nn.functional as F


def swish(x,beta=1):                          # Swish 啟動函數
    return x * torch.nn.Sigmoid()(x*beta)
def mish(x):                                   # Mish 啟動函數
    return x *( torch.tanh(F.softplus(x)))


class Mish(nn.Module):                          # Mish 啟動函數 ( 類別方式實現 )
    def __init__(self):
        super().__init__()
    def forward(self, x):
        return x *( torch.tanh(F.softplus(x)))
```

5.4.6 擴充 2：更適合 NLP 任務的啟動函數 (GELU)

GELU(全稱為 Gaussian Error Linear Unit) 啟動函數的中文名是高斯誤差線性單元。該啟動函數與隨機正則化有關，可以造成自我調整 Dropout 的效果。該啟動函數在自然語言處理 (Natural Language Processing，NLP) 領域被廣泛應用。舉例來說，在 BERT、RoBERTa、ALBERT 等目前業內頂尖的 NLP 模型中，均使用了這種啟動函數。另外，在

OpenAI 的無監督預訓練模型 GPT-2 中，研究人員在所有編碼器模組中都使用了 GELU 啟動函數。

> **提示**
> Dropout 是一種防止模型過擬合的技術。

1. GELU 的原理與實現

Dropout 和 ReLU 的操作機制是將「不重要」的啟動資訊歸為零，重要的資訊保持不變。這種做法可以視為對神經網路的啟動值乘以一個啟動參數 1 或 0。

GELU 啟動函數是將啟動參數 1 或 0 的設定值機率與神經網路的啟動值結合起來，使得神經網路具有確定性決策，即神經網路的啟動值越小，其所乘的啟動參數為 1 的機率越小。這種做法不但保留了機率性，而且保留了對輸入的依賴性。

GELU 啟動函數的計算過程可以描述成：對於每一個輸入 x，都乘以一個二項式分佈 $\Phi(x)$，則公式可以寫成：

$$\text{GELU}(x) = x\Phi(x) \tag{5-20}$$

因為式 (5-20) 中的二項式分佈函數是難以直接計算的，所以研究者透過另外的方法來逼近這樣的啟動函數，具體的運算式可以寫成：

$$\text{GELU}(x) = 0.5x\left(1 + \tanh\left[\sqrt{2/\pi}\left(x + 0.044715x^3\right)\right]\right) \tag{5-21}$$

式 (5-21) 轉化成程式可以寫成如下：

```
def gelu(x):                    # GPT-2 模型中 GELU 的實現
    return 0.5*x*(1+tanh(np.sqrt(2/np.pi)*(x+0.044715*pow(x, 3))))
```

2. GELU 與 Swish、Mish 之間的關係

如果將式 (5-20) 中的 $\Phi(x)$ 替換成式 (5-17) 中的 $\text{Sigmoid}(\beta x)$，那麼 GELU 就變成了 Swish 啟動函數。

由此可見，Swish 啟動函數屬於 GELU 的特例，它用 $\text{Sigmoid}(\beta x)$ 完成了二項式分佈函數 $\Phi(x)$ 的實現。同理，Mish 啟動函數也屬於 GELU 的特例，它用 $\text{tanh}(\text{Softplus}(x))$ 完成了二項式分佈函數 $\Phi(x)$ 的實現。GELU 的曲線與 Swish 和 Mish 的曲線極其相似，如圖 5-19 所示。

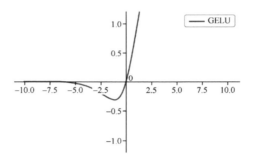

▲ 圖 5-19　GELU 啟動函數

5.5 啟動函數複習

在神經網路中，運算特徵不斷進行循環計算，因此，在每次循環過程中，每個神經元的值也是在不斷變化的，特徵間的差距會在循環過程中被不斷地放大，當輸入資料本身差別較大時，用 tanh 會好一些；當輸入資料本身差別不大時，用 Sigmoid 效果就會更好一些。

而後來出現的 ReLU 啟動函數，主要優勢是能夠生成稀疏性更好的特徵資料，即將資料轉化為只有最大數值，其他都為 0 的特徵。這種變換可以更進一步地突出輸入特徵，用大多數元素為 0 的稀疏矩陣來實現。

Swish 啟動函數和 Mish 啟動函數是在 ReLU 基礎上進一步最佳化產生的，在深層神經網路中效果更加明顯。透過實驗表明，其中 Mish 啟動函數會比 Swish 啟動函數還要好一些。

5.6 訓練模型的步驟與方法

參考 3.1.4 節的程式，可以將訓練模型分為以下幾個步驟：

（1）將樣本資料登錄模型算出正向的結果；

（2）計算模型結果與樣本的目標標籤之間的差值 (也稱為損失值，即 loss)；

（3）根據損失值，使用鏈式反向求導的方法，依次計算模型中每個參數 (即權重) 的梯度；

（4）使用最佳化器中的策略對模型中的參數進行更新。

這裡主要涉及兩部分內容，即計算損失部分與最佳化器部分，下面將詳細介紹。

5.7 神經網路模組 (nn) 中的損失函數

損失函數是決定模型學習品質的關鍵。無論什麼樣的網路結構，如果使用的損失函數不正確，那麼最終將難以訓練出正確的模型。損失函數主要是用來計算「輸出值」與「目標值」之間的誤差。該誤差在訓練模型過程中，配合反向傳播使用。

為了在反向傳播中找到最小值，要求損失函數必須是可導的。

損失函數的計算方式有多種，在模型開發過程中，會根據不同的網路結構、不同的擬合任務去構造不同的損失函數。本節先介紹幾種常見的損失函數，具體如下。

5.7.1 L1 損失函數

L1 損失函數先計算模型的輸出 y' 和目標 y 之間差的絕對值，再將絕對值結果進行平均值計算。其數學公式為：

$$\text{loss}(y', y) = \text{mean}(|y' - y|) \tag{5-22}$$

L1 損失函數是以類別的形式封裝的。也就是說，需要對其先進行實例化再使用，具體程式如下：

```
import torch
loss = torch.nn.L1Loss ()(pre,label)
```

上述程式中的 pre 代表式 (5-22) 中的 y'，label 代表式 (5-22) 中的 y。

在對 L1 損失函數類別進行實例化時，還可以傳入參數 size_average。如果 size_average 為 False，那麼不進行平均值計算。

5.7.2 平均值平方差 (MSE) 損失函數

平均值平方差 (Mean Squared Error，MSE)，也稱「均方誤差」，在神經網路中主要是表達預測值與真實值之間的差異，在數理統計中，均方誤差是指參數估計值與參數真值之差的平方的期望值。

1. 公式介紹

MSE 的數學定義如下，主要是對每一個真實值與預測值相減後的平方取平均值：

$$\text{MSE} = \frac{1}{n}\sum_{t=1}^{n}\left(\text{observed}_t - \text{predicted}_t\right)^2 \qquad (5\text{-}23)$$

MSE 的值越小，表明模型越好。類似的損失演算法還有均方根誤差 (Root MSE, RMSE; 將 MSE 開平方)、平均絕對值誤差 (Mean Absolute Deviation, MAD; 對一個真實值與預測值相減後的絕對值取平均值) 等。

> **注意**：在神經網路計算時，預測值要與真實值控制在同樣的資料分佈內。假設將預測值輸入 Sigmoid 啟動函數後得到設定值範圍規定在 0 到 1 之間，那麼真實值也應歸一化至 0 到 1 之間。這樣在進行損失函數計算時才會有較好的效果。

2. 程式實現

MSE 損失函數是以類別的形式封裝的。也就是說，需要對其先進行實例化再使用，具體程式如下：

```
import torch
loss = torch.nn.MSELoss ()(pre,label)
```

在上述程式中，pre 代表模型輸出的預測值，label 代表輸入樣本對應的標籤。

在對 MSELoss 類別進行實例化時，還可以傳入參數 size_average。如果 size_average 為 False，那麼不進行平均值計算。

5.7.3 交叉熵損失 (CrossEntropyLoss) 函數

交叉熵 (cross entropy) 也是損失函數的一種，可以用來計算學習模型分佈與訓練分佈之間的差異。它一般用在分類問題上，表達的意思為預測輸入樣本屬於某一類的機率。

有關交叉熵的理論，可參考 8.1.4 節。

1. 公式介紹

交叉熵的數學定義如下，y 代表真實值分類 (0 或 1)，a 代表預測值：

$$c = -\frac{1}{n}\sum_x [x\ln a + (1-x)\ln(1-a)]$$

(5-24)

交叉熵值越小代表預測結果越準。

> **注意**：這裡用於計算的 a 也是透過分佈統一化處理的 (或是經過 Sigmoid 函數啟動的)，設定值範圍為 0~1。如果真實值和預測值都是 1，那麼前面一項 yln(a) 就是 1×ln(1)，即 0。同時，後一項 (1-y)ln(1-a) 也就是 0×ln(0)，約定該值等於 0。

2. 程式實現

CrossEntropyLoss 損失函數是以類別的形式封裝的。也就是說，需要對其先進行實例化再使用，具體程式如下：

```
import torch
loss = torch.nn.CrossEntropyLoss ()(pre,label)
```

在上述程式中，pre 代表模型輸出的預測值，label 代表輸入樣本對應的標籤。

在對 CrossEntropyLoss 類別進行實例化時，還可以傳入參數 size_average。如果 size_average 為 False，那麼不進行平均值計算。

3. 加權交叉熵

加權交叉熵是指在交叉熵的基礎上將式 (5-24) 中括號中的第一項乘以係數 (加權)，以增加或減少正樣本在計算交叉熵時的損失值。

在訓練一個多類分類器時，如果訓練樣本很不均衡的話，那麼可以透過加權交叉熵有效地控制訓練模型分類的平衡性。

具體做法如下：

```
import torch
loss = torch.nn.CrossEntropyLoss (weight)(pre,label)
```

其中，參數 weight 是一個一維張量，該張量中含有 n（即分類數）個元素，即為每個類別分配不同的權重比例。

5.7.4 其他的損失函數

PyTorch 中還封裝了其他的損失函數。這些損失函數不如本書中介紹的幾種常用，但作為知識擴充，建議了解一下。

- SmoothL1Loss：平滑版的 L1 損失函數。此損失函數對於異數的敏感性不如 MSELoss。在某些情況下（如 Fast R-CNN 模型中），它可以防止梯度「爆炸」。這個損失函數也稱為 Huber loss。

- NLLLoss：負對數似然損失函數，在分類任務中經常使用。

- NLLLoss2d：計算圖片的負對數似然損失函數，即對每個像素計算 NLLLoss。

- KLDivLoss：計算 KL 散度損失函數 (KL 散度的詳細介紹可參考 8.1.5 節)。

- BCELoss：計算真實標籤與預測值之間的二進位交叉熵。

- BCEWithLogitsLoss：帶有 Sigmoid 啟動函數層的 BCELoss，即計算 target 與 Sigmoid(output) 之間的二進位交叉熵。

- MarginRankingLoss：按照一個特定的方法計算損失。計算指定輸入 x1、x2(一維張量) 和對應的標籤 y (一維張量，設定值為 -1 或 1) 之間的損失值。如果 y=1，那麼第一個輸入的值應該大於第二個輸入的值；如果 y=-1，則相反。

- HingeEmbeddingLoss：用來測量兩個輸入是否相似，使用 L1 距離。計算指定一個輸入 x (二維張量) 和對應的標籤 y (一維張量，設定值為 -1 或 1) 之間的損失值。

- MultiLabelMarginLoss：計算多標籤分類的基於間隔的損失函數 (hinge loss)。計算指定一個輸入 x (二維張量) 和對應的標籤 y (二維張量) 之間的損失值。其中，y 表示最小量中樣本類別的索引。

- SoftMarginLoss：用來最佳化二分類的邏輯損失。計算指定一個輸入 x (二維張量) 和對應的標籤 y (一維張量，設定值為 -1 或 1) 之間的損失值。

- MultiLabelSoftMarginLoss：基於輸入 x(二維張量) 和目標 y(二維張量) 的最大交叉熵，最佳化多標籤分類 (one-versus-all) 的損失。

- CosineEmbeddingLoss：使用餘弦距離測量兩個輸入是否相似，一般用於學習非線性 embedding 或半監督學習。

- MultiMarginLoss：用來計算多分類任務的 hinge loss。輸入是 x(二維張量) 和 y(一維張量)。其中 y 代表類別的索引。

5.7.5 複習：損失演算法的選取

用輸入標籤資料的類型來選取損失函數：如果輸入是無界的實數值，那麼損失函數使用平方差；如果輸入標籤是位元向量 (分類標識)，那麼使用交叉熵會更適合。

本節只是列出一些常用的損失函數，在一些特殊任務中，還會根據樣本和任務的特性，來使用對應的損失函數。

▥ 提示

本節中所介紹的損失函數在程式實現部分是以類別的方式進行舉例的。除此之外，這些損失函數還可以用函數的方式進行呼叫。在 torch.nn.functional 模組中，可以找到對應的定義。

5.8 Softmax 演算法 -- 處理分類問題

Softmax 演算法本質上也是一種啟動函數。考慮到該演算法在分類任務中的重要性，這裡將其單獨進行講解。本節將介紹 Softmax 為什麼能用作分類，以及如何使用 Softmax 來分類。

5.8.1 什麼是 Softmax

從 Softmax 這個名稱就可以了解到，如果判斷輸入屬於某一個類的機率大於屬於其他類的機率，那麼這個類對應的值就逼近於 1，其他類的值就逼近於 0。該演算法主要應用於多分類問題，而且要求分類值是互斥的，即一個值只能屬於其中的類。與 Sigmoid 之類的啟動函數不同的是，一般的啟動函數只能分兩類，因此，可以將 Softmax 了解成是 Sigmoid 類別的啟動函數的擴充。其公式如下：

$$\text{Softmax} = \exp(\text{logits}) / \text{reduce\_sum}(\exp(\text{logits}), \text{dim}) \qquad (5\text{-}25)$$

把所有值用 e 的 n 次方計算出來，求和後計算每個值佔的比率，保證總和為 1。一般可以認為透過 Softmax 計算出來的就是機率。

這裡的 exp(logits) 指的就是e^{logits}。

> **注意**：如果多分類任務中的每個類彼此之間不是互斥關係，則可以使用多個二分類來組成。

5.8.2 Softmax 原理

Softmax 原理可以透過圖 5-20 來解釋。圖 5-20 描述了一個簡單的 Softmax 網路模型，輸入 x_1、x_2 要準備生成 y_1、y_2、y_3 三個類 (w 為權重，b 為偏置)。

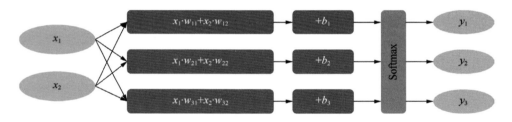

▲ 圖 5-20　Softmax 模型

對於屬於 y_1 類的機率，可以轉化成輸入 x_1 滿足某個條件的機率與 x_2 滿足某個條件的機率的乘積。

在網路模型中，我們把等式兩邊都進行 ln 運算。這樣，進行 ln 運算後屬於 y_1 類的機率就可以轉化成：ln 運算後的 y_1 滿足某個條件的機率加上 ln 運算後的 x_2 滿足某個條件的機率。這樣 $y_1=x_1w_{11}+x_2w_{12}$ 等於 ln 運算後的 y_1 的機率了。這也是 Softmax 公式中要計算一次 e 的 logits 次方的原因。

> **注意**：等式兩邊進行 ln 運算是神經網路中常用的技巧，主要用來將機率的乘法轉變成加法，即 ln(xy)=lnx+lny。在後續計算中，再將其轉為 e 的 x 次方，還原成原來的值。

了解 e 的指數意義後，使用 Softmax 就變得簡單了。

舉例：某個樣本經過神經網路所生成的值為 y_1、y_2、y_3，其中 y_1 為 5、y_2 為 3、y_3 為 2。那麼，對應的結果就為 y_1=5/10=0.5、y_2=3/10、y_3=2/10，於是設定值最大的 y_1 為最終的分類。

5.8.3 常用的 Softmax 介面

在 PyTorch 中，Softmax 介面是以類別的形式提供的，表 5-1 中列出了常用的 Softmax 介面。

表 5-1　常用的 Softmax 介面

Softmax 介面	描述
torch.nn.Softmax(dim)	計算 Softmax，參數 dim 代表計算的維度
torch nn.Softmax2d()	對每個圖片進行 Softmax 處理
torch.nn.LogSoftmax(logits, name=None)	對 Softmax 取對數，常與 NLLLoss 聯合使用，實現交叉熵損失的計算

5.8.4 實例 3：Softmax 與交叉熵的應用

交叉熵在深度學習領域是比較常見的術語，由於其常用性，因此下面透過範例講解。

實例描述

在下面一段程式中，假設有一個標籤 labels 和一個網路輸出值 logits。模擬神經網路中計算損失的過程，交叉熵的計算。

這裡使用兩種方法進行交叉熵計算：

- 使用 LogSoftmax 和 NLLLoss 的方法計算交叉熵；
- 使用 CrossEntropyLoss 方法計算交叉熵。

具體程式如下。

```
程式檔案：code_04_CrossEntropy.py
01  import torch
02  # 定義模擬資料
03  logits = torch.autograd.Variable(torch.tensor([[2, 0.5,6], [0.1,0, 3]]))
04  labels = torch.autograd.Variable(torch.LongTensor([2,1]))
05  print(logits)
06  print(labels)
07  # 計算 Softmax
08  print('Softmax:',torch.nn.Softmax(dim=1)(logits))
09  # 計算 LogSoftmax
10  logsoftmax = torch.nn.LogSoftmax(dim=1)(logits)
11  print('logSoftmax:',logsoftmax)
12  # 計算 NLLLoss
13  output = torch.nn.NLLLoss()(logsoftmax, labels)
14  print('NLLLoss:',output)
15  # 計算 CrossEntropyLoss
16  print ('CrossEntropyLoss:', torch.nn.CrossEntropyLoss()(logits,
    labels) )
```

上述程式的第 3 行和第 4 行定義了模擬資料 logits 與 labels，解讀如下。

■ logits：神經網路的計算結果。一共有兩個資料，每個資料的結果中包
括 3 個數值，代表 3 種分類的結果。

■ labels：神經網路計算結果對應的標籤。一共有兩個數值，每個數值代
表對應資料的所屬分類。

上述程式執行後，輸出以下結果：

```
tensor([[2.0000, 0.5000, 6.0000],
        [0.1000, 0.0000, 3.0000]])
tensor([2, 1])
```

```
Softmax: tensor([[0.0179, 0.0040, 0.9781],
        [0.0498, 0.0451, 0.9051]])
logSoftmax: tensor([[-4.0222, -5.5222, -0.0222],
        [-2.9997, -3.0997, -0.0997]])
NLLLoss: tensor(1.5609)
CrossEntropyLoss: tensor(1.5609)
```

從輸出結果的最後兩行可以看出，使用 LogSoftmax 和 NLLLoss 的方法
與直接使用 CrossEntropyLoss 所計算的損失值是一樣的。

5.8.5 複習：更進一步地認識 Softmax

本節只是介紹了 Softmax 的一些應用，對於零基礎的讀者，了解起來會
有些困難。如果感覺難於了解，那麼可以先跳過本節。在閱讀完第 6 章
的相關實例後，讀者可以再來複習本節的知識，到時會有更深的認識。

> **提示**
>
> 這裡還有一個小技巧，在架設網路模型時，需要用 Softmax 將目標分成
> 幾類，就在最後一層放幾個節點。

5.9 最佳化器模組

在有了正向結構和損失函數後，就可透過最佳化函數來最佳化學習參數
了，這個過程也是在反向傳播中完成的。這個最佳化函數稱為最佳化
器，在 PyTorch 中被統一封裝到最佳化器模組中。其內部原理是透過梯
度下降的方法對模型中的參數進行最佳化。

5.9.1 了解反向傳播與 BP 演算法

反向傳播的意義是告訴模型我們需要將權重調整多少。在剛開始沒有得到合適的權重時，正向傳播生成的結果與實際的標籤有誤差，反向傳播就是要把這個誤差傳遞給權重，讓權重做適當的調整來達到一個合適的輸出。最終的目的是讓正向傳播的輸出結果與標籤間的誤差最小，這就是反向傳播的核心思想。

BP(error Back ProPagation) 演算法又稱「誤差反向傳播演算法」。它是反向傳播過程中的常用方法。

正向傳播的模型是清晰的，於是很容易得出一個由權重組成的關於輸出的運算式。接著，可以得出一個描述損失值的運算式 (將輸出值與標籤直接相減，或進行平方差等運算)。

為了讓這個損失值最小化，我們運用數學知識，選擇一個損失值的運算式並使這個運算式有最小值，接著，透過對其求導的方式，找到最小值時刻的函數切線斜率 (也就是梯度)，從而讓權重的值沿著這個梯度來調整。

5.9.2 最佳化器與梯度下降

在實際訓練過程中，很難一次將神經網路中的權重參數調整合格，一般需要透過多次迭代將其修正，直到模型的輸出值與實際標籤值的誤差小於某個設定值為止。

最佳化器是基於 BP 演算法的一套最佳化策略。其主要的作用是透過演算法幫助模型在訓練過程中更快、更進一步地將參數調整合格。

在最佳化器策略中，基礎的演算法是梯度下降法。

梯度下降法是一個最佳化演算法，通常也稱為最速下降法。它常在機器學習和人工智慧中用來遞迴地逼近最小偏差模型。它使用梯度下降的方

向 (也就是用負梯度方向) 為搜尋方向，並沿著梯度下降的方向求解極小值。

在訓練過程中，每次正向傳播後都會得到輸出值與真實值的損失值。這個損失值越小，代表模型越好。梯度下降的演算法在這裡發揮作用，幫助我們找到最小的那個損失值，從而可以使我們反推出對應的學習參數權重，達到最佳化模型的目的。

5.9.3 最佳化器的類別

原始的最佳化器主要使用 3 種梯度下降的方法：批次梯度下降、隨機梯度下降和小量梯度下降。

■ 批次梯度下降 (batch gradient descent)：遍歷全部資料集計算一次損失函數，然後計算函數對各個參數的梯度，更新梯度。這種方法每更新一次參數都要把資料集裡的所有樣本檢查一遍，計算負擔大，計算速度慢，不支援線上學習。

■ 隨機梯度下降 (stochastic gradient descent)：每檢查一個資料就計算一下損失函數，然後求梯度更新參數。這個方法計算速度比較快，但是收斂性能不太好，結果可能在最佳點附近擺動，卻無法取到最佳點。兩次參數的更新也有可能互相抵消，使目標函數振盪得比較劇烈。

■ 小量梯度下降：為了彌補上述兩種方法的不足而採用的一種折中手段。這種方法把資料分為許多批，按批來更新參數，這樣，一批中的一組資料共同決定了本次梯度的方向，梯度下降的過程就不容易「跑偏」，減少了隨機性。另外，因為批的樣本數與整個資料集相比小了很多，計算量也不是很大。

隨著梯度下降領域的深度研究，又出現了更多功能強大的最佳化器，它們在性能和精度方面表現得越來越好，當然，實現過程也變得越來越複雜。目前主流的最佳化器有 RMSProp、AdaGrad、Adam、SGD 等，它們有各自的特點及適應的場景。

5.9.4 最佳化器的使用方法

在 PyTorch 中，程式設計師可以使用 torch.optim 建構一個最佳化器 (optimizer) 物件。該物件能夠保持當前參數狀態並基於計算得到的梯度進行參數更新。

最佳化器模組封裝了神經網路在反向傳播中的一系列最佳化策略。這些最佳化策略可以使模型在訓練過程中更快、更進一步地進行收斂。建構一個 Adam 最佳化器物件的具體程式如下：

```
optimizer = torch.optim.Adam(model.parameters(), lr=learning_rate)
```

其中，Adam() 是最佳化器方法。該方法的參數較多，其中常用的參數有以下兩個。

■ 待最佳化權重參數：一般是固定寫法。呼叫模型的 parameters() 方法，將返回值傳入即可。

■ 最佳化時的學習率 lr：用來控制最佳化器在工作時對參數的調節幅度。最佳化器在工作時，會先算出梯度 (根據損失值對某個參數求偏導)，再沿著該梯度 (這裡可以把斜率當作梯度) 的方向，算出一段距離 (該距離由學習率控制)，將該差值作為變化值更新到原有參數上。學習率越大，模型的收斂速度越快，但是模型的訓練效果容易出現較大的振盪。學習率越小，模型的振盪幅度越小，但是收斂越慢。

> **提示**
>
> 為了讓讀者儘快上手，這裡並沒有將最佳化器的用法完全展開。

整個過程中的求導和反向傳播操作都是在最佳化器裡自動完成的。

5.9.5 查看最佳化器的參數結構

PyTorch 中的每個最佳化器類別都會有 param_groups 屬性。該屬性記錄著每個待最佳化權重的設定參數。屬性 param_groups 是一個串列物件，該串列物件中的元素與待最佳化權重一一對應，以字典物件的形式存放著待最佳化權重的設定參數。

可以使用以下敘述查看字典物件中的設定參數名稱：

```
list(optimizer.param_groups[0].keys())
```

該程式取出了屬性 param_groups 中的第一個待最佳化權重的設定參數。執行後，系統會輸出該設定參數中的參數名稱，例如：

```
['params', 'lr', 'betas', 'eps', 'weight_decay', 'amsgrad']
```

Adam 最佳化器會為每個待最佳化權重分配這樣的參數，部分參數的意義如下。

- params：最佳化器要作用的權重參數。
- lr：學習率。
- weight_decay：權重參數的衰減率。
- amsgrad：是否使用二階衝量的方式。

上面這幾個參數是 Adam 最佳化器具有的。不同的最佳化器有不同的參數。

> **■ 提示**
>
> 權重參數的衰減率 weight_decay 是指模型在訓練過程中使用 L2 正則化的衰減參數。L2 正則是一種防止模型過擬合的方法。

這些參數可以在初始化時為其設定值，也可以在初始化之後，透過字典中的 key(參數名稱) 為其設定值。

5.9.6 常用的最佳化器 --Adam

PyTorch 中封裝了很多最佳化器的實現，其中以 Adam 最佳化器最為常用 (一般推薦使用的學習率為 3e-4)。

這裡只需要讀者了解 Adam 的基本用法。更多的最佳化器可以參考 PyTorch 官方的說明文件。

5.9.7 更好的最佳化器 --Ranger

Ranger 最佳化器在 2019 年出現之後廣受好評，經過測試發現，該最佳化器無論從性能還是精度上，均有很好的表現。

1. Ranger 最佳化器介紹

Ranger 最佳化器是在 RAdam 與 Lookahead 最佳化器基礎上進行融合而得來的。

- RAdam：帶有整流器的 Adam，能夠利用方差的潛在散度動態地打開或關閉自我調整學習率。
- Lookahead：透過迭代更新兩組權重的方法，提前觀察另一個最佳化器生成的序列，以選擇搜尋方向。

Ranger 最佳化器將 RAdam 與 Lookahead 最佳化器組合到一起，並兼顧了二者的優點。

有關 Ranger 的更多內容可參考論文 "Calibrating the Adaptive Learning Rate to Improve Convergence of ADAM" (arXiv 編號：1908.00700,2019)。

2. Ranger 最佳化器實現

PyTorch 沒有封裝 Ranger 最佳化器。由於 Ranger 實現起來比較複雜，因此本書提供了一套實現好的 Ranger 最佳化器 (在隨書的配套資源中)，讀者可以直接使用。

5.9.8 如何選取最佳化器

選取最佳化器沒有特定的標準，需要根據具體的任務，多次嘗試選擇不同的最佳化器，選擇使得評估函數最小的那個最佳化器。

根據經驗，RMSProp、AdaGrad、Adam、SGD 是比較通用的最佳化器，其中前 3 個最佳化器適合自動收斂，而最後一個最佳化器常用於手動精調模型。

在自動收斂方面，一般以 Adam 最佳化器最為常用。綜合來看，它在收斂速度、模型所訓練出來的精度方面，效果相對更好一些，而且對於學習率設定的要求相比較較寬鬆，更容易使用。

在手動精調模型方面，常常透過手動修改學習率來進行模型的二次最佳化。為了訓練出更好的模型，一般會先使用 Adam 最佳化器訓練模型，在模型無法進一步收斂後，再使用 SGD 最佳化器，透過手動調節學習率的方式，進一步提升模型性能。

如果要進一步提升性能，那麼可以嘗試使用 AMSGrad、Adamax 或 Ranger 最佳化器。其中：

- AMSGrad 在 Adam 最佳化器基礎上使用了二階衝量，在電腦視覺模型上表現更為出色；
- Adamax 在帶有詞向量的自然語言處理模型中表現得更好；

- Ranger 最佳化器在上述幾款最佳化器之後出現，綜合性能的表現使其更加適合各種模型。該最佳化器精度高、收斂快，而且使用方便 (不需要手動調參)。

以上幾種最佳化器可以作為提升模型性能時的參考項。在實際訓練中，還要透過測試比較來選出更合適的最佳化器。

5.10 學習率衰減 -- 在訓練的速度與精度之間找到平衡

5.9.5 節中的最佳化器參數 lr 表示學習率，代表模型在反向最佳化中沿著梯度方向調節的步進值大小。這個參數用來控制模型在最佳化過程中調節權重的幅度。

在訓練模型中，這個參數常被手動調節，用於對模型精度的提升。設定學習率的大小，是在精度和速度之間找到一個平衡：

- 如果學習率的值比較大，那麼訓練速度會提升，但結果的精度不夠；
- 如果學習率的值比較小，那麼訓練結果的精度提升，但訓練會耗費太多的時間。

注意：透過增大量處理樣本的數量也可以造成學習率衰減的效果。但是，這種方法要求訓練時的最小量要與實際應用中的最小量一致。一旦滿足訓練時的最小量與實際應用中的最小量一致的條件，建議優先選擇增大量處理樣本數量的方法，因為這會減少一些開發量和訓練中的計算量。

5.10.1 設定學習率的方法 -- 學習率衰減

學習率衰減又稱為學習率衰減，它的本意是希望在訓練過程中能夠將大學習率和小學習率各自的優點都發揮出來，即在訓練剛開始時，使用大的學習率加快速度，訓練到一定程度後使用小的學習率來提高精度。

舉例來說，對於第 3 章的實例，稍加修改，便可以讓學習率隨著訓練步數的增加而變小，實現學習率衰減的效果。

修改 3.1.4 節所示程式的第 21 行～第 27 行，具體如下。

```
程式檔案：code_01_moons.py(範例部分1)

21  losses = []              # 定義列表，用於接收每一步的損失值
22  lr_list = []             # 定義列表，用於接收每一步的學習率
23  for i in range(epochs):
24      loss = model.getloss(xt,yt)
25      losses.append(loss.item())              # 保存中間狀態的損失值
26      optimizer.zero_grad()                   # 清空之前的梯度
27      loss.backward()                         # 反向傳播損失值
28      optimizer.step()                        # 更新參數
29      if i %50 ==0:
30          for p in optimizer.param_groups:    # 將學習率乘以 0.99
31              p['lr'] *= 0.99
32      lr_list.append(optimizer.state_dict()['param_groups'][0]['lr'])
33
34  plt.plot(range(epochs),lr_list,color = 'r') # 輸出學習率的視覺化結果
35  plt.show()
```

上述程式的第 29 行～第 32 行實現學習率衰減的功能，即實現了每訓練 50 步，就將學習率乘以 0.99(將學習率變小) 的功能，從而達到學習率衰減的效果。

上述程式執行後，可以看到學習率的變化曲線，如圖 5-21 所示。

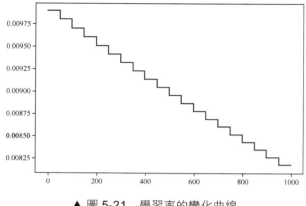

▲ 圖 5-21　學習率的變化曲線

5.10.2　學習率衰減介面 (lr_scheduler)

在 PyTorch 的最佳化器的 optim 模組中，將學習率衰減的多種實現方法
封裝到 lr_scheduler 介面中，使用起來會非常方便。

1. 使用 lr_scheduler 介面實現學習率衰減

舉例來說，5.10.1 節所示的學習率衰減的方法可以寫成以下形式。

```
程式檔案：code_01_moons.py(範例部分2)
21  losses = []              # 定義列表，用於接收每一步的損失值
22  lr_list = []             # 定義列表，用於接收每一步的學習率
23  scheduler = torch.optim.lr_scheduler.StepLR(optimizer,
24           step_size=50,gamma = 0.99) # 設定學習率衰減：每 50 步乘以 0.99
25  for i in range(epochs):
26      loss = model.getloss(xt,yt)
27      losses.append(loss.item())                  # 保存中間狀態的損失值
28      optimizer.zero_grad()                       # 清空之前的梯度
29      loss.backward()                             # 反向傳播損失值
30      optimizer.step()                            # 更新參數
31      scheduler.step()                            # 呼叫學習率衰減物件
```

```
32      lr_list.append(optimizer.state_dict()['param_groups'][0]['lr'])
33  plt.plot(range(epochs),lr_list,color = 'r')   #輸出學習率的視覺化結果
34  plt.show()
```

上述程式的第 23 行和第 24 行使用 lr_scheduler 介面的 StepLR 類別實例化了一個學習率衰減物件。該物件會在第 31 行被呼叫。透過 StepLR 類別實例化的設定即可實現令學習率每 50 步乘以 0.99 的退化效果。上述程式執行後,可以看到如圖 5-21 所示的學習率的變化曲線。

2. lr_scheduler 介面中的學習率衰減種類

lr_scheduler 介面還支援了多種學習率衰減的實現,每種學習率衰減都是透過一個類別來實現的,具體介紹如下。

■ 等間隔調整學習率 StepLR:每訓練指定步數,學習率調整為 lr=lr×gamma (gamma 為手動設定的退化率參數)。

■ 多間隔調整學習率 MultiStepLR:按照指定的步數來調整學習率。調整方式也是 lr=lr×gamma。

■ 指數衰減調整學習率 ExponentialLR:每訓練一步,學習率呈指數型衰減,即學習率調整為 lr=lr×gammastep(step 為訓練步數)。

■ 餘弦退火函數調整學習率 CosineAnnealingLR:每訓練一步,學習率呈餘弦函數型衰減。(餘弦退火指的就是按照餘弦函數的曲線進行衰減。)

■ 根據指標調整學習率 ReduceLROnPlateau:當某指標 (loss 或 accuracy) 在最近幾次訓練中均沒有變化 (下降或升高超過指定設定值) 時,調整學習率。

■ 自訂調整學習率 LambdaLR:為不同參數組設定不同學習率調整策略。

其中,LambdaLR 最為靈活,可以根據需求指定任何策略的學習率變化。它在 fine-tune(微調模型的一種方法) 中特別有用,不但可以為不同層設定不同的學習率,而且可以為不同層設定不同的學習率調整策略。

5.10.3 使用 lr_scheduler 介面實現多種學習率衰減

MultiStepLR 在論文中較多使用，因為它的使用相對簡單並且可控。ReduceLROnPlateau 自動化程度高、參數多。本小節主要對這兩種學習率衰減的使用進行演示。

1. 使用 lr_scheduler 介面實現 MultiStepLR

MultiStepLR 的使用方式與 5.10.2 節中「1. 使用 lr_scheduler 介面實現學習率衰減」的 StepLR 使用方式非常相似，唯一不同的地方就是實例化學習率衰減物件的部分，即將 5.10.2 節所示程式的第 23 行和第 24 行改成實例化 MultiStepLR 類別，具體程式如下。

程式檔案：code_01_moons.py(範例部分3)

```
21  losses = []        # 定義列表，用於接收每一步的損失值
22  lr_list = []       # 定義列表，用於接收每一步的學習率
23  scheduler = torch.optim.lr_scheduler.MultiStepLR(optimizer,
24          milestones=[200,700,800],gamma = 0.9)
25  for i in range(epochs):
26      loss = model.getloss(xt,yt)
27      losses.append(loss.item())                  # 保存中間狀態的損失值
28      optimizer.zero_grad()                       # 清空之前的梯度
29      loss.backward()                             # 反向傳播損失值
30      optimizer.step()                            # 更新參數
31      scheduler.step()                            # 呼叫學習率衰減物件
32      lr_list.append(optimizer.state_dict()['param_groups'][0]['lr'])
33  plt.plot(range(epochs),lr_list,color = 'r') # 輸出學習率衰減的視覺化結果
34  plt.show()
```

上述程式的第 23 行和第 24 行使用 lr_scheduler 介面的 MultiStepLR 類別實例化了一個學習率衰減物件。在實例化過程中，向參數 milestones 中傳入了列表 [200,700,800]，該串列代表模型訓練到 200、700、800 步時，對學習率進行退化操作。

上述程式執行後，可以看到對應的學習率的變化曲線，如圖 5-22 所示。

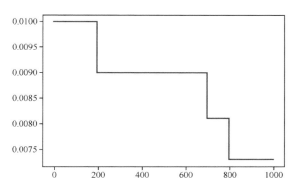

▲ 圖 5-22　MultiStepLR 學習率衰減的變化曲線

2. 使用 lr_scheduler 介面實現 ReduceLROnPlateau

ReduceLROnPlateau 的參數較多，自動化程度較高。在實例化之後，還要在使用時傳入當前的模型指標，所需要的模型指標可以參考以下程式。

```
程式檔案：code_01_moons.py(範例部分4)
21  losses = []          # 定義列表，用於接收每一步的損失值
22  lr_list = []         # 定義列表，用於接收每一步的學習率
23  scheduler = torch.optim.lr_scheduler.ReduceLROnPlateau(optimizer,
24              mode='min',         # 要監控模型的最大值 (max) 還是最小值 (min)
25              factor=0.5,         # 學習率衰減參數 gamma
26              patience=5,         # 不再減小（或增加）的累計次數
27              verbose=True,       # 觸發規則時是否列印資訊
28              threshold=0.0001,   # 監控值觸發規則的設定值
29              threshold_mode='abs', # 計算觸發規則的方法
30              cooldown=0,         # 觸發規則後的停止監控步數，避免 lr 下降過快
31              min_lr=0,           # 允許的最小學習率衰減
32              eps=1e-08)          # 當學習率衰減的調整幅度小於該值時，停止調整
33  for i in range(epochs):
34      loss = model.getloss(xt,yt)
```

```
35        losses.append(loss.item())                 # 保存中間狀態的損失值
36        scheduler.step(loss.item())                 # 呼叫學習率衰減物件
37        optimizer.zero_grad()                       # 清空之前的梯度
38        loss.backward()                             # 反向傳播損失值
39        optimizer.step()                            # 更新參數
40
41        lr_list.append(optimizer.state_dict()['param_groups'][0]['lr'])
42   plt.plot(range(epochs),lr_list,color = 'r') # 輸出學習率衰減的視覺化結果
43   plt.show()
```

上述程式的第 23 行～第 32 行使用 lr_scheduler 介面的 ReduceLROn Plateau 類別實例化了一個學習率衰減物件。在實例化過程中，所使用的參數已經有詳細的程式註釋。其中參數 threshold_mode 有兩種設定值，具體如下。

- rel：在參數 mode 為 max 時，如果監控值超過 best(1+threshold)，則觸發規則；在參數 mode 為 min 時，如果監控值低於 best(1-threshold)，則觸發規則 (best 為訓練過程中的歷史最好值)。
- abs：在參數 mode 為 max 時，如果監控值超過 best+threshold，則觸發規則；在參數 mode 為 min 時，如果監控值低於 best-threshold，則觸發規則。

上述程式的第 36 行在呼叫學習率衰減物件時，需要向其傳入被監控的值，否則程式會執行出錯。

上述程式執行後，可以看到對應的學習率衰減的變化曲線，如圖 5-23 所示。

從圖 5-23 中可以看出，使用經過參數設定後的 ReduceLROnPlateau 可以讓模型在訓練後期用更小的學習率去提升精度。

> 📖 提示
>
> 由於本例中使用學習率衰減的網路模型過於簡單，每次模型的初值權重
> 也不同，因此會導致不同機器上執行的效果不同。讀者在自己機器上同
> 步執行時期，如果發現與圖 5-23 所示的曲線不同，那麼屬於正常現象。

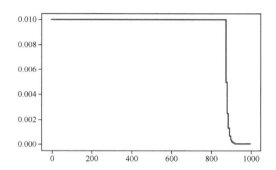

▲ 圖 5-23　ReduceLROnPlateau 學習率衰減的變化曲線

5.11 實例 4：預測鐵達尼號船上的生存乘客

下面透過一個實例來鞏固一下所學過的內容，也就是用全連接神經網路
來對數值任務進行擬合。

> **實例描述**
>
> 架設多層全連接神經網路，透過對鐵達尼號船上乘客的資料進行擬合，
> 預測乘客是否能夠在災難中生存下來。

幾個簡單的全連接神經網路組合在一起，就能夠實現強大的預測效果，
具體步驟如下。

5.11.1 載入樣本

在隨書配套的 Excel 檔案 "titanic3.csv" 中記錄著鐵達尼號船上乘客的資料。使用 Pandas 函數庫將其載入，並進行解析。具體程式如下。

```
程式檔案：code_05_ Titanic.py
01  import numpy as np                          # 引入基礎模組
02  import torch
03  import torch.nn as nn
04  import torch.nn.functional as F
05  import os
06  from scipy import stats
07  import pandas as pd
08  titanic_data = pd.read_csv("titanic3.csv")   # 載入樣本
09  print(titanic_data.columns )                 # 顯示列名稱
```

上述程式執行後，輸出結果如下：

```
Index(['pclass', 'survived', 'name', 'sex', 'age', 'sibsp', 'parch',
'ticket', 'fare', 'cabin', 'embarked', 'boat', 'body', 'home.dest'],
dtype='object')
```

上述結果中顯示了鐵達尼號船上乘客的資料屬性名稱。每個英文名稱對應的中文意義如下。

- pclass：乘客艙位等級。
- survived：是否獲救。
- name：姓名。
- sex：性別。
- age：年齡。
- sibsp：兄弟姐妹 / 配偶。
- parch：父母 / 孩子。

- ticket：票號。
- fare：票價。
- cabin：船艙號碼。
- embarked：登船港 (C= 瑟堡、Q= 昆士頓、S= 南安普敦)。
- boat：救生艇。
- body：身份號碼。
- home.dest：家庭地址。

5.11.2　樣本的特徵分析 -- 離散資料與連續資料

樣本的資料特徵主要可以分為兩類：離散資料特徵和連續資料特徵。

1. 離散資料特徵

離散資料特徵類似於分類任務中的標籤資料 (如男人和女人) 所表現出來的特徵，即資料之間彼此沒有連續性。具有該特徵的資料稱為離散資料。

在對離散資料做特徵變換時，常常將其轉化為 one-hot 編碼或詞向量，具體分為兩類。

- 具有固定類別的樣本 (如性別)：處理起來比較容易，可以直接按照整體類別數進行變換。
- 沒有固定類別的樣本 (如名字)：可以透過 hash 演算法或類似的雜湊演算法對其處理，然後透過詞向量技術進行轉化。

2. 連續資料特徵

連續資料特徵類似於回歸任務中的標籤資料 (如年齡) 所表現出來的特徵，即資料之間彼此具有連續性。具有該特徵的資料稱為連續資料。

在對連續資料做特徵變換時，常對其做對數運算或歸一化處理，使其具有統一的值域。

3. 連續資料與離散資料的相互轉化

在實際應用中，需要根據資料的特性選擇合適的轉化方式，有時還需要實現連續資料與離散資料間的互相轉化。

舉例來說，在對一個值域跨度很大 (如 0.1 ～ 10000) 的特徵屬性進行資料前置處理時，可以有以下 3 種方法。

（1）將其按照最大值、最小值進行歸一化處理。
（2）對其使用對數運算。
（3）按照其分佈情況將其分為幾類，做離散化處理。

具體選擇哪種方法還要看資料的分佈情況。假設資料中有 90% 的樣本在 0.1 ～ 1 範圍內，只有 10% 的樣本在 1000 ～ 10000 範圍內，那麼使用第一種和第二種方法顯然不合理，因為這兩種方法只會將 90% 的樣本與 10% 的樣本分開，並不能極佳地表現出這 90% 的樣本的內部分佈情況。

而使用第三種方法，可以按照樣本在不同區間的分佈數量對樣本進行分類，讓樣本內部的分佈特徵更進一步地表達出來。

5.11.3 處理樣本中的離散資料和 Nan 值

本例中的樣本的離散資料處理比較簡單，具體操作如下：

（1）將離散資料轉成 one-hot 編碼；
（2）對資料中的 Nan 值進行過濾填充；
（3）剔除無用的資料列。

1. 將離散資料轉成 one-hot 編碼

使用 pandas 函數庫中的 get_dummies() 函數可以將離散資料轉成 one-hot 編碼。具體程式如下。

```
程式檔案：code_05_ Titanic.py(續1)
10   # 用虛擬變數將指定欄位轉成 one-hot
11   titanic_data = pd.concat([titanic_data,
12       pd.get_dummies(titanic_data['sex']),
13       pd.get_dummies(titanic_data['embarked'],prefix="embark"),
14       pd.get_dummies(titanic_data['pclass'],prefix="class")], axis=1)
15
16   print(titanic_data.columns )            # 輸出列名稱
17   print(titanic_data['sex'])              # 輸出 sex 列的值
18   print(titanic_data['female'])           # 輸出 female 列的值
```

上述程式的第 11 行～第 14 行是呼叫 get_dummies() 函數分別對 sex、embarked、pclass 列進行 one-hot 編碼的轉換，並將轉換成 one-hot 編碼後所生成的新列放到原有的資料後面。

get_dummies() 函數會根據指定列中的離散值重新生成新的列，新列中的資料用 0、1 來表示是否具有該列的屬性。

透過執行上述程式的第 16 行，可以看到輸出的列名稱比 5.11.1 節輸出的列名稱多，如下所示。

```
Index(['pclass', 'survived', 'name', 'sex', 'age', 'sibsp', 'parch',
'ticket', 'fare', 'cabin', 'embarked', 'boat', 'body', 'home.dest',
'female', 'male', 'embark_C', 'embark_Q', 'embark_S', 'class_1',
'class_2', 'class_3'], dtype='object')
```

在輸出的結果中，female 列之後都是 one-hot 轉碼後生成的新列，其中 female 為 sex 列中的離散值。透過上述程式的第 17 行的執行結果，可以看到其內容。

在上述程式的第 17 行執行後，輸出以下結果：

```
0        female
1          male
2        female
3          male
4        female

1304     female
1305     female
1306       male
1307       male
1308       male
```

與其對應的是上述程式的第 18 行的執行結果，具體如下：

```
0        1
1        0
2        1
3        0
4        1

1304     1
1305     1
1306     0
1307     0
1308     0
```

從結果中可以看出，在 sex 列中，值為 female 的行，在 female 列中值為 1，這便是 get_dummies() 函數作用的結果。

2. 對 Nan 值進行過濾填充

樣本中並不是每個屬性都有資料的。沒有資料的部分在 Pandas 函數庫中會被解析成 Nan 值。因為模型無法對無效值 Nan 進行處理，所以需要對 Nan 值進行過濾並填充。

在本例中，只對兩個連續屬性的資料列進行 Nan 值處理，即 age 和 fare 屬性。具體程式如下。

程式檔案：code_05_ Titanic.py(續2)

```
19  # 處理 Nan 值
20  titanic_data["age"] =
    titanic_data["age"].fillna(titanic_data["age"].mean())
21  titanic_data["fare"]=
    titanic_data["fare"].fillna(titanic_data["fare"].mean())   # 乘客票價
```

在上面的程式中，呼叫了 **fillna()** 函數對 Nan 值進行過濾，並用該資料列中的平均值進行填充。

3. 剔除無用的資料列

根據人們的經驗，將與是否獲救因素無關的部分資料列剔除。具體程式如下。

程式檔案：code_05_ Titanic.py(續3)

```
22  # 刪除去無用的資料列
23  titanic_data = titanic_data.drop(['name','ticket','cabin','boat',
    'body','home.dest','sex','embarked','pclass'], axis=1)
24  print(titanic_data.columns )
```

透過分析，乘客的名字、票號、船艙號碼等資訊與其是否能夠在災難中生存下來的因素關係不大，故將這些資訊刪除。

同時，再將已經被 one-hot 轉碼的原屬性列 (如 sex、embarked) 刪除。

執行上述程式的第 24 行，輸出模型真正需要處理的資料列。在該段程式執行後，輸出以下內容：

```
Index(['survived', 'age', 'sibsp', 'parch', 'fare', 'female', 'male',
'embark_C', 'embark_Q', 'embark_S', 'class_1', 'class_2', 'class_3'],
dtype='object')
```

5.11.4 分離樣本和標籤並製作成資料集

將 survived 列從資料列中單獨提取出來作為標籤。將資料列中剩下的資料作為輸入樣本。

將樣本和標籤按照 30% 和 70% 比例分成測試資料集和訓練資料集。具體程式如下。

```
程式檔案：code_05_ Titanic.py(續4)
25  # 分離樣本和標籤
26  labels = titanic_data["survived"].to_numpy()
27
28  titanic_data = titanic_data.drop(['survived'], axis=1)
29  data = titanic_data.to_numpy()
30
31  # 樣本的屬性名稱
32  feature_names = list(titanic_data.columns)
33
34  # 將樣本分為訓練和測試兩部分
35  np.random.seed(10)              # 設定種子，保證每次執行所分的樣本一致
36  train_indices=np.random.choice(len(labels),int(0.7*len(labels)),
    replace=False)
37  test_indices = list(set(range(len(labels))) - set(train_indices))
38  train_features = data[train_indices]
39  train_labels = labels[train_indices]
40  test_features = data[test_indices]
41  test_labels = labels[test_indices]
42  len(test_labels)          #393
```

在上述程式執行後，輸出以下內容：

```
393
```

輸出結果 393 表明測試資料共有 393 筆。

5.11.5 定義 Mish 啟動函數與多層全連接網路

定義一個帶有 3 層全連接網路的類別，每個網路層使用 Mish 作為啟動函數。該網路模型使用交叉熵的損失的計算方法。具體程式如下。

程式檔案：code_05_ Titanic.py(續5)

```
43  class Mish(nn.Module):        # Mish 啟動函數
44      def __init__(self):
45          super().__init__()
46      def forward(self,x):
47          x = x * (torch.tanh(F.softplus(x)))
48          return x
49
50  torch.manual_seed(0)          # 設定隨機種子
51
52  class ThreelinearModel(nn.Module):
53      def __init__(self):
54          super().__init__()
55          self.linear1 = nn.Linear(12, 12)
56          self.mish1 = Mish()
57          self.linear2 = nn.Linear(12, 8)
58          self.mish2 = Mish()
59          self.linear3 = nn.Linear(8, 2)
60          self.softmax = nn.Softmax(dim=1)
61          self.criterion = nn.CrossEntropyLoss() # 定義交叉熵函數
62
63      def forward(self, x):     # 定義一個全連接網路
64          lin1_out = self.linear1(x)
65          out1 = self.mish1(lin1_out)
66          out2 = self.mish2(self.linear2(out1))
67          return self.softmax(self.linear3(out2))
68
69      def getloss(self,x,y):    # 實現類別的損失值計算介面
70          y_pred = self.forward(x)
```

```
71          loss = self.criterion(y_pred,y)      # 計算損失值的交叉熵
72          return loss
```

上述程式的第 50 行的作用是手動設定隨機種子，該程式會使每次執行的程式中的權重張量使用同樣的初值，保證每次的執行結果都一致。

> **注意**：本例中有兩個隨機值 (上述程式的第 50 行和 5.11.4 節所示程式的第 35 行)，都是隨機設定種子才可以保證每次執行的結果一致。

5.11.6 訓練模型並輸出結果

撰寫程式，實現完整的訓練過程，並輸出訓練結果，具體程式如下：

程式檔案：code_05_ Titanic.py(續6)

```
73  if __name__ == '__main__':
74      net = ThreelinearModel()          # 實例化模型物件
75      num_epochs = 200                  # 設定訓練次數
76      optimizer = torch.optim.Adam(net.parameters(),lr=0.04)# 定義最佳化器
77
78      # 將輸入的樣本標籤轉為張量
79      input_tensor = torch.from_numpy(train_features).type(torch.
        FloatTensor)
80
81      label_tensor = torch.from_numpy(train_labels)
82      losses = []                       # 定義列表，用於接收每一步的損失值
83      for epoch in range(num_epochs):
84          loss = net.getloss(input_tensor,label_tensor)
85          losses.append(loss.item())
86          optimizer.zero_grad()         # 清空之前的梯度
87          loss.backward()               # 反向傳播損失值
88          optimizer.step()              # 更新參數
89          if epoch % 20 == 0:
90              print ('Epoch {}/{} => Loss: {:.2f}'.format(epoch+1,
```

```
91  num_epochs,loss.item()))
92      os.makedirs('models', exist_ok=True) # 建立資料夾
93      torch.save(net.state_dict(), 'models/titanic_model.pt') # 保存模型
94
95      from code_02_moons_fun import plot_losses
96      plot_losses(losses)              # 顯示視覺化結果
97
98      # 輸出訓練結果
99      out_probs = net(input_tensor).detach().numpy()
100     out_classes = np.argmax(out_probs, axis=1)
101     print("Train Accuracy:",
102             sum(out_classes == train_labels)/len(train_labels))
103
104     # 測試模型
105     test_input_tensor = torch.from_numpy(test_features).type(
106                                             torch.FloatTensor)
107     out_probs = net(test_input_tensor).detach().numpy()
108     out_classes = np.argmax(out_probs, axis=1)
109     print("Test Accuracy:",
110         sum(out_classes == test_labels)/len(test_labels))
```

程式執行後，輸出模型的訓練視覺化結果如圖 **5-24** 所示。輸出的數值結果如下：

```
Epoch 1/200 => Loss: 0.72
Epoch 21/200 => Loss: 0.55
Epoch 41/200 => Loss: 0.50
Epoch 61/200 => Loss: 0.49
Epoch 81/200 => Loss: 0.48
Epoch 101/200 => Loss: 0.48
Epoch 121/200 => Loss: 0.48
Epoch 141/200 => Loss: 0.49
Epoch 161/200 => Loss: 0.48
Epoch 181/200 => Loss: 0.48
```

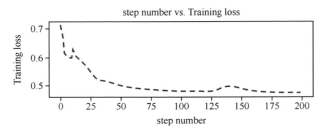

▲ 圖 5-24　模型的訓練視覺化結果

同時也輸出模型的準確率：

```
Train Accuracy: 0.834061135371179
Test Accuracy: 0.8015267175572519
```

第二篇
基礎 -- 神經網路的監督訓練與無監督訓練

本篇先從一個基礎的卷積神經網路例子開始學習，接著從監督訓練 (監督學習) 和無監督訓練 (無監督學習) 兩個角度介紹多種神經網路，包括卷積神經網路、循環神經網路、帶有注意力機制的神經網路、自編碼網路、對抗神經網路。這些神經網路是深度學習模型中的重要組成部分，也是圖神經網路中的基礎知識。

▶ 第 6 章　實例 5：辨識黑白圖中的服裝圖案
▶ 第 7 章　監督學習中的神經網路
▶ 第 8 章　無監督學習中的神經網路

實例 5：
辨識黑白圖中的服裝圖案

本章將使用 PyTorch 訓練一個能夠辨識黑白圖中服裝圖案的機器學習模型。實例中所用的圖片來自一個開放原始碼的訓練資料集 -- Fashion-MNIST。

實例描述

從 Fashion-MNIST 資料集中選擇一張圖，這張圖上有一個服裝圖案，讓機器模擬人眼來區分這個服裝圖案到底是什麼。

透過本實例的學習，讀者可以初步掌握使用 PyTorch 進行快速開發的模式，以及使用神經網路進行圖型辨識的簡單方法。

6.1 熟悉樣本：了解Fashion-MNIST資料集

Fashion-MNIST 資料集常常被用作測試網路模型。一般來講，如果在 Fashion-MNIST 資料集上實現效果不好的模型，那麼在其他資料集中也可能不會有好的效果。

6.1.1 Fashion-MNIST 的起源

Fashion-MNIST 資料集是 MNIST 資料集的直接替代品。MNIST 是一個入門級的電腦視覺資料集，是在 Fashion-MNIST 資料集出現之前，人們經常使用的實驗資料集。MNIST 資料集包含了大量的手寫數字。

由於 MNIST 資料集太過簡單，因此很多演算法在這個資料集上測試的性能已經達到 99.6%。但是，同樣的演算法應用在真實圖片上進行測試，性能卻相差很大，於是出現了相對複雜的 Fashion-MNIST 資料集。在 Fashion-MNIST 資料集上訓練好的模型，會更接近真實圖片的處理效果。

6.1.2 Fashion-MNIST 的結構

Fashion-MNIST 的單張圖片大小、訓練集個數、測試集個數及類別數與 MNIST 完全相同，只不過採用了更為複雜的圖片內容，使得做基礎實驗的模型與真實環境下的模型更接近。

Fashion-MNIST 的單一樣本為 28 像素 ×28 像素的灰階圖片，其中訓練集 60000 張圖片、測試集 10000 張圖片。樣本圖片內容為上衣、褲子、鞋子等，一共分為 10 類，如圖 6-1 所示 (每個類佔 3 行)。

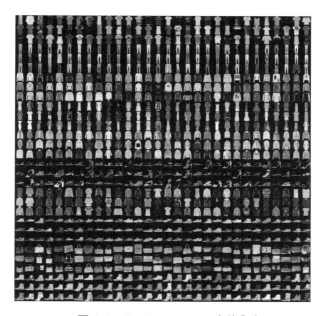

▲ 圖 6-1　Fashion-MNIST 中的內容

其所分類的標籤仍然是 0 ～ 9，標籤所代表的具體服裝分類如圖 6-2 所示。

標籤	描述
0	T-shirt/top（T恤/上衣）
1	Trouser（褲子）
2	Pullover（套衫）
3	Dress（裙子）
4	Coat（外套）
5	Sandal（涼鞋）
6	Shirt（襯衫）
7	Sneaker（運動鞋）
8	Bag（包）
9	Ankle boot（踝靴）

▲ 圖 6-2　Fashion-MNIST 中的標籤

6.1.3 手動下載 Fashion-MNIST 資料集

Fashion-MNIST 資料集可在 Github 上搜尋 "fashion-mnist" 關鍵字尋找下載。

讀者也可以在隨書配套的資源檔裡找到。打開 Fashion-MNIST 下載頁面，可以看到圖 6-3 所示的下載連結。

Name	Content	Examples	Size	Link	MD5 Checksum
train-images-idx3-ubyte.gz	training set images	60,000	26 MB	Download	8d4fb7e6c68d591d4c3dfef9ec88bf0d
train-labels-idx1-ubyte.gz	training set labels	60,000	29 KB	Download	25c81989df183df01b3e8a0aad5dffbe
t10k-images-idx3-ubyte.gz	test set images	10,000	4.3 MB	Download	bef4ecab320f06d8554ea6380940ec79
t10k-labels-idx1-ubyte.gz	test set labels	10,000	5.1 KB	Download	bb300cfdad3c16e7a12a480ee83cd310

▲ 圖 6-3　Fashion-MNIST 資料集下載連結

將資料集下載後，不需要解壓，直接把它放到程式的同級目錄下面即可。

6.1.4 程式實現：自動下載 Fashion-MNIST 資料集

PyTorch 提供了一個 torchvision 函數庫，可以直接對 Fashion-MNIST 資料集進行下載，只需要指定好資料集路徑，不需要修改任何其他程式，具體如下。

程式檔案：code_06_CNNFashionMNIST.py

```
01  import torchvision
02  import torchvision.transforms as tranforms
03  data_dir = './fashion_mnist/'# 設定資料集路徑
04  tranform = tranforms.Compose([tranforms.ToTensor()])
05  train_dataset = torchvision.datasets.FashionMNIST(data_dir, train=True,
06  transform=tranform,download=True)
```

上述程式的第 5 行呼叫 torchvision 的 datasets.FashionMNIST() 方法進行資料集下載。同時，指定了 download 參數為 True，表明要從網路下載資料集。

在上述程式執行後，系統開始下載 Fashion-MNIST 資料集。

系統會在程式的同級目錄中生成 fashion_mnist 資料夾。該資料夾中的內容就是已經下載好的 Fashion-MNIST 資料集。

> **注意**：上述程式的第 4 行用到了 torchvision 函數庫中的 tranforms. ToTensor 類別，該類別是 PyTorch 圖片處理的常用類別，可以自動將圖片轉為 PyTorch 支援的形狀 ([通道，高，寬])，同時也將圖片的數值歸一化成 0 ～ 1 的小數。

6.1.5 程式實現：讀取及顯示 Fashion-MNIST 中的資料

撰寫程式，將資料集中的圖片顯示出來，具體程式如下。

程式檔案：code_06_CNNFashionMNIST.py(續1)

```
07  print(" 訓練資料集筆數 ",len(train_dataset))
08  val_dataset  = torchvision.datasets.FashionMNIST(root=data_dir,
09                               train=False, transform=tranform)
10  print(" 測試資料集筆數 ",len(val_dataset))
11  import pylab
12  im = train_dataset[0][0].numpy()
13  im = im.reshape(-1,28)
14  pylab.imshow(im)
15  pylab.show()
16  print(" 該圖片的標籤為 : ",train_dataset[0][1])
```

上述程式執行後輸出以下資訊 (圖型資訊見圖 6-4)：

訓練資料集筆數 60000
測試資料集筆數 10000

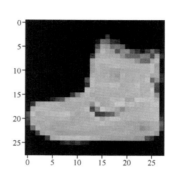

▲ 圖 6-4　Fashion-MNIST 中的一張圖片

該圖片的標籤為：9

輸出資訊的前兩行是資料集中訓練資料和測試資料的筆數。圖 6-4 所示的
內容是資料集中的圖片。輸出資訊的最後一行，顯示了圖 6-4 所對應的標
籤為 9。在圖 6-2 中可以查到，標籤 9 代表的分類是踝靴。

Fashion-MNIST 資料集中的圖片大小是 28 像素 ×28 像素。每一幅圖就
是 1 行 784(28×28) 列的資料，括號中的每一個值代表一個像素。像素
的具體解讀如下。

■ 如果是黑白的圖片，那麼圖案中黑色的地方數值為 0；在有圖案的地
　方，資料為 0 ～ 255 的數字，代表其顏色的深度。
■ 如果是彩色的圖片，那麼一個像素會有 3 個值來表示其 RGB(紅、
　綠、藍) 值。

6.2 製作批次資料集

在模型訓練過程中，一般會將資料以批次的形式傳入模型，進行訓練。
這就需要對原始的資料集進行二次封裝，使其可以以批次的方式讀取。

6.2.1 資料集封裝類別 DataLoader

使用 torch.utils.data.DataLoader 類別建構帶有批次的資料集。

1. DataLoader 的定義

DataLoader 類別的功能非常強大，伴隨的參數也比較複雜，具體定義如
下：

```
class DataLoader(dataset, batch_size=1, shuffle=False, sampler=None,
num_workers=0, collate_fn=<function default_collate>, pin_memory=False,
drop_last=False, timeout=0, worker_init_fn=None, multiprocessing_
context=None )
```

相關參數解讀如下。

- dataset：待載入的資料集。
- batch_size：每批次資料載入的樣本數量，預設是 1。
- shuffle：是否要把樣本的順序打亂。該參數預設值是 False，表示不
  打亂樣本的順序。
- sampler：接收一個取樣器物件，用於按照指定的樣本提取策略從資料
  集中提取樣本。如果指定，那麼忽略 shuffle 參數。
- num_workers：設定載入資料的額外處理程序數量。該參數預設值是
  0，表示不額外啟動處理程序來載入資料，直接使用主處理程序對資料
  進行載入。

- collate_fn：接收一個自訂函數。當該參數不為 None 時，系統會在從資料集中取出資料之後，將資料傳入 collate_fn 中，由 collate_fn 參數所指向的函數對資料進行二次加工。該參數常用於在不同場景 (測試和訓練場景) 下對同一資料集的資料提取。
- pin_memory：記憶體暫存，預設值為 False。該參數表示在資料返回前，是否將資料複製到 CUDA 記憶體中。
- drop_last：是否捨棄最後資料。該參數預設值是 False，表示不捨棄。在樣本總數不能被 batch_size 整除的情況下，如果該值為 True，那麼捨棄最後一個滿足一個批次數量的資料；如果該值為 False，那麼將最後不足一個批次數量的資料返回。
- timeout：讀取資料的逾時時間，預設值為 0。當超過設定時間還沒讀到資料時，系統就會顯示出錯。
- worker_init_fn：每個子處理程序的初始化函數，在載入資料之前執行。
- multiprocessing_context：用於多處理程序處理的設定參數。

2. 取樣器的種類

DataLoader 類別是一個非常強大的資料集處理類別。它幾乎可以覆蓋任何資料集的使用場景。它在 PyTorch 程式中也經常使用。與 DataLoader 類別配套的還有取樣器 Sampler 類別，該類別又衍生了多個取樣器子類別，同時也支持自訂取樣器類別的建立。其中內建的取樣器有以下幾種。

- SequentialSampler：按照原有的樣本順序進行取樣。
- RandomSampler：按照隨機順序進行取樣，可以設定是否重複取樣。
- SubsetRandomSampler：按照指定的集合或索引串列進行隨機順序取樣。
- WeightedRandomSampler：按照指定的機率進行隨機順序取樣。
- BatchSampler：按照指定的批次索引進行取樣。

具體的用法可以參考 PyTorch 的原始程式檔案：

```
Anaconda3\Lib\site-packages\torch\utils\data\sampler.py
```

6.2.2　程式實現：按批次封裝 Fashion-MNIST 資料集

撰寫程式，引入 torch 函數庫，並實例化 torch.utils.data.DataLoader 類別，即可得到帶有批次的資料集。具體程式如下。

程式檔案：code_06_CNNFashionMNIST.py(續2)

```
17  import torch              # 匯入 torch 函數庫
18  batch_size = 10           # 設定批次大小
19  train_loader = torch.utils.data.DataLoader(train_dataset,
20               batch_size=batch_size, shuffle=True)   # 生成批次資料集
21  test_loader = torch.utils.data.DataLoader(val_dataset,
22               batch_size=batch_size, shuffle=False)
```

上述程式的第 19 行～第 22 行，分別生成了兩個帶批次的資料集 train_loader 與 test_loader。對它們的說明如下：

- train_loader 用於訓練，參數 shuffle 為 True 時表明需要將樣本的輸入順序打亂；
- test_loader 用於測試，參數 shuffle 為 False 時表明不需要將樣本的輸入順序打亂。

6.2.3　程式實現：讀取批次資料集

為了更直觀地了解批次資料集，這裡透過撰寫程式的方式，將批次資料集中的內容讀取並顯示出來。具體程式如下。

```
程式檔案：code_06_CNNFashionMNIST.py(續3)
23  from matplotlib import pyplot as plt     # 匯入 pyplot 函數庫，用於繪圖
24  import numpy as np                        # 匯入 numpy 函數庫
25
26  def imshow(img):                          # 定義顯示圖片的函數
27      print(" 圖片形狀：",np.shape(img))
28      img = img/2 +.5
29      npimg = img.numpy()
30      plt.axis('off')
31      plt.imshow(np.transpose(npimg, (1, 2, 0)))
32
33  classes = ('T-shirt', 'Trouser', 'Pullover', 'Dress', 'Coat',
    'Sandal', 'Shirt', 'Sneaker', 'Bag', 'Ankle_Boot') # 定義類別名稱
34  sample = iter(train_loader)               # 將資料集轉化成迭代器
35  images, labels = sample.next()            # 從迭代器中取出一批次樣本
36  print(' 樣本形狀：',np.shape(images))     # 列印樣本的形狀
37  print(' 樣本標籤：',labels)
38  imshow(torchvision.utils.make_grid(images,nrow=batch_size))# 資料視覺化
39  print(','.join('%5s'% classes[labels[j]] for j in
    range(len(images))))
```

上述程式的第 38 行呼叫了 torchvision.utils.make_grid() 函數，將批次圖
片的內容組合到一起生成一個圖片，並用於顯示。該函數的參數 nrow 用
於設定在生成的圖片中每行包括樣本的數量。這裡將 nrow 設為 batch_
size，表示在合成的圖片中，將一批次 (10 個) 資料顯示在一行。

上述程式執行後，輸出以下結果：

```
樣本形狀：torch.Size([10, 1, 28, 28])
樣本標籤：tensor([7, 3, 3, 1, 4, 1, 8, 8, 9, 9])
圖片形狀：torch.Size([3, 32, 302])
Sneaker,Dress,Dress,Trouser,Coat,Trouser,Bag,Bag,Ankle_Boot,Ankle_Boot
```

輸出結果一共有 4 行，具體說明如下。

- 第 1 行是資料集 train_loader 物件中的樣本的形狀。該形狀一共由 4 個維度組成，其中第 1 維的 10 代表該批次中一共有 10 筆資料，第 2 維的 1 代表該資料圖型是 1 通道的灰階圖。
- 第 2 行是樣本的標籤。
- 第 3 行是即將要視覺化的圖片形狀，該形狀中第 1 個維度 3 表明圖片是 3 通道。這說明在合成過程中，圖片已經由原始的 1 通道資料變成了 3 通道資料。該圖片是 torchvision.utils.make_grid() 函數生成的 (見上述程式的第 38 行)。該函數的作用是，將批次中的 10 個樣本資料合成為一幅圖，並用於顯示。
- 第 4 行是樣本標籤所代表的具體類別。

程式同時也生成了樣本視覺化的結果，如圖 6-5 所示。

▲ 圖 6-5　批次資料結果

6.3 建構並訓練模型

在批次資料集建構完成之後，便可以建構模型了。其整個步驟與第 3 章的實例類似，只不過這裡使用了更進階的神經網路 -- 卷積神經網路。

注意：本實例的內容偏重於將第 3 章和第 4 章的內容結合起來進行實際應用。讀者在跟學實例時，重點學習相關函數在整個模型架設中的應用方式。對於卷積神經網路，可以先有個概念，因為在第 7 章中將更系統地講解卷積神經網路以及其他典型的基礎網路。

6.3.1 程式實現：定義模型類別

定義模型類別 myConNet，其結構為兩個卷積層結合 3 個全連接層。
myConNet 模型結構如圖 6-6 所示。

▲ 圖 6-6　myConNet 模型結構

具體程式如下。

程式檔案：code_06_CNNFashionMNIST.py(續4)

```
40  class myConNet(torch.nn.Module):
41      def __init__(self):
42          super(myConNet, self).__init__()
43          # 定義卷積層
44          self.conv1=torch.nn.Conv2d(in_channels=1,out_channels=6,
            kernel_size=5)
45          self.conv2=torch.nn.Conv2d(in_channels=6,out_channels=12,
            kernel_size=5)
46          # 定義全連接層
47          self.fc1 = torch.nn.Linear(in_features=12*4*4, out_features=120)
48          self.fc2 = torch.nn.Linear(in_features=120, out_features=60)
49          self.out = torch.nn.Linear(in_features=60, out_features=10)
50      def forward(self, t):                  # 架設正向結構
51          # 第一層卷積和池化處理
52          t = self.conv1(t)
53          t = F.relu(t)
54          t = F.max_pool2d(t, kernel_size=2, stride=2)
55          # 第二層卷積和池化處理
56          t = self.conv2(t)
57          t = F.relu(t)
58          t = F.max_pool2d(t, kernel_size=2, stride=2)
```

```
59              # 架設全連接網路，第一層全連接
60              t = t.reshape(-1, 12 * 4 * 4)          # 將卷積結果由四維變為二維
61              t = self.fc1(t)
62              t = F.relu(t)
63              # 第二層全連接
64              t = self.fc2(t)
65              t = F.relu(t)
66              # 第三層全連接
67              t = self.out(t)
68              return t
69   if __name__ == '__main__':
70       network = myConNet()
71       # 指定裝置
72       device = torch.device("cuda:0"if torch.cuda.is_available()
         else "cpu")
73       print(device)
74       network.to(device)                   # 將模型物件轉儲在 GPU 裝置上
75       print(network)                       # 列印網路
```

上述程式的第 60 行使用了 reshape() 函數對卷積層的結果進行維度轉化，將其變為二維資料之後，輸入全連接網路中進行處理。

上述程式的第 70 行生成了自訂模型 myConNet 類別的實例化物件。

上述程式的第 75 行將 myConNet 模型的結構列印出來。

上述程式執行後，輸出以下內容：

```
cuda:0
myConNet(
  (conv1): Conv2d(1, 6, kernel_size=(5, 5), stride=(1, 1))
  (conv2): Conv2d(6, 12, kernel_size=(5, 5), stride=(1, 1))
  (fc1): Linear(in_features=192, out_features=120, bias=True)
  (fc2): Linear(in_features=120, out_features=60, bias=True)
  (out): Linear(in_features=60, out_features=10, bias=True)
)
```

上述輸出結果的第 1 行是 GPU 的裝置名稱。第 1 行之後是模型的網路結構，結構中沒有表現出來圖 6-6 中的池化層，這是因為池化層是以函數的方式，在自訂模型 myConNet 類別的 forward() 方法中實現的。

> **注意**：自訂模型 myConNet 類別的最後一層，輸出的維度是 10，這個值是固定的，必須要與模型所要預測的分類個數一致。

6.3.2 程式實現：定義損失的計算方法及最佳化器

由於 Fashion-MNIST 資料集有 10 種分類，屬於多分類問題，因此，在處理多分類問題任務中，經典的損失值計算方法是使用交叉熵損失的計算方法。

在反向傳播過程中使用 Adam 最佳化器。具體程式如下。

程式檔案：code_06_CNNFashionMNIST.py(續5)

```
76  criterion = torch.nn.CrossEntropyLoss()   # 實例化損失函數類別
77  optimizer = torch.optim.Adam(network.parameters(), lr=.01)
```

上述程式的第 77 行，在定義最佳化器時，傳入的學習率為 0.01。

6.3.3 程式實現：訓練模型

啟動迴圈進行訓練，具體程式如下。

程式檔案：code_06_CNNFashionMNIST.py(續6)

```
78  for epoch in range(2):  # 訓練模型，資料集迭代兩次
79      running_loss = 0.0
80      for i, data in enumerate(train_loader, 0): # 迴圈取出批次資料
81          inputs, labels = data
82          inputs, labels = inputs.to(device), labels.to(device)
```

```
83          optimizer.zero_grad()                    # 清空之前的梯度
84          outputs = network(inputs)
85          loss = criterion(outputs, labels)        # 計算損失
86          loss.backward()                          # 反向傳播
87          optimizer.step()                         # 更新參數
88
89          running_loss += loss.item()
90          if i % 1000 == 999:
91              print('[%d, %5d] loss: %.3f'%
92                  (epoch + 1, i + 1, running_loss/2000))
93              running_loss = 0.0
94
95      print('Finished Training')
```

在上述程式的第 80 行中，使用了 enumerate() 函數對迴圈計數，該函數
的第二個參數是計數的起始值，這裡使用了 0，表明迴圈是從 0 開始計數
的。

在上述程式的第 90 行～第 92 行中，實現了訓練模型過程的顯示功能。

上述程式執行後，輸出以下內容：

```
[1,  1000] loss: 0.734
[1,  2000] loss: 0.303
...
[2,  5000] loss: 0.255
[2,  6000] loss: 0.266
Finished Training
```

輸出的結果是訓練過程中模型的平均 loss 值。可以看到，模型在訓練過
程中損失值從 0.734 下降到 0.266。

6.3.4 程式實現：保存模型

可以使用 torch.save() 函數將訓練好的模型保存，具體程式如下。

程式檔案：code_06_CNNFashionMNIST.py(續7)

```
96  torch.save(network.state_dict(), './CNNFashionMNIST.pth') # 保存模型
```

在上述程式執行之後，會看到本地目錄下生成一個名為 CNNFashion MNIST.pth 檔案。該檔案便是保存好的模型檔案。

6.4 載入模型，並用其進行預測

載入模型，並將測試資料登錄到模型中，進行分類預測。具體程式如下。

程式檔案：code_06_CNNFashionMNIST.py(續8)

```
97  network.load_state_dict(torch.load( './CNNFashionMNIST.pth'))
    # 載入模型
98  dataiter = iter(test_loader)                 # 獲取測試資料
99  images, labels = dataiter.next()
100  inputs, labels = images.to(device), labels.to(device)
101
102  imshow(torchvision.utils.make_grid(images,nrow=batch_size))
103  print(' 真實標籤： ',
104  ''.join('%5s'% classes[labels[j]] for j in range(len(images))))
105  outputs = network(inputs)                    # 呼叫模型進行預測
106  _, predicted = torch.max(outputs, 1)         # 計算分類結果
107
108  print(' 預測結果： ', ''.join('%5s'% classes[predicted[j]]
109  for j in range(len(images))))
```

上述程式的第 102 行從測試資料集中取出一批次資料，傳入 imshow() 函數中進行顯示。該程式執行後，輸出的樣本如圖 6-7 所示。

▲ 圖 6-7　測試資料集中的樣本視覺化

在上述程式的第 105 行中，呼叫模型物件 network 對輸入樣本進行預測，得到預測結果 outputs。

在上述程式的第 106 行中，對預測結果 outputs 沿著第 1 維度找出最大值及其索引。該索引就是最終的分類結果。

在上述程式的第 108 行中，根據預測的索引顯示出對應的類別名。

上述程式執行後，輸出以下內容：

```
圖片形狀：torch.Size([3, 32, 302])
真實標籤：Ankle_Boot Pullover Trouser Trouser Shirt Trouser  Coat Shirt
Sandal Sneaker
預測結果：Ankle_Boot Pullover Trouser Trouser T-shirt Trouser  Coat
Coat Sandal Sneaker
```

在上述結果的第 2 行中，輸出了圖 6-7 中樣本對應的真實標籤；第 3 行輸出了圖 6-7 中樣本對應的預測結果。透過對真實標籤和預測結果的比較，可以更直觀地體會到模型的辨識能力。

6.5 評估模型

雖然 6.4 節的程式可以非常友善地展示出模型的辨識能力，但是要對模型能力進行一個精確的評估，則需要對每一個類別的精度進行量化計算。下面就透過程式來實現計算模型的分類精度。具體程式如下。

程式檔案：code_06_CNNFashionMNIST.py(續9)

```
110  # 測試模型
111  class_correct = list(0. for i in range(10))  # 定義列表，收集每個類的
                                                  # 正確個數
112  class_total = list(0. for i in range(10))# 定義列表，收集每個類的總個數
113  with torch.no_grad():
114      for data in test_loader:                    # 遍歷測試資料集
115          images, labels = data
116          inputs, labels = images.to(device), labels.to(device)
117          outputs = network(inputs)               # 將每批次的資料登錄模型
118          _, predicted = torch.max(outputs, 1) # 計算預測結果
119          predicted = predicted.to(device)
120          c = (predicted == labels).squeeze()    # 統計正確個數
121          for i in range(10):                     # 遍歷所有的類別
122              label = labels[i]
123              class_correct[label] += c[i].item() # 如果該類預測正確，
                                                     # 那麼加 1
124              class_total[label] += 1     # 根據標籤中的類別，計算類的總數
125
126      sumacc = 0
127      for i in range(10):                         # 輸出每個類的預測結果
128          Accuracy = 100 * class_correct[i]/class_total[i]
129          print('Accuracy of %5s : %2d %%'% (classes[i], Accuracy ))
130          sumacc =sumacc+Accuracy
131      print('Accuracy of all : %2d %%'% ( sumacc/10 )) # 輸出最終的準確率
```

上面程式執行後，會顯示以下資訊：

```
Accuracy of T-shirt : 74 %
Accuracy of Trouser : 97 %
Accuracy of Pullover : 63 %
Accuracy of Dress : 78 %
Accuracy of  Coat : 68 %
Accuracy of Sandal : 94 %
Accuracy of Shirt : 49 %
Accuracy of Sneaker : 90 %
Accuracy of   Bag : 96 %
Accuracy of Ankle_Boot : 95 %
Accuracy of all : 80 %
```

從結果中可以看出模型對於每個分類的預測準確率。

輸出結果的最後一行是對全部分類進行統計，以及得到的準確率。

> **注意**：
> （1）模型的測試結果只是一個模型能力的參考值，它並不能完全反映模型
> 的真實情況。這取決於訓練樣本和測試樣本的分佈情況，也取決於模
> 型本身的擬合品質。關於擬合品質問題，將在 **7.8** 節詳細介紹。
> （2）讀者在電腦上執行程式時，得到的值可能和本書中的值不一樣，甚至
> 每次執行時期，得到的值也不一樣，這是因為每次初始的權重 **w** 是隨
> 機的。由於初始權重不同，而且每次訓練的批次資料也不同，因此最
> 終生成的模型也不會完全相同。但如果核心演算法一致，那麼會保證
> 最終的結果不會有太大的偏差。

6.6 擴充：多顯示卡平行訓練

PyTorch 不像 TensorFlow 可以自動載入本機的多片顯示卡進行訓練。在 PyTorch 中，必須透過呼叫 nn 下面的 DataParallel 模組才可以實現多片顯示卡平行訓練。

6.6.1 程式實現：多顯示卡訓練

DataParallel 模組主要作用於 torch.nn.Module 的衍生類別。只要將指定的類別傳入 DataParallel 模組，就可以實現多顯示卡的平行執行。

在 6.3.1 節所示程式的第 75 行後面，增加以下程式即可實現相關功能。

程式檔案：code_06_CNNFashionMNIST.py(續10)

```
132      #訓練模型
133      device_count = torch.cuda.device_count() # 獲得本機 GPU 顯示卡個數
134      print( "cuda.device_count",device_count )
135      device_ids = list(range(device_count))    # 生成顯示卡索引串列
136      network = nn.DataParallel(network, device_ids=device_ids)
```

上述程式的第 136 行呼叫了 nn.DataParallel() 函數對網路模型進行封裝。該函數的第二個參數用來指定平行執行的 GPU。如果不填寫 device_ids 這個參數，那麼系統會預設平行執行所有的 GPU。

該程式執行後，可以透過在命令列裡輸入 nvidia-smi 命令查看顯示卡的執行情況，如圖 6-8 所示。

在圖 6-8 中可以看到用紅色區域 (實際環境中可看到) 標注的方片，從上到下分別是 GPU 的運算與記憶體佔用情況。本例的結果説明兩片顯示卡都已經參與了訓練。

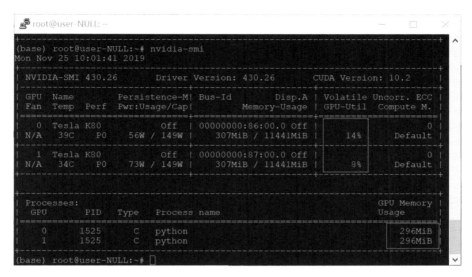

▲ 圖 6-8　多 GPU 平行訓練情況

在執行時期，其多顯示卡平行訓練的步驟如下。

（1）系統每次迭代都會將模型參數和輸入資料分配給指定的 GPU。待模型執行完後，會把結果以列表的形式返回。

（2）主 GPU 負責對拼接好的返回結果計算 loss。

（3）根據 loss 對現有模型參數進行最佳化。

（4）重複第（1）～（3）步，進行下一次迭代訓練。

當然，也可以將本例中的計算 loss 部分放到 myConNet 類別的 forward() 方法中進行，使其與計算結果一起返回。這樣的話，loss 計算部分也可以實現平行處理。

注意：
（1）在有些模型中，如果 loss 的計算很消耗資源，那麼建議將其放在模型類別的 forward() 方法中一起運算。這樣可以避免 GPU 佔用的顯示記憶體過大，其他 GPU 佔用顯示記憶體過小的情況。

（2）在多 GPU 平行訓練的情況下，當模型類別的 forward() 方法返回值是
具體數字（如 loss 值）時，最終會得到一個串列，串列的元素是每個
GPU 的執行結果。如果是求 loss，那麼需要再一次平均值計算。

（3）最佳化器的處理不需要平行計算。因為在訓練過程中，每次迭代的
時候，系統都會將模型參數同步地覆蓋一遍其他 GPU，所以只對主
GPU 的模型參數進行更新即可。

6.6.2 多顯示卡訓練過程中，保存與讀取模型檔案的注意事項

模型在被 nn.DataParallel 函數包裝後，會多一個 module 成員變數，這
會使得模型中所有的參數名稱前都有一個 module。舉例來說，在 6.3.4
節所示程式的第 96 行後面，增加以下程式：

```
print(network.state_dict().keys())
```

在執行後，可以看到參數的詳細名稱：

```
odict_keys(['module.conv1.weight','module.conv1.bias','module.conv2.
weight', 'module.conv2.bias', 'module.fc1.weight', 'module.fc1.bias',
'module.fc2.weight', 'module.fc2.bias', 'module.out.weight', 'module.
out.bias'])
```

6.3.4 節所示程式的第 96 行，是透過 network.state_dict() 將模型中的參
數放到模型檔案裡進行保存的，即把 "module.xxx" 這種模式的參數名稱
保存起來。帶有 "module.xxx" 模式的參數名稱的模型檔案，無法被不使
用平行處理的模型所載入。

例如，在 6.3.4 節所示程式的第 96 行後面，增加以下程式：

```
network2 = myConNet()
network2.load_state_dict(torch.load( './CNNFashionMNIST.pth')) # 載入模型
```

上述程式執行後，會報以下錯誤：

```
RuntimeError: Error(s) in loading state_dict for myConNet:
     Missing key(s) in state_dict: "conv1.weight", "conv1.bias",
"conv2.weight", "conv2.bias", "fc1.weight", "fc1.bias", "fc2.weight",
"fc2.bias", "out.weight", "out.bias".
     Unexpected key(s) in state_dict: "module.conv1.weight", "module.
conv1.bias", "module.conv2.weight", "module.conv2.bias", "module.fc1.
weight", "module.fc1.bias", "module.fc2.weight", "module.fc2.bias",
"module.out.weight", "module.out.bias".
```

該錯誤表明無法辨識 **"module.xxx"** 這種模式的參數名稱。

因此，正確的保存模型方法為以下形式：

```
torch.save(network.module.state_dict(), './CNNFashionMNIST.pth')
```

在這樣保存的模型檔案中，參數名稱就會沒有 **"module"** 字首。透過以下程式可以看到所保存的參數名稱：

```
print(network.module.state_dict().keys())
```

上述程式執行後，輸出以下結果：

```
odict_keys(['conv1.weight', 'conv1.bias', 'conv2.weight', 'conv2.bias',
'fc1.weight', 'fc1.bias', 'fc2.weight', 'fc2.bias', 'out.weight', 'out.
bias'])
```

在支援平行運算的模型中，透過 module.state_dict() 方法保存的模型才可以被正常載入。

6.6.3 在切換裝置環境時，保存與讀取模型檔案的注意事項

如果使用多個 GPU 中的單卡訓練，或是在 GPU 和 CPU 裝置上切換使用模型，則最好在保存模型時，將模型上的參數以 CPU 的方式進行儲存。例如：

```
model.cpu().state_dict()            # 單卡模式
model.module.cpu().state_dict()    # 多卡模式
```

否則在載入模型時，很可能會遇到錯誤，如圖 6-9 所示。

```
 File "D:\ProgramData\Anaconda3\envs\pt13\lib\site-packages
\torch\serialization.py", line 131, in _cuda_deserialize
    device = validate_cuda_device(location)

 File "D:\ProgramData\Anaconda3\envs\pt13\lib\site-packages
\torch\serialization.py", line 125, in validate_cuda_device
    device, torch.cuda.device_count()))

RuntimeError: Attempting to deserialize object on CUDA
device 1 but torch.cuda.device_count() is 1. Please use
torch.load with map_location to map your storages to an
existing device.
```

▲ 圖 6-9　載入模型錯誤

圖 6-9 中的錯誤解釋如下。

在保存模型過程中，如果以 GPU 方式保存模型上的參數，則在模型檔案裡還會記錄該參數所屬的 GPU 號。

在載入這種模型檔案時，系統預設根據記錄中的 GPU 號來恢復權重。如果外界的環境發生變化 (如在 CPU 上載入 GPU 方式保存的模型檔案)，則系統無法找到對應的硬體裝置，所以就會顯示出錯。

當然，在載入模型時，也可以指派權重到對應的硬體上，例如：

（1）將 GPU1 的權重載入到 GPU0 上，程式如下。

```
torch.load('model.pth', map_location={'cuda:1':'cuda:0'})
```

（2）將 GPU 的權重載入到 CPU 上，程式如下。

```
torch.load('model.pth', map_location=lambda storage, loc: storage)
```

6.6.4　處理顯示記憶體殘留問題

在使用 GPU 訓練模型時，在模型佔用顯示記憶體較大的場景下，有可能
會出現顯示記憶體殘留的問題，即程式已經退出，但程式所佔用的顯示
記憶體並沒有被系統釋放，如圖 6-10 所示。

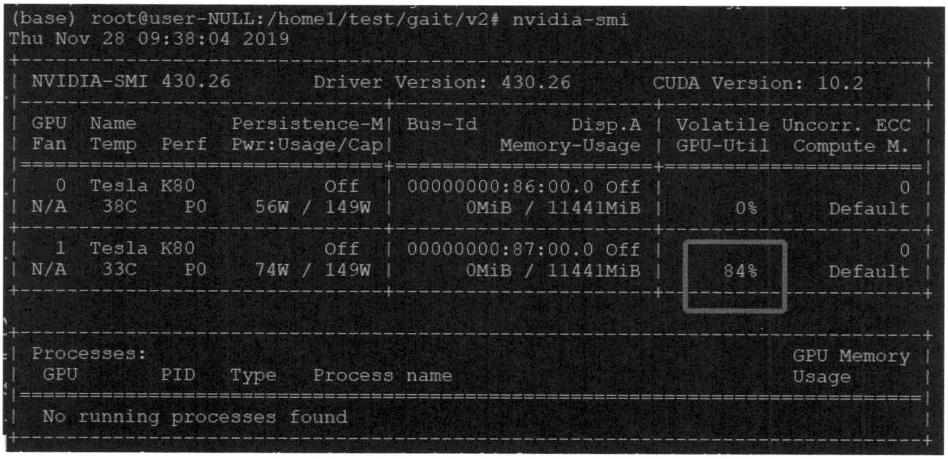

```
(base) root@user-NULL:/home1/test/gait/v2# nvidia-smi
Thu Nov 28 09:38:04 2019
+-----------------------------------------------------------------------------+
| NVIDIA-SMI 430.26       Driver Version: 430.26       CUDA Version: 10.2      |
|-------------------------------+----------------------+----------------------+
| GPU  Name        Persistence-M| Bus-Id        Disp.A | Volatile Uncorr. ECC |
| Fan  Temp  Perf  Pwr:Usage/Cap|         Memory-Usage | GPU-Util  Compute M. |
|===============================+======================+======================|
|   0  Tesla K80           Off  | 00000000:86:00.0 Off |                    0 |
| N/A   38C    P0    56W / 149W |      0MiB / 11441MiB |      0%      Default |
+-------------------------------+----------------------+----------------------+
|   1  Tesla K80           Off  | 00000000:87:00.0 Off |                    0 |
| N/A   33C    P0    74W / 149W |      0MiB / 11441MiB |     84%      Default |
+-------------------------------+----------------------+----------------------+

+-----------------------------------------------------------------------------+
| Processes:                                                       GPU Memory |
|  GPU       PID   Type   Process name                             Usage      |
|=============================================================================|
|  No running processes found                                                 |
+-----------------------------------------------------------------------------+
```

▲ 圖 6-10　顯示記憶體殘留

根據圖 6-10 中的標注框顯示，顯示記憶體佔用量是 84%，但是在處理程
序列表中並沒有任何處理程序，這表明已經銷毀的處理程序所佔的顯示
記憶體在系統中存在殘留。

這種現象與驅動模式的設定相關。執行以下命令即可解決這個問題：

```
nvidia-smi -pm 1
```

該命令的作用是將驅動模式設定為常駐記憶體。

提示

這裡推薦一個查看顯示記憶體與處理程序對應關係的工具：gpustat。

該工具基於 nvidia-smi 實現，並結合 watch 命令，實現動態即時地監控 GPU 使用情況。

使用以下命令即可安裝：

```
pip install gpustat
```

在使用 gpustat 時，輸入以下命令即可實現動態監控 GPU：

```
watch --color -n1 gpustat -cpu
```

監督學習中的神經網路

監督學習是指在訓練模型的過程中,使用樣本和樣本對應的標籤一起對模型進行訓練,使模型學習到樣本特徵與標籤的對應關係。第 6 章實例中的模型就是透過監督學習方式訓練而成。

使用監督學習的方式訓練模型,雖然對樣本的需求量較大,而且在製作樣本標籤時也需要投入大量的人力,但是相對於無監督學習的方式,模型更容易實現,效果也更為直觀。

7.1 從視覺的角度了解卷積神經網路

本書第 6 章的例子中使用了卷積神經網路結構。卷積神經網路是電腦視覺領域使用最多的神經網路之一。它的工作過程與生物界大腦中處理視覺訊號的過程很相似。

7.1.1 生物視覺系統原理

在生物界，大腦處理視覺訊號的過程是從眼睛開始，由視網膜把光訊號轉換成電訊號傳遞到大腦中。大腦透過不同等級的視覺腦區逐步地完成圖型解釋，如圖 7-1 所示。

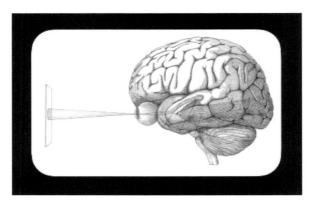

▲ 圖 7-1　大腦的視覺處理

從外表來看，生物界中的大腦可以輕易地辨識出一幅圖型中的某一具體物體。但其內部卻是使用分級處理的方式逐步完成的。大腦中的分級處理機制：將圖型從基礎像素到局部資訊，再到整體資訊，如圖 7-2 所示。

基礎像素　　輪廓背景　　局部特徵　　完整特徵

▲ 圖 7-2　大腦的分級處理

圖 7-2 簡化模擬了大腦在處理圖型時所進行的分級處理過程。大腦在對圖型的分級處理時，將圖片由低級特徵到進階特徵進行逐級計算，逐級累積。

7.1.2 微積分

微積分是微分和積分的總稱，微分就是無限細分，積分就是無限求和。
大腦在處理視覺時，本身就是一個先微分再積分的過程。

7.1.3 離散微分與離散積分

在微積分中，無限細分的條件是，被細分的物件必須是連續的。舉例來
說，一條直線就可以被無限細分，而由許多個點組成的虛線就無法連續
細分，如圖 7-3 所示。

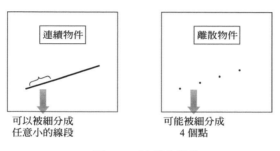

▲ 圖 7-3　連續和離散

圖 7-3 中左側可以被無限細分的線段是連續物件，右側不可以被無限細分
的物件是離散物件。

將離散物件進行細分的過程稱為離散微分，例如將圖 7-3 中右側的虛線段
細分成 4 個點的過程。

圖 7-3 中左側的線段可以視為是對連續細分的線段進行積分的結果，即把
所有任意小的線段合起來；圖 7-3 中右側的虛線段也可以視為是 4 個點
的積分結果，即把 4 個點組合到一起。像這種對離散微分結果進行的積
分操作，就是離散積分。

7.1.4 視覺神經網路中的離散積分

在電腦視覺中，會將圖片數位化成矩陣資料進行處理。一般地，矩陣中每一個值是 0 ～ 255 的整數，用來代表圖片中的像素點，如圖 7-4 所示。

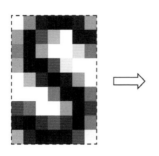

$$\begin{bmatrix} 251, 181, 068, 041, 032, 071, 197, \\ 196, 014, 132, 213, 187, 043, 041, \\ 174, 011, 200, 254, 254, 232, 164, \\ 202, 014, 012, 128, 242, 255, 255, \\ 253, 212, 089, 005, 064, 196, 253, \\ 255, 255, 251, 196, 030, 009, 165, \\ 127, 162, 251, 254, 197, 009, 105, \\ 062, 005, 100, 144, 097, 006, 170, \\ 207, 083, 032, 051, 053, 134, 250 \end{bmatrix}$$

▲ 圖 7-4　圖片的數位化形式

圖 7-3 中右側的虛線與圖 7-4 中的內容都是離散物件。在電腦中，對圖片的處理過程也可以了解成離散微積分的過程。其工作模式與人腦類似：

（1）利用卷積操作對圖片的局部資訊進行處理，生成低級特徵；
（2）對低級特徵進行多次卷積操作，生成中級特徵、進階特徵；
（3）將多個局部資訊的進階特徵組合到一起，生成最終的解釋結果。

這種由卷積操作組成的神經網路稱為卷積神經網路。

7.2 卷積神經網路的結構

卷積神經網路是電腦視覺領域使用最多的神經網路之一。它使用了比全連接網路更少的權重，對資料進行基於區域的小規模運算。這種做法可以使用更少的權重完成分類任務。同時也改善了訓練過程中較難收斂的狀況，並提高了模型的泛化能力。

7.2.1 卷積神經網路的工作過程

如果以全連接網路為參照,那麼卷積神經網路在工作時更像是多個全連接部分的組合。

假設有一個全連接網路,如圖 7-5 所示。卷積神經網路的過程可以分為以下幾步。

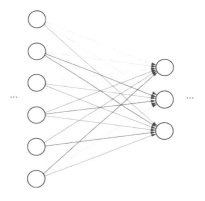

▲ 圖 7-5　全連接網路

(1)從圖 7-5 左邊的 6 個節點中拿出前 3 個與右邊的第一個神經元相連,即完成了卷積的第一步,如圖 7-6a 所示。

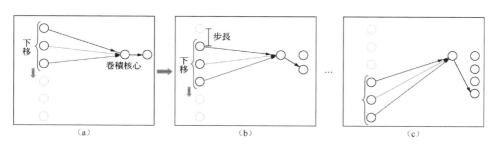

▲ 圖 7-6　卷積過程

在圖 7-6a 中,右側的神經元稱為卷積核心 (也稱濾波器)。該卷積核心有 3 個輸入節點,1 個輸出節點。這個經過卷積操作所輸出的節點常稱為特徵圖 (feature map)。

（2）將圖 7-5 左邊的第 2~4 個節點作為輸入，再次傳入卷積核心進行計算，所輸出卷積結果中的第二個值，如圖 7-6b 所示。其中輸入由第 1~3 個節點變成了第 2~4 個節點，整體向下移動了 1 個節點，這個距離就稱為步進值。

（3）按照第 (2) 步操作進行迴圈，每次向下移動一個節點，並將新的輸入傳入卷積核心計算出一個輸出。

（4）當第 (3) 步的迴圈操作移動到最後 3 個節點之後，停止迴圈。在整個過程中所輸出的結果便是卷積神經網路的輸出，如圖 7-6c 所示。

上述整個過程就稱為卷積操作。帶有卷積操作的網路稱為卷積神經網路。

7.2.2 卷積神經網路與全連接網路的區別

比較圖 7-6c 的結果與圖 7-5 中全連接的輸出結果，可以看出有以下不同。

- 卷積網路輸出的每個節點都是原資料中局部區域節點經過神經元計算後得到的結果。
- 全連接網路輸出的每個節點都是原資料中全部節點經過神經元計算後得到的結果。

由此可見，卷積神經網路所輸出的結果中含有的局部資訊更為明顯。由於卷積的這一特性，卷積神經網路在電腦視覺領域被廣泛應用。

7.2.3 了解 1D 卷積、2D 卷積和 3D 卷積

7.2.1 節介紹的卷積過程是在一維資料上進行的，這種卷積稱為一維卷積 (1D 卷積)。如果將圖 7-6a 的左側節點變為二維的平面資料，並且沿著二維平面的兩個方向來改變節點的輸入，那麼該卷積操作就變成了二維卷積 (2D 卷積)，如圖 7-7 所示。

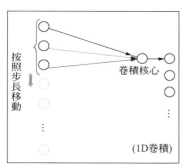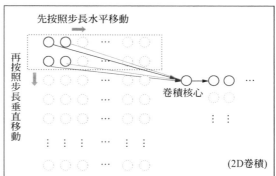

▲ 圖 7-7　1D 卷積和 2D 卷積

在 2D 卷積基礎上再加一個維度，便是三維卷積 (3D 卷積)。

在實際應用中，1D 卷積常用來處理文字或特徵數值類資料，2D 卷積常用來處理平面圖片類資料，3D 卷積常用來處理立體圖像或視訊類資料。

7.2.4　實例分析：Sobel 運算元的原理

Sobel 運算元是卷積操作中的典型例子。它用一個手動設定好權重的卷積核心對圖片進行卷積操作，從而實現圖片的邊緣檢測，生成一幅只含有輪廓的圖片，效果如圖 7-8 所示。

▲ 圖 7-8　Sobel 運算元範例

1. Sobel 運算元結構

Sobel 運算元包含了兩套權重方案，分別可以實現沿著圖片的水平和垂直方向的邊緣檢測。這兩套權重的設定如圖 7-9 所示。

水平方向　　　　　垂直方向

▲ 圖 7-9　Sobel 運算元結構

2. Sobel 運算元的計算過程

以 Sobel 運算元在水平方向的權重為例，其計算過程如圖 7-10 所示。

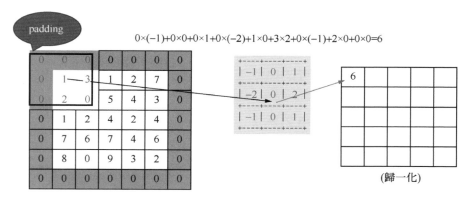

▲ 圖 7-10　Sobel 運算元計算過程

圖 7-10 左邊的 5×5 淺色矩陣可以視為圖 7-8 中的原始圖片。圖 7-10 中間的 3×3 矩陣便是 Sobel 運算元。圖 7-10 右邊的 5×5 矩陣可以視為圖 7-8 右側的輪廓圖片。整個計算過程的描述如下。

（1）在原始圖片的外面補了一圈 0，這個過程稱為 padding(填充操作)，目的是生成同樣大小的矩陣。

（2）將補 0 後矩陣中，左上角的 3×3 矩陣中的每個元素分別與 Sobel 運算元矩陣中對應位置上的元素相乘，然後相加，所得到的值作為最右邊的第一個元素。

（3）把圖 7-10 中左上角的 3×3 矩陣向右移動一個格，這可以視為步進值為 1。

（4）將矩陣中的每個元素分別與中間的 3×3 矩陣對應位置上的元素相乘，然後再將相乘的結果加在一起，算出的值填到圖 7-10 右側矩陣的第二個元素裡。

（5）一直重複這個操作將右邊的值都填滿。完成整個計算過程。

> **注意**：新生成的圖片裡面的每個像素值並不能保證在 0 ～ 256。對於在區間外的像素點，會導致灰階圖無法顯示，因此還需要做一次歸一化，然後每個元素都乘上 256，將所有的值映射到 0 ～ 256 這個區間。
>
> 歸一化演算法：x = (x-Min)/(Max-Min)。
>
> 其中，Max 與 Min 為整體資料裡的最大值和最小值，x 是當前要轉換的像素值。歸一化可以使每個 x 都在 [0,1] 區間內。

3. Sobel 運算元的原理

為什麼圖片經過 Sobel 運算元的卷積操作就能生成帶有輪廓的圖片呢？其本質還是卷積的操作特性 -- 卷積操作可以計算出更多的局部資訊。

Sobel 運算元正是借助卷積操作的特性，透過巧妙的權重設計來從圖片的局部區域進行計算，將像素值變化的特徵進行強化，從而生成了輪廓圖片。

圖 7-11 對 Sobel 運算元中的第一行權重進行分析，可以看到值為 (-1, 0, 1) 的卷積核心進行 1D 卷積時，本質上是計算相隔像素之間的差值。

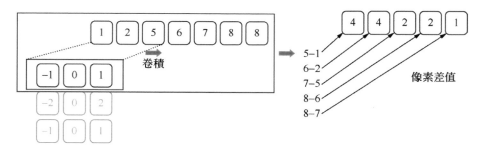

▲ 圖 7-11　Sobel 原理

圖片經過 Sobel 運算元卷積後的資料本質上是該圖片中相隔像素之間的差值而已。如果將這個像素差值資料用圖片的方式顯示出來，就變成了輪廓圖片。

Sobel 運算元第二行權重值的原理與第 1 行相同，只不過將差值放大為 2 倍，這樣做是為了增強的效果。它的思想是：

（1）對卷積核心的 3 行像素差值再做加權處理；
（2）以中間的第 2 行像素差值為中心；
（3）按照離中心點越近，對結果影響越大的原理，對第 2 行像素差值進行加強 (值設為 2)，使其在生成最終的結果中產生主要影響。

〔提示〕

其實將 Sobel 運算元的第 2 行改成與第 1 行相同，也可以生成輪廓圖片。感興趣的讀者可以自己嘗試一下。

另外，在 OpenCV 中，還提供了一個比 Sobel 運算元的效果更好一些的函數 scharr。在 scharr 函數中所實現的卷積核心與 Sobel 運算元類似，只不過是改變了 Sobel 運算元中各行的權重 (由 [1,2,1] 變成了 [3,10,3])，如圖 7-12 所示。

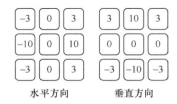

▲ 圖 7-12　函數 scharr 中的卷積核心

在了解水平方向 Sobel 運算元的原理之後，可以再看一下圖 7-9。其中，垂直方向的 Sobel 運算元將計算像素差值的方向由水平改成了垂直，其原理與水平方向 Sobel 運算元相同。參照圖 7-9 可以看出，垂直方向的 Sobel 運算元的結構其實就是水平方向 Sobel 運算元的矩陣轉置。

7.2.5　深層神經網路中的卷積核心

在深層神經網路中，會有很多類似於 Sobel 運算元的卷積核心，與 Sobel 運算元不同的是，它們的權重值是模型經過大量的樣本訓練之後算出來的。

在模型訓練過程中，會根據最終的輸出結果調節卷積核心的權重，最終生成了許多個有特定功能的卷積核心，有的可以計算圖片中的像素差值，從而提取出輪廓特徵；有的可以計算圖片中的平均值，從而提取背景紋理等。

卷積後所生成的特徵資料還可以被繼續卷積處理。在深度神經網路中，這些卷積處理是透過多個卷積層來實現的。

深層卷積網路中的卷積核心也不再是簡單地處理輪廓、紋理等基礎像素，而是對已有的輪廓、紋理等特徵更進一步地推理和疊加。

被多次卷積後的特徵資料會有更具象的局部表徵，舉例來說，可以辨識出眼睛、耳朵和鼻子等資訊。再配合其他結構的神經網路對局部資訊的推理和疊加，最終完成對整個圖片的辨識。

7.2.6 了解卷積的數學意義 -- 卷積分

卷積分是積分的一種計算方式。該方式的計算方法就是卷積操作。舉例來説，假設圖 7-3 左側線段中的每個點，都是由兩條線 (兩個函數) 的微分得來的，則該線段便是這兩條線積分的結果。

舉例來説，對一條直線 [見式 (7-1)] 與一條曲線 [見式 (7-2)] 進行卷積分，所得的曲線如圖 7-13 所示。

$$y = 3x + 2 \tag{7-1}$$

$$y = 2x^2 + 3x - 1 \tag{7-2}$$

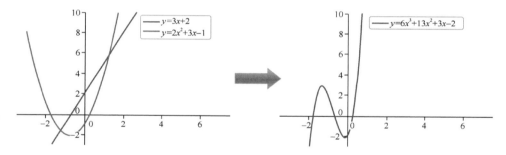

▲ 圖 7-13　卷積分

圖 7-13 右側的曲線公式為：

$$y = 6x^3 + 13x^2 + 3x - 2 \tag{7-3}$$

其卷積的過程如圖 7-14 所示。

如果從代數的角度去了解，式 (7-3) 也可以由式 (7-1) 和式 (7-2) 相乘得到。這便是卷積的數學意義：

$$y = (3x + 2)(2x^2 + 3x - 1) = 6x^3 + 13x^2 + 3x - 2 \tag{7-4}$$

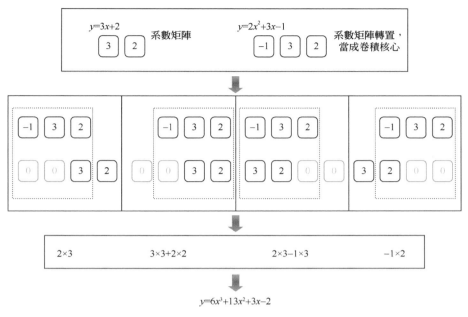

▲ 圖 7-14　卷積的過程

7.3 卷積神經網路的實現

7.2 節介紹了卷積神經網路的原理及卷積核心，以及特徵圖、padding 和步進值等術語的意義。接下來，就學習一下卷積神經網路的具體實現。

7.3.1　了解卷積介面

在 PyTorch 中，按照卷積維度分別對 1D 卷積、2D 卷積和 3D 卷積 (詳細介紹可參考 7.2.3 節) 進行單獨封裝。具體介紹如下。

- torch.nn.functional.conv1d：實現按照 1 個維度進行的卷積操作，常用於處理序列資料。

- torch.nn.functional.conv2d：實現按照 2 個維度進行的卷積操作，常用於處理二維的平面圖片。
- torch.nn.functional.conv3d：實現按照 3 個維度進行的卷積操作，常用於處理三維圖形資料。

這 3 個函數的定義與使用方法大致相同。

1. 卷積函數的定義

以 2D 卷積函數為例，該函數的定義如下：

```
torch.nn.functional.conv2d(input, weight, bias=None, stride=1,
padding=0, dilation=1, groups=1)
```

其中的參數說明如下。

- input：輸入張量，該張量的形狀為 [批次個數，通道數，高，寬]。
- weight：卷積核心的權重張量，該張量的形狀為 [輸出通道數，輸入通道數 /groups，高，寬]。
- bias：在卷積計算時，加入的偏置權重，預設是不加入偏置權重。
- stride：卷積核心的步進值，可以是單一數字或一個元組，預設值為 1。
- padding：設定輸入資料的補 0 規則，可以是單一數字或元組，預設值為 0。
- dilation：卷積核心中每個元素之間的間距，預設值為 1。
- groups：將輸入分成組操作，該值應該被輸入的通道數整除。

2. 卷積神經網路的其他實現方式

除直接使用函數方式進行卷積神經網路的實現以外，還可以使用實例化卷積類別的方式來定義卷積神經網路。其中 1D、2D、3D 卷積所對應的卷積類別分別為 torch.nn.conv1d、torch.nn.conv2d、torch.nn.conv3d。

卷積類別的實例化參數與卷積函數的參數大致相同，但也略有區別。以
2D 卷積為例，該卷積類別的定義如下：

```
torch.nn.conv2d(in_channels, out_channels, kernel_size, stride=1,
padding=0, dilation=1, groups=1, bias=True, padding_mode='zeros')
```

卷積類別的實例化參數與卷積函數的參數主要區別在輸入的卷積核心部
分。卷積類別的實例化參數中只需要輸入通道 (in_channels)、輸出通道
(out_channels) 和卷積核心尺寸 (kernel_size)，不需要接收張量形式的
卷積核心權重資料。但卷積類別實例化後的物件會有卷積核心權重的屬
性，在權重屬性中會包括張量形式的卷積核心權重資料 (weight 參數與
bias 參數)。

3. 卷積函數的操作步驟

PyTorch 中的卷積函數與 7.2 節所介紹的操作步驟完全一致，如圖 7-15
所示，最左側的 5×5 矩陣代表原始圖片，原始圖片右側的 3×3 矩陣代
表卷積核心，最右側的 3×3 矩陣為計算完的結果。

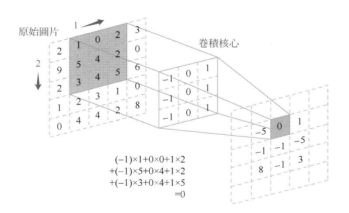

▲ 圖 7-15　卷積操作細節

圖 7-15 中的詳細計算步驟如下。

（1）將卷積核心 (filter) 與對應的圖片 (image) 中的矩陣資料一一相乘，再相加。在圖 7-15 中，最右側特徵圖 (feature map) 的第一行的中間元素 0 是由最左側圖片 (image) 中前 3 行和中間 3 列所圍成的矩陣與 filter 中的對應元素相乘再相加得到的，即 0=(-1)×1+0×0+1×2+(-1)×5+0×4+1×2+(-1)×3+0×4+1×5。

（2）每次按照 (1) 步驟計算完後，就將卷積核心按照指定的步進值進行移動。移動的順序是以行優先。每次移動之後，再繼續進行 (1) 步驟的操作，直到卷積核心從圖片的左上角移動到右下角，完成一次卷積操作。其中步進值 (stride) 表示卷積核心在圖片上移動的格數。

在卷積操作中，步進值是決定卷積結果大小的因素之一。透過變換步進值，可以得到不同尺度的卷積結果。

7.3.2 卷積操作的類型

在圖 7-15 中演示的卷積操作是一個窄卷積類型，即直接使用原始圖片操作。在實際卷積過程中，常常會對原始圖片進行補 0 擴充 (padding 操作)，然後進行卷積操作。根據補 0 的規則不同，卷積操作還分為窄卷積、同卷積和全卷積 3 個類型。具體介紹如下。

（1）窄卷積 (valid 卷積)，從字面上也很容易了解，即生成的特徵圖比原來的原始圖片小。它的步進值是可變的。假如，滑動步進值為 S，原始圖片的維度為 $N_1 \times N_1$，卷積核心的大小為卷積後圖型大小為 $[(N_1-N_2)/S+1] \times [(N_1-N_2)/S+1]$。

（2）同卷積 (same 卷積)，代表的意思是卷積後的圖片尺寸與原始的一樣大，同卷積的步進值是固定的，滑動步進值為 1。一般操作時都要使用 padding 操作 (在原始圖片的週邊補 0，來確保生成的尺寸不變)。

（3）全卷積 (full 卷積)，也稱反卷積，就是要把原始圖片裡面的每個像素點都用卷積操作展開。如圖 **7-16** 所示，白色的區塊是原始圖片，淺色的是卷積核心，深色的是正在卷積操作的像素點。在全卷積操作的過程中，同樣需要對原有圖片進行 padding 操作，生成的結果會比原有的圖片尺寸大。

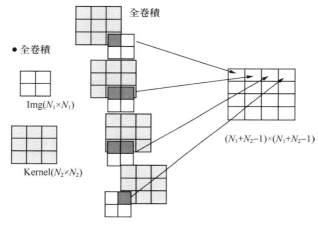

▲ 圖 7-16　全卷積

全卷積的步進值也是固定的，滑動步進值為 1，假如原始圖片的維度為 $N_1 \times N_1$，卷積核心的大小為卷積後圖型大小為 $(N_1+N_2-1) \times (N_1+N_2-1)$。

前面介紹的窄卷積和同卷積都是卷積神經網路裡常用的技術，而全卷積卻不同，它更多地用在反卷積網路中，用於圖型的恢復和還原。

提示

padding(補 0 操作) 的意義是定義元素邊框與元素內容之間的空間。透過元素邊框與元素內容的空間變換，令電腦得到不同的感受。

7.3.3 卷積參數與卷積結果的計算規則

在卷積操作中，預設的卷積都是窄卷積，但是可以透過參數 padding 來指定補 0 的數量。

影響卷積結果大小的因素主要是卷積函數中的參數。根據不同的參數，所輸出卷積結果大小的計算規則如下。

假設輸入資料的形狀為 $(N, C_{in}, H_{in}, W_{in})$，輸出資料的形狀為 $(N, C_{out}, H_{out}, W_{out})$，$N$ 代表批次大小、C_{in} 代表輸入資料的通道數，C_{out} 代表輸出資料的通道數，H_{in} 和 W_{in} 代表輸入資料的高和寬，H_{out} 和 W_{out} 代表輸出資料的高和寬。高和寬的計算公式見式 (7-5) 和式 (7-6)：

$$H_{out} = \left\lfloor \frac{H_{in} + 2 \times \text{padding}[0] - \text{dilation}[0] \times (\text{kernel\_size}[0] - 1) - 1}{\text{stride}[0]} + 1 \right\rfloor \qquad (7\text{-}5)$$

$$W_{out} = \left\lfloor \frac{W_{in} + 2 \times \text{padding}[1] - \text{dilation}[1] \times (\text{kernel\_size}[1] - 1) - 1}{\text{stride}[1]} + 1 \right\rfloor \qquad (7\text{-}6)$$

在式 (7-5) 和式 (7-6) 中，padding 代表補 0 的形狀，dilation 代表卷積核心中元素的間隔，kernel_size 代表卷積核心的形狀。

7.3.4 實例 6：卷積函數的使用

下面透過一個例子來介紹卷積函數的使用。

實例描述

透過手動生成一個 5×5 的矩陣來模擬圖片，定義一個 2×2 的卷積核心，來測試卷積函數 conv2d 裡面的不同參數，驗證輸出結果。

1. 定義輸入變數

定義 3 個輸入變數用來類比輸入圖片,分別是 5×5 大小一個通道的矩陣、5×5 大小兩個通道的矩陣、4×4 大小一個通道的矩陣,並將裡面的值統統指定為 1。

程式檔案:code_07_CONV.py

```
01  import torch
02
03  #[batch, in_channels, in_height, in_width] [ 訓練時一個 batch 的圖片數
       量 , 圖型通道數 , 圖片高度 , 圖片寬度 ]
04  input1 = torch.ones([1, 1, 5, 5])
05  input2 = torch.ones([1, 2, 5, 5])
06  input3 = torch.ones([1, 1, 4, 4])
```

2. 驗證補 0 規則

將資料進行卷積核心大小、內容、步進值都為 1 的卷積操作,即可看到輸入資料補 0 之後的效果。具體程式如下。

程式檔案:code_07_CONV.py(續1)

```
07  # 設定 padding 為 1,在輸入資料上補一排 0
08  padding1=torch.nn.functional.conv2d(input1,torch.ones([1,1,1,1]),
       stride=1, padding=1)
09  print(padding1)
10  # 設定 padding 為 1,在輸入資料上補兩行 0
11  padding2=torch.nn.functional.conv2d(input1,torch.ones([1,1,1,1]),
       stride=1, padding=(1,2))
12  print(padding2)
```

在上述程式的第 8 行中,設定 padding 的值為 1,這等於 padding=(1, 1) 的寫法。

上述程式執行後，輸出以下結果：

```
tensor( [[[[0., 0., 0., 0., 0., 0., 0.],
          [0., 1., 1., 1., 1., 1., 0.],
          [0., 1., 1., 1., 1., 1., 0.],
          [0., 1., 1., 1., 1., 1., 0.],
          [0., 1., 1., 1., 1., 1., 0.],
          [0., 1., 1., 1., 1., 1., 0.],
          [0., 0., 0., 0., 0., 0., 0.]]]])
tensor( [[[[0., 0., 0., 0., 0., 0., 0., 0., 0.],
          [0., 0., 1., 1., 1., 1., 1., 0., 0.],
          [0., 0., 1., 1., 1., 1., 1., 0., 0.],
          [0., 0., 1., 1., 1., 1., 1., 0., 0.],
          [0., 0., 1., 1., 1., 1., 1., 0., 0.],
          [0., 0., 1., 1., 1., 1., 1., 0., 0.],
          [0., 0., 0., 0., 0., 0., 0., 0., 0.]]]])
```

結果輸出了兩個張量，第 1 個張量的週邊有 1 圈 0，對應卷積過程中的
padding 參數為 1 的情況。第 2 個張量的上下各有一行 0，左右有兩列
0，對應卷積過程中的 padding 參數為 (1, 2) 的情況。可以證明，卷積函
數是根據各 padding 中設定的數值對張量進行補 0 的。

> **提示**
>
> 雖然在 torch.nn.conv2d 類別的實例化參數中沒有卷積核心具體數值的
> 輸入項，但是也可以使用 torch.nn.conv2d 類別的方式來實現本實例。
> 具體做法是：用 torch.nn.conv2d 類別實例化物件的成員函數 weight 來
> 為卷積核心設定值。
>
> 舉例來說，將第 8 行程式換成以下 3 行，具體如下：
>
> ```
> condv = torch.nn.conv2d(1,1,kernel_size=1,padding=1, bias=False)
> # 實例化卷積操作類別
> ```

```
condv.weight = torch.nn.Parameter(torch.ones([1,1,1,1]))
#定義卷積核心內容
padding1 = condv(input1) #進行卷積操作
```

3. 定義卷積核心變數

定義 5 個卷積核心，每個都是 2×2 的矩陣，只是輸入和輸出的通道數有差別，分別為：1 通道輸入和 1 通道輸出、1 通道輸入和 2 通道輸出、1 通道輸入和 3 通道輸出、2 通道輸入和 2 通道輸出、2 通道輸入和 1 通道輸出。分別在裡面填入指定的數值。

程式檔案：code_07_CONV.py(續2)

```
13  #[ out_channels, in_channels, filter_height, filter_width] [ 卷積核心
    個數,圖型通道數,卷冊積核心的高度,卷積核心的寬度 ]
14  filter1 = torch.tensor([-1.0,0,0,-1]).reshape([1, 1, 2, 2])
15  filter2 = torch.tensor([-1.0,0,0,-1,-1.0,0,0,-1]).reshape([2,1,2,2])
16  filter3 = torch.tensor(
17          [-1.0,0,0,-1,-1.0,0,0,-1,-1.0,0,0,-1]).reshape([3,1,2,2])
18  filter4 = torch.tensor([-1.0,0,0,-1,-1.0,0,0,-1, -1.0,0,0,-1,
19          -1.0,0,0,-1]).reshape([2, 2, 2, 2])
20  filter5 = torch.tensor([-1.0,0,0,-1,-1.0,0,0,-1]).reshape([1,2, 2,2])
```

4. 執行卷積操作

將步驟 1 的輸入與步驟 3 的卷積核心組合起來，建立 8 個卷積操作，看看生成的內容是否與前面所述的規則一致。

程式檔案：code_07_CONV.py(續3)

```
21  #1 個通道輸入，生成 1 個特徵圖
22  op1 = torch.nn.functional.conv2d(input1, filter1, stride=2, padding=1)
23  #1 個通道輸入，生成 2 個特徵圖
```

```
24  op2 = torch.nn.functional.conv2d(input1, filter2, stride=2, padding=1)
25  #1 個通道輸入，生成 3 個特徵圖
26  op3 = torch.nn.functional.conv2d(input1, filter3, stride=2, padding=1)
27
28  #2 個通道輸入，生成 2 個特徵圖
29  op4 = torch.nn.functional.conv2d(input2, filter4, stride=2, padding=1)
30  #2 個通道輸入，生成一個特徵圖
31  op5 = torch.nn.functional.conv2d(input2, filter5, stride=2, padding=1)
32
33  # 對於 padding 不同，生成的結果也不同
34  op6 = torch.nn.functional.conv2d(input1, filter1, stride=2, padding=0)
```

由於程式中的卷積操作較多，看著較為混亂，因此這裡按照演示的目的
對其分類，分別介紹，具體如下。

（1）演示普通的卷積計算。

如上文程式，op1 使用了 padding=1 的卷積操作，該卷積操作的輸入
和輸出通道數都是 1，步進值為 2×2，按前面的函數介紹，這種情況
PyTorch 會對輸入資料 input1 的上下左右各補一行 (列)0，使資料尺寸
由 5×5 變成 7×7。透過前面的式 (7-5) 和式 (7-6) 的計算，會生成 3×3
大小的矩陣。

（2）演示多通道輸出時的記憶體排列。

op2 用 1 個通道輸入生成 2 個輸出，op3 用 1 個通道輸入生成 3 個輸
出。讀者可以觀察它們在記憶體中的排列的樣式。

（3）演示卷積核心對多通道輸入的卷積處理。

op4 用 2 個通道輸入生成 2 個輸出，op5 用 2 個通道輸入生成 1 個輸
出，比較一下兩個通道的卷積結果，觀察它們是多通道的結果疊加，還
是每個通道單獨對應一個卷積核心進行輸出。

（4）驗證不同尺寸下的輸入受到 padding 補 0 和不補 0 的影響。

op1 和 op6 演示了尺寸為 5×5 的輸入在 padding 為 1 和 0 下的變化。

讀者可以把前面的規則熟悉一下，試著自己在紙上推導一下，然後比較得到的輸出結果。現在把這些結果列印出來，看看是否與自己推導的一致。

執行上面的程式，得到以下的輸出 (為了看起來方便，將格式進行了整理)：

```
op1:
 tensor([[[[-1., -1., -1.],
          [-1., -2., -2.],
          [-1., -2., -2.]]]])
 tensor([[[[-1.,  0.],
          [ 0., -1.]]]])
```

5×5 矩陣透過卷積操作生成了 3×3 矩陣，矩陣的第一行和第一列生成了 -1，表明與補 0 後的矩陣發生了運算，如圖 7-17 所示。

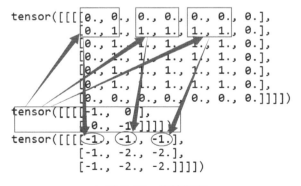

▲ 圖 7-17　卷積過程

```
op2:
 tensor([[[[-1., -1., -1.],
          [-1., -2., -2.],
```

```
                 [-1., -2., -2.]],
              [[-1., -1., -1.],
               [-1., -2., -2.],
               [-1., -2., -2.]]]])
 tensor([[[[-1.,  0.],
           [ 0., -1.]]],
         [[[-1.,  0.],
           [ 0., -1.]]]])
op3:
 tensor([[[[-1., -1., -1.],
           [-1., -2., -2.],
           [-1., -2., -2.]],
          [[-1., -1., -1.],
           [-1., -2., -2.],
           [-1., -2., -2.]],
          [[-1., -1., -1.],
           [-1., -2., -2.],
           [-1., -2., -2.]]]])
tensor([[[[-1.,  0.],
          [ 0., -1.]]],
        [[[-1.,  0.],
          [ 0., -1.]]],
        [[[-1.,  0.],
          [ 0., -1.]]]])
```

op2 與 op3 的計算原理與 op1 完全一致。op2 與 op3 不同的是，op2 中有兩個卷積核心 (輸出通道為 2)，所生成的結果中具有兩個通道；op3 中有 3 個卷積核心 (輸出通道為 3)，所生成的結果中具有 3 個通道。

```
op4:
 tensor([[[[-2., -2., -2.],
           [-2., -4., -4.],
           [-2., -4., -4.]],
```

```
                  [[-2., -2., -2.],
                   [-2., -4., -4.],
                   [-2., -4., -4.]]]])
  tensor([[[[-1.,   0.],
            [ 0.,  -1.]],

           [[-1.,   0.],
            [ 0.,  -1.]]],


          [[[-1.,   0.],
            [ 0.,  -1.]],

           [[-1.,   0.],
            [ 0.,  -1.]]]])
op5:
  tensor([[[[-2., -2., -2.],
            [-2., -4., -4.],
            [-2., -4., -4.]]]])
  tensor([[[[-1.,   0.],
            [ 0.,  -1.]],

           [[-1.,   0.],
            [ 0.,  -1.]]]])
```

對於卷積核心對多通道輸入的卷積處理，是多通道的結果疊加，以 op5
為例，如圖 7-18 所示，是將每個通道的特徵圖疊加生成了最終的結果。

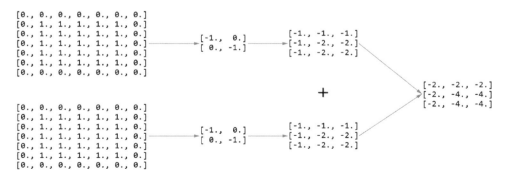

▲ 圖 7-18　多通道卷積

```
op1:
 tensor([[[[-1., -1., -1.],
          [-1., -2., -2.],
          [-1., -2., -2.]]]])
tensor([[[[-1.,  0.],
          [ 0., -1.]]]])
op6:
 tensor([[[[-2., -2.],
          [-2., -2.]]]])
 tensor([[[[-1.,  0.],
          [ 0., -1.]]]])
```

比較 op1 和 op6 可以看出，5×5 尺寸的矩陣在 padding 為 1 時生成的是 3×3 尺寸的矩陣，而在 padding 為 0 時生成的是 2×2 尺寸的矩陣。

注意：本節特意利用了很大篇幅來解釋卷積的操作細節，表明這部分內容非常重要，是卷積神經網路的重點。將卷積操作的細節了解透徹，可在實際程式設計過程中少遇到挫折。在自己架設網路的過程中，必須對輸入、輸出的具體維度有清晰的計算，才能保證網路結構的正確性，才可以使網路執行下去。

另外，需要注意的是，透過卷積函數可以實現 7.3.2 節所介紹的窄卷積和同卷積，但不能實現全卷積。PyTorch 中有單獨的全卷積函數，會在後文中講到。

7.3.5 實例 7：使用卷積提取圖片的輪廓

本小節將用具體的實例程式重現 7.2.4 節的 Sobel 運算元實例。Sobel 運算元是一個卷積操作的典型例子，該演算法透過一個固定的卷積核心，對圖片做卷積處理，可以得到該圖片的輪廓。

實例描述

透過卷積操作來實現本章開篇所講的 Sobel 運算元，將彩色的圖片生成帶有邊緣化資訊的圖片。

在本例中，載入一個圖片，然後使用一個「3 通道輸入，1 通道輸出的 3×3 卷積核心」(即 Sobel 運算元)，透過卷積函數將生成的結果輸出。

1. 載入圖片並顯示

將圖片放到程式的同級目錄下，透過 imread(1) 載入，然後將其顯示並列印其形狀。

程式檔案：code_08_sobel.py

```
01   import matplotlib.pyplot as plt          #plt 用於顯示圖片
02   import matplotlib.image as mpimg         #mpimg 用於讀取圖片
03   import torch
04   import torchvision.transforms as transforms
05
06   myimg = mpimg.imread('img.jpg')          # 讀取和程式處於同一目錄下的圖片
07   plt.imshow(myimg)                        # 顯示圖片
08   plt.axis('off')                          # 不顯示座標軸
09   plt.show()
10   print(myimg.shape)
```

執行上面的程式，得出圖 7-19 所示的圖片。

▲ 圖 7-19　圖片顯示

```
(3264, 2448, 3)
```

可以看到載入的圖片維度為 3264×2448，3 個通道。

2. 將圖片資料轉成張量

使用 transforms.ToTensor 類別將圖片轉為 PyTorch 所支援的形狀 ([通道數，高，寬])，同時也將圖片的數值歸一化成 0 ～ 1 的小數。具體程式如下。

程式檔案：code_08_sobel.py(續1)

```
11  pil2tensor = transforms.ToTensor()  # 實例化 ToTensor 類別
12  rgb_image = pil2tensor(myimg)        # 進行圖片轉換
13  print(rgb_image[0][0])              # 輸出圖片的部分資料
14  print(rgb_image.shape)             # 輸出圖片的形狀
```

上述程式執行後，輸出以下結果：

```
tensor([0.8471, 0.8471, 0.8471,  ..., 0.6824, 0.6824, 0.6824])
torch.Size([3, 3264, 2448])
```

結果輸出了兩行內容。

第 1 行是圖片的部分資料：從資料中可以看出，圖片資料已經完全變成了 0 ～ 1 的小數。

第 2 行是圖片的形狀：從結果中可以看出，圖片形狀變為 [3, 3264, 2448]，其中 3 代表通道數，3264 和 2448 分別代表圖片的高和寬。

> **提示**
>
> 使用 transforms.ToTensor 類別對圖片進行轉換，是一個很常用的方法。被轉換後的圖片，在程式的後續操作中處理起來會變得非常方便。

舉例來説,可以輕易地轉為灰階圖。具體程式如下。

（1）容易了解的程式方式

```
r_image = rgb_image[0]  # 透過指定通道的索引,可以直接獲得紅、綠、藍 3 個通
道的圖片
g_image = rgb_image[1]
b_image = rgb_image[2]
grayscale_image = (r_image + g_image + b_image).div(3.0)   # 對 3 個通道
的圖片取平均值即可得到灰階圖顯示圖片
plt.imshow(grayscale_image,cmap='Greys_r')
plt.axis('off')  # 不顯示座標軸
plt.show()
```

（2）緊湊的程式方式

當然,還可以更簡潔一些,直接計算 **rgb_image** 沿著第 0 維度上的平均
值,程式如下:

```
plt.imshow(rgb_image.mean(0),cmap='Greys_r')    # 顯示圖片
plt.axis('off')    # 不顯示座標軸
plt.show()
```

3. 定義 Sobel 卷積核心

Sobel 運算元是一個常數,在使用之前需要被手動填入卷積核心。因為所
處理的圖片有 3 個通道,所以需要建構 3 個卷積核心。具體程式如下。

程式檔案:code_08_sobel.py(續2)
```
15  sobelfilter = torch.tensor([ [-1.,0.,1.],      # 定義 Sobel 運算元
16                                [-2.,0.,2.],
17                                [-1.,0.,1.]]*3).reshape([1,3,3, 3])
18
19  print(sobelfilter)            # 輸出卷積核心
```

在上述程式的第 17 行中，對列表乘以 3 的作用是將串列元素複製成 3
份，這屬於 Python 的基本語法。

上述程式執行後，輸出以下內容：

```
tensor([[[[-1.,  0.,  1.], [-2.,  0.,  2.], [-1.,  0.,  1.]],
         [[-1.,  0.,  1.], [-2.,  0.,  2.], [-1.,  0.,  1.]],
         [[-1.,  0.,  1.], [-2.,  0.,  2.], [-1.,  0.,  1.]] ]])
```

從輸出結果可以看出，Sobel 運算元已經被覆製成了 3 份。

4. 執行卷積操作並顯示

呼叫卷積函數，進行卷積處理，同時將處理後的結果輸出。具體程式如
下。

程式檔案：code_08_sobel.py(續3)

```
20  op=torch.nn.functional.conv2d(rgb_image.unsqueeze(0), sobelfilter,
    stride=3, padding = 1)                    #3 個通道輸入，生成 1 個特徵圖
21
22  ret = (op - op.min()).div(op.max() - op.min())# 對卷積結果進行處理
23  ret =ret.clamp(0., 1.).mul(255).int()          # 將卷積結果轉為圖片資料
24  print(ret)
25
26  plt.imshow(ret.squeeze(),cmap='Greys_r')       # 顯示圖片
27  plt.axis('off')                                # 不顯示座標軸
28  plt.show()
```

上述程式的第 22 行和第 23 行是對卷積結果進行處理，因為 Sobel 運算
元處理過的圖片的資料不能保證在 0 ～ 255 內，所以要做一次歸一化操
作 (即用每個值減去最小值的結果，並除以最大值與最小值的差) 讓生成
的值都在 [0,1] 範圍，然後乘以 255。

上述程式執行後，輸出圖 7-20 所示的結果。

▲ 圖 7-20　邊緣化

從執行結果可以看出，在 Sobel 的卷積操作之後，提取到了一張含有輪廓特徵的圖型。

7.4 深層卷積神經網路

深層卷積神經網路是指將多個卷積層疊加在一起所形成的網路。這種網路模型可以模擬人類視覺的感受視野和分層系統，在機器視覺領域表現出的效果非常突出。

7.4.1 深層卷積神經網路組成

深層卷積神經網路是由多個卷積層和許多其他的神經網路按照不同的形式疊加而成的。原始的深層卷積神經網路主要由輸入層、卷積層、池化層、全連接層 (或全域平均池化層) 等部分組成，其結構如圖 7-21 所示。

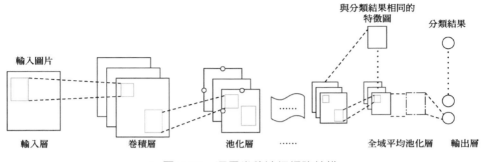

▲ 圖 7-21　深層卷積神經網路結構

1. 深層卷積神經網路的正向結構

如圖 7-21 所示的卷積神經網路裡面包括這幾部分：輸入層、許多個「卷積層 + 池化層」組合的部分、全域平均池化層、輸出層。

■ 輸入層：將每個像素作為一個特徵節點輸入網路。
■ 卷積層：由多個濾波器組合而成。
■ 池化層：將卷積結果降維。
■ 全域平均池化層：對生成的特徵圖取全域平均值，該層也可以用全連接網路代替。
■ 輸出層：網路需要將資料分成幾類，該層就有幾個輸出節點，每個輸出節點代表屬於當前樣本的該類型的機率。

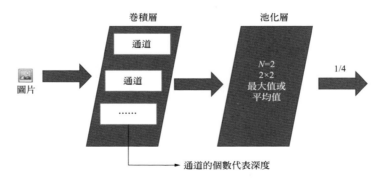

▲ 圖 7-22　「卷積層 + 池化層」的組合結構

在圖 7-21 所示的深層卷積神經網路結構中，主要是由多個「卷積層＋池化層」組合而成的。這種「卷積層＋池化層」的組合成為了原始深層卷積神經網路的主要特徵，如圖 7-22 所示。

圖 7-22 中卷積層裡面的通道 (channel) 的個數代表卷積層的深度。

池化層的作用是對卷積後的特徵圖進行降維處理，得到更為顯著的特徵。池化層會對特徵圖中的資料做平均值或最大值處理，在保留特徵圖原有特徵的基礎上，減少了後續運算量。

池化運算之後得到的資料大小與池化核心大小、池化運算步進值、輸入圖片的大小都有關係，這部分內容將在下面的章節詳細介紹。

2. 卷積神經網路的反向傳播

在實際程式設計過程中，反向傳播的處理已經在 PyTorch 框架中被封裝成介面，直接呼叫即可。對於反向傳播方面的知識，這裡只簡單介紹一下基本原理。反向傳播的主要步驟有以下兩個。

（1）將誤差傳到前面一層。
（2）根據當前的誤差對應的學習參數運算式來算出其需要更新的差值。

第 (2) 步與全連接網路中的反向求導是一樣的，仍然是使用鏈式求導法則，找到使誤差最小化的梯度，再配合學習率算出更新的差值。

在第 (1) 步對卷積操作的反向求導時，需要先將生成的特徵圖做一次 padding，再與轉置後的卷積核心做一次卷積操作，即可得到輸入端的誤差，從而實現了誤差的反向傳遞。

7.4.2　池化操作

池化操作常配合卷積操作一起使用。池化的主要目的是降維，即在保持原有特徵的基礎上最大限度地將陣列的維數變小。

池化操作與卷積操作類似，具體介紹如下：

- 卷積是將對應像素上的點相乘，然後相加；
- 池化中只關心濾波器的尺寸，不再考慮內部的值，演算法是將濾波器映射區域內的像素點取平均值或最大值。

池化步驟也有步進值，步進值部分的規則與卷積操作是一樣的。下面介紹兩種常用的池化操作：平均值池化與最大池化。

1. 平均值池化

平均值池化就是在圖片上對應出濾波器大小的區域，對裡面的所有像素點取平均值。這種方法得到的特徵資料會對背景資訊更敏感一些。

> **注意**：PyTorch 在平均池化的處理上與 TensorFlow 的方式不同。
> - 在 TensorFlow 中，平均池化只關心輸入資料中不為 0 的資料，即對非零的資料做平均值計算。
> - 在 PyTorch 中，平均池化對所有的輸入資料做平均值計算。

2. 最大池化

最大池化是在圖片上對應出濾波器大小的區域，將裡面的所有像素點取最大值。這種方法得到的特徵資料會對紋理特徵的資訊更敏感一些。

7.4.3　了解池化介面

PyTorch 按照池化處理的維度，又將最大池化和平均池化各分成了 3 個處理函數。

1. 最大池化函數

- torch.nn.functional.max_pool1d：實現按照 1 個維度進行的最大池化

操作，常用於處理序列資料。

- torch.nn.functional.max_pool2d：實現按照 2 個維度進行的最大池化操作，常用於處理二維的平面圖片。

- torch.nn.functional.max_pool3d：實現按照 3 個維度進行的最大池化操作，常用於處理三維圖形資料。

2. 平均池化函數

- torch.nn.functional.avg_pool1d：實現按照 1 個維度進行的平均池化操作，常用於處理序列資料。

- torch.nn.functional.avg_pool2d：實現按照 2 個維度進行的平均池化操作，常用於處理二維的平面圖片。

- torch.nn.functional.avg_pool3d：實現按照 3 個維度進行的平均池化操作，常用於處理三維圖形資料。

3. 池化函數的定義

從最大池化函數和平均池化函數的名字上可以看出，二者的形式類似，只不過實現的具體細節不同。這裡以基於二維的最大池化函數為例，詳細介紹其具體的用法。

在 PyTorch 中，池化函數也有兩種實現方式，一種是基於函數的方式進行呼叫，另一種是基於類別的方式進行呼叫。下面以函數方式為例，基於二維的最大池化函數定義如下：

```
    torch.nn.functional.max_pool2d(input, kernel_size, stride=None,
padding=0, dilation=1, ceil_mode=False, count_include_pad =False)
```

其中的參數說明如下。

- input：輸入張量，形狀為 [批次，通道數，高，寬] 的四維資料。

- kernel_size：池化區域的大小，可以是單一數字或元組，如果該值是元組，那麼輸入形狀為 [高，寬]。
- stride：池化操作的步進值，可以是單一數字或元組，如果該值是元組，那麼輸入形狀為 [高，寬]，預設等於池化區域 kernel_size 的大小。
- padding: 在輸入上隱式的零填充，可以是單一數字或一個元組，如果該值是元組，那麼輸入形狀為 [高，寬]，預設值是 0。
- dilation: 是指池化區域中，每個元素之間的間隔。
- ceil_mode：設定輸出形狀的計算方式。
- count_include_pad：是否對填充的資料進行計算。

4. 池化結果的計算規則

池化處理後所輸出的結果大小與卷積操作的計算規則一致 [見 7.3.3 節中的式 (7-5) 和式 (7-6)]。

7.4.4 實例 8：池化函數的使用

下面透過一個例子來介紹池化函數的使用。

實例描述

透過手動生成一個 4×4 的矩陣來模擬圖片，定義一個 2×2 的濾波器，透過幾個在卷積神經網路中常用的池化操作來設定實驗池化裡面的參數，驗證輸出結果。

---

1. 定義輸入變數

定義 1 個輸入變數用來類比輸入圖片、4×4 大小的 2 通道矩陣，並在裡面賦上指定的值。兩個通道的內容分別為 4 個 0 ～ 3 的值和 4 個 4 ～ 7 的值所組成的矩陣。

```
程式檔案：code_09_pooling.py
01  import torch                      # 匯入 torch 函數庫
02
03  img=torch.tensor([
04  [ [0.,0.,0.,0.],[1.,1.,1.,1.],[2.,2.,2.,2.],[3.,3.,3.,3.] ],
05  [ [4.,4.,4.,4.],[5.,5.,5.,5.],[6.,6.,6.,6.],[7.,7.,7.,7.] ]
06  ]).reshape([1,2,4,4])            # 定義張量，類比輸入圖片
07  print(img)                        # 輸出結果
08  print(img[0][0])                  # 輸出第 1 通道的內容
09  print(img[0][1])                  # 輸出第 2 通道的內容
```

上述程式執行後，輸出以下內容：

```
tensor([[[[0., 0., 0., 0.], [1., 1., 1., 1.], [2., 2., 2., 2.], [3., 3.,
3., 3.]],

        [[4., 4., 4., 4.], [5., 5., 5., 5.], [6., 6., 6., 6.], [7., 7.,
7., 7.]]]])
tensor([[0., 0., 0., 0.], [1., 1., 1., 1.], [2., 2., 2., 2.], [3., 3.,
3., 3.]])
tensor([[4., 4., 4., 4.], [5., 5., 5., 5.], [6., 6., 6., 6.], [7., 7.,
7., 7.]])
```

可以看到結果中輸出了 3 個張量。第 1 個張量是模擬資料的內容，第 2
個張量是模擬資料中第 1 通道的內容，第 3 個張量是模擬資料中第 2 通
道的內容。

2. 定義池化操作

定義 4 個池化操作和一個取平均值操作。前兩個是最大池化，接下來是
兩個平均值池化，最後是取平均值操作。

```
程式檔案：code_09_pooling.py(續)
10  pooling=torch.nn.functional.max_pool2d(img,kernel_size =2)
```

```
11  print("pooling:\n",pooling)        # 輸出最大池化的結果（池化區域為 2、
                                        # 步進值為 2）
12  pooling1=torch.nn.functional.max_pool2d(img,kernel_size =2,stride=1)
13  print("pooling1:\n",pooling1)       # 輸出最大池化的結果（池化區域為 2、
                                        # 步進值為 1）
14  pooling2=torch.nn.functional.avg_pool2d(img,kernel_size =4,stride=1,p
adding=1)                               # 先對輸入資料補 0，再進行池化
15  print("pooling2:\n",pooling2)       # 輸出平均池化的結果（池化區域為 4、
                                        # 步進值為 1）
16  pooling3=torch.nn.functional.avg_pool2d(img,kernel_size =4)
17  print("pooling3:\n",pooling3)       # 輸出平均池化的結果（池化區域為 4、
                                        # 步進值為 4）
18  # 對輸入張量計算兩次平均值，可以得到平均池化的效果
19  m1 = img.mean(3)
20  print(" 第 1 次平均值結果 :\n",m1)
21  print(" 第 2 次平均值結果 :\n",m1.mean(2))
```

在本步驟操作之前，讀者可以把前面的規則熟悉一下，試著自己在紙上推導一下，然後比較得到的輸出結果。

執行上面的程式，把這些結果列印出來，看看是否與你推導的一致 (為了閱讀方便，將格式進行了整理)：

```
pooling:
 tensor([[[[1., 1.], [3., 3.]],
         [[5., 5.], [7., 7.]]]])
```

該池化操作從原始輸入中取最大值，生成兩個通道的 2×2 矩陣。

```
pooling1:
 tensor([[[[1., 1., 1.], [2., 2., 2.], [3., 3., 3.]],
         [[5., 5., 5.], [6., 6., 6.], [7., 7., 7.]]]])
pooling2:
```

```
tensor([[[[0.5625, 0.7500, 0.5625], [1.1250, 1.5000, 1.1250], [1.1250,
1.5000, 1.1250]],

          [[2.8125, 3.7500, 2.8125], [4.1250, 5.5000, 4.1250], [3.3750,
4.5000, 3.3750]]]])
```

pooling1 和 pooling2 分別先對輸入資料進行不補 0 和補 1 行 0 的操作，
再進行池化處理。

- pooling1 直接將池化區域尺寸取 2×2、步進值取 1 進行池化處理，生
  成了 3×3 的矩陣。
- pooling2 則是先補了 1 行 0，再將池化區域尺寸取 4×4、步進值取 1
  進行池化處理，生成了 3×3 的矩陣。

```
pooling3:
 tensor([[[[1.5000]], [[5.5000]]]])
第 1 次平均值結果：
 tensor([[[0., 1., 2., 3.], [4., 5., 6., 7.]]])
第 2 次平均值結果：
 tensor([[1.5000, 5.5000]])
```

pooling3 是常用的操作手法，也稱為全域池化法，就是使用一個與原有
輸入同樣尺寸的池化區域來進行池化處理，一般是深層卷積神經網路的
最後一層用於表達圖型特徵。

在 pooling3 的輸出結果之後，是對輸入資料進行兩次平均值計算的
結果。可以看到，在對輸入資料經過兩次平均計算後，得到的資料與
pooling3 的數值一致 (只有形狀不同)。二者的效果是等值的。

7.4.5 實例 9：架設卷積神經網路

第 6 章的實例架設的模型用的是卷積層加全連接層的結構，這種結構是
卷積神經網路起初的經典結構。後來，隨著卷積神經網路的發展，已將

最後的 2 個全連接層變為了全域平均池化層 (見圖 7-21)。下面透過一個例子來介紹卷積神經網路的架設。

實例描述

在第 6 章介紹的實例的程式基礎上，將最後 3 個全連接層改成一個卷積層與全域平均池化層的組合，並與第 6 章的模型進行比較。

改變 6.3.1 節中 myConNet 模型類別的網路結構，將其最後 3 個全連接層改成一個卷積層與一個全域平均池化層的組合結構。

修改 6.3.1 節中程式的第 40 行～第 68 行，如下所示。

程式檔案：code_10_CNNModel.py(部分)

```
40  class myConNet(torch.nn.Module):   # 重新定義 myConNet 類別
41      def __init__(self):
42          super(myConNet, self).__init__()
43          # 定義卷積層
44          self.conv1 = torch.nn.Conv2d(in_channels=1,
45                      out_channels=6, kernel_size=3)
46          self.conv2 = torch.nn.Conv2d(in_channels=6,
47                      out_channels=12, kernel_size=3)
48          self.conv3 = torch.nn.Conv2d(in_channels=12,
49                      out_channels=10, kernel_size=3)
50
51      def forward(self, t):     # 架設正向結構
52          # 第一層卷積和池化處理
53          t = self.conv1(t)
54          t = F.relu(t)
55          t = F.max_pool2d(t, kernel_size=2, stride=2)
56          # 第二層卷積和池化處理
57          t = self.conv2(t)
58          t = F.relu(t)
59          t = F.max_pool2d(t, kernel_size=2, stride=2)
```

```
60
61              # 第三層卷積和池化處理
62              t = self.conv3(t)
63              t = F.avg_pool2d(t, kernel_size=t.shape[-2:], stride=
                    t.shape[-2:])
64
65              return t.reshape(t.shape[:2])
```

上述程式的第 44 行～第 49 行是卷積網路的定義，相比 6.3.1 節中的卷積網路，將卷積核心大小由 5 改成了 3。

上述程式的第 48 行和第 49 行為新增加的卷積網路，該網路最終的輸出通道為 10，這個輸出通道數要與分類數相對應。

上述程式的第 63 行呼叫了 **F.avg_pool2d()** 函數，並設定池化區域為輸入資料的大小 (最後兩個維度)，完成了全域平均池化的處理。

上述程式執行後，輸出的訓練過程如下：

```
    ...
    [1,  1000] loss: 0.444
    [1,  2000] loss: 0.309
    ...
    [2,  5000] loss: 0.246
    [2,  6000] loss: 0.242
```

上述結果的最後一行是模型在訓練過程中輸出的最後一次 loss 值，該值與 6.3.3 節輸出的 loss(0.266) 相差無幾。

輸出的測試結果如下：

```
    Accuracy of T-shirt : 76 %
    Accuracy of Trouser : 96 %
```

```
Accuracy of Pullover : 84 %
Accuracy of Dress : 85 %
Accuracy of  Coat : 50 %
Accuracy of Sandal : 95 %
Accuracy of Shirt : 47 %
Accuracy of Sneaker : 92 %
Accuracy of   Bag : 94 %
Accuracy of Ankle_Boot : 88 %
Accuracy of all : 81 %
```

上述結果的最後一行是模型在測試集上的整體準確率 (81%)，相比 6.5 節的準確率結果 (80%) 甚至還有所提升。

> **提示**
>
> 讀者在本地執行時期，得到的資料可能會與本書略有差別，這是正常現象，因為神經網路使用的是隨機權重初始化，再加上最佳化器的隨機演算法和底層的運算資源排程，無法保證每次結果絕對一致。

本小節的實例所用的模型與第 6 章的模型相比在效果上相差無幾。但從結構上看，本小節所用的模型使用的運算量和權重參數會更少，説明該模型的結構更優。

7.5 循環神經網路結構

循環神經網路 (Recurrent Neural Network，RNN) 是一個具有記憶功能的網路模型。它可以發現樣本彼此之間的相互關係。它多用於處理帶有序列特徵的樣本資料。

7.5.1 了解人的記憶原理

如果你身邊有剛開始學說話的孩子，可以仔細觀察一下，雖然他說話時能表達出具體的意思，但是聽起來總會覺得怪怪的。比如我家的孩子，在剛開始說話時，把「我要」說成了「要我」，一看到喜歡吃的零食，就會用手指著零食大喊「要我，要我……」。

為什麼我們聽起來就會很不自然呢？這是因為我們的大腦受刺激對一串後續的字有預測功能。如果從神經網路的角度來了解，大腦中的語音模型在某一場景下一定是對這兩個字有先後順序區分的。比如，第一個字是「我」，後面跟著「要」，人們就會覺得正常，而使用「要我」來匹配「我要」的意思就會覺得很奇怪。

當獲得「我來找你玩遊」資訊後，大腦的語言模型會自動預測後一個字為「戲」，而非「樂」、「泳」等其他字，如圖 7-23 所示。

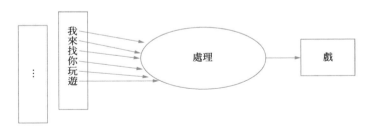

▲ 圖 7-23　大腦處理文字舉例

顯然，圖 7-23 中的邏輯並不是在說完「我來找你玩遊」之後進入大腦來處理的，而是每個字都在腦子裡進行著處理，將圖 7-23 中的每個字分開，在語言模型中就形成了一個循環神經網路，圖 7-23 的邏輯可以用下面的虛擬碼表示：

```
(input 我 + empty—input) → output 我
(input 來 + output 我 ) → output 來
(input 找 + output 來 ) → output 找
```

```
(input 你 + output 找 ) → output 你
...
```

每個預測的結果都會放到下一個輸入裡面進行運算，與下一次的輸入一起來生成下一次的結果。圖 7-24 所示的網路模型可以極佳地了解我們見到的現象。

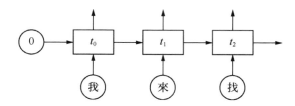

▲ 圖 7-24　循環神經網路結構

圖 7-24 也可以看作一個鏈式結構。如何了解鏈式結構呢？舉個例子：我的孩子上了幼稚園，學習了《三字經》，一下子可以背很長的文字，且背得很熟練。我想考考他，便問了一個中間的句子，如「名俱揚」下一句是什麼，他很快說了出來。馬上又問他上一句是什麼，他想了半天，從頭背了一遍，背到「名俱揚」時才知道是「教五子」。

這種「鏈式地、有順序地儲存資訊」很節省空間，對於中間狀態的序列，我們的大腦沒有選擇直接記住，而是儲存計算方法。當我們需要設定值時，直接將具體的資料登錄，透過計算得出對應的結果。這樣的方法在解決很多具體問題時會用到。

舉例來說，使用一個遞迴的函數來求階乘 n!=n×(n-1)×⋯×1。

函數的程式如下：

```
long ff(int n) {
    long f;
    if(n<0) printf("n<0,input error");
```

```
        else if(n==0||n==1) f=1;
        else f=ff(n-1)*n;
        return(f);
    }
```

在加法計算時,進位過程也是使用了按順序計算來代替儲存的方法。

"23+17" 的加法過程:先算個位加個位,再算十位加十位。將個位的結果狀態 (是否有進位) 送到十位的運算中,則十位應為「2+1+ 個位的進位數 (即 1)」,即 4。

7.5.2 循環神經網路的應用領域

對於序列化的特徵任務,適合用循環神經網路來解決。這類任務包括情感分析 (sentiment analysis)、關鍵字提取 (key term extraction)、語音辨識 (speech recognition)、機器翻譯 (machine translation) 和股票分析等。

7.5.3 循環神經網路的正向傳播過程

循環神經網路有很多種結構,基本結構是將全連接網路的輸出節點複製一份,傳回到輸入節點中,與輸入資料一起進行下一次的運算。這種神經網路將資料從輸出層又傳回到輸入層,形成了循環結構,因此得名循環神經網路。

基本的循環神經網路結構如圖 7-25 大箭頭的左側所示,其中 A 代表網路,Xt 代表 t 時刻輸入的 X,ht 代表網路生成的結果,A 處又畫出了一條線指向自己,表明上一時刻的輸出接著輸入到了 A 裡面。

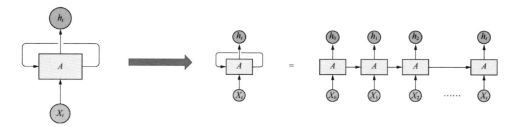

▲ 圖 7-25　循環神經網路正向傳播

當有一系列的 X 輸入圖 7-25 中大箭頭左側所示的結構中後，展開就變成了大箭頭右側的樣子，其實就是一個含有隱藏層的網路，只不過隱藏層的輸出變成了兩份，一份傳到下一個節點，另一份傳給本身節點。其時序圖如圖 7-26 所示。

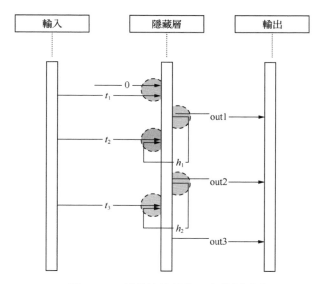

▲ 圖 7-26　循環神經網路正向傳播時序

假設有 3 個時序 t_1、t_2、t_3，如圖 7-26 所示，循環神經網路的處理過程可以分解成以下 3 個步驟：

（1）開始時 t_1 透過自己的輸入權重和 0 作為輸入，生成了 out1;

（2）out1 透過自己的權重生成了 h_1，然後和 t_2 經過輸入權重轉化後一起作為輸入，生成了 out2;

（3）out2 透過同樣的隱藏層權重生成了 h_2，然後和 t_3 經過輸入權重轉化後一起作為輸入，生成了 out3。

透過循環神經網路，可以將上一序列的樣本輸出結果與下一序列樣本一起輸入模型中進行運算。這樣可以使模型所處理的特徵資訊中，既含有該樣本之前序列的資訊，又含有該樣本自身的資料資訊，從而使網路具有記憶功能。

7.5.4 BP 演算法與 BPTT 演算法的原理

與單一神經元相似，循環神經網路也需要反向傳播誤差來調整自己的參數。循環神經網路是使用隨時間反向傳播 (Back Propagation Through Time, BPTT) 的鏈式求導演算法來反向傳播誤差的。該演算法是在 BP 演算法的基礎上加入了時間序列。

1. BP 演算法原理

BP 演算法又稱為「誤差反向傳播演算法」。它是反向傳播過程中的常用方法。在 5.9.1 節簡單介紹過該演算法的作用。這裡再進一步介紹其工作原理，具體步驟如圖 7-27 所示。

假設有一個包含一個隱藏層的神經網路，隱藏層只有一個節點。該神經網路在 BP 演算法中具體的實現過程如下。

（1）有一個批次的資料，含有 3 個資料 A、B、C，批次中每個樣本有兩個數 (x_1、x_2) 透過權重 (w_1、w_2) 來到隱藏層 H 並生成批次 h，如圖 7-27 中 w_1 和 w_2 所在的兩條直線方向。

（2）該批次的 h 透過隱藏層權重 p_1 生成最終的輸出結果 y。

（3）y 與最終的標籤 p 比較，生成輸出層誤差 loss(y,p)。

（4）loss(y, p) 與生成 y 的導數相乘，得到 Del_y。Del_y 為輸出層所需要的修改值。

（5）將 h 的轉置與 Del_y 相乘得到 Del_p_1，這是源於 h 與 p_1 相乘得到的 y(見第 2 步)。

（6）最終將該批次的 Del_p_1 求和並更新到 p_1。

（7）同理，再將誤差反向傳遞到上一層：計算 Del_h。得到 Del_h 後再計算權重 (w_1、w_2) 的 Del 值並更新。

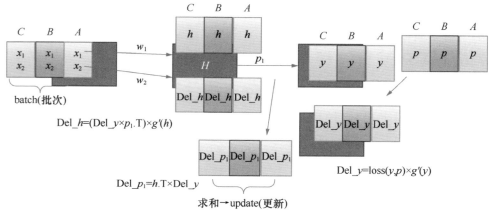

▲ 圖 7-27　BP 演算法

2. BPTT 的演算法原理

在了解 BP 的演算法的基礎上，再來學習 BPTT 將更好了解一些。BPTT 演算法的實現過程如圖 7-28 所示。

在圖 7-28 中，同樣是一個批次的資料 ABC，按順序進入循環神經網路。正向傳播的實例是，B 正在進入神經網路的過程，可以看到 A 的 h 參與了進來，一起經過 p_1 生成了 B 的 y。因為 C 還沒有進入，為了清晰，所以這裡用灰色 (虛線方框) 來表示。

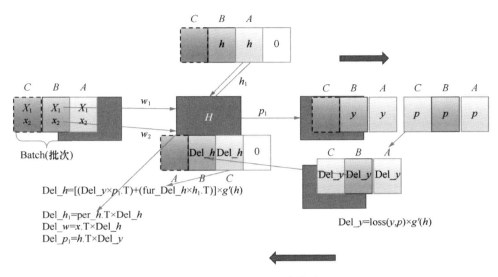

▲ 圖 7-28　BPTT 演算法

當所有區塊都進入之後，會將 p 標籤與輸出進行 **Del_y** 的運算。由於 C 區塊中的 y 值是最後生成的，因此我們先從 C 區塊開始對 h 的輸出傳遞誤差 **Del_h**。

圖 7-28 中的反向傳播是表示 C 區塊已經反向傳播完成，開始 B 區塊反向傳播的狀態，可以看到 B 區塊 **Del_h** 是由 B 區塊的 **Del_y** 和 C 區塊的 **Del_h**（圖 7-28 中的 **fur_Del_h**）透過計算得來的。這就是與 BP 演算法不同的地方（在 BP 演算法中 **Del_h** 直接與自己的 **Del_y** 相關，不會與其他的值有聯繫）。

作為一個批次的資料，正向傳播時是沿著 ABC 的順序；當反向傳播時，就按照正向傳播的相反順序，按照每個節點的 CBA 順序，逐一計算並傳遞梯度。

7.5.5 實例 10：簡單循環神經網路實現 -- 設計一個退位減法器

在了解了循環神經網路的原理後，下面就一起來實現一個簡單的循環神經網路。本例用程式實現循環神經網路模型擬合減法的計算規則。透過這個例子可以讓讀者加深對前面內容的了解。

實例描述

　使用 Python 實現簡單循環神經網路擬合一個退位減法的操作，觀察其反向傳播過程。

使用 Python 手動架設一個簡單的循環神經網路，讓它來擬合一個退位減法。退位減法也具有循環神經網路的特性，即輸入的兩個數相減時，一旦發生退位元運算，需要將中間狀態保存起來，當高位的數傳入時將退位標識一併傳入以參與運算。

1. 定義基本函數

先來手動寫一個 Sigmoid 函數及其導數（導數用於反向傳播）。

```
程式檔案：code_11_subtraction.py
01  mport copy, numpy as np
02  np.random.seed(0)              # 固定亂數產生器的種子，可以每次得到一樣的值
03  def sigmoid(x):               # 啟動函數
04      output = 1/(1+np.exp(-x))
05      return output
06
07  def sigmoid_output_to_derivative(output):     # 啟動函數的導數
08      return output*(1-output)
```

2. 建立二進位映射

將減法允許的最大值限制為 255，即 8 位元二進位位元。定義 int 與二進位之間的映射陣列 int2binary。

程式檔案：code_11_subtraction.py(續1)

```
09  int2binary = {}              # 定義字典，用於存放整數到二進位的映射
10  binary_dim = 8              # 設定減法計算的位數
11  # 計算 0~255 的二進位表示
12  largest_number = pow(2,binary_dim)
13  binary = np.unpackbits(
14      np.array([range(largest_number)],dtype=np.uint8).T,axis=1)
15  for i in range(largest_number):
16      int2binary[i] = binary[i]
```

3. 定義參數

定義學習參數：隱藏層的權重為 synapse_0，循環節點的權重為 synapse_h(輸入 16 節點、輸出 16 節點)，輸出層的權重為 synapse_1(輸入 16 節點、輸出 1 節點)。

程式檔案：code_11_subtraction.py(續2)

```
17  # 參數設定
18  alpha = 0.9                      # 學習率
19  input_dim = 2                    # 輸入的維度為 2，減數和被減數
20  hidden_dim = 16
21  output_dim = 1                   # 輸出維度為 1
22
23  # 初始化網路
24  synapse_0 = (2*np.random.random((input_dim,hidden_dim)) - 1)*0.05
    # 維度為 2×16，2 為輸入維度，16 為隱藏層維度
25  synapse_1 = (2*np.random.random((hidden_dim,output_dim)) - 1)*0.05
26  synapse_h = (2*np.random.random((hidden_dim,hidden_dim)) - 1)*0.05
```

```
27  #=> [-0.05, 0.05)，
28
29  # 用於存放反向傳播的權重更新值
30  synapse_0_update = np.zeros_like(synapse_0)
31  synapse_1_update = np.zeros_like(synapse_1)
32  synapse_h_update = np.zeros_like(synapse_h)
```

synapse_0_update 在前面很少見到，是因為它被隱含在最佳化器裡了。
這裡全部自己動手撰寫 (不使用 TensorFlow 函數庫函數)，需要定義一
組變數，用於反向最佳化參數時存放參數需要調整的調整值，對應於前
面的 3 個權重 synapse_0、synapse_1、synapse_h。

4. 準備樣本資料

大致過程如下。

（1）建立迴圈生成樣本資料，先生成兩個數 a 和 b。如果 a 小於 b，就交
　　　換位置，保證被減數大。
（2）計算出相減的結果 c。
（3）將 3 個數轉成二進位，為模型計算做準備。

將上面的過程進行實現，具體程式如下。

程式檔案：code_11_subtraction.py(續3)

```
33  # 開始訓練
34  for j in range(10000):
35      # 生成一個數字 a
36      a_int = np.random.randint(largest_number)
37      # 生成一個數字 b。b 的最大值取的是 largest_number/2, 作為被減數,
        讓它小一點
38      b_int = np.random.randint(largest_number/2)
39      # 如果生成的 b 大了，那麼交換一下
40      if a_int<b_int:
```

```
41          tt = a_int
42          b_int = a_int
43          a_int=tt
44
45      a = int2binary[a_int] # 二進位編碼
46      b = int2binary[b_int] # 二進位編碼
47      # 正確的答案
48      c_int = a_int - b_int
49      c = int2binary[c_int]
```

5. 模型初始化

初始化輸出值為 0，初始化總誤差為 0，定義 layer_2_deltas 為儲存反向
傳播過程中的循環層的誤差，layer_1_values 為隱藏層的輸出值。由於
第一個資料傳入時，沒有前面的隱藏層輸出值來作為本次的輸入，因此
需要為其定義一個初值，這裡為 0.1。

程式檔案：code_11_subtraction.py(續4)

```
50  # 儲存神經網路的預測值
51  d = np.zeros_like(c)
52  overallError = 0                 # 每次把總誤差歸零
53
54  layer_2_deltas = list()          # 儲存每個時間點輸出層的誤差
55  layer_1_values = list()          # 儲存每個時間點隱藏層的值
56
57  layer_1_values.append(np.ones(hidden_dim)*0.1)  # 一開始沒有隱藏層，
                                     # 因此初始化一下初值，設為 0.1
```

6. 正向傳播

將二進位形式的變數從個位開始依次進行相減，並將中間隱藏層的輸出
傳入下一位的計算 (退位減法)，把每一個時間點的誤差導數都記錄下
來，同時統計總誤差，為輸出做好準備。

```
程式檔案：code_11_subtraction.py(續5)

58  for position in range(binary_dim):    # 迴圈遍歷每一個二進位位元
59      # 生成輸入和輸出
60      X = np.array([[a[binary_dim - position - 1],b[binary_dim -
        position - 1]]])         # 從右到左，每次去除兩個輸入數字的二進位位元
61      y = np.array([[c[binary_dim - position - 1]]]).T  # 正確答案
62      #hidden layer (input + prev_hidden)
63      layer_1 = sigmoid(np.dot(X,synapse_0) + np.dot(layer_1_values
        [-1],synapse_h))  # (輸入層 + 之前的隱藏層)-> 新的隱藏層，
        這是表現循環神經路的最核心的地方！
64      #output layer (new binary representation)
65      layer_2 = sigmoid(np.dot(layer_1,synapse_1))
        # 隱藏層 * 隱藏層到輸出層的轉化矩陣 synapse_1 -> 輸出層
66
67      layer_2_error = y - layer_2                    # 預測誤差
68      layer_2_deltas.append((layer_2_error)*sigmoid_output_to_
        derivative(layer_2))    # 把每一個時間點的誤差導數都記錄下來
69      overallError += np.abs(layer_2_error[0])       # 總誤差
70
71      d[binary_dim - position - 1] = np.round(layer_2[0][0])
        # 記錄每一個預測二進位位元
72      # 將隱藏層保存起來。下一個時間序列便可以使用
73      layer_1_values.append(copy.deepcopy(layer_1))
        # 記錄一下隱藏層的值，在下一個時間點使用
74
75      future_layer_1_delta = np.zeros(hidden_dim)
```

最後一行程式碼是為了反向傳播準備的初始化。反向傳播是從正向傳播的最後一次計算開始反向計算誤差，對於每一個當前的計算都需要有它的下一次結果參與。

反向計算是從最後一次開始的，它沒有後一次的輸出，因此需要初始化一個值作為其後一次的輸入，這裡初始化的值為 0。

7. 反向訓練

初始化之後，開始從高位往回遍歷，一次對每一位的所有層計算誤差，並根據每層誤差對權重求偏導，得到其調整值。最終，將每一位算出的各層權重的調整值加在一起乘以學習率，來更新各層的權重。這樣就完成一次最佳化訓練。

程式檔案：code_11_subtraction.py(續6)

```
76   # 反向傳播，從最後一個時間點到第一個時間點
77     for position in range(binary_dim):
78
79         X = np.array([[a[position],b[position]]]) # 最後一次的兩個輸入
80         layer_1 = layer_1_values[-position-1]      # 當前時間點的隱藏層
81         prev_layer_1 = layer_1_values[-position-2]# 前一個時間點的隱藏層
82
83         layer_2_delta = layer_2_deltas[-position-1]# 當前時間點輸出層導數
84         # 透過後一個時間點（因為是反向傳播）的隱藏層誤差和當前時間點的輸出
            # 層誤差，計算當前時間點的隱藏層誤差
85         layer_1_delta = (future_layer_1_delta.dot(synapse_h.T) +
            layer_2_delta.dot(synapse_1.T)) * sigmoid_output_to_
            derivative(layer_1)
86
87         # 等到完成了所有反向傳播誤差計算，才會更新權重矩陣，先暫時把更新
            # 矩陣保存
88         synapse_1_update += np.atleast_2d(layer_1).T.dot(layer_2_delta)
89         synapse_h_update += np.atleast_2d(
90                         prev_layer_1).T.dot(layer_1_delta)
91         synapse_0_update += X.T.dot(layer_1_delta)
92
93         future_layer_1_delta = layer_1_delta
94
95     # 完成所有反向傳播之後，更新權重矩陣，並把矩陣變數歸零
96     synapse_0 += synapse_0_update * alpha
97     synapse_1 += synapse_1_update * alpha
```

```
98     synapse_h += synapse_h_update * alpha
99     synapse_0_update *= 0
100    synapse_1_update *= 0
101    synapse_h_update *= 0
```

更新完後會將中間變數值歸零。

8. 輸出結果

每執行 800 次後將結果輸出，具體程式如下。

程式檔案：code_11_subtraction.py(續7)

```
102  # 列印輸出過程
103      if(j % 800 == 0):
104          print(" 總誤差 :"+ str(overallError))
105          print("Pred:"+ str(d))
106          print("True:"+ str(c))
107          out = 0
108          for index,x in enumerate(reversed(d)):
109              out += x*pow(2,index)
110          print(str(a_int) + "- "+ str(b_int) + "= "+ str(out))
111          print("------------")
```

上面的程式執行後得到以下結果：

```
總誤差 :[ 3.97242498]
Pred:[0 0 0 0 0 0 0 0]
True:[0 0 0 0 0 0 0 0]
9 - 9 = 0
------------
總誤差 :[ 2.1721182]
Pred:[0 0 0 0 0 0 0 0]
True:[0 0 0 1 0 0 0 1]
17 - 0 = 0
```

```
-----------
...
-----------
總誤差:[ 0.04588656]
Pred:[1 0 0 1 0 1 1 0]
True:[1 0 0 1 0 1 1 0]
167 - 17 = 150
-----------
總誤差:[ 0.08098026]
Pred:[1 0 0 1 1 0 0 0]
True:[1 0 0 1 1 0 0 0]
204 - 52 = 152
-----------
總誤差:[ 0.03262333]
Pred:[1 1 0 0 0 0 0 0]
True:[1 1 0 0 0 0 0 0]
209 - 17 = 192
-----------
```

從訓練的輸出結果中可以看出，剛開始模型的計算並不準確，但隨著多層迭代訓練之後，模型便可以精確地進行退位減法計算了。

注意：本實例沒有使用 PyTorch 框架來實現，主要目的是幫助讀者更進一步地了解循環神經網路的機制，以及反向傳播的計算過程。如果讀者不想詳細了解其內部原理，那麼可以跳過該實例。直接跳過該實例不會對後面的閱讀有任何影響。

7.6 常見的循環神經網路單元及結構

7.5.5 節中的實例程式僅限於簡單的邏輯和樣本。對於相對較複雜的問題，這種基本的循環神經網路模型便會曝露出它的缺陷，原因出在啟動函數上。

通常來講，像 Sigmoid、tanh 這類啟動函數在神經網路裡最多只能有 6 層左右，因為它的反向誤差傳遞會導致隨著層數的增加，傳遞的誤差值越來越小。而在 RNN 中，誤差傳遞不但存在於層與層之間，而且存在於每一層的樣本序列間，因此，簡單的 RNN 模型無法去學習太長的序列特徵。

在深層網路結構中，會將簡單的 RNN 模型從兩個角度進行改造，具體如下。

- 使用更複雜的結構作為 RNN 模型的基本單元，使其在單層網路上提取更好的記憶特徵。
- 將多個基本單元結合起來，組成不同的結構 (多層 RNN、雙向 RNN 等)。有時還會配合全連接網路、卷積網路等多種模型結構，一起組成擬合能力更強的網路模型。

其中，RNN 模型的基本單元稱為 Cell，它是整個 RNN 的基礎。隨著深度學習的發展，Cell 也在不斷改進、更新中。這裡先介紹幾種常見的 Cell 結構，如 LSTM、GRU 等。

7.6.1 長短記憶 (LSTM) 單元

長短記憶 (Long Short Term Memory，LSTM) 單元是一種使用了類似搭橋術結構的 RNN 單元。它可以學習長期序列資訊，是 RNN 網路中最常使用的 Cell 之一。

1. 了解 LSTM 的結構

LSTM 透過刻意的設計來實現學習序列關係的同時,又能夠避免長期依賴問題。它的結構示意如圖 7-29 所示。

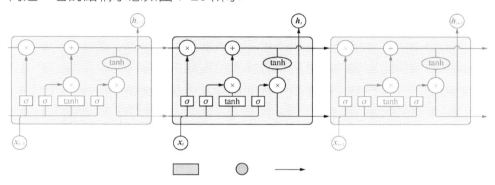

▲ 圖 7-29　LSTM 結構示意

在圖 7-29 中,每一條黑線傳輸著一整個向量,從一個節點的輸出到其他節點的輸入。粉色的圈代表運算操作 (如向量的和),而黃色的矩形就是學習到的神經網路層。匯合在一起的線表示向量的連接,分叉的線表示內容被複製,然後分發到不同的位置。

雖然圖 7-29 所示的結構看起來比較複雜,但是 LSTM 的本質與 7.5 節介紹的循環神經網路結構是一樣的。LSTM 簡化後的結構只是一個帶有 tanh 啟動函數的簡單 RNN,如圖 7-30 所示。

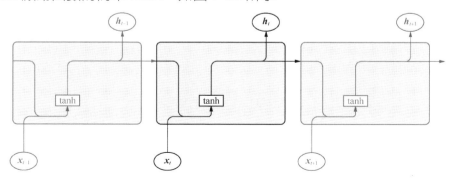

▲ 圖 7-30　簡化後的 LSTM

LSTM 這種結構的原理是引入一個稱為細胞狀態的連接。這個細胞狀態用來存放想要記憶的東西 (對應於簡單 RNN 中的 h，只不過這裡面不再只保存上一次的狀態了，而是透過網路學習存放那些有用的狀態)，同時在裡面加入 3 個門。

- 遺忘門：決定什麼時候需要把以前的狀態忘記。
- 輸入門：決定什麼時候要把新的狀態加入進來。
- 輸出門：決定什麼時候需要把狀態和輸入放在一起輸出。

從字面上可以看出，簡單 RNN 只是把上一次的狀態當成本次的輸入一起輸出。而 LSTM 在狀態的更新和狀態是否要作為輸入，則是交給了神經網路的訓練機制來選擇。

現在分別介紹一下這 3 個門的結構和作用。

2. 遺忘門

圖 7-31 所示為遺忘門。遺忘門決定模型會從細胞狀態中捨棄什麼資訊。

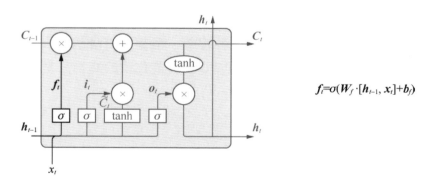

$$f_t = \sigma(W_f \cdot [h_{t-1}, x_t] + b_f)$$

▲ 圖 7-31　LSTM 的遺忘門

遺忘門會讀取前一序列模型的輸出 h_{t-1} 和當前模型的輸入 x_t，來控制細胞狀態 C_{t-1} 中的每個數字是否保留。

舉例來說，在一個語言模型的例子中，假設細胞狀態會包含當前主語的
性別，於是根據這個狀態便可以選擇正確的代詞。當我們看到新的主語
時，應該把新的主語在記憶中更新。遺忘門的功能就是先去記憶中找到
以前的那個舊的主語。(並沒有真正執行忘掉操作，只是找到而已。)

在圖 7-31 中，f_t 代表遺忘門的輸出結果，σ 代表啟動函數，W_f 代表遺忘
門的權重，x_t 代表當前模型的輸入，h_{t-1} 代表前一個序列模型的輸出，b_f
代表遺忘門的偏置。

3. 輸入門

輸入門 (見圖 7-32) 其實可以分成兩部分功能，一部分是找到那些需要更
新的細胞狀態，另一部分是把需要更新的資訊更新到細胞狀態裡。

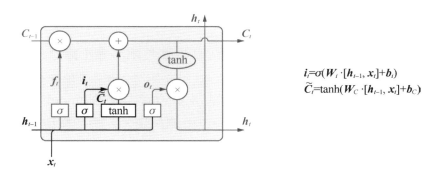

$$i_t = \sigma(W_i \cdot [h_{t-1}, x_t] + b_i)$$
$$\tilde{C}_t = \tanh(W_C \cdot [h_{t-1}, x_t] + b_C)$$

▲ 圖 7-32　輸入門

在圖 7-32 中，i_t 代表要更新的細胞狀態，σ 代表啟動函數，x_t 代表當前模
型的輸入，h_{t-1} 代表前一個序列模型的輸出，W_i 代表計算 i_t 的權重，b_i 代
表計算 i_t 的偏置，$\tilde{C}_t$ 代表使用 tanh 所建立的新細胞狀態，W_C 代表計算 $\tilde{C}_t$
的權重，b_C 代表計算 $\tilde{C}_t$ 的偏置。

遺忘門找到了需要忘掉的資訊 f_t 後，再將它與舊狀態相乘，捨棄確定需要
捨棄的資訊。然後，將結果加上 $i_t \times \tilde{C}_t$ 使細胞狀態獲得新的資訊。這樣就
完成了細胞狀態的更新，如圖 7-33 所示。

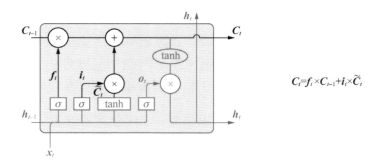

$$C_t=f_t\times C_{t-1}+i_t\times \tilde{C}_t$$

▲ 圖 7-33　輸入門更新

在圖 7-33 中，C_t 代表更新後的細胞狀態，f_t 代表遺忘門的輸出結果，C_{t-1} 代表前一個序列模型的細胞狀態，i_t 代表要更新的細胞狀態，$\tilde{C}_t$ 代表使用 tanh 所建立的新細胞狀態。

4. 輸出門

如 圖 7-34 所 示，在 輸 出 門 中，透 過 一 個 啟 動 函 數 層 (實 際 使 用 的 是 Sigmoid 啟動函數) 來確定哪個部分的資訊將輸出，接著把細胞狀態透過 tanh 進行處理 (得到一個在 -1 ～ 1 的值)，並將它和 Sigmoid 門的輸出 相乘，得出最終想要輸出的那個部分，舉例來說，在語言模型中，假設 已經輸入了一個代詞，便會計算出需要輸出一個與該代詞相關的資訊。

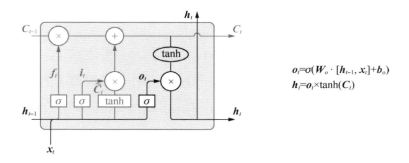

$$o_t=\sigma(W_o\cdot[h_{t-1},x_t]+b_o)$$
$$h_t=o_t\times\tanh(C_t)$$

▲ 圖 7-34　輸出門

在圖 7-34 中，o_t 代表要輸出的資訊，σ 代表啟動函數，W_o 代表計算 o_t 的權重，b_o 代表計算 o_t 的偏置，C_t 代表更新後的細胞狀態，h_t 代表當前序列模型的輸出結果。

7.6.2 門控循環單元 (GRU)

門控循環單元 (Gated Recurrent Unit，GRU) 是與 LSTM 功能幾乎一樣的另一個常用的網路結構，它將遺忘門和輸入門合成了一個單一的更新門，同時又將細胞狀態和隱藏狀態進行混合，以及一些其他的改動。最終的模型比標準的 LSTM 模型要簡單，如圖 7-35 所示。

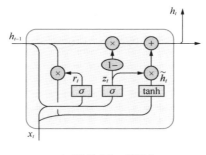

▲ 圖 7-35　GRU

當然，基於 LSTM 的變形不止 GRU 一個，經過測試發現，這些搭橋術類的 Cell 在性能和準確度上幾乎沒什麼差別，只是在具體的某些業務上會有略微不同。

由於 GRU 比 LSTM 少一個狀態輸出，但效果幾乎與 LSTM 一樣，因此在編碼時使用 GRU 可以讓程式更為簡單一些。

7.6.3 只有遺忘門的 LSTM (JANET) 單元

JANET (Just Another NETwork) 單元也是 LSTM 單元的變種，發佈於 2018 年。該單元結構源於一個大膽的猜測 -- 當 LSTM 單元只有遺忘門時會如何？

實驗表明，只有遺忘門的網路的性能居然優於標準 LSTM 單元。同樣，該最佳化方式也可以被用在 GRU 中。

如果想要了解更多關於 JANET 單元的內容，那麼可以參考相關論文。

7.6.4 獨立循環 (IndRNN) 單元

獨立循環 (Independently Recurrent Neural Networks，IndRNN) 單元是一種新型的循環神經網路單元結構，發佈於 2018 年，其效果和速度均優於 LSTM 單元。

IndRNN 單元不但可以有效解決傳統 RNN 模型存在的梯度消失和梯度「爆炸」問題，而且能夠更進一步地學習樣本中的長期依賴關係。

在架設模型時：

■ 可以用堆疊、殘差、全連接的方式使用 IndRNN 單元，架設更深的網路結構；

■ 將 IndRNN 單元配合 ReLU 等非飽和啟動函數一起使用，會使模型表現出更好的堅固性。

1. IndRNN 單元與 RNN 模型其他單元的結構差異

IndRNN 與 LSTM 單元相比，使用了更簡單的結構，減少了每個時間步的計算，可以達到比 LSTM 快 10 倍以上的處理速度。IndRNN 更像一個原始的 RNN 模型結構 (只將神經元的輸出複製到輸入節點中)。

與原始的 RNN 模型相比，IndRNN 單元主要在循環層部分做了特殊處理。下面透過公式來詳細介紹。

2. 原始的 RNN 模型結構

原始的 RNN 模型結構為：

$$h_t = \sigma(Wx_t + Uh_{t-1} + b) \tag{7-7}$$

在式 (7-7) 中，σ 代表啟動函數，W 代表權重，x_t 代表輸入，U 代表循環層的權重，h_{t-1} 代表前一個序列的輸出，b 代表偏置。

在原始的 RNN 模型結構中，每個序列的輸入資料乘以權重後，都要加上一個序列的輸出與循環層的權重相乘的結果，再加上偏置，得到最終的結果。

3. IndRNN 單元的結構

IndRNN 單元的結構為：

$$h_t = \sigma(Wx_t + U \odot h_{t-1} + b) \tag{7-8}$$

式 (7-8) 與式 (7-7) 相比，不同之處在於 U 與 h_{t-1} 的運算。符號代表兩個矩陣的哈達瑪積 (Hadamard product)，即兩個矩陣的對應位置相乘。

在 IndRNN 單元中，要求 U 和 h_{t-1} 這兩個矩陣的形狀必須完全相同。

IndRNN 單元的核心就是將上一個序列的輸出與循環層的權重進行哈達瑪積操作。從某種角度來講，循環層的權重更像是卷積網路中的卷積核心，該卷積核心會對序列樣本中的每個序列做卷積操作。

7.6.5 雙向 RNN 結構

雙向 RNN 又稱 Bi-RNN，是採用了兩個方向的 RNN 模型。

RNN 模型擅長的是對連續資料的處理，既然是連續的資料，那麼模型不但可以學習它的正向特徵，而且可以學習它的反向特徵。這種將正向和反向結合的結構，會比單向的循環網路有更高的擬合度。舉例來說，預測一個敘述中缺失的詞語，則需要根據上下文來進行預測。

雙向 RNN 的處理過程就是在正向傳播的基礎上再進行一次反向傳播。正向傳播和反向傳播都連接著一個輸出層。這個結構提供給輸出層輸入序列中每一個點的完整的過去和未來的上下文資訊。圖 7-36 所示是一個沿著時間展開的雙向循環神經網路。

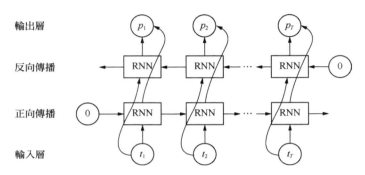

▲ 圖 7-36　一個沿著時間展開的雙向循環神經網路

雙向 RNN 會比單向 RNN 個一個隱藏層，6 個獨特的權值在每一個時步被重複利用，6 個權值分別對應：輸入到向前和向後隱含層，隱含層到隱含層自身，向前和向後隱含層到輸出層。

雙向 RNN 在神經網路裡的時序如圖 7-37 所示。

在按照時間序列正向運算之後，網路又從時間的最後一項反向地運算一遍，即把 t_3 時刻的輸入與預設值 0 一起生成反向的 out3，把反向 out3 當成 t_2 時刻的輸入與原來的 t_2 時刻輸入一起生成反向 out2，依此類推，直到第一個時序資料。

注意：雙向循環神經網路有兩個輸出：一個是正向輸出，另一個是反向輸出。最終會把輸出結果透過 concat 並聯在一起，然後交給後面的層來處理。舉例來說，假設單向的循環神經網路輸出的形狀為 [seq, batch, nhidden]，則雙向循環神經網路輸出的形狀就會變成 [seq, batch, nhidden×2]。

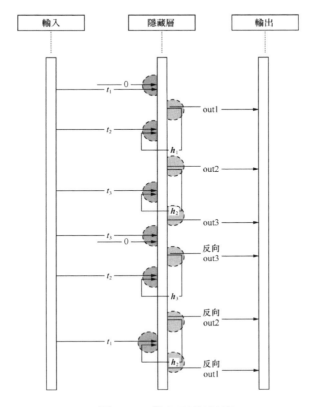

▲ 圖 7-37　雙向 RNN 時序

在大多數應用中，基於時間序列與上下文有關的類似 NLP 中自動回答類
的問題，一般使用雙向 LSTM 配合 LSTM 或 RNN 水平擴充來實現，效
果非常好。

7.7　實例 11：用循環神經網路訓練語言模型

循環神經網路模型可以對序列部分進行學習，找到樣本間的順序特徵。
這個特性非常適合運用在語言處理方向。本例就使用循環神經網路來訓
練一個語言模型。

> **實例描述**
>
> 透過使用 RNN 對一段文字的訓練學習來生成模型，最終可以使用生成的模型來表達自己的意思，即令模型可以根據我們的輸入再自動預測後面的文字。

本例除涉及 RNN 相關的知識以外，還涉及自然語言處理 (NLP) 領域的相關知識。在實現之前，先普及一下與本例相關的 NLP 知識。

7.7.1 什麼是語言模型

語言模型包括文法語言模型和統計語言模型，一般指統計語言模型。

1. 統計語言模型的介紹

統計語言模型是指：把語言 (詞的序列) 看成一個隨機事件，並指定對應的機率來描述其屬於某種語言集合的可能性。

2. 統計語言模型的作用

統計語言模型的作用是，為一個長度為 m 的字串確定一個機率分佈 $P(w_1, w_2,\cdots, w_m)$，表示其存在的可能性。其中，$w_1 \sim w_m$ 依次表示這段文字中的各個詞。簡單地說，就是計算一個句子存在的機率大小。

用這種模型來衡量一個句子的合理性，機率越高，說明這個句子越像是人說出來的自然句子。另外，透過這些方法可以保留一定的詞序資訊，獲得一個詞的上下文資訊。

7.7.2 詞表與詞向量

詞表是指給每個單字 (或字) 編碼，即用數字來表示單字 (或字)，這樣才能將句子輸入到神經網路中進行處理。

比較簡單的詞表是為每個單字 (或字) 按順序進行編號，或將這種編號用 one_hot 編碼來表示。但是，這種簡單的編號方式只能描述不同的單字 (或字)，無法將單字 (或字) 的內部含義表達出來。於是人們開始用向量來映射單字 (或字)，因為向量可以表達更多資訊。這種用來表示每個詞的向量就稱為詞向量 (也稱詞嵌入)。

詞向量可以視為 one-hot 編碼的升級版，它使用多維向量更進一步地描述詞與詞之間的關係。

7.7.3 詞向量的原理與實現

在現實生活中，詞與詞之間會有遠近關係。舉例來說，「手」和「腳」會讓人自然地聯想到動物的一部分，而「牆」則與動物身體的一部分相差甚遠。

1. 詞向量的含義

詞向量正是將詞與詞之間的遠近關係映射為向量間的距離，從而最大限度地保留了單字 (或字) 原有的特徵。

詞向量的映射方法是建立在分佈假說 (distributional hypothesis) 基礎上的，即假設詞的語義由其上下文決定，上下文相似的詞，其語義也相似。

2. 詞向量的組成

詞向量的核心步驟有以下兩個：

（1）選擇一種方式描述上下文；
（2）選擇一種模型刻畫某個詞 (下文稱「目標詞」) 與其上下文之間的關係。

使用詞向量的最大優勢在於可以更進一步地表示上下文語義。

3. 詞向量與 one-hot 編碼的關係

其實 one_hot 編碼的映射方法本質上也屬於詞向量,即把每個字表示為一個很長的向量。這個向量的維度是詞表大小,並且只有一個維度的值為 1,其餘的維度都為 0。這個為 1 的維度就代表了當前的字。

one_hot 編碼與詞向量的唯一區別就是僅將字符號化,不考慮任何語義資訊。如果將 one_hot 編碼每一個元素由整數改為浮點數,同時再將原來稀疏的巨大維度壓縮嵌入到一個更小維度的空間,那麼它就等於詞向量。詞向量的映射過程如圖 7-38 所示。

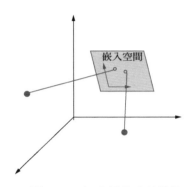

▲ 圖 7-38　詞向量的映射過程

4. 詞向量的實現

在神經網路的實現中,詞向量更多地被稱為詞嵌入,這與其英文表示有關 (詞嵌入的英文為 word embedding)。

詞向量的具體做法是將二維的張量映射到多維空間,即 embedding 中的元素將不再是一個字,而變成了字所轉化的多維向量,所有向量之間是有距離遠近關係的。

本例中的詞向量使用神經網路的權重參數來實現,令模型在訓練過程中自動學習每個詞索引到向量之間的映射關係。

7.7.4 NLP 中多項式分佈

在自然語言中，一句話中的某個詞並不是唯一的。舉例來說，「程式醫生工作室真棒」這句話中的最後一個字「棒」，也可以換成「好」，不會影響整句話的語義。

在 RNN 模型中，將一個使用語言樣本訓練好的模型用於生成文字時，會發現模型總會將在下一時刻出現機率最大的那個詞取出。這種生成文字的方式失去了語言本身的多樣性。

為了解決這個問題，將 RNN 模型的最終結果當成一個多項式分佈 (multinomial distribution)，以分佈取樣的方式預測出下一序列的詞向量。用這種方法所生成的句子更符合語言的特性。

1. 多項式分佈

多項式分佈是二項式分佈的拓展。在學習多項式分佈之前，先學習二項式分佈比較容易。

二項式分佈的典型例子是「扔硬幣」：硬幣正面朝上的機率為 p，重複扔 n 次硬幣，所得到 k 次正面朝上的機率即為一個二項式分佈機率。把二項式分佈公式拓展至多種狀態，就獲得了多項式分佈。

2. 多項式分佈在 RNN 模型中的應用

在 RNN 模型中，預測的結果不再是下一個序列中出現的具體某一個詞，而是這個詞的分佈情況，這便是在 RNN 模型中使用多項式分佈的核心思想。

在獲得該詞的多項式分佈之後，便可以在該分佈中進行取樣操作，獲得具體的詞。這種方式更符合 NLP 任務中語言本身的多樣性 (一個句子中的某個詞並不是唯一的)。

在實際的 RNN 模型中，具體的實現步驟如下。

（1）將 RNN 模型預測的結果透過全連接或卷積，變換成與字典維度相同的陣列。

（2）用該陣列代表模型所預測結果的多項式分佈。

（3）用 torch.multinomial() 函數從預測結果中取樣，得到真正的預測結果。

3. 函數 torch.multinomial() 的使用方法

函數 torch.multinomial() 可以按批次處理資料。該函數的使用細節如下。

- 在使用時，需要傳入一個形狀是 [batch_size,num_classes] 的分佈資料。

- 在執行時，會按照分佈資料中的 num_classes 機率取出指定個數的樣本並返回。

完整的範例程式如下：

```
import torch
# 生成一串 0~1 的隨機數
data=torch.rand(2,4)          #tensor([[0.2316, 0.3987, 0.6225, 0.5304],
                              #        [0.7686, 0.3504, 0.8837, 0.7697]])
torch.multinomial(data, 1)  # 按照 data 的分佈進行 1 個資料的取樣，輸出：
tensor([[1], [2]])
torch.multinomial(data, 1)  # 第二次取樣，輸出：tensor([[1], [0]])
```

從上面的範例程式中可以看出，對一個指定的多項式分佈進行多次取樣可以得到多個不同的值。將多項式取樣用於 RNN 模型的輸出處理，更符合 NLP 的樣本特性。

7.7.5 循環神經網路的實現

在 PyTorch 中，有兩個封裝好的 RNN 類別，可以實現循環神經網路，具體如下。

- torch.nn.LSTM：用於實現 LSTM 結構的循環神經網路。
- torch.nn.GRU：用於實現 GRU 結構的循環神經網路。

1. RNN 類別的實例化參數

以 torch.nn.LSTM 為例，該類別的實例化參數如下。

- input_size：輸入的特徵維度。
- hidden_size：隱藏層狀態的特徵維度。
- num_layers：層數 (和時序展開要進行區分)。
- bias：是否使用偏置權重，預設值為 True。
- batch_first：輸入形狀是否是批次優先。如果參數值是 True，那麼輸入和輸出的形狀為 [batch,seq,feature]。
- dropout：如果該值非零，那麼系統會在每層的 RNN 輸出上額外加一個 dropout 層處理 (最後一層除外)。dropout 的作用是解決模型的過擬合問題 (見 7.8.6 節)。
- bidirectional：是否使用雙向 RNN 結構 (見 7.6.5 節)，預設值為 False。

torch.nn.GRU 類別與 torch.nn.LSTM 類別的實例化參數基本一致，這裡不再贅述。

2. RNN 類別實例物件的輸入值

由於 LSTM 與 GRU 的結構不同，因此，對於 torch.nn.LSTM 類別與 torch.nn.GRU 類別實例化後的物件，在使用過程中也有區別，具體如下。

torch.nn.LSTM 類別的實例化物件有 3 個輸入值：input(輸入資料)、h_0 (可選參數，每個隱藏層的初始化狀態)、C_0 (可選參數，每個 RNN Cell 初始化狀態)。

torch.nn.GRU 類別的實例化物件有兩個輸入值：input(輸入資料)、h_0 (可選參數，每個隱藏層的初始化狀態)。

3. RNN 類別實例物件的輸出值

torch.nn.LSTM 類別的實例化物件有 3 個輸出值。

（1）輸出結果 output：形狀為 (序列長度 , 批次數 , 方向數 × 隱藏層節點數) 的張量。

（2）隱藏層狀態 h_n：形狀為 (方向數 × 層數 , 批次個數 , 隱藏層節點數) 的張量。

（3）細胞狀態 C_n：形狀為 (方向數 × 層數 , 批次個數 , 隱藏層節點數) 的張量。

torch.nn.GRU 類別的實例化物件有兩個輸出值：輸出結果 output 和隱藏層狀態 h_n，這兩個值的形狀分別與 torch.nn.LSTM 類別實例化物件中的 (1) 和 (2) 一致。

4. RNN 的底層類別

torch.nn.LSTM 類別與 torch.nn.GRU 類別並不屬於單層的網路結構，它本質上是對 RNN Cell 的二次封裝，將基本的 RNN Cell 按照指定的參數連接起來，形成一個完整的 RNN。也就是說，在 torch.nn.LSTM 類別與 torch.nn.GRU 類別的內部還會分別呼叫 torch.nn.LSTMCell 類別與 torch.nn.GRUCell 類別進行具體實現。

在 PyTorch 中，torch.nn.LSTMCell 類別、torch.nn.GRUCell 類別實現的結構會分別與 7.6.1 節的 LSTM 結構、7.6.2 節的 GRU 結構相對應。

7.7.6　實現語言模型的想法與步驟

在現實任務向實現轉化過程中，一般會先從需求入手，一步步反推出實現的方案。

1. 根據需求拆分任務

根據輸入內容，繼續輸出後面的句子。這個任務可以使用迴圈的方式來進行，具體如下。

（1）先對模型輸入一段文字，令模型輸出之後的文字。
（2）將模型預測出來的文字當成輸入，再放到模型裡，使模型預測出下一個文字，這樣循環下去，以使 RNN 完成一句話的輸出。

2. 根據任務尋找功能

為了完成「1. 根據需求拆分任務」中的任務，模型需要有兩種功能：

（1）模型能夠記住前面文字的語義；
（2）能夠根據前面的語義和一個輸入文字，輸出下一個文字。

3. 根據功能設計實現方案

在 7.7.5 節介紹過，RNN 模型的介面可以輸出兩個結果：預測值和當前狀態，可以將它們分別用於「2. 根據任務尋找功能」中的第 (2) 步和第 (1) 步。按照這個想法，便可以設計出以下解決方案。

（1）在實現時，將輸入的序列樣本拆開，使用迴圈的方式，將字元一個一個輸入模型。模型會對每次的輸入預測出兩個結果，一個是預測字元，另一個是當前的序列狀態。
（2）在訓練場景下，將預測字元用於計算損失，序列狀態用於傳入下一次迴圈計算。

（3）在測試場景下，用迴圈的方式將輸入序列中的文字一個個地傳入到
模型中，得到最後一個時刻的當前狀態，將該狀態和輸入序列中的
最後一個文字轉入模型，生成下一個文字的預測結果。同時，按照
要求生成的文字條件，重複地將新生成的文字和當前狀態輸入模
型，來預測下一個文字。

7.7.7 程式實現：準備樣本

這個環節很簡單，隨便複製一段話到 txt 檔案中即可。在本例中，使用的
樣本如下：

> 在塵世的紛擾中，只要心頭懸掛著遠方的燈光，我們就會堅持不懈地
> 走，理想為我們灌注了精神的蘊藉。所以，生活再平凡、再普通、再
> 瑣碎，我們都要堅持一種信念，默守一種精神，為自己積澱站立的信
> 心，前行的氣力。

把該段文字放到程式同級目錄下的 txt 檔案中，並命名為 wordstest.txt。

1. 定義基本工具函數

具體的基本工具函數跟語音辨識例子差不多，都是與文字處理相關的。
首先引入標頭檔，然後定義相關函數：get_ch_lable() 從檔案中獲取文
字，get_ch_lable_v() 將文字陣列轉成向量，具體程式如下。

程式檔案：code_12_rnnwordtest.py

```
01  import numpy as np
02  import torch
03  import torch.nn.functional as F
04  import time
05  import random
06  from collections import Counter
```

```
07
08  RANDOM_SEED = 123
09  torch.manual_seed(RANDOM_SEED)
10  DEVICE = torch.device('cuda'if torch.cuda.is_available() else 'cpu')
11
12  def elapsed(sec):                    # 計算時間函數
13      if sec<60:
14          return str(sec) + "sec"
15      elif sec<(60*60):
16          return str(sec/60) + "min"
17      else:
18          return str(sec/(60*60)) + "hr"
19
20  training_file = 'wordstest.txt'      # 定義樣本檔案
21
22  def readalltxt(txt_files):           # 處理中文
23      labels = []
24      for txt_file in txt_files:
25          target = get_ch_lable(txt_file)
26          labels.append(target)
27      return labels
28
29  def get_ch_lable(txt_file):          # 獲取樣本中的中文字
30      labels= ""
31      with open(txt_file, 'rb') as f:
32          for label in f:
33              labels =labels+label.decode('UTF-8')
34          return  labels
35
36  # 將中文字轉成向量，支援檔案和記憶體物件裡的中文字轉換
37  def get_ch_lable_v(txt_file,word_num_map,txt_label=None):
38      words_size = len(word_num_map)
39      to_num = lambda word: word_num_map.get(word, words_size)
40      if txt_file!= None:
```

```
41          txt_label = get_ch_lable(txt_file)
42      labels_vector = list(map(to_num, txt_label))
43      return labels_vector
```

上述程式的第 37 行定義了中文字轉成向量的函數 get_ch_lable_v()。該函數使用函數變數 to_num 實現單一中文字轉成向量的功能。如果字典中沒有該中文字，那麼返回 words_size(值為 69)。

上述程式的第 42 行使用 map() 函數將中文字串列中的每個元素傳入到 to_num 中進行轉換。

> **📖 提示**
>
> 上述程式的第 37 行中的函數 get_ch_lable_v() 運用了一些 Python 的基礎語法。讀者如果對這部分內容不熟悉的話，表明 Python 基礎知識還需要加強。

2. 樣本前置處理

樣本前置處理工作主要是讀取整數體樣本，並將其存放到 training_data 裡，獲取全部的字表 words，並生成樣本向量 wordlabel 和與向量對應關係的 word_num_map。具體程式如下。

程式檔案：code_12_rnnwordtest.py(續1)

```
44  training_data =get_ch_lable(training_file)
45  print("Loaded training data...")
46
47  print(' 樣本長度 :',len(training_data))
48  counter = Counter(training_data)
49  words = sorted(counter)
50  words_size= len(words)
```

```
51  word_num_map = dict(zip(words, range(words_size)))
52
53  print(' 字表大小 :', words_size)
54  wordlabel = get_ch_lable_v(training_file,word_num_map)
```

上述程式執行後，輸出以下結果：

```
Loaded training data...
樣本長度： 98
字表大小： 69
```

上述結果表示樣本檔案裡一共有 98 個文字，其中去掉重複的文字之後，還有 69 個。這 69 個文字將作為字表詞典，建立文字與索引值的對應關係。

在訓練模型時，每個文字都會被轉化成數字形式的索引值輸入模型。模型的輸出是這 69 個文字的機率，即把每個文字當成一類。

7.7.8 程式實現：建構循環神經網路 (RNN) 模型

使用 GRU 建構 RNN 模型，令 RNN 模型只接收一個序列的輸入字元，並預測出下一個序列的字元。

在該模型裡，所需要完成的步驟如下：

（1）將輸入的字索引轉為詞嵌入；
（2）將詞嵌入結果輸入 GRU 層；
（3）對 GRU 結果做全連接處理，得到維度為 69 的預測結果，這個預測結果代表每個文字的機率。

具體程式如下。

程式檔案：code_12_rnnwordtest.py(續2)

```python
55   class GRURNN(torch.nn.Module):
56       def __init__(self, word_size, embed_dim,
57                       hidden_dim, output_size, num_layers):
58           super(GRURNN, self).__init__()
59
60           self.num_layers = num_layers
61           self.hidden_dim = hidden_dim
62
63           self.embed = torch.nn.Embedding(word_size, embed_dim)
64           self.gru = torch.nn.GRU(input_size=embed_dim,
65                       hidden_size=hidden_dim,
66                       num_layers=num_layers,bidirectional=True)
67           self.fc = torch.nn.Linear(hidden_dim*2, output_size)
68
69       def forward(self, features, hidden):
70           embedded = self.embed(features.view(1, -1))
71           output, hidden = self.gru(embedded.view(1, 1, -1), hidden)
72           output = self.attention(output)
73           output = self.fc(output.view(1, -1))
74           return output, hidden
75
76       def init_zero_state(self):
77           init_hidden = torch.zeros(self.num_layers*2, 1,
78                       self.hidden_dim).to(DEVICE)
79           return init_hidden
```

在上述程式的第 66 行中，定義了一個多層的雙向 GRU 層。該層輸出的結果有兩個。

- 預測結果：形狀為 [序列，批次，維度 hidden_dim×2]。因為是雙向 RNN，所以維度為 hidden_dim。
- 序列狀態：形狀為 [層數 ×2，批次，維度 hidden_dim]。

上述程式的第 67 行定義的是全連接層。該全連接層充當模型的輸出層，用於對 GRU 輸出的預測結果進行處理以得到最終的分類結果。

在上述程式的第 76 行和第 77 行中，定義了類別方法 init_zero_state()，該方法用於對 GRU 層狀態的初始化。在每次迭代訓練之前，需要對 GRU 的狀態進行清空。因為輸入序列是 1，所以在 torch.zeros() 中的第二個參數是 1。

7.7.9 程式實現：實例化模型類別，並訓練模型

對 GRURNN 類別進行實例化，參照 7.7.6 節的方案定義測試函數和訓練參數，對模型進行訓練。

具體程式如下。

程式檔案：code_12_rnnwordtest.py(續3)

```
80    # 定義參數，訓練模型
81    EMBEDDING_DIM = 10       # 定義詞嵌入維度
82    HIDDEN_DIM = 20          # 定義隱藏層維度
83    NUM_LAYERS = 1           # 定義層數
84    # 實例化模型
85    model=GRURNN(words_size,EMBEDDING_DIM,HIDDEN_DIM,words_size,
      NUM_LAYERS)
86    model = model.to(DEVICE)
87    optimizer = torch.optim.Adam(model.parameters(), lr=0.005)
88    # 定義測試函數
89  def evaluate(model, prime_str, predict_len, temperature=0.8):
90      hidden = model.init_zero_state().to(DEVICE)
91      predicted = ''
92
93      # 處理輸入語義
94      for p in range(len(prime_str) - 1):
95          _, hidden = model(prime_str[p], hidden)
```

```
96          predicted +=words[prime_str[p]]
97      inp = prime_str[-1]                    # 獲得輸入字元
98      predicted +=words[inp]
99      # 按指定長度輸出預測字元
100     for p in range(predict_len):
101         output, hidden = model(inp, hidden)   # 將輸入字元和狀態傳入模
型
102         # 從多項式分佈中取樣
103         output_dist = output.data.view(-1).div(temperature).exp()
104         inp = torch.multinomial(output_dist, 1)[0]   # 獲取取樣中的結
果
105         predicted += words[inp]      # 將索引轉成中文字並保存到字串中
106     return predicted                      # 將輸入字元和預測字元一起返回
107
108 # 定義參數訓練模型
109 training_iters = 5000
110 display_step = 1000
111 n_input = 4
112 step = 0
113 offset = random.randint(0,n_input+1)
114 end_offset = n_input + 1
115
116 while step < training_iters:        # 按照迭代次數訓練模型
117     start_time = time.time()        # 計算起始時間
118     # 隨機取一個位置偏移
119     if offset > (len(training_data)-end_offset):
120         offset = random.randint(0, n_input+1)
121     # 製作輸入樣本
122     inwords =wordlabel[offset:offset+n_input]
123     inwords = np.reshape(np.array(inwords), [n_input, -1,  1])
124     # 製作標籤樣本
125     out_onehot = wordlabel[offset+1:offset+n_input+1]
126     hidden = model.init_zero_state()   # 將 RNN 初始狀態歸零
127     optimizer.zero_grad()
```

```
128
129        loss = 0.
130        inputs = torch.LongTensor(inwords).to(DEVICE)
131        targets= torch.LongTensor(out_onehot).to(DEVICE)
132        for c in range(n_input):   # 按照輸入長度依次將樣本輸入模型進行預測
133            outputs, hidden = model(inputs[c], hidden)
134            loss += F.cross_entropy(outputs, targets[c].view(1))
135
136        loss /= n_input
137        loss.backward()
138        optimizer.step()
139
140        # 輸出日誌
141        with torch.set_grad_enabled(False):
142            if (step+1) % display_step == 0:
143                print(f'Time elapsed: {(time.time() - start_time)/
                        60:.4f} min')
144            print(f'step {step+1} | Loss {loss.item():.2f}\n\n')
145            with torch.no_grad():
146                print(evaluate(model, inputs, 32), '\n')
147            print(50*'=')
148
149        step += 1
150        offset += (n_input+1)
151  print("Finished!")
```

上述程式的第 103 行和第 104 行，在測試場景下，使用了溫度的參數和指數計算對模型的輸出結果進行微調，保證其值是大於 0 的數 (如果小於 0，那麼 torch.multinomial() 函數會顯示出錯)。同時，使用多項式分佈的方式從中進行取樣，生成預測結果。

上述程式的第 150 行，在每次迭代訓練結束時，將偏移值向後移動 (n_input+1) 個距離，而非單純地加 1。這種做法可以保證輸入資料的樣本相對均勻，否則會使文字兩邊的樣本被訓練的次數變少。

執行上述程式，訓練模型得到以下輸出：

```
...
Time elapsed: 0.0000 min
step 1000 | Loss 0.03
。所以，生活再平凡、再普通、再瑣碎，我們就會堅持不懈地走，理想為我們灌注
================================================
Time elapsed: 0.0000 min
step 2000 | Loss 0.65
的紛擾中，只要心頭懸掛著遠方的燈光，我們就會堅持不懈地走，理想為我們灌注
================================================
Time elapsed: 0.0000 min
step 3000 | Loss 0.54
我們都要堅持一種信念，默守一種精神，為自己積澱站立的信心，前行的氣力。所
================================================
Time elapsed: 0.0000 min
step 4000 | Loss 0.11
神的蘊藉。所以，生活再平凡、再普通、再瑣碎，我們就會堅持不懈地走，理想為
================================================
Time elapsed: 0.0006 min
step 5000 | Loss 0.19
、再瑣碎，我們都要堅持一種信念，默守一種精神，為自己積澱站立的信心，前行
================================================
Finished!
```

模型迭代訓練 5000 次之後輸出了不錯的預測結果。

7.7.10 程式實現：執行模型生成句子

接下來將預測文字再循環輸入模型，預測下一個文字。

啟用一個迴圈，等待輸入文字，當收到輸入的文字後，傳入模型，得到
預測文字。具體程式如下。

```
程式檔案：code_12_rnnwordtest.py(續4)
152   while True:
153       prompt = "請輸入幾個字： "
154       sentence = input(prompt)
155       inputword = sentence.strip()
156
157       try:
158           inputword = get_ch_lable_v(None,word_num_map,inputword)
159           keys = np.reshape(np.array(inputword), [ len(inputword),-1,
1])
160           model.eval()
161           with torch.no_grad():
162               sentence =evaluate(model,
163                   torch.LongTensor(keys).to(DEVICE), 32)
164           print(sentence)
165       except:
166           print(" 該字我還沒學會 ")
```

上述程式的第 163 行，設定了模型輸出 32 個文字。

上面程式執行後，得到以下輸出：

```
請輸入幾個字： 生活再普通
生活再普通、再瑣碎，我們都要堅持一種信念，默守一種精神，為我們灌注了精神的

請輸入幾個字，最好是 4 個： 生活再普通
生活再普通、再瑣碎，我們就會堅持不懈地走，理想為我們灌注了精神的蘊藉。所以
```

在本例中，輸入了「生活再普通」之後，便可以看到神經網路自動按照
這個開頭開始輸出句子。透過結果來看，語言還算通順。但是，對於兩
次輸入的相同的話，其輸出的結果不一樣。

> **提示**
>
> 在上述程式的第 165 行中，使用了異常處理。當向模型輸入的文字不在模型字典中時，系統會顯示出錯，這是有意設定的異常，防止輸入陌生字元。
>
> 在上述程式的第 37 行的函數 get_ch_lable_v() 中，如果在字典裡找不到對應的索引，就會為其分配一個無效的索引值。程式會因為在 evaluate() 函數中呼叫模型時查不到其對應的有效詞向量而顯示出錯。

7.8 過擬合問題及最佳化技巧

隨著科學研究人員在使用神經網路訓練時的不斷累積及摸索，出現了許多有用的技巧，合理地運用它們可以使自己的模型得到更好的擬合效果。本節就來介紹一下神經網路在訓練過程中的一些常用技巧。

7.8.1 實例 12：訓練具有過擬合問題的模型

在深度學習中，訓練模型時，獲得了很高的準確率，但在使用該模型辨識未知資料時，準確率卻下降很多，這便是模型的過擬合現象。這種情況可以認為是該模型的泛化能力很低。

想要避免模型出現過擬合現象，就得先弄清楚模型產生過擬合問題的原因。一般來講，這是由於模型的擬合度太強而造成的，即模型不但學習樣本的群眾規律，而且還學到了樣本的個體規律。這種現象在全連接網路中最容易出現。下面就用一個例子來訓練一個過擬合的模型。

實例描述

假設有這樣一組資料集樣本，包含了兩種資料分佈，每種資料分佈都呈半圓形狀。

讓神經網路學習這些樣本，並能夠找到其中的規律，即讓神經網路本身能夠將混合在一起的兩組半圓形資料分開。

接著，重新用一組資料登錄模型，驗證模型的準確率，觀察是否出現過擬合現象。

1. 建構資料集

參照 "code_01_moons.py" 中的生成模擬資料程式，生成少量資料集 (40 個點)。具體程式如下。

程式檔案：code_13_overfit.py

```
01  import sklearn.datasets                    # 引入資料集
02  import torch
03  import numpy as np
04  import matplotlib.pyplot as plt
05  from code_02_moons_fun import LogicNet, moving_average,
06                          predict,plot_decision_boundary
07  np.random.seed(0)                          # 設定隨機數種子
08  X, Y = sklearn.datasets.make_moons(40,noise=0.2) # 生成兩組半圓形資料
09  arg = np.squeeze(np.argwhere(Y==0),axis = 1)    # 獲取第 1 組資料索引
10  arg2 = np.squeeze(np.argwhere(Y==1),axis = 1)   # 獲取第 2 組資料索引
11  plt.title("train moons data")               # 將資料顯示出來
12  plt.scatter(X[arg,0], X[arg,1], s=100,c='b',marker='+',label='data1')
13  plt.scatter(X[arg2,0], X[arg2,1],s=40,
c='r',marker='o',label='data2')
14  plt.legend()
15  plt.show()
```

執行上面的程式，將顯示如圖 7-39 所示的結果。

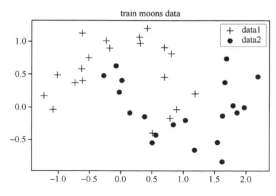

▲ 圖 7-39　準備好的半圓形資料集

如圖 7-39 所示，資料一共分成了兩類，一類用十字形狀表示，另一類用小數點表示。

2. 架設網路模型

將 3.1.2 節定義好的網路模型 LogicNet 類別進行實例化，即可完成網路模型的架設。另外，需要定義訓練模型所需的最佳化器，最佳化器會在訓練模型時的反向傳播過程中使用。具體程式如下。

程式檔案：code_13_overfit.py(續1)

```
16  model = LogicNet(inputdim=2,hiddendim=500,outputdim=2)    # 實例化模型
17  optimizer = torch.optim.Adam(model.parameters(), lr=0.01)# 定義最佳化器
```

上述程式的第 16 行表示實例化模型時傳入了 3 個參數。為了讓模型具有更高的擬合能力，將中間層的節點個數 hiddendim 設為 500。

3. 訓練模型，並視覺化訓練過程

參考 3.1.4 節和 3.1.5 節的訓練模型程式，訓練本模型，並將訓練過程中的 loss 值視覺化。具體程式如下。

```
程式檔案：code_13_overfit.py(續2)

18  xt = torch.from_numpy(X).type(torch.FloatTensor)# 將numpy資料轉化為張量
19  yt = torch.from_numpy(Y).type(torch.LongTensor)
20  epochs = 1000                    # 定義迭代次數
21  losses = []                      # 定義列表，用於接收每一步的損失值
22  for i in range(epochs):
23      loss = model.getloss(xt,yt)
24      losses.append(loss.item())   # 保存中間狀態的損失值
25      optimizer.zero_grad()        # 清空之前的梯度
26      loss.backward()              # 反向傳播損失值
27      optimizer.step()             # 更新參數
28  avgloss= moving_average(losses)  # 獲得損失值的移動平均值
29  plt.figure(1)
30  plt.subplot(211)
31  plt.plot(range(len(avgloss)), avgloss, 'b--')
32  plt.xlabel('step number')
33  plt.ylabel('Training loss')
34  plt.title('step number vs. Training loss')
35  plt.show()
```

上述程式執行後，可以看到訓練後的視覺化結果如圖 7-40 所示。

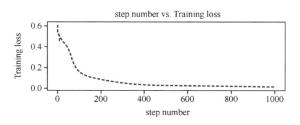

▲ 圖 7-40　訓練後的視覺化結果

4. 將模型結果視覺化，觀察過擬合現象

分別輸出模型在訓練資料集和新資料集上的準確率，並將模型在這兩個
資料集上的能力視覺化，觀察過擬合現象。具體程式如下。

程式檔案：code_13_overfit.py(續3)

```
36  plot_decision_boundary(lambda x : predict(model,x) ,X, Y)
37  from sklearn.metrics import accuracy_score
38  print(" 訓練時的準確率 : ",accuracy_score(model.predict(xt),yt))
39  # 重新生成兩組半圓形資料
40  Xtest, Ytest = sklearn.datasets.make_moons(80,noise=0.2)
41  plot_decision_boundary(lambda x : predict(model,x) ,Xtest, Ytest)
42  Xtest_t = torch.from_numpy(Xtest).type(torch.FloatTensor) # 將 numpy
    資料轉化為張量
43  Ytest_t = torch.from_numpy(Ytest).type(torch.LongTensor)
44  print(" 測試時的準確率 : ",accuracy_score(model.predict(Xtest_t),Ytest_t))
```

上述程式執行之後，輸出以下結果：

```
訓練時的準確率：1.0
測試時的準確率：0.9375
```

從結果中可以看出，訓練時的準確率 (1.0) 明顯高於測試時的準確率 (0.9375)。

將模型能力映射到訓練資料集和新資料集上，過擬合模型能力的視覺化結果如圖 7-41 所示。

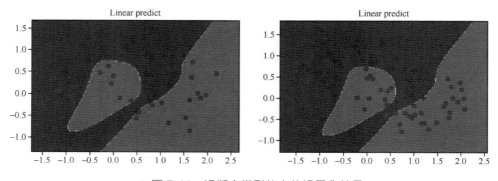

▲ 圖 7-41　過擬合模型能力的視覺化結果

從圖 7-41 中可以看出，模型為了擬合測試資料集，在直角座標系上圈定了一個閉合區間，這與該資料集的整體分佈並不一致 (見圖 3-3)，因此導致了模型在處理新資料集時，準確率下降。

7.8.2 改善模型過擬合的方法

在深度學習中，模型的過擬合問題是普遍存在的，因為神經網路在訓練過程中，只看到有限的資訊，在資料量不足的情況下，無法合理地區分哪些屬於個體特徵，哪些屬於群眾特徵。而在真實場景下，所有的樣本特徵都是多樣的，很難在訓練資料集中將所有的樣本情況全部包括。

儘管這樣，仍然可以找到一些有效的改善過擬合的方法，如 early stopping、資料集擴增、正則化、Dropout 等，這些方法可以使模型的泛化能力大大提升。

- early stopping：在發生過擬合之前提前結束訓練。這個方法在理論上是可行的，但是這個結束的時間點不好把握。
- 資料集擴增 (data augmentation): 就是讓模型見到更多的情況，可以最大化滿足全樣本，但實際應用中，對於未來事件的預測卻顯得「力不從心」。
- 正則化 (regularization)：透過引入範數的概念，增強模型的泛化能力，包括 L1 正則化、L2 正則化 (L2 正則化也稱為 weight decay)。
- Dropout：這是網路模型中的一種方法，每次訓練時捨去一些節點來增強泛化能力。

下面重點介紹一下後 3 種方法。

7.8.3 了解正則化

所謂的正則化，其實就是在神經網路計算損失值的過程中，在損失後面再加一項。這樣損失值所代表的輸出與標準結果間的誤差就會受到干擾，導致學習參數 w 和 b 無法按照目標方向來調整。實現模型無法與樣本完全擬合的結果，從而達到防止過擬合的效果。

1. 正則化的分類和公式

在了解了原理之後，現在就來介紹一下如何增加這個干擾項。

干擾項一定要有以下特性。

（1）當欠擬合 (模型的擬合能力不足) 時，希望它對模型誤差影響儘量小，讓模型快速來擬合實際。

（2）如果是過擬合，那麼希望它對模型誤差影響要儘量大，讓模型不要產生過擬合的情況。

於是引入了兩個範數 -- L1、L2。

- L1：所有學習參數 w 的絕對值的和。
- L2：所有學習參數 w 的平方和，然後求平方根。

如果放到損失函數的公式裡，就會進行一點變形，以下列公式：式 (7-9) 為 L1，式 (7-10) 為 L2。

$$\text{loss} = \text{loss}(0) + \lambda \sum |w| \tag{7-9}$$

$$\text{loss} = \text{loss}(0) + \frac{\lambda}{2} \sum w^2 \tag{7-10}$$

最終的 loss 為等式左邊的結果，loss(0) 代表真實的 loss 值，loss(0) 後面的那一項就代表正則化，λ 為一個可以調節的參數，用來控制正則化對 loss 的影響。

在實際應用中，以 L2 正則化最為常用。L2 正則化項中的係數 1/2 可以在反向傳播對其求導時將資料規整。

2. L2 正則化的實現

在 PyTorch 中進行 L2 正則化時，直接的方式是用最佳化器附帶的 weight_decay 參數指定權重值衰減率，它相當於 L2 正則化 (見式 (7-10)) 中的 λ。

需要注意的是，權值衰減參數 weight_decay 預設會對模型中的所有參數進行 L2 正則處理，即包括權重 w 和偏置 b。在實際情況中，有時只需要對權重 w 進行正則化 (如果 b 進行 L2 正則化處理，那麼有可能會使模型出現欠擬合問題)。可以使用最佳化器預置參數的方式進行實現。

最佳化器預置參數的方式是指，在建構最佳化器時，以字典的方式對每一個實例化參數進行特別指定，以滿足更為細緻的要求。具體程式如下：

```
optimizer = torch.optim.Adam([{'params': weight_p, 'weight_decay':0.001},
                              {'params': bias_p, 'weight_decay':0}],
                             lr=0.01)
```

其中，字典中的 params 指的是模型中的權重。將具體的權重張量放入最佳化器再為參數 weight_decay 設定值，指定權重值衰減率，便可以實現為指定參數進行正則化處理。

那麼字典中的權重張量 weight_p 和 bias_p 怎麼得來呢？可以透過實例化後的模型物件得到，具體程式如下：

```
weight_p, bias_p = [],[]
for name, p in model.named_parameters():  # 獲取模型中所有的參數及參數名字
    if 'bias'in name:                     # 將偏置參數收集起來
            bias_p += [p]
    else:                                 # 將權重參數收集起來
            weight_p += [p]
```

透過上面的程式，即可將模型中的權重參數和偏置參數分別收集在列表物件 weight_p 和 bias_p 中。

7.8.4 實例 13：用 L2 正則改善模型的過擬合狀況

下面就用 L2 正則改善模型的過擬合狀況，使其具有更好的泛化性。

實例描述

在實例 12 所建構的模型中，增加正則化處理，並對模型重新進行訓練。將訓練後的模型應用在新的資料集上，觀察是否有準確率下降的情況。

修改 7.8.1 節的「2. 架設網路模型」中的程式的第 17 行，為最佳化器指定權重參數及對應的權值衰減值。具體程式如下。

程式檔案：code_14_L2.py

```
17  # 增加正則化處理
18  weight_p, bias_p = [],[]
19  for name, p in model.named_parameters():# 獲取模型中所有的參數及參數名字
20      if 'bias'in name:                    # 將偏置參數收集起來
21          bias_p += [p]
22      else:                                # 將權重參數收集起來
23          weight_p += [p]
24  optimizer = torch.optim.Adam([{'params': weight_p, 'weight_decay':0.001},
25              {'params': bias_p, 'weight_decay':0}],
26              lr=0.01)        # 定義帶有正則化處理的最佳化器
```

在上述程式的第 24 行中，設定了權重值的衰減率為 0.001，表示將權重值按照參數為 0.001 的正則化進行處理。

在上述程式的第 25 行中，設定了偏置參數的衰減率 weight_decay 為 0，表示不對偏置參數進行正則化處理。

上述程式執行後，輸出以下結果：

```
訓練時的準確率：0.975
測試時的準確率：0.9875
```

該結果與 7.8.1 節的輸出結果相比，結論如下。

訓練時的準確率由 1 下降到了 0.975，這是由於 L2 正則化干擾項，使得模型在訓練資料集上的正確率下降。

測試時的準確率由 0.9375 上升到了 0.9875，有了顯著的提升，這表明 L2 正則化有效地改善了模型的過擬合狀況。

對於增加了正則化的模型，將其映射到新資料集上，如圖 7-42 所示。

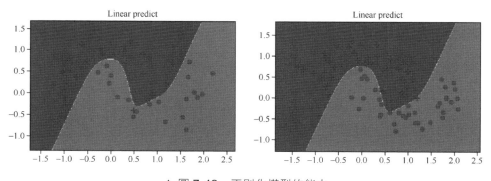

▲ 圖 7-42　正則化模型的能力

從圖 7-42 中可以看出，在帶有正則化的模型擬合效果中，沒有了圖 7-41 中的閉合區間，更接近了原始的資料分佈 (見圖 3-3)。

7.8.5　實例14：透過增大資料集改善模型的過擬合狀況

接著嘗試透過增大資料集的方式來改善過擬合情況。在訓練模型時，不再生成一次樣本，而是每次迴圈都生成 40 個資料，下面看看會發生什麼。

實例描述

使用增大資料集的方式對 7.8.1 節所示實例中建構的模型進行訓練。觀察
訓練後的模型應用新的資料集是否有準確率下降的情況。

修改 7.8.1 節的「3. 訓練模型,並視覺化訓練過程」中的程式的第 18
行～第 28 行,令每次訓練都載入新的資料集。具體程式如下。

程式檔案:code_15_Bigdata.py

```
18  epochs = 1000                           # 定義迭代次數
19  losses = []                             # 定義列表,用於接收每一步
                                # 的損失值
20  for i in range(epochs):
21  X, Y = sklearn.datasets.make_moons(40,noise=0.2)# 生成兩組半圓形資料
22  xt = torch.from_numpy(X).type(torch.FloatTensor)# 將 numpy 資料轉化為張量
23  yt = torch.from_numpy(Y).type(torch.LongTensor)
24  loss = model.getloss(xt,yt)
25  losses.append(loss.item())
26  optimizer.zero_grad()                   # 清空之前的梯度
27  loss.backward()                         # 反向傳播損失值
28  optimizer.step()                        # 更新參數
```

執行上述程式,生成以下資訊:

```
訓練時的準確率:0.95
測試時的準確率:0.975
```

該結果與 7.8.1 節的輸出結果相比,結論如下。

- 訓練時的準確率由 1 下降到了 0.95,這是由於 L2 正則化干擾項,使
  得模型在訓練資料集上的正確率下降。
- 測試時的準確率由 0.9375 上升到了 0.975,有了顯著的提升,這表明
  增大資料集方法有效地改善了模型的過擬合狀況。

另外，可以看出模型訓練的 loss 曲線有幅度較明顯的抖動，增大資料集方法訓練模型時的 loss 情況如圖 7-43 所示。

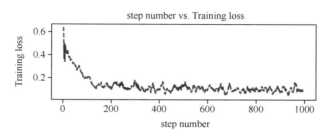

▲ 圖 7-43　增大資料集方法訓練模型時的 loss 情況

從圖 7-43 中可以看出，隨著模型迭代，loss 值會產生較明顯的抖動，這表明迭代時新的資料與上一次模型的擬合能力衝突較大。透過多次迭代，就可以不斷地修正模型過擬合方向的錯誤，從而使得模型達到了一個合理的擬合能力。

將該模型能力映射到新資料集上，增大資料集方法訓練出的模型能力如圖 7-44 所示。

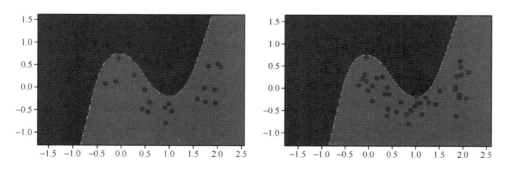

▲ 圖 7-44　增大資料集方法訓練出的模型能力

從圖 7-44 中可以看出，使用增大資料集方法訓練的模型，在其能力視覺化的結果中，沒有了圖 7-41 中的閉合區間，更接近了原始的資料分佈。

7.8.6 Dropout 方法

在改善模型的過擬合狀況時，還有一種常用的技術手段─Dropout。Dropout 的具體技術細節如下。

1. Dropout 原理

Dropout 的原理：在訓練過程中，每次隨機選擇一部分節點不去進行學習。

這樣做的原因是什麼？

從樣本資料的分析來看，資料本身是不可能很「純淨」的，即任何一個模型不能完全把資料分開，在某一類中一定會有一些異常資料，過擬合的問題恰恰是把這些異常資料當成規律來學習了。對於模型來講，我們希望它能夠有一定的「智商」，把異常資料過濾掉，只關心有用的規律資料。

異常資料的特點：它與主流樣本中的規律不同，而且量非常少。也就是說，它在一個樣本中出現的機率要比主流資料出現的機率低很多。我們就是利用上述特性，在每次訓練中，忽略模型中一些節點，將小機率的異常資料獲得學習的機會變得更低。這樣，異常資料對模型的影響就會更小。

> **注意**：Dropout 會使一部分節點不去學習，所以在增加模型的泛化能力的同時，會使學習速度降低。這樣會使模型不太容易學成，於是在使用的過程中需要合理地進行調節，也就是確定到底捨棄多少節點。注意，並不是捨棄的節點越多越好。

2. Dropout 的實現

在 PyTorch 中，按照不同的維度實現了 3 種 Dropout 的封裝，具體如下。

- Dropout：對一維的線性資料進行 Dropout 處理，輸入形狀是 [N,D] (N 代表批次數，D 代表資料數)。
- Dropout2D：對二維的平面資料進行 Dropout 處理，輸入形狀是 [N,C,H,W](N 代表批次數，C 代表通道數，H 代表高度，W 代表寬度)，系統將對整個通道隨機設為 0。
- Dropout3D：對三維的立體資料進行 Dropout 處理，輸入形狀是 [N,C,D,H,W] (N 代表批次數，C 代表通道數，D 代表深度，H 代表高度，W 代表寬度)，系統將對整個通道隨機設為 0。

其中每種維度的 Dropout 處理都有兩種使用方式：基於類別的使用和基於函數的使用。以一維資料的 Dropout 方式為例，其基於函數形式的定義如下：

```
torch.nn.functional.dropout(input, p=0.5, training=False, inplace=False)
```

其中的參數含義如下。

- input：代表輸入的模型節點。
- p：表示捨棄率。如果參數值為 1，那麼表示全部捨棄 (置 0)。該參數預設值是 0.5，表示捨棄 50% 的節點。
- training：表示該函數當前的使用狀態。如果參數值是 False，那麼表明不在訓練狀態使用，這時將不捨棄任何節點。
- inplace：表示是否改變輸入值，預設是 False。

注意：Dropout 屬於改變了神經網路的網路結構，它僅是屬於訓練時的方法，因此，在進行測試時，一般要將函數 dropout() 的 training 參數變為 False，表示不需要進行捨棄。不然會影響模型的正常輸出。另外，在使用類別的方式呼叫 Dropout() 時，沒有 training 參數，因為 Dropout 實例化物件會根據模型本身的呼叫方式來自動調節 training 參數。

7.8.7 實例 15：透過 Dropout 方法改善模型的過擬合狀況

本實例將使用 Dropout 方法改善模型的過擬合狀況，具體如下。

實例描述

使用 Dropout 方式對 7.8.1 節實例中所建構的模型進行訓練，觀察訓練後的模型應用新的資料集是否有準確率下降的情況。

修改 7.8.1 節的「2. 架設網路模型」中的程式的第 16 行，重新定義一個帶有 Dropout 的模型 Logic_Dropout_Net 類別。

為了簡化程式，讓 Logic_Dropout_Net 模型類別繼承 LogicNet 類別，並在 LogicNet 類別基礎上多載 Logic_Dropout_Net 模型類別的前向結構，即在 Logic_Dropout_Net 模型類別的 forward() 方法中增加 Dropout 層。具體程式如下。

程式檔案：code_16_Dropout.py

```
16  # 繼承 LogicNet 類別，建構網路模型
17  class Logic_Dropout_Net(LogicNet):
18      def __init__(self,inputdim,hiddendim,outputdim):  # 初始化網路結構
19          super(Logic_Dropout_Net,self).__init__(inputdim,hiddendim,
20              outputdim)
21
22      def forward(self,x):         # 架設用兩個全連接層組成的網路模型
23          x = self.Linear1(x)      # 將輸入資料傳入第 1 層
24          x = torch.tanh(x)        # 對第 1 層的結果進行非線性變換
25          x = nn.functional.dropout(x, p=0.07, training=self.training)
26          x = self.Linear2(x)      # 將資料傳入第 2 層
27          return x
28  model = Logic_Dropout_Net(inputdim=2,hiddendim=500,outputdim=2)
    # 初始化模型
```

上述程式的第 25 行呼叫了函數 nn.functional.dropout()，為 Logic_
Dropout_Net 模型類別增加 Dropout 層。該層的節點遺失率設為 0.07。

在上述程式的第 28 行中，對 Logic_Dropout_Net 類別進行實例化，得到
物件 model。

📖 提示

Logic_Dropout_Net 類別還可以用類別的方式實現 Dropout 層，具體程
式如下：

```
class Logic_Dropout_Net(LogicNet):
    def __init__(self,inputdim,hiddendim,outputdim):  # 初始化網路結構
        super(Logic_Dropout_Net,self).__init__(inputdim, hiddendim,
        outputdim)
        self.dropout = nn.Dropout(p=0.07)
    def forward(self,x):         # 架設用兩個全連接層組成的網路模型
        x = self.Linear1(x)   # 將輸入資料傳入第 1 層
        x = torch.tanh(x)     # 對第 1 層的結果進行非線性變換
        x = self.dropout(x)
        x = self.Linear2(x)   # 再將資料傳入第 2 層
        return x
```

執行相關程式後顯示結果如下：

```
訓練時的準確率：0.925
測試時的準確率：0.95
```

從結果中可以看出，模型在測試時的準確率同樣沒有低於訓練時的準確
率，這說明 Dropout 方法可以有效地改善模型的過擬合狀況。

將該模型能力映射到新資料集上，Dropout 方法訓練出的模型能力如圖
7-45 所示。

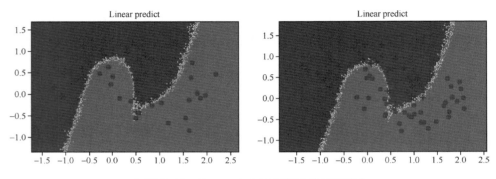

▲ 圖 7-45　Dropout 方法訓練出的模型能力

從圖 7-45 中可以看出，使用 Dropout 方法訓練的模型，在其能力視覺化的結果中，沒有了圖 7-41 中的閉合區間，更接近原始的資料分佈。

7.8.8　全連接網路的深淺與泛化能力的聯繫

全連接網路是一個通用的近似框架。只要有足夠多的神經元，即使只有一個隱藏層的神經網路，利用常用的 Sigmoid、ReLU 等啟動函數，就可以無限逼近任何連續函數。

在實際中，淺層的網路具有更好的擬合能力，但是泛化能力相對較弱。深層的網路具有更好的泛化能力，但是擬合能力相對較弱。

在實際使用過程中，還需要根據實際情況平衡二者的關係。舉例來說，wide_deep 模型就是利用了二者的特徵實現的組合模型，該模型由以下兩個模型的輸出結果疊加而成。

- wide 模型是一個單層線性模型 (淺層全連接網路模型)。
- deep 模型是一個深度的全連接模型 (深層全連接網路模型)。

7.8.9 了解批次歸一化 (BN) 演算法

這裡介紹一種應用十分廣泛的最佳化方法 -- 批次歸一化 (Batch Normalization；BatchNorm，BN) 演算法。它一般用在全連接神經網路或卷積神經網路中。

這個里程碑式的技術的問世，使得整個神經網路的辨識準確度上升了一個台階。下面就來介紹一下批次歸一化演算法。

1. 批次歸一化原理

先來看一個例子。

假如有一個極簡的網路模型，每一層只有一個節點，沒有偏置。如果這個網路有 3 層，那麼可以用以下公式表示其輸出值：

$$Z = x \times w_1 \times w_2 \times w_3$$

假設有兩個神經網路，學習了兩套權重（w_1=1, w_2=1, w_3=1）和（w_1=0.01, w_2=10000, w_3=0.01），現在它們對應的輸出 Z 都是相同的 (x 為樣本)。現在讓它們訓練一次，看看會發生什麼。

（1）反向傳播：假設反向傳播時計算出的損失值 Δy 為 1，那麼對於這兩套權重的修正值將變為（Δw_1=1，Δw_2=1，Δw_3=1）和（Δw_1=100，Δw_2=0.0001，Δw_3=100）。

（2）更新權重：這時更新過後的兩套權重就變成了（w_1=2，w_2=2，w_3=2）和（w_1=100.01，w_2=10000.0001，w_3=100.01）。

（3）第二次正向傳播：假設輸入樣本是 1，第一個神經網路的輸出值為：
Z=1×2×2×2=8

第二個神經網路的輸出值為：

$$Z=1 \times 100.01 \times 10000.0001 \times 100.01 \approx 100000000$$

看到這裡是不是已經感覺到有些不對勁了？兩個網路的輸出值差別巨大。如果再往下進行，這時計算出的 loss 值會變得更大，使得網路無法計算，這種現象稱為「梯度爆炸」。產生梯度爆炸的原因是網路的內部協變數轉移 (internal convariate shift)，即正向傳播時的不同層的參數會將反向訓練計算時所參照的資料樣本分佈改變。

這就是引入批次歸一化演算法的作用：最大限度地保證每次的正向傳播輸出在同一分佈上，這樣反向計算時參照的資料樣本分佈就會與正向的一樣了。保證了分佈統一，對權重的調整才會更有意義。

2. 批次歸一化定義

了解原理之後，再來學習批次歸一化演算法。這個演算法的實現是將每一層運算出來的資料歸一化成平均值為 0、方差為 1 的標準高斯分佈。這樣就會在保留樣本的分佈特徵同時，又消除了層與層間的分佈差異。

> **📖 提示**
>
> 在實際應用中，批次歸一化的收斂非常快，並且具有很強的泛化能力，某種情況下可以完全代替前面講過的正則化、Dropout。

在實際應用中，使用的是自我調整模式，即在批次歸一化演算法中加上一個權重參數。透過迭代訓練，使批次歸一化演算法收斂為一個合適的值。其數學公式為：

$$\mathrm{BN}(x) = \gamma \frac{(x - \mu)}{\sigma} + \beta \tag{7-11}$$

在式 (7-11) 中，x 為樣本，μ 表示平均值，σ 表示方差，這兩個值是根據當前資料運算出來的。γ 和 β 是參數，表示自我調整。

在訓練過程中，會透過最佳化器的反向求導來最佳化出合適的 γ、β 值。

BN 層計算每次輸入的平均值與方差，並進行移動平均。移動平均預設的動量值為 0.1。

在驗證過程中，會使用訓練求得的平均值和方差對驗證資料做歸一化處理。

3. 批次歸一化的實現

在 PyTorch 中，按照不同的維度實現了 3 種批次歸一化的封裝，具體如下。

- BatchNorm1d：對二維或三維的線性資料進行批次歸一化處理，輸入形狀是 [N,D] 或 [N,D,L](N 代表批次數，D 代表資料的個數，L 代表資料的長度)。
- BatchNorm2d：對二維的平面資料進行批次歸一化處理，輸入形狀是 [N,C,H,W](N 代表批次數，C 代表通道數，H 代表高度，W 代表寬度)。
- BatchNorm3d：對三維的立體資料進行批次歸一化處理，輸入形狀是 [N,C,D,H,W] (N 代表批次數，C 代表通道數，D 代表深度，H 代表高度，W 代表寬度)。

其中每種維度的批次歸一化處理都被封裝成類別的方式使用。它們的實例化參數相同，以 BatchNorm1d 為例，具體如下：

```
torch.nn.BatchNorm1d(num_features, eps=1e-05, momentum=0.1, affine=True,
track_running_stats=True )
```

其中的參數含義如下。

- num_features：待處理的輸入資料的特徵數，該值需要手動計算，如果輸入資料的形狀是 [N,D](N 代表批次數，D 代表資料的個數)，那麼該值為 D。如果是在 BatchNorm2d 中，那麼該參數要填入圖片的通道數。

- eps：預設值為 1e-5。為保證數值穩定性 (分母不取 0)，給分母加上值，即給式 (7-11) 中的 σ 加上 eps。

- momentum：動態平均值和動態方差使用的動量，預設值為 0.1。

- affine：是否使用自我調整模式。如果參數值設定為 True，那麼使用自我調整模式，系統將自動對式 (7-11) 中的 γ、β 值進行最佳化學習；如果參數值設定為 False，那麼不使用自我調整模型，相當於將式 (7-11) 中的 γ、β 去掉。

- track_running_stats：是否追蹤當前批次資料的統計特性。在訓練過程中，如果參數值設定為 False，那麼系統只使用當前批次資料的平均值和方差；如果參數值設定為 True，那麼系統將追蹤每批次輸入的資料並即時更新整個資料集的平均值和方差。(在使用過程中，該參數值一般設定為 True，表示系統將使用訓練時的平均值和方差。)

📖 提示

在訓練過程中，追蹤計算平均值和方差的更新方式如下：

```
running_mean = momentum×running_mean + (1.0 - momentum)×batch_mean
running_var = momentum×running_var + (1.0 - momentum)×batch_var
```

在上面的公式中，running_mean 和 running_var 代表所要追蹤更新的平均值和方差，momentum 代表動量參數，batch_mean 與 batch_var 代表當前批次所計算出來的平均值與方差。

---

torch.nn.BatchNorm1d 類別繼承於 nn.Module 類別，nn.Module 類別會有一個統一的屬性 training，該屬性用於指定當前的呼叫是訓練狀態還是使用狀態。

同時 PyTorch 還提供了一個相對底層的函數式使用方式，該函數的定義如下：

```
    torch.nn.functional.batch_norm(input, running_mean, running_var,
weight=None, bias=None, training=False, momentum=0.1, eps=1e-05)
```

其中參數 running_mean、running_var 分別表示平均值和方差，參數 weight、bias 分別表示自我調整參數 (式 (7-11) 中的 γ 和 β)，參數 training 表示需要自己指定訓練模式。

在實際開發過程中，通常使用類別的方式實現批次歸一化。使用函數的方式實現批次歸一化雖然更為靈活，但需要更多的設定。

7.8.10 實例 16：手動實現批次歸一化的計算方法

本實例將對 7.8.9 節的理論知識進行手動實現，透過該實例的學習可以讓讀者對批次歸一化演算法有更深的了解。

實例描述

> 呼叫 7.8.9 節介紹的 BN 介面對一組資料執行批次歸一化演算法，並將該計算結果與手動方式計算的結果進行比較。

本例將以二維的平面資料為例，批次歸一化計算。

1. 使用介面呼叫方式實現批次歸一化計算

定義一個形狀為 [2,2,2,1] 的模擬資料。該資料的形狀表示批次中的樣本數為 2，每個樣本的通道數為 2，高和寬分別為 2 和 1。

實例化 BatchNorm2d 介面，並呼叫該實例化物件對模擬資料進行批次歸一化計算，具體實現如下。

```
程式檔案：code_17_BNdetail.py
01  import torch
02  import torch.nn as nn
03  data=torch.randn(2,2,2,1)
04  print(data)                        # 輸出模擬資料
05
06  obn=nn.BatchNorm2d(2,affine=True)       # 實例化自我調整 BN 物件
07  print(obn.weight)                  # 輸出自我調整參數 γ
08  print(obn.bias)                    # 輸出自我調整參數 β
09  print(obn.eps)                     # 輸出 BN 中的 eps
10
11  output=obn(data)                   # 計算 BN
12  print(output, output.size())       # 輸出 BN 結果及形狀
```

上述程式執行後，輸出結果如下。

（1）兩個樣本模擬資料，每個樣本都有兩個通道。

```
tensor([   [[[-1.8253], [ 0.6961]], [[ 0.0062], [-1.5289]]],
           [[[-1.2408], [-0.2376]], [[-0.1713], [-0.1926]]]      ])
```

（2）自我調整參數。

```
Parameter containing:  tensor([1., 1.], requires_grad=True)
Parameter containing:  tensor([0., 0.], requires_grad=True)
1e-05
```

從輸出結果中可以看出，BatchNorm2d 介面為資料的每個通道建立一套
自我調整參數。在實際計算中，也是針對每個通道的資料進行批次歸一
化計算的。

（3）批次歸一化結果及形狀。

```
tensor([    [[[-1.2180], [ 1.3992]], [[ 0.7767], [-1.7183]]],
            [[[-0.6113], [ 0.4301]], [[ 0.4881], [ 0.4535]]]      ],
        grad_fn=<NativeBatchNormBackward>) torch.Size([2, 2, 2, 1])
```

可以看到，在經過批次歸一化計算後，只改變了輸入資料的值，並沒有修改輸入資料的

形狀。

2. 使用手動方式實現批次歸一化計算

為了使手動計算批次歸一化的步驟更加清晰，這裡只對模擬資料中第一個樣本中的第一個具體資料進行手動批次歸一化計算，具體步驟如下：

（1）取出模擬資料中兩個樣本的第一個通道資料；
（2）用手動的方式計算該資料平均值和方差；
（3）將平均值和方差代入式 (7-11)，對模擬資料中第一個樣本中的第一個具體資料進行計算，具體程式如下。

程式檔案：code_17_BNdetail.py(續1)

```
13  print(" 第 1 通道的資料 :",data[:,0])
14
15  #計算第 1 通道資料的平均值和方差
16  Mean=torch.Tensor.mean(data[:,0])
17  Var=torch.Tensor.var(data[:,0],False)
18  print(" 平均值 :",Mean)
19  print(" 方差 :",Var)
20
21  #計算第 1 通道中第一個資料的 BN 結果
22  batchnorm=((data[0][0][0][0]-Mean)/(torch.pow(Var,0.5)+obn.eps))\
23  *obn.weight[0]+obn.bias[0]
24  print("BN 結果 :",batchnorm)
```

上述程式的第 17 行呼叫了 torch.Tensor.var() 方法對第 1 通道計算方差，該方法的第 2 個參數傳入 False，表示不使用貝塞爾校正的方法計算方差。

> **提示**
>
> 方差的計算方法是先將每個值減去平均值的結果後再求平方，並求它們的平均值 (求和後除以總數量 n)。
>
> 貝塞爾校正 (Bessel's Correction) 是一個與統計學的方差和標準差相關的修正方法，是指在計算樣本的方差和標準差時，將分母中的 n 替換成 n-1。這種修正方法得到的方差和標準差更近似於當前樣本所在的整體集合中的方差和標準差。
>
> 因為本例只需要對當前樣本進行方差的計算，不需要得到當前樣本所代表的整體集合中的方差。所以不使用貝塞爾校正計算方差。

上述程式的第 22 行按照式 (7-11) 手動實現批次歸一化的計算 (分佈部分為標準差手動加上一個 eps，防止分母為 0 的情況出現)。

上述程式執行後，輸出結果如下：

```
第 1 通道的資料 : tensor([[[-1.8253], [ 0.6961]],
                        [[-1.2408], [-0.2376]]])
平均值 :tensor(-0.6519)
方差 :tensor(0.9281)
BN 結果 :tensor(-1.2180, grad_fn=<AddBackward0>)
```

輸出結果的最後一行是手動對模擬資料第 1 通道中第一個資料的批次歸一化計算結果，該結果與使用 BatchNorm2d 介面計算的結果完全一致。

7.8.11 實例 17：透過批次歸一化方法改善模型的過擬合狀況

本實例將使用批次歸一化方法改善模型的過擬合狀況，具體實現如下。

實例描述

使用批次歸一化的方式對 7.8.1 節實例中所建構的模型進行訓練，觀察訓練後的模型應用新的資料集是否有準確率下降的情況。

修改 7.8.1 節中「2. 架設網路模型」中的程式的第 16 行，重新定義一個帶有 BN 層的 Logic_BN_Net 模型類別。

為了簡化程式，讓 Logic_BN_Net 模型類別繼承 LogicNet 類別，並在 LogicNet 類別基礎上多載 Logic_BN_Net 模型類別的前向結構，即在 Logic_BN_Net 模型類別的 forward() 方法中增加 BN 層。具體程式如下：

程式檔案：code_18_BN.py

```
16  # 繼承 LogicNet 類別，建構網路模型
17  class Logic_Dropout_Net(LogicNet):
18      def __init__(self,inputdim,hiddendim,outputdim):  # 初始化網路結構
19          super(Logic_Dropout_Net,self).__init__(inputdim,hiddendim,
20              outputdim)
21          self.BN = nn.BatchNorm1d(hiddendim) # 定義 BN 層
22      def forward(self,x):          # 架設用兩個全連接層組成的網路模型
23          x = self.Linear1(x)       # 將輸入資料傳入第 1 層
24          x = torch.tanh(x)         # 對第 1 層的結果進行非線性變換
25          x = self.BN(x)            # 對第 1 層的資料做 BN 處理
26          x = self.Linear2(x)       # 將資料傳入第 2 層
27          return x
28  model = Logic_BN_Net(inputdim=2,hiddendim=500,outputdim=2)# 初始化模型
29  optimizer = torch.optim.Adam(model.parameters(),lr=0.01) # 定義最佳化器
30
```

```
31  xt = torch.from_numpy(X).type(torch.FloatTensor)# 將 numpy 資料轉化為張量
32  yt = torch.from_numpy(Y).type(torch.LongTensor)
33  epochs = 200                                          # 定義迭代次數
```

上述程式的第 21 行定義了 BN 層,並在第 25 行進行了呼叫。

在上述程式的第 28 行中,對 Logic_BN_Net 模型類別進行了實例化,獲得了物件 model。

在上述程式的第 33 行中,將迭代次數改小為 200。

> **📖 提示**
>
> 帶有批次歸一化處理的模型比帶有 Dropout 處理的模型需要更少的訓練次數。因為 Dropout 每次都會使一部分節點不參與運算,相當於減少了單次的樣本處理量,所以帶有 Dropout 處理的模型需要更多的訓練次數才可以使模型收斂。

上述程式執行後,輸出以下結果:

```
訓練時的準確率:1.0
測試時的準確率:0.925
```

將該模型能力映射到新資料集上,批次歸一化方法訓練出的模型能力如圖 7-46 所示。

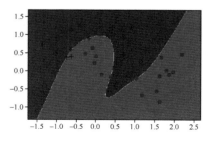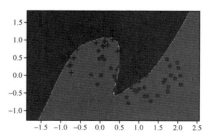

▲ 圖 7-46 批次歸一化方法訓練出的模型能力

從圖 7-46 中可以看出，使用批次歸一化方法訓練的模型，其能力視覺化的結果中沒有了圖 7-41 中的閉合區間，更接近原始的資料分佈 (見圖 3-3)。

> **提示**
>
> 由於本實例中使用的模型層數太少 (只有兩層)，因此這使得批次歸一化的效果不如 Dropout 和增大資料集方式。

批次歸一化更擅長解決深層網路的內部協變數轉移問題，在深層網路中，才會表現出更好的性能。

7.8.12 使用批次歸一化方法時的注意事項

這裡說明一下使用批次歸一化方法的注意事項。

- 批次歸一化方法不能緊接在 Dropout 層後面使用，若有這種情況，Dropout 層的結果會改變批次歸一化所計算的資料分佈，導致批次歸一化後的偏差更大。

- 在批次歸一化方法與 Switch 啟動函數一起使用時，需要對 Switch 啟動函數進行權值縮放 (可以使用縮放參數自我學習的方法)，否則會引起更大的抖動。

- 批次歸一化方法對批次依賴嚴重，即對於較小量，效果並不理想。因為批次歸一化偏重的是對批次樣本的歸一化，當輸入批次較小時，個體樣本將無法代替批次樣本的特徵，導致模型抖動，難以收斂 (這種情況下的解決方法見 7.8.13 節)。

- 批次歸一化方法適用於深層網路。因為在淺層網路中，內部協變數轉移問題並不明顯，所以批次歸一化的效果也不明顯。

7.8.13 擴充：多種批次歸一化演算法介紹

批次歸一化的演算法有多個版本，本書只介紹了較為普通的。根據不同的場景，使用者可以使用各不同版本的批次歸一化演算法。例如：

- 在小量樣本情況下，可以使用與批次無關的 renorm 方法進行批次歸一化；
- 在 RNN 模型中，可以使用 Layer Normalization 演算法；
- 在對抗神經網路中，可以使用 Instance Normalization 演算法 (見 8.7.3 節)；
- 還有功能更強的 Switchable Normalization 演算法，它可以將多種批次歸一化演算法融合並指定可以學習的權重，在使用時，透過模型訓練的方法來自動學習。

7.9 神經網路中的注意力機制

神經網路的注意力機制與人類處理事情時常說的「注意力」意思相近，即特別注意一系列資訊中的部分資訊，並對這部分資訊進行處理分析。

在生活中，注意力的應用隨處可見：當我們看東西時，一般會聚焦眼前的某一地方；在閱讀一篇文章時，常常會關注文章的部分文字；在聽音樂時，會根據音樂中的不同旋律產生強度不同的情感，甚至還會記住某些旋律部分。

在神經網路中，運用注意力機制，可以達到更好的擬合效果。注意力機制可以使神經網路忽略不重要的特徵向量，而重點計算有用的特徵向量。在拋棄無用特徵對擬合結果干擾的同時，又提升了運算速度。

7.9.1 注意力機制的實現

神經網路中的注意力機制主要是透過注意力分數來實現的。注意力分數是一個 0~1 的值，注意力機制作用下的所有分數和為 1。每個注意力分數代表當前項被分配的注意力權重。

注意力分數常由神經網路的權重參數在模型的訓練中學習得來，並最終使用 Softmax 函數進行計算。這種機制可以作用在任何神經網路模型中。

（1）注意力機制可以作用在 RNN 模型中的每個序列上，令 RNN 模型對序列中的單一樣本給予不同的關注度，如圖 7-47 所示。

序列文字 ⟹	代	碼	醫	生	工	作	室	的	書	真	實	用
注意力分散 ⟹	0.05	0.05	0.05	0.05	0.05	0.05	0.05	0.025	0.2	0.025	0.2	0.2

▲ 圖 7-47　為序列計算注意力分數

這種方式常用在 RNN 層的輸出結果之後。

> **⟪ 提示**
>
> 注意力機制還可以用在 RNN 模型中的 Seq2Seq 框架中。有關 Seq2Seq 框架和對應的注意力機制可參考相關文件。

（2）注意力機制也可以作用在模型輸出的特徵向量上，如圖 7-48 所示。

這種針對特徵向量進行注意力計算的方式適用範圍更為廣泛。該方式不但可以應用於循環神經網路，而且可以用於卷積神經網路，甚至圖神經網路。

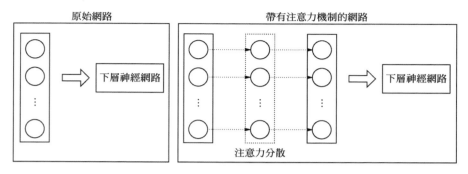

▲ 圖 7-48　為特徵向量計算注意力分數

7.9.2　注意力機制的軟、硬模式

在實際應用中，有兩種注意力計算模式：軟模式、硬模式。

軟模式 (Soft Attention): 表示所有的資料都會注意，都會計算出對應的注意力權值，不會設定篩選條件。

硬模式 (Hard Attention): 會在生成注意力權重後篩選並捨棄一部分不符合條件的注意力，讓它的注意力權值為 0，可以視為不再注意不符合條件的部分。

7.9.3　注意力機制模型的原理

注意力機制模型是指完全使用注意力機制架設起來的模型。注意力機制除可以輔助其他神經網路以外，本身也具有擬合能力。

1. 注意力機制模型的原理

注意力機制模型的原理可簡單描述為：將具體的任務看作由 query、key、value 三個「角色」來完成 (3 個角色分別用 Q、K、V 代替)。其中，Q 代表要查詢的任務，K、V 表示一一對應的鍵值對，任務目的就是使用 Q 在 K 中找到對應的 V 值。

注意力機制模型的原理的實現公式見式 (7-12)。

$$D_V = \text{Attention}(\boldsymbol{Q}_t, K, V) = \text{Softmax}\left(\frac{(\boldsymbol{Q}_t, \boldsymbol{K}_s)}{\sqrt{d_K}}\right)v_s = \sum_{s=1}^{m}\frac{1}{z}\exp\left(\frac{(\boldsymbol{Q}_t, \boldsymbol{K}_s)}{\sqrt{d_K}}\right)V_s \qquad (7\text{-}12)$$

式 (7-12) 中的 z 是歸一化因數。Q_t 是含有 t 個查詢準則的矩陣，K_s 是含有 s 個鍵值的矩陣，d_K 是 Q_t 中每個查詢準則的維度，V_s 是含有 s 個元素的值，v_s 是 V_s 中的元素，D_V 是注意力結果。該公式可拆分成以下計算步驟。

（1）Q_t 與 K_s 進行內積計算；
（2）將第 (1) 步的結果除以 $\sqrt{d_K}$，這裡 $\sqrt{d_K}$ 造成調節數值的作用，使內積不至於太大。
（3）使用 Softmax 函數對第 (2) 步的結果進行計算，即從設定值矩陣 V 中獲取權重，得到的權重為注意力分數。
（4）使用第 (3) 步的結果與 v_s 相乘，得到 Q_t 與各個 v_s 的相似度。
（5）對第 (4) 步的結果加權求和，得到 D_V。

2. 注意力機制模型的應用

注意力機制模型非常適合序列到序列 (Seq2Seq) 的擬合任務。舉例來說，在實現文字閱讀了解任務中，可以把文章當成 Q，閱讀了解的問題和答案當成 K 和 V(形成鍵值對)。下面以一個翻譯任務為例，詳細介紹其擬合過程。

在中英文翻譯任務中，假設 K 代表中文，有 n 個詞，每個詞的詞向量維度是 d_K；V 代表英文，有 m 個詞，每個詞的詞向量維度是 d_V。

提示
對一句由 n 個中文詞組成的句子進行英文翻譯時，拋開其他的數值及非線性變化運算，主要的矩陣間運算可以視為：$n \times d_K$ 的矩陣乘以 $d_K \times m$ 的矩陣乘以 $m \times d_V$ 的矩陣，然後將這個乘式變形並根據線性代數的技巧，最終便獲得了 n 個維度為 d_V 的英文詞。

7.9.4 多頭注意力機制

注意力機制因 2017 年 Google 公司發表的一篇論文 "Attention is All You Need" (arXiv 編號：1706.03762, 2017) 而受到廣泛關注。多頭注意力機制就是這篇論文中使用的主要技術之一。

多頭注意力機制是對原始注意力機制的改進。多頭注意力機制可以表示為：Y=MultiHead(Q,K,V)，Y 代表多頭注意力結果，其原理如圖 7-49 所示。

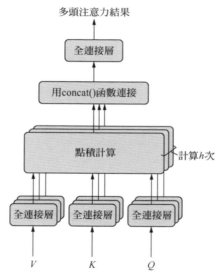

▲ 圖 7-49　多頭注意力機制原理

多頭注意力機制的工作原理介紹如下。

（1）把 Q、K、V 透過參數矩陣進行全連接層的映射轉化。

（2）對第 (1) 步中所轉化的 3 個結果做點積運算。

（3）將第 (1) 步和第 (2) 步重複執行 h 次，並且每次進行第 (1) 步操作時，都使用全新的參數矩陣 (參數不共用)。

（4）用 concat() 函數把計算 h 次之後的最終結果拼接起來。

其中，第 (4) 步的操作與多分支卷積技術非常相似，其理論可以解釋為：

（1）每一次的注意力機制運算，都會使原資料中某個方面的特徵發生注意力轉化 (得到局部注意力特徵)；

（2）當發生多次注意力機制運算之後，會得到更多方向的局部注意力特徵；

（3）將所有的局部注意力特徵合併起來，再透過神經網路將其轉化為整體的特徵，從而達到擬合效果。

7.9.5　自注意力機制

自注意力機制又稱內部注意力機制，用於發現序列資料的內部特徵。其具體做法是將 Q、K、V 都變成 X，即計算 Attention(X,X,X)，這裡的 X 代表待處理的輸入資料。

使用多頭注意力機制訓練出的自注意力特徵可以用於 Seq2Seq 模型 (輸入和輸出都是序列資料的模型)、分類模型等各種任務，並能夠得到很好的效果，即 Y=MultiHead(X,X,X)，Y 代表多頭注意力結果。

7.10　實例 18：利用注意力循環神經網路對圖片分類

本實例將使用帶注意力機制的循環神經網路完成第 6 章的圖片分類任務。

實例描述

在第 6 章的實例程式基礎上，將原有模型的卷積神經網路改成循環神經網路，並進行訓練，評估訓練後的模型能力。

循環神經網路的特點是處理序列資料，該神經網路同樣可以使用 Fashion-MNIST 資料集進行驗證。

7.10.1 循環神經網路處理圖片分類任務的原理

Fashion-MNIST 資料集中的每個圖片大小都是 28 像素 ×28 像素，並且只有一個通道 (灰階圖)。可以將圖片的資料了解成 28 個序列，每個序列的內容為 28 個值，RNN 處理圖片分類的原理說明如圖 7-50 所示。這樣便可以用循環神經網路進行處理。

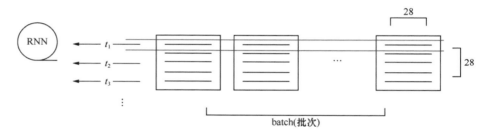

▲ 圖 7-50　RNN 處理圖片分類的原理說明

在實際使用中，輸入資料是基於批次的，每次都取該批次中所有圖片的一行作為一個時間序列輸入。

7.10.2 程式實現：架設 LSTM 網路模型

改變 6.3.1 節中的 myConNet 模型類別的網路結構，將其改成 myLSTMNet，並在模型中架設 LSTM 層與一個全連接層。

修改 6.3.1 節中的程式的第 40 行～第 68 行，具體如下。

程式檔案：code_19_AttLSTMModel.py(部分1)

```
40  class myLSTMNet(torch.nn.Module):                 # 定義 myLSTMNet 模型類別
41      def __init__(self,in_dim, hidden_dim, n_layer, n_class):
```

```
42          super(myLSTMNet, self).__init__()
43          # 定義循環神經網路層
44          self.lstm = torch.nn.LSTM(in_dim, hidden_dim,
45                                  n_layer,batch_first=True)
46          self.Linear = torch.nn.Linear(hidden_dim *28, n_class)
            # 定義全連接層
47          self.attention = AttentionSeq(hidden_dim,hard=0.03)
            # 定義注意力層
48      def forward(self, t):                   # 架設正向結構
49          t, _ = self.lstm(t)                 # 進行 RNN 處理
50          t = self.attention(t)
51          t=t.reshape(t.shape[0],-1)
52          out = self.Linear(t)                # 進行全連接處理
53          return out
```

上述程式的第 44 行對 torch.nn.LSTM(torch.nn.Module) 類別進行實例化，得到 LSTM 物件。

上述程式的第 47 行定義了注意力層，該層使用的是硬模式注意力機制。

上述程式的第 49 行使用 LSTM 物件對資料進行處理。

上述程式的第 50 行和第 51 行對循環神經網路結果進行注意力機制的處理，並將處理後的結果變形成二維資料，以便傳入全連接輸出層。

7.10.3 程式實現：建構注意力機制類別

參考 7.9.1 節中實現的基於序列的注意力機制類別。在具體實現時，會比 7.9.1 節中的實現多一些細節。

■ 增加隱藏模式。隱藏模式是相對於變長的循環序列而言的，如果輸入的樣本序列長度不同，那麼會先對齊處理 (對短序列補 0，對長序列截斷)，再輸入模型。這樣，模型中的部分樣本中就會有大量的零值。為

了提升運算性能，需要以隱藏的方式將不需要的零值去掉，而保留非
零值進行計算。這就是隱藏的作用。

■ 平均值模式。正常模式對每個維度的所有序列計算注意力分數，而平
均值模式對每個維度上注意力分數計算平均值。平均值模式會平滑處
理同一序列不同維度之間的差異，認為所有維度都是平等的，將注意
力用在序列之間。這種方式更能表現出序列的重要性。而非平均值模
式還會考慮到維度之間的不同，注意力粒度更加細小 (在影像處理方
面，非平均值模式可以表現出對空間區域的注意力)。

具體實現的程式如下。

程式檔案：code_19_AttLSTMModel.py(部分2)

```
54  class AttentionSeq(torch.nn.Module):
55      def __init__(self, hidden_dim,hard= 0):          # 初始化
56          super(AttentionSeq, self).__init__()
57          self.hidden_dim = hidden_dim
58          self.dense = torch.nn.Linear(hidden_dim, hidden_dim)
59          self.hard = hard
60
61      def forward(self, features, mean=False):          # 類別的處理方法
62
63          batch_size, time_step, hidden_dim = features.size()
64          weight = torch.nn.Tanh()(self.dense(features))    # 全連接計算
65
66          # 計算隱藏
67          mask_idx = torch.sign(torch.abs(features).sum(dim=-1))
68          mask_idx = mask_idx.unsqueeze(-1).repeat(1, 1, hidden_dim)
69          #將隱藏作用在注意力結果上
70          weight = torch.where(mask_idx== 1, weight,
71                      torch.full_like(mask_idx,(-2 ** 32 + 1)))
72          weight = weight.transpose(2, 1)
73          weight = torch.nn.Softmax(dim=2)(weight)    # 計算注意力分數
```

```
74          if self.hard!=0:    # 處理硬模式 (hard mode)
75              weight = torch.where(weight>self.hard, weight,
76          torch.full_like(weight,0))
77          if mean:                # 支援注意力分數平均值模式
78              weight = weight.mean(dim=1)
79              weight = weight.unsqueeze(1)
80              weight = weight.repeat(1, hidden_dim, 1)
81          weight = weight.transpose(2, 1)
82          features_attention = weight * features
            # 將注意力分數作用在特徵向量上
83          return features_attention              # 返回結果
84
85  # 實例化模型物件
86  network = myLSTMNet(28, 128, 2, 10)        # 圖片大小是 28x28
```

在上述程式的第 67 行中，對最後輸入資料的第一維進行絕對值求和，用
這種方法來判斷是否有零值的序列存在。

上述程式的第 68 行將求和後的序列結果按照原始的形狀複製到每個維度
上，以在第 70 行使用隱藏進行設定值。

📖 提示

如果讀者對第 68 行的 repeat() 方法感到陌生，那麼可以參考下面的例
子。

```
import torch
data=torch.randn(1,1,1)      # 生成一個形狀為 (1,1,1) 的張量，輸出：
tensor([[[1.3868]]])
data.expand(1, 1, 2)         # 對 data 張量按最後一個維度複製，輸出：
tensor([[[1.3868, 1.3868]]])
data.repeat(1,1,2)           # 對 data 張量按最後一個維度複製，輸出：
tensor([[[1.3868, 1.3868]]])
```

從上面的例子可以看出，在 PyTorch 中，expand() 與 repeat() 方法的效果是一樣的。

第 68 行使用的 repeat() 方法也可以換成 expand()，具體程式如下。

```
mask_idx = mask_idx.unsqueeze(-1).expand(batch_size, time_step,
hidden_dim)
```

在上述程式的第 70 行和第 71 行，利用隱藏對注意力結果補 0 序列填充一個極小數。

📖 提示

torch.where() 函數的意思是按照第一參數的條件對每個元素進行檢查，如果滿足，那麼使用第二個參數裡對應元素的值進行填充，如果不滿足，那麼使用第三個參數裡對應元素的值進行填充。

torch.full_like() 函數是按照張量的形狀進行指定值的填充，其第一個參數是參考形狀的張量，第二個參數是填充值。

在上述程式的第 70 行和第 71 行填入的極小數會在第 73 行的 Softmax 計算中被忽略成接近於 0 的值。

注意：在上述程式的第 71 行中，必須對注意力結果補 0 序列填充一個極小數，千萬不能填充 0，因為注意力結果是經過啟動函數 tanh() 計算出來的，其值域是 -1~1，在這個區間內，零值是一個有效值。如果填充 0，那麼會對後面的 Softmax 結果產生影響 (參考 5.8 節)。填充的值只有遠離這個有效區間才可以保證被 Softmax 的結果忽略。

在上述程式的第 73 行中，對每個維度的所有序列進行 Softmax 計算，得到注意力分數。

在上述程式的第 82 行和第 83 行中，將注意力分數作用到輸入值上，得到最終的結果。

上述程式的第 86 行對自訂類別 myLSTMNet 進行實例化，傳入參數的含義如下。

- 28：輸入資料的序列長度為 28。
- 128：每層放置 128 個 LSTM Cell。
- 2：建構兩層由 LSTM Cell 所組成的網路。
- 10：最終結果分為 10 類。

在實際執行時期，myLSTMNet 類別內部前向處理的具體步驟如下。

（1）輸入資料會按照序列順序傳入循環神經網路。
（2）每個序列都有 28 個資料，它們會分別傳入到 128 個 LSTM Cell 中進行第一層 LSTM 的處理。
（3）第一層的每個 LSTM Cell 會將輸出結果直接傳入後續的第二層 LSTM Cell，再次進行處理。1、2 層之間的 LSTM Cell 是串聯關係。
（4）最終將 LSTM 網路最後一個序列的處理結果取出，傳入全連接網路，輸出與分類結果數量一致的特徵資料。該資料即代表最終的預測結果。

7.10.4 程式實現：建構輸入資料並訓練模型

由於輸入的資料是序列形式，而非圖片形式，因此 6.3.3 節中使用的訓練模型程式將不再適用。此時，需要將輸入資料進行修改：將圖片資料中代表通道的第 2 維去掉即可 (見下面程式的第 100 行)。具體實現如下。

程式檔案：code_19_AttLSTMModel.py(部分3)

```
87  # 指定裝置
88  device = torch.device("cuda:0"if torch.cuda.is_available() else "cpu")
89  print(device)
```

```
90   network.to(device)
91   print(network)                              # 列印網路
92
93   criterion = torch.nn.CrossEntropyLoss()     # 實例化損失函數類別
94   optimizer = torch.optim.Adam(network.parameters(), lr=.01)
95
96   for epoch in range(2):                       # 資料集迭代兩次
97       running_loss = 0.0
98       for i, data in enumerate(train_loader, 0): # 循環取出批次資料
99           inputs, labels = data
100          inputs = inputs.squeeze(1)
101          inputs, labels = inputs.to(device), labels.to(device)# 指定裝置
102           optimizer.zero_grad()                    # 清空之前的梯度
103           outputs = network(inputs)
104           loss = criterion(outputs, labels)        # 計算損失
105           loss.backward()                          # 反向傳播
106           optimizer.step()                         # 更新參數
107
108           running_loss += loss.item()
109           if i % 1000 == 999:
110               print('[%d, %5d] loss: %.3f'%
111                     (epoch + 1, i + 1, running_loss/2000))
112               running_loss = 0.0
```

上述程式執行後，輸出的訓練過程如下：

```
...
[1,  1000] loss: 0.421
...
[1,  6000] loss: 0.211
[2,  1000] loss: 0.215
...
[2,  4000] loss: 0.188
[2,  5000] loss: 0.205
[2,  6000] loss: 0.201
```

上述結果的最後一行是模型在訓練過程中最後一次輸出的 loss 值：
0.201。

7.10.5　使用並評估模型

該部分程式與 6.4 節和 6.5 節基本一致，但需要按照 7.10.4 節的實現方式做修改，即對輸入資料進行維度變化。詳細程式可以參考本書的配套資源，這裡不再詳述。

相關程式執行後，最終輸出的測試結果如下：

```
Accuracy of T-shirt : 67 %
Accuracy of Trouser : 95 %
Accuracy of Pullover : 66 %
Accuracy of Dress : 88 %
Accuracy of  Coat : 68 %
Accuracy of Sandal : 94 %
Accuracy of Shirt : 61 %
Accuracy of Sneaker : 84 %
Accuracy of  Bag : 91 %
Accuracy of Ankle_Boot : 96 %
Accuracy of all : 81 %
```

上述結果的最後一行是模型在測試集上的整體準確率 (81%)，相比 6.5 節中的準確率結果 (80%) 有所提升。

7.10.6　擴充 1：使用梯度剪輯技巧最佳化訓練過程

梯度剪輯是一種訓練模型的技巧，用來改善模型訓練過程中抖動較大的問題：在模型使用反向傳播訓練的過程中，可能會出現梯度值劇烈抖動的情況。而某些最佳化器的學習率是透過策略演算法在訓練過程中自我學習產生的。當參數值在較為「平坦」的區域進行更新時，由於該區域梯度值比較小，學習率一般會變得較大，如果突然到達了「陡峭」的區域，梯度值陡增，再與較大的學習率相乘，參數就有很大幅度的更新，因此學習過程非常不穩定。

梯度剪輯的具體做法：將反向求導的梯度值控制在一定區間之內，將超過區間的梯度值按照區間邊界進行截斷。這樣，在訓練過程中，權重參數的更新幅度就不會過大，使得模型更容易收斂。

在 PyTorch 中，有 3 種方式可以實現梯度剪輯，具體介紹如下。

1. 簡單方式

直接使用 clip_grad_value_() 函數即可實現簡單的梯度剪輯。舉例來說，在 7.10.4 節所示程式的第 105 行和第 106 行中間加入以下程式：

```
torch.nn.utils.clip_grad_value_(parameters=network.parameters(),
clip_value=1.)
```

該程式可以將梯度按照 [-1,1] 區間進行剪輯。這種方法只能設定剪輯區間的上限和下限，且絕對值必須一致。如果想對區間的上限和下限設定不同的值，那麼需要使用其他方法。

2. 自訂方式

可以使用鉤子函數，為每一個參數單獨指定剪輯區間。舉例來說，在 7.10.3 節所示程式的第 86 行之後加入以下程式：

```
for param in network.parameters():
    param.register_hook(lambda gradient: torch.clamp(gradient, -0.1, 1.0))
```

該程式為實例化後的模型權重增加了鉤子函數，並在鉤子函數內部實現梯度剪輯的設定。這種方式最為靈活。在訓練時，每當執行完反向傳播 (loss.backward) 之後，所計算的梯度會觸發鉤子函數進行剪輯處理。

3. 使用範數的方式

直接使用 clip_grad_norm_() 函數即可以範數的方式對梯度進行剪輯。
舉例來說，在 7.10.4 節所示程式的第 105 行和第 106 行中間加入以下程
式：

```
torch.nn.utils.clip_grad_norm_ ( network.parameters(), max_norm=1,
norm_type=2)
```

函數 clip_grad_norm_() 會迭代模型中的所有參數，並將它們的梯度當成
向量進行統一的範數處理。第 2 個參數值 1 表示最大範數，第 3 個參數
值 2 表示使用 L2 範數的計算方法。

7.10.7　擴充 2：使用 JANET 單元完成 RNN

在 GitHub 網站中，搜尋 pytorch-janet 關鍵字，可以找到 0h-n0 使用者
開放原始碼的 pytorch-janet 專案。該專案中實現了一個封裝好的 JANET
單元，可以直接使用。

在使用時，只需要將 pytorch-janet 專案中的原始程式複製到本地，並
在程式中匯入。在 pytorch-janet 專案中，JANET 類別的實例化參數與
torch.nn.LSTM 類別完全一致，可以直接替換。如果要將 7.10.2 節中的
LSTM 模型替換成 JANET，那麼需要以下 3 步實現。

（1）將 pytorch-janet 專案中的原始程式複製到本地。

（2）在程式檔案 code_19_AttLSTMModel.py 的開始處增加以下程式，
匯入 JANET 類別。

```
from pytorch_janet import JANET
```

（3）將程式檔案 code_19_AttLSTMModel.py 中的 torch.nn.LSTM 替換成 JANET。

7.10.8 擴充 3：使用 IndRNN 單元實現 RNN

在 GitHub 網站中，搜尋 indrnn-pytorch 關鍵字，可以找到 StefOe 使用者開放原始碼的 indrnn-pytorch 專案。該專案中實現了兩個版本的 IndRNN 單元。這兩個版本的 IndRNN 介面分別為 IndRNN、IndRNNv2 類別，可以直接替換 7.10.2 節中的 torch.nn.LSTM 類別。

另外，indrnn-pytorch 專案中的 IndRNN、IndRNNv2 類別還支持更多的初始化參數，比如批次歸一化 (見 7.8.9 節) 設定、初始化設定、梯度剪輯 (見 7.10.6 節) 設定，詳見 indrnn-pytorch 專案中的 indrnn.py 程式檔案。

在 GitHub 網站中，透過 indrnn-pytorch 關鍵字搜尋到的專案中，除有 StefOe 使用者開放原始碼的 IndRNN 單元以外，還有 Sunnydreamrain 使用者開放原始碼的 indrnn-pytorch 專案。在 Sunnydreamrain 使用者開放原始碼的 indrnn-pytorch 專案中，包含了 Deep IndRNN 論文中的深層 IndRNN 模型，其中包括殘差結構的 IndRNN 模型、全連接結構 IndRNN 模型。讀者如果有興趣，那麼可以自行研究。

無監督學習中的神經網路

無監督學習是指在不需要 (或需要少量) 樣本標籤的情況下，完成模型的訓練。這種訓練方式最大的好處就是，可以節省標注樣本過程所需的大量人工成本。

本章介紹與無監督學習相關的神經網路。

> **提示**
>
> 本章的第一部分內容 (8.1 節) 是資訊熵的相關知識，這部分知識對掌握神經網路模型的理論大有幫助。建議讀者先看一下這部分內容。如果讀者已經掌握資訊熵，那麼可以直接從 8.2 節開始閱讀。

8.1 快速了解資訊熵

資訊熵 (information entropy) 可以對資訊進行量化，比如可以用資訊熵來量化一本書所含的資訊量。

資訊熵這個詞是克勞德·艾爾伍德·香農從熱力學中借用過來的。在熱力學中，熱熵是用來表示分子狀態混亂程度的物理量。克勞德·艾爾伍德·香農用資訊熵的概念來描述信源的不確定度。

8.1.1 資訊熵與機率的計算關係

任何資訊都存在容錯，容錯大小與資訊中每個符號 (數字、字母或單字) 的出現機率或説不確定性有關。

資訊熵是指去掉容錯資訊後的平均資訊量。其值與資訊中每個符號的出現機率密切相關。

> **訊 提示**
>
> 香農編碼定理指出：熵是傳輸一個隨機變數狀態值所需的位元下界。該定理的主要依據就是資訊熵中沒有容錯資訊。

依據香農編碼定理，資訊熵還可以應用在資料壓縮方面。

一個信源發送出什麼符號是不確定的，確定這個符號可以根據其出現的機率來度量。哪個符號出現的機率大，其出現的機會多，不確定性小；反之不確定性就大，則資訊熵就越大。

1. 資訊熵的特點

假設資訊熵的函數是 I，計算機率的函數是 P，則資訊熵的特點可以有以下表示。

（1）I 是關於 P 的減函數。
（2）兩個獨立符號所產生的不確定性 (資訊熵) 應等於各自不確定性之和，用公式表示為 $I(P_1,P_2)=I(P_1)+I(P_2)$。

2. 自資訊的計算公式

資訊熵屬於一個抽象概念，其計算方法沒有固定公式。任何符合資訊熵特點的公式都可以被用作資訊熵的計算。

對數函數是一個符合資訊熵特性的函數。具體解釋如下：

（1）假設兩個獨立不相關事件 x 和 y 發生的機率為 $P(x, y)$，則 $P(x, y)=P(x)P(y)$。
（2）如果將對數公式引入資訊熵的計算，則 $I(x, y)=\log[(P(x, y)]=\log[(P(x)]+\log[P(y)]$。
（3）若 $I(x)=\log[P(x)]$, $I(y)=\log[P(y)]$, 則 $I(x, y)=I(x)+I(y)$ 正好符合資訊熵的可加性。
（4）為了滿足 I 是關於 P 的減函數的條件，在取對數前對 P 取倒數。

於是，引入對數函數的資訊熵：

$$I(p) = \log\left(\frac{1}{p}\right) = -\log(p) \tag{8-1}$$

式 (8-1) 中的 p 是機率函數 $P(x)$ 的計算結果，$I(x)$ 也被稱為隨機變數 x 的自資訊 (self-information)，描述的是隨機變數的某個事件發生所帶來的資訊量。$I(x)$ 函數的圖形如圖 8-1 所示。

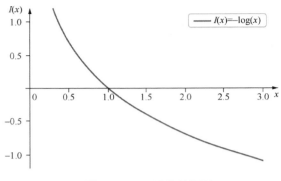

▲ 圖 8-1　I(x) 函數的圖形

3. 資訊熵的計算公式

在信源中，假如信源符號 U 可以有 n 種設定值：U_1, U_2, $\cdots$, U_n，對應機率函數為：P_1, P_2, $\cdots$, P_n，且各種符號的出現彼此獨立。則該信源所表達的資訊量可以透過 -log[$P(U)$] 求關於機率分佈 $P(U)$ 的對數得到。U 的資訊熵 $H(U)$ 便可以寫成：

$$H(U) = -\sum_{i=1}^{n} p_i \log(p_i) \tag{8-2}$$

目前，資訊熵大多都是透過式 (8-2) 進行計算的 (式中的 p_i 是機率函數 $P_i(U_i)$ 的計算結果，求和符號中的 i 代表從 1 到 n 之間的整數)。在實踐中對數一般以 2 為底，約定 0log0=0。

以一個最簡單的單符號二元信源為例說明式 (8-2)，該信源中的符號 U 僅可以設定值為 a 或 b。其中，取 a 的機率為 p，則取 b 的機率為 1-p。該信源的資訊熵可以記為 $H(U)=pI(p)+(1-p)I(1-p)$，所形成的曲線如圖 8-2 所示。

在圖 8-2 中，x 軸代表符號 U 設定值為 a 的機率值 p，y 軸代表符號 U 的資訊熵 H(U)。由圖 8-2 可以看出資訊熵有以下幾個特性。

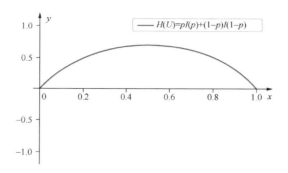

▲ 圖 8-2 二元信源的資訊熵曲線

（1）確定性：當符號 U 設定值為 a 的機率值 p=0 和 p=1 時，U 的值是確定的，沒有任何變化量，所以資訊熵為 0。

（2）極值性：當 p=0.5 時，U 的資訊熵達到了最大。

（3）對稱性：圖形在水平方向關於 p=0.5 對稱。

（4）非負性：即收到一個信源符號所獲得的資訊熵應為正值，$H(U) \geqslant 0$。

4. 連續資訊熵及其特性

在「3. 資訊熵的計算公式」中所介紹的公式適用於離散信源，即信源中的變數都是從離散資料中設定值。

在資訊理論中，還有一種連續信源，即信源中的變數是從連續資料中設定值。連續信源可以有無限個值，資訊量是無限大，對其求資訊熵已無意義。一般常會以其他的連續信源做參照，用相對熵的值進行度量。

8.1.2 聯合熵

聯合熵 (joint entropy) 可將一維隨機變數分佈推廣到多維隨機變數分佈。兩個變數 X 和 Y 的聯合資訊熵 $H(X, Y)$ 也可以由聯合機率函數 $P(x, y)$ 計算得來：

$$H(X,Y) = -\sum_{x \in X, y \in Y} P(x,y) \log P(x,y)$$

(8-3)

式 (8-3) 中的聯合機率函數 $P(x, y)$ 是指 x、y 同時滿足某一條件的機率，還可以記作 $P(xy)$ 或 $P(x \cap y)$。

8.1.3 條件熵

條件熵 (conditional entropy) 表示在已知隨機變數 X 的條件下，隨機變數 Y 的不確定性。條件熵 $H(Y|X)$ 可以由聯合機率函數 $P(x,y)$ 和條件機率函數 $P(y|x)$ 計算得來：

$$H(Y|X) = -\sum_{x \in X, y \in Y} P(x,y) \log P(y|x) \tag{8-4}$$

1. 條件機率及對應的計算公式

式 (8-4) 中的條件機率分佈函數 $P(y|x)$ 是指 y 基於 x 的條件機率，即在滿足 x 的條件下 y 出現的機率。它與聯合機率的關係為：

$$P(x,y) = P(y|x) P(x) \tag{8-5}$$

式 (8-5) 中的 $P(x)$ 是指 x 的邊際機率。整個公式可以描述為「x 和 y 的聯合機率」等於「y 基於 x 的條件機率」乘以「x 的邊際機率」。

2. 條件熵對應的計算公式

條件熵 $H(Y|X)$ 也可以由 X 和 Y 的聯合資訊熵計算而來，其計算公式與條件機率非常相似：

$$H(Y|X) = H(X,Y) - H(X) \tag{8-6}$$

式 (8-6) 可以描述為，條件熵 $H(Y|X)$ 等於聯合熵 $H(X,Y)$ 減去 X 單獨的熵 (即邊際熵)$H(X)$，其中描述 X 和 Y 所需的資訊是 X 的邊際熵，加上指定 X 條件下具體化 Y 所需的額外資訊。

8.1.4 交叉熵

交叉熵 (cross entropy) 在神經網路中常用於計算分類模型的損失。交叉熵表示的是實際輸出 (機率) 與期望輸出 (機率) 之間的距離。交叉熵越小，兩個機率越接近。其數學意義可以有以下解釋。

1. 交叉熵公式

假設樣本集的機率分佈函數為 $P(x)$，模型預測結果的機率分佈函數為 $Q(x)$，則真實樣本集的資訊熵為 (p 是函數 $P(x)$ 的值)：

$$H(p) = \sum_x P(x) \log \frac{1}{P(x)} \tag{8-7}$$

如果使用模型預測結果的機率分佈 $Q(x)$ 來表示資料集中樣本分類的資訊熵，那麼

式 (8-7) 可以寫為 (q 是函數 $Q(x)$ 的值)：

$$H_{\text{cross}}(p,q) = \sum_x P(x) \log \frac{1}{Q(x)} \tag{8-8}$$

式 (8-8) 為 $Q(x)$ 與 $P(x)$ 的交叉熵。因為分類的機率來自樣本集，所以式中的機率部分用 $Q(x)$ 來表示。

2. 了解交叉熵損失

在前面曾經介紹過交叉熵損失，如式 (8-9) 所示。

$$\text{Loss}_{\text{cross}} = -\frac{1}{n} \sum_x \left[x \log(a) + (1-x) \log(1-a) \right] \tag{8-9}$$

從交叉熵角度來考慮，交叉熵損失表示模型對正向樣本預測的交叉熵 (求和項中的第一項) 與對負向樣本預測的交叉熵 (求和項中的第二項) 之和。

> **📖 提示**
>
> 預測正向樣本的機率為 a，預測負向樣本的機率為 $1-a$。

8.1.5 相對熵 --KL 散度

相對熵 (relative entropy) 又被稱為 KL 散度 (Kullback-Leibler divergence) 或資訊散度 (information divergence)，用來度量兩個機率分佈 (probability distribution) 間的非對稱性差異。在資訊理論中，相對熵等於兩個機率分佈的資訊熵的差值。

1. 相對熵的公式

設 $P(x)$、$Q(x)$ 是離散隨機變數集合 X 中設定值 x 的兩個機率分佈函數，它們的結果分別為 p 和 q，則 p 對 q 的相對熵如下：

$$D_{KL}(p \parallel q) = \sum_{x \in X} P(x) \log \frac{P(x)}{Q(x)} = E_p \left[\log \frac{\mathrm{d}P(x)}{\mathrm{d}Q(x)} \right] \tag{8-10}$$

由式 (8-10) 可知，當 $P(x)$ 與 $Q(x)$ 兩個機率分佈函數相同時，相對熵為 0(因為 log1=0)，並且相對熵具有不對稱性。

> **📖 提示**
>
> 式 (8-10) 中的符號 "E_p" 代表期望。期望是指每次可能結果的機率乘以結果的總和。

2. 相對熵與交叉熵之間的關係

將式 (8-10) 中的對數部分展開，可以看到相對熵與交叉熵之間的關係：

$$D_{\mathrm{KL}}\left(p\|q\right)=\sum_{x\in X}\,P(x)\log P(x)+\sum_{x\in X}\,P(x)\log\frac{1}{Q(x)}$$

$$=-H(p)+H_{\mathrm{cross}}(p,q) \tag{8-11}$$

$$=H_{\mathrm{cross}}(p,q)-H(p)$$

由式 (8-11) 可以看出，p 與 q 的相對熵是由二者的交叉熵去掉 p 的邊際熵而得來的。在神經網路中，由於訓練資料集是固定的，即 p 的熵一定，因此最小化交叉熵便等於最小化預測結果與真實分佈之間的相對熵 (模型的輸出分佈與真實分佈的相對熵越小，表明模型對真實樣本擬合效果越好)。這也是要用交叉熵作為損失函數的原因。

用一句話可以更直觀地概括二者的關係：相對熵是交叉熵中去掉熵的部分。

8.1.6 JS 散度

KL 散度可以表示兩個機率分佈的差異，但它並不是對稱的。在使用 KL 散度訓練神經網路時，會有因順序不同而造成訓練結果不同的情況。

1. JS 散度的公式

JS 散度 (Jensen-Shannon divergence) 在 KL 散度的基礎上進行了一次變換，使兩個機率分佈 (p、q) 間的差異度量具有對稱性：

$$D_{\mathrm{JS}}=\frac{1}{2}D_{\mathrm{KL}}\left(q\left\|\frac{q+p}{2}\right.\right)+\frac{1}{2}D_{\mathrm{KL}}\left(p\left\|\frac{q+p}{2}\right.\right) \tag{8-12}$$

2. JS 散度的特性

與 KL 散度相比，JS 散度更適合在神經網路中應用。它具有以下特性。

（1）對稱性：可以衡量兩種不同分佈之間的差異。

（2）大於或等於 0：當兩個分佈完全重疊時，其 JS 散度達到最小值 0。

（3）有上界：當兩個分佈差異越來越大時，其 JS 散度的值會逐漸增大。
　　當兩個分佈的 JS 散度足夠大時，其值會收斂到一個固定值，而 KL
　　散度是沒有上界的。在相互資訊的最大化任務中，常使用 JS 散度來
　　代替 KL 散度。

8.1.7 相互資訊

相互資訊 (Mutual Information，MI) 是衡量隨機變數之間相互依賴程度的
度量，用於度量兩個變數間的共用資訊量。可以將其看成一個隨機變數
中包含的關於另一個隨機變數的資訊量，或說是一個隨機變數由於已知
另一個隨機變數而減少的不確定性。舉例來說，到中午的時候，去吃飯
的不確定性，與在任意時間去吃飯的不確定性之差。

1. 相互資訊公式

設有兩個變數集合 X 和 Y，它們中的個體分別為 x、y，它們的聯合機率
分佈函數為 $P(x,y)$，邊際機率分佈函數分別是 $P(x)$、$P(y)$。相互資訊是指
聯合機率分佈函數 $P(x,y)$ 與邊際機率分佈函數 $P(x)$、$P(y)$ 的相對熵，見
式 (8-13)。

$$I(X;Y) = \sum_{x \in X,\, y \in Y} P(x,y) \log \frac{P(x,y)}{P(x)P(y)} \tag{8-13}$$

2. 相互資訊的特性

相互資訊具有以下特性。

（1）對稱性：由於相互資訊屬於兩個變數間的共用資訊，因此 $I(X; Y)=I(Y; X)$。

（2）獨立變數間相互資訊為 0：如果兩個變數獨立，那麼它們之間沒有任
　　何共用資訊，此時的相互資訊為 0。

（3）非負性：共用資訊不是有，就是沒有。相互資訊量不會出現負值。

3. 相互資訊與條件熵之間的換算

由條件熵的式 (8-6) 得知 (見 8.1.3 節)，聯合熵 $H(X,Y)$ 可以由條件熵 $H(Y|X)$ 與 X 的邊際熵 $H(X)$ 相加而成：

$$H(X,Y)=H(Y|X)+H(X)=H(X|Y)+H(Y) \tag{8-14}$$

將式 (8-14) 中等號兩邊的函數交換位置，可以得到相互資訊的公式：

$$I(X;Y)=H(X)-H(X|Y)=H(Y)-H(Y|X) \tag{8-15}$$

式 (8-15) 與式 (8-13) 是等值的 (這裡省略了證明等值的推導過程，讀者可查相關資料學習)。

4. 相互資訊與聯合熵之間的換算

將式 (8-15) 中的相互資訊公式進一步展開，可以得到相互資訊與聯合熵之間的關係：

$$\begin{aligned} I(X;Y) &= H(X)+H(Y)-H(X,Y) \\ &= 2H(X,Y)-H(X|Y)-H(Y|X) \end{aligned} \tag{8-16}$$

5. 相互資訊的應用

相互資訊已被用作機器學習中的特徵選擇和特徵變換的標準。它可表示變數的相關性和容錯性，舉例來說，最小容錯特徵選擇。它可以確定資料集中兩個不同聚類的相似性。

在時間序列分析中，它還可以用於相位同步的檢測。

在對抗神經網路 (如 DIM 模型) 及圖神經網路 (如 DGI 模型) 中，使用相互資訊來作為無監督方式提取特徵的方法。

8.2 通用的無監督模型 -- 自編碼神經網路與對抗神經網路

在監督訓練中，模型能根據預測結果與標籤差值來計算損失，並向損失最小的方向進行收斂。在無監督訓練中，無法透過樣本標籤為模型權重指定收斂方向，這就要求模型必須有自我監督的功能。

比較典型的兩個神經網路是自編碼神經網路和對抗神經網路，其中自編碼神經網路將輸入資料當作標籤來指定收斂方向，而對抗神經網路一般會使用兩個或多個子模型同時進行訓練，利用多個模型之間的關係來達到互相監督的效果。

8.3 自編碼神經網路

自編碼 (Auto-Encoder，AE) 是一種以重構輸入訊號為目標的神經網路。它是無監督學習領域中的一種，可以自動從無標注的資料中學習特徵。

8.3.1 自編碼神經網路的結構

自編碼由 3 個神經網路層組成：輸入層、隱藏層和輸出層。其中，輸入層的樣本也會去充當輸出層的標籤角色，即這個神經網路就是一個盡可能複現輸入訊號的神經網路。具體的網路結構如圖 8-3 所示。

▲ 圖 8-3　自編碼神經網路的結構

在圖 8-3 中，高維特徵樣本從輸入層到低維特徵的過程稱為編碼，實現這部分功能的神經網路稱為編碼器；從低維特徵到高維特徵樣本的過程稱為解碼，實現這部分功能的神經網路稱為解碼器。

8.3.2 自編碼神經網路的計算過程

自編碼神經網路本質上是一種輸出和輸入相等的模型。簡單的自編碼神經網路結構可以用一個 3 層的全連接神經網路表示，如圖 8-4 所示。

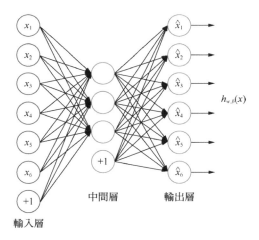

▲ 圖 8-4　簡單的自編碼神經網路

在圖 8-4 中，輸入層與輸出層的維度相同，中間層是編碼器的輸出結果，輸出層也可以了解成解碼器的輸出結果。編碼器負責將輸入的原始資料編碼至中間的低維資料，解碼器負責將低維資料解碼回原始輸入，二者實現了一個加密與解密的過程。

在訓練過程中，用原始的輸入資料與重構的解碼資料一起執行 MSE 計算，將該計算結果作為損失值來指導模型的收斂方向。

自編碼神經網路要求輸出盡可能等於輸入，並且它的隱藏層必須滿足一定的稀疏性，透過將隱藏層中後一層比前一層神經元數量少的方式來實現稀疏效果。這相當於隱藏層對輸入進行了壓縮，並在輸出層中解壓縮。整個過程肯定會遺失資訊，但訓練能夠使遺失的資訊儘量少，最大化地保留其主要特徵。

8.3.3　自編碼神經網路的作用與意義

輸入的資料在網路模型中會經過一系列特徵變換，在輸出時還會與輸入時一樣。雖然這種模型對單一樣本沒有意義，但對整體樣本集卻很有價值。它可以極佳地學習到該資料集中樣本的分佈情況，既能對資料集進行特徵壓縮，實現提取資料主成分的功能，又能與資料集的特徵相擬合，實現生成模擬資料的功能。

經過變換過程的中間狀態可以輸出比原始資料更好的特徵描述，這使得自編碼有較強的特徵學習能力，因此常利用其中間狀態的處理結果來進行 AI 任務的擬合。

1. 自編碼與 PCA 演算法

在無監督學習中，常見形式是訓練一個編碼器將原始資料集編碼為一個固定長度的向量，這個向量要保留原始資料的 (盡可能多的) 重要資訊。具有類似這種功能的演算法如 PCA 演算法 (主成分分析演算法)，它能找到可以代表原資訊的主要成分。

自編碼神經網路中的編碼器部分具有與 PCA 演算法同樣的功能。它透過訓練所形成的自動編碼器可以捕捉代表輸入資料的最重要因素，找到可以代表原資訊的主要成分。(如果自編碼中的啟動函數使用了線性函數，就是 PCA 模型了。)

2. 自編碼與深度學習

編碼器的概念在深度學習模型中應用非常廣泛，舉例來説，物件偵測、語義分割中的骨幹網模型，可以視為一個編碼器模型。在分類任務中，輸出層之前的網路結構可以視為一個獨立的編碼器模型。

3. 自編碼神經網路的種類

在基本的自編碼之上，又衍生出了一些性能更好的自編碼神經網路，例如變分自編碼神經網路、條件變分自編碼神經網路等。它們的輸入和輸出不再單純地著眼於單一樣本，而是針對整個樣本的分佈進行自編碼擬合，具有更好的泛化能力。

8.3.4 變分自編碼神經網路

變分自編碼神經網路學習的不再是樣本的個體，而是樣本的規律。這樣訓練出來的自編碼神經網路不但具有重構樣本的功能，而且具有仿照樣本的功能。

這麼強大的功能，到底是怎麼做到的呢？

變分自編碼神經網路，其實就是在開發過程中改變了樣本的分佈 (「變分」可以視為改變分佈)。前文中所説的「學習樣本的規律」，具體指的就是樣本的分佈。假設我們知道樣本的分佈函數，就可以從這個函數中隨便取出一個樣本，然後進行網路解碼層前向傳導，生成一個新的樣本。

為了得到這個樣本的分佈函數，模型的訓練目的將不再是樣本本身，而是透過增加一個約束項將編碼器生成為服從高斯分佈的資料集，然後按照高斯分佈的平均值和方差規則任意取相關的資料，並將該資料登錄解碼器還原成樣本。

8.3.5 條件變分自編碼神經網路

變分自編碼神經網路存在一個問題：它雖然可以生成一個樣本，但是只能輸出與輸入圖片相同類別的樣本。確切地説，我們並不知道生成的樣本屬於哪個類別。

1. 條件變分自編碼神經網路的作用

條件變分自編碼神經網路在變分自編碼神經網路的基礎上進行了最佳化，可以讓模型按照指定的類別生成樣本。

2. 條件變分自編碼神經網路的實現

條件變分自編碼神經網路在變分自編碼神經網路的基礎上只進行了一處改動：在訓練、測試時，加入一個標籤向量 (one-hot 類型)。

3. 條件變分自編碼神經網路的原理

可以將這種方式了解為給變分自編碼神經網路加了一個條件，讓網路學習圖片分佈時加入了標籤因素，這樣可以按照標籤的數值來生成指定的圖片。

8.4 實例 19：用變分自編碼神經網路模型生成模擬資料

許多文獻願意用一些晦澀難懂的公式來介紹變分自編碼神經網路，其實變分自編碼裡面真正的公式只有一個 --KL 散度 (見 8.1.5 節) 的計算。如果讀者掌握了 8.1 節的知識，那麼了解本例中的公式將不再困難。本例展示的是如何完成一個變分自編碼神經網路模型。

使用變分自編碼神經網路模型模擬 Fashion-MNIST 資料集的生成。

8.4.1 變分自編碼神經網路模型的結構介紹

本例中的變分自編碼神經網路模型由 3 部分組成，具體如下。

（1）編碼器：由兩層全連接神經網路組成，第一層有 784 個維度的輸入和 256 個維度的輸出；第二層並列連接了兩個全連接神經網路，每個網路都有兩個維度的輸出，輸出的結果分別代表資料分佈的平均值 (mean) 與方差。

（2）取樣器：根據編碼器輸出的平均值與方差算出資料分佈，並從該分佈空間中取樣得到資料特徵 z，並將 z 輸入到以一個兩節點為開始的解碼器部分。

（3）解碼器：由兩層全連接神經網路組成，第一層有兩個維度的輸入和 256 個維度的輸出；第二層有 256 個維度的輸入和 784 個維度的輸出。

完整的變分自編碼神經網路模型結構如圖 8-5 所示。

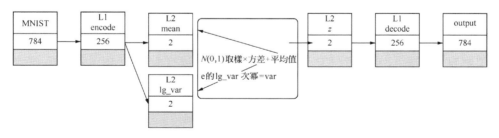

▲ 圖 8-5　變分自編碼神經網路模型結構

圖 8-5 中間的圓角方框是取樣器部分。取樣器的左右兩側分別是編碼器和解碼器。

圖 8-5 中的方差節點 (lg_var) 是進行了對數計算之後的方差值。整個取樣器的工作步驟如下。

（1）用 lg_var.exp() 方法算出真正的方差值。

（2）用方差值的 sqrt() 方法執行開平方運算得到標準差。

（3）在符合標準正態分佈的空間裡隨意取樣，得到一個具體的數。

（4）將該數乘以標準差，再加上平均值，得到符合編碼器輸出的資料分佈 (平均值為 mean、方差為 sigma) 集合中的點 (sigma 是指網路生成的 lg_var 經過變換後的值)。

經過取樣器之後所合成的點可以輸入解碼器進行模擬樣本的生成。

> **注意**：在神經網路中，可以為模型的輸出值指定任意一個意義，並透過訓練得到對應的關係。具體做法是：將代表該意義的值代入對應的公式 (要求該公式必須能夠支持反向傳播)，計算公式的輸出值與目標值的誤差，並將誤差放到最佳化器裡，然後透過多次迭代的方式進行訓練。

8.4.2 程式實現：引入模組並載入樣本

本例除需要用到 torch 的相關函數庫以外，還需要使用 SciPy 函數庫，因為在模型視覺化時會用到該函數庫的 norm 介面從標準高斯分佈中設定值。

定義基礎函數，並載入 Fashion-MNIST 的訓練測試資料集，具體程式如下。

程式檔案：code_20_Variational_AutoEncoder.py

```
02  import torch
03  import torchvision
04  from torch import nn
05  import torch.nn.functional as F
```

```
06  from torch.utils.data import DataLoader
07  from torchvision import transforms
08  import numpy as np
09  from scipy.stats import norm
10  import matplotlib.pyplot as plt
11  # 定義樣本前置處理介面
12  img_transform = transforms.Compose([  transforms.ToTensor()  ])
13
14  def to_img(x):                # 定義函數將張量轉換成圖片
15      x = 0.5 * (x + 1)
16      x = x.clamp(0, 1)
17      x = x.reshape(x.size(0), 1, 28, 28)
18      return x
19
20  def imshow(img):              # 定義函數顯示圖片
21      npimg = img.numpy()
22      plt.axis('off')
23      plt.imshow(np.transpose(npimg, (1, 2, 0)))
24      plt.show()
25
26  data_dir = './fashion_mnist/'  # 載入 Fashion-MNIST 資料集
27  train_dataset = torchvision.datasets.FashionMNIST(data_dir, train=True,
28                  transform=img_transform,download=True)
29  # 獲取訓練資料集
30  train_loader = DataLoader(train_dataset,batch_size=128, shuffle=True)
31  # 獲取測試資料集
32  val_dataset = torchvision.datasets.FashionMNIST(data_dir, train=False,
33                  transform=img_transform)
34  test_loader = DataLoader(val_dataset, batch_size=10, shuffle=False)
35
36  # 指定裝置
37  device = torch.device("cuda:0"if torch.cuda.is_available() else "cpu")
38  print(device)
```

Fashion-MNIST 資料集及 DataLoader() 的用法在第 6 章已有詳細介紹，這裡不再重複介紹。

8.4.3 程式實現：定義變分自編碼神經網路模型的正向結構

按照 8.4.1 節的描述定義 VAE 類別，實現變分自編碼神經網路模型的正向結構。該結構與圖 8-5 所示的網路模型結構一致。另外，該類別還實現了 4 個主要的類別方法，具體如下。

（1）編碼器方法 encode()：用兩層全連接網路將輸入的圖片進行壓縮。對第二層中兩個神經網路的輸出結果指定特殊的意義，讓它們代表平均值 (mean) 和取對數 (log) 後的方差 (lg_var)。

（2）取樣器方法 reparametrize()：對 lg_var 進行還原，並從高斯分佈中取樣，將采樣值映射到編碼器輸出的資料分佈中。

（3）解碼器方法 decode()：輸入映射後的取樣值，用兩層神經網路還原出原始圖片。

（4）正向傳播方法 forward()：將編碼器、取樣器、解碼器串聯起來，根據輸入的原始圖生成模擬圖片。

具體程式如下。

程式檔案：code_20_Variational_AutoEncoder.py(續1)

```
39  class VAE(nn.Module):
40      def __init__(self,hidden_1=256,hidden_2=256,
41                  in_decode_dim=2,hidden_3=256):
42          super(VAE, self).__init__()
43          self.fc1 = nn.Linear(784, hidden_1)
44          self.fc21 = nn.Linear(hidden_2, 2)
45          self.fc22 = nn.Linear(hidden_2, 2)
46          self.fc3 = nn.Linear(in_decode_dim, hidden_3)
```

```
47          self.fc4 = nn.Linear(hidden_3, 784)
48
49      def encode(self, x):
50          h1 = F.relu(self.fc1(x))
51          return self.fc21(h1), self.fc22(h1)
52
53      def reparametrize(self, mean, lg_var):
54          std = lg_var.exp().sqrt()
55          eps = torch.FloatTensor(std.size()).normal_().to(device)
56          return eps.mul(std).add_(mean)
57
58      def decode(self, z):
59          h3 = F.relu(self.fc3(z))
60          return self.fc4(h3)
61
62      def forward(self, x,*arg):
63          mean, lg_var = self.encode(x)
64          z = self.reparametrize(mean, lg_var)
65          return self.decode(z), mean, lg_var
```

上述程式的第 55 行使用了隨機值張量的 normal_() 方法，完成高斯空間的取樣過程。

> **提示**
>
> 程式第 55 行 torch.FloatTensor(std.size()) 的作用是，生成一個與 std 形狀一樣的張量。然後，呼叫該張量的 normal_() 方法，系統會對該張量中的每個元素在標準高斯空間 (平均值為 0、方差為 1) 中進行取樣。
>
> 在 torch.FloatTensor() 函數中，傳入 Tensor 的 size 類型，返回的是一個同樣為 size 的張量。假如 std 的 size 為 [batch,dim]，則返回形狀為 [batch,dim] 的未初始化張量，等於 torch.FloatTensor(batch,dim)，但不等於 torch.FloatTensor([batch,dim])，這是值得注意的地方。

8.4.4 變分自編碼神經網路模型的反向傳播與 KL 散度的應用

8.4.1 節所描述的變分自編碼神經網路模型是在一個假設背景下完成的，即假設編碼器輸出的資料分佈屬於高斯分佈。

只有在編碼器能夠輸出符合高斯分佈資料集的前提下，才可以將一個符合標準高斯分佈中的點 x 透過 mean+sigma×x 的方式進行轉化 (mean 表示平均值、sigma 表示標準差)，完成在解碼器輸出空間中的取樣功能。

1. 變分自編碼神經網路的損失函數

變分自編碼神經網路的損失函數不但需要計算輸出結果與輸入之間的個體差異，而且需要計算輸出分佈與高斯分佈之間的差異。

輸出與輸入之間的損失函數可以使用 MSE 演算法來計算，輸出分佈與標準高斯分佈之間的損失函數可以使用 KL 散度距離進行計算。

2. KL 散度的應用

在 8.1.5 節介紹過，KL 散度是相對熵的意思。KL 散度在本例中的應用可以視為在模型的訓練過程中令輸出的資料分佈與標準高斯分佈之間的差距不斷縮小。將高斯分佈的密度函數代入式 (8-10) 中，可以得到 (推導部分不是本書的重點，這裡略過)：

$$D_{\mathrm{KL}}\left(N\left(\mu,\sigma^2\right)\middle\|(0,1)\right)=\frac{1}{2}\left(-\log\sigma^2+\mu^2+\sigma^2-1\right) \tag{8-17}$$

式 (8-17) 為輸出分佈與標準高斯分佈之間的 KL 散度距離。它與 MSE 演算法一起組成變分自編碼神經網路的損失函數。

8.4.5 程式實現：完成損失函數和訓練函數

按照 8.4.4 節的公式描述，完成損失函數，並定義訓練函數以用於訓練模型。具體程式如下。

```
程式檔案：code_20_Variational_AutoEncoder.py(續2)
66  reconstruction_function = nn.MSELoss(size_average=False)
67
68  def loss_function(recon_x, x, mean, lg_var):       # 損失函數
69      MSEloss = reconstruction_function(recon_x, x)   # MSE 損失
70      KLD = -0.5 * torch.sum(1 + lg_var - mean.pow(2) - lg_var.exp())
71      return 0.5*MSEloss + KLD
72  def train(model,num_epochs = 50):                   # 訓練函數
73      optimizer = torch.optim.Adam(model.parameters(), lr=1e-3)
74
75      display_step = 5
76      for epoch in range(num_epochs):
77          model.train()
78          train_loss = 0
79          for batch_idx, data in enumerate(train_loader):
80              img, label = data
81              img = img.view(img.size(0), -1).to(device)
82              y_one_hot = torch.zeros(label.shape[0],10).scatter_(1,
83                          label.view(label.shape[0],1),1).to(device)
84
85              optimizer.zero_grad()
86              recon_batch, mean, lg_var = model(img,y_one_hot)
87              loss = loss_function(recon_batch, img, mean, lg_var)
88              loss.backward()
89              train_loss += loss.data
90              optimizer.step()
91          if epoch % display_step == 0:
92              print("Epoch:", '%04d'% (epoch + 1),
93                  "cost=", "{:.9f}".format(loss.data))
```

```
94
95        print("完成！cost=",loss.data)
```

上述程式第 68 行中的 loss_function() 函數實現了損失函數的定義。在該函數中，將 MSE 的重建損失縮小了一半，再與 KL 散度損失相加。這樣做的目的是讓輸出的模擬樣本可以有更靈活的變化空間。

上述程式的第 72 行實現了訓練函數 train()。它的邏輯比較簡單，這裡不再詳述。

8.4.6 程式實現：訓練模型並輸出視覺化結果

實例化模型物件，迭代訓練 50 次，並視覺化訓練結果。具體程式如下。

程式檔案：code_20_Variational_AutoEncoder.py(續3)

```
96  if __name__ == '__main__':
97
98      model = VAE().to(device)        # 實例化模型
99      train(model,50)                 # 訓練模型
100
101     # 視覺化結果
102     sample = iter(test_loader)
103     images, labels = sample.next()
104     images2 = images.view(images.size(0), -1)
105     with torch.no_grad():
106         pred, mean, lg_var = model(images2.to(device))
107     pred =to_img( pred.cpu().detach())
108     rel = torch.cat([images,pred],axis = 0)
109     imshow(torchvision.utils.make_grid(rel,nrow=10))
```

上述程式執行後，最終程式的輸出結果如下，視覺化結果如圖 8-6 所示。

```
Epoch: 0001 cost= 1706.270507812
Epoch: 0006 cost= 1606.001220703
Epoch: 0011 cost= 1588.256835938
Epoch: 0016 cost= 1461.343261719
Epoch: 0021 cost= 1550.082763672
Epoch: 0026 cost= 1628.778198242
Epoch: 0031 cost= 1680.551635742
Epoch: 0036 cost= 1566.135009766
Epoch: 0041 cost= 1565.280761719
Epoch: 0046 cost= 1634.682861328
完成！cost= tensor(1420.2566)
Result: 156414.0
```

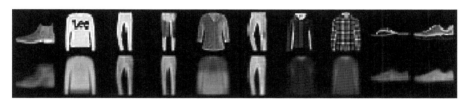

▲ 圖 8-6　變分自編碼神經網路結果

在圖 8-6 中，第 1 行是原始的樣本圖片，第 2 行是使用變分自編碼重建後生成的圖片。可以看到，生成的樣本並不會與原始的輸入樣本完全一致。這表明模型不是一味地學習樣本個體，而是透過資料分佈的方式學習樣本的分佈規則。

8.4.7　程式實現：提取樣本的低維特徵並進行視覺化

自編碼除可以模擬生成樣本資料以外，還可以對原始資料的維度進行壓縮。

撰寫程式，利用解碼器輸出的平均值和方差從解碼器輸出的分佈空間中取樣，並將其映射到直角座標系中展現出來，具體程式如下。

程式檔案：code_20_Variational_AutoEncoder.py(續4)

```
110  test_loader = DataLoader(val_dataset, batch_size=len(val_dataset),
111                           shuffle=False) # 獲取全部測試資料
112  sample = iter(test_loader)
113  images, labels = sample.next()
114  with torch.no_grad():
115      mean, lg_var = model.encode(images.view(images.size(0),
116                                  -1).to(device))
117      z = model.reparametrize(mean, lg_var)  # 在輸出樣本空間中取樣
118  z =z.cpu().detach().numpy()
119  plt.figure(figsize=(6, 6))
120  plt.scatter(z[:, 0], z[:, 1], c=labels) # 在座標系中顯示
121  plt.colorbar()
122  plt.show()
```

上述程式的第 110 行～第 113 行讀取了所有的測試資料。

上述程式的第 114 行～第 118 行將資料登錄模型以獲得低維特徵。

上述程式的第 119 行～第 122 行將低維特徵顯示出來。

上述程式執行後，輸出結果如圖 8-7 所示。

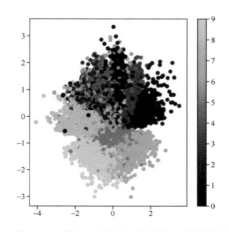

▲ 圖 8-7　變分自編碼神經網路二維視覺化

從圖 8-7 中可以看出，資料集中同一類樣本的特徵分佈還是比較集中的。
這說明變分自編碼神經網路具有降維功能，也可以用於進行分類任務的
資料降維前置處理。

8.4.8 程式實現：視覺化模型的輸出空間

為了進一步證實模型學到的資料分佈的情況，我們這次在高斯分佈中抽
樣出一些點，將其映射到編碼部分所輸出的資料分佈，然後透過解碼部
分來看看效果，具體程式如下。

> **注意**：程式中的 norm.ppf() 函數的作用是使用百分比從按照大小排列後
> 的標準高斯分佈中設定值。np.linspace(0.05,0.95,n) 的作用是將整個高斯
> 分佈資料集從大到小排列，並將其分成 100 份，再將第 5 份到第 95 份之
> 間的資料取出。最後，將取出的資料分成 n 份，返回每一份最後一個資料
> 的具體數值。
>
> norm 代表標準高斯分佈，ppf 代表累積分佈函數的反函數。累積分佈
> 的意思是，在一個集合裡所有小於指定值出現的機率的和。舉例，$x =$
> ppf(0.05) 就代表每個小於 x 的數在集合裡出現的機率的總和等於 0.05。

程式檔案：code_20_Variational_AutoEncoder.py(續5)

```
123  n = 15   # 生成 15 個圖片
124  digit_size = 28
125  figure = np.zeros((digit_size * n, digit_size * n))
126  grid_x = norm.ppf(np.linspace(0.05, 0.95, n))
127  grid_y = norm.ppf(np.linspace(0.05, 0.95, n))
128
129  for i, yi in enumerate(grid_x):
130      for j, xi in enumerate(grid_y):
131
132          z_sample= torch.FloatTensor([[xi,
```

```
133                         yi]]).reshape([1,2]).to(device)
134         x_decoded = model.decode(z_sample).cpu().detach().numpy()
135
136         digit = x_decoded[0].reshape(digit_size, digit_size)
137         figure[i * digit_size: (i + 1) * digit_size,
138             j * digit_size: (j + 1) * digit_size] = digit
139
140     plt.figure(figsize=(10, 10))
141     plt.imshow(figure, cmap='Greys_r')
142     plt.show()
```

執行以上程式生成如圖 8-8 所示的圖片。

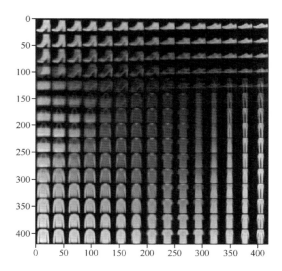

▲ 圖 8-8　變分自編碼神經網路生成模擬資料

從圖 8-8 中可以清楚地看到鞋子、手提包和服裝商品之間的過渡。變分自編碼神經網路生成的分佈樣本很有規律性，左下方偏重的圖型較寬和較高，右上方偏重的圖型較寬和較矮，左上方偏重的圖型下方較寬、上方較窄，右下方偏重的圖型較窄和較高。

8.5 實例 20：用條件變分自編碼神經網路生成可控模擬資料

8.4 節中介紹的變分自編碼神經網路內容是為本節將要介紹的條件變分自編碼神經網路進行鋪陳的，在實際應用中，條件變分自編碼神經網路的應用會更為廣泛一些，因為它使得模型輸出的模擬資料可控，即可以指定模型輸出鞋子或上衣。

> **實例描述**
>
> 架設條件變分自編碼神經網路模型，實現向模型輸入標籤，並使其生成與標籤類別對應的模擬資料的功能。

本例將在 8.4 節的基礎上稍加改動，實現一個實用性更強的模型。

8.5.1 條件變分自編碼神經網路的實現

條件變分自編碼神經網路在變分自編碼神經網路基礎之上，增加了指導性條件。在開發階段的輸入端增加了與標籤對應的特徵，在解碼階段同樣再次輸入標籤特徵。

這樣，最終得到的模型將把輸入的標籤特徵當成原始資料的一部分，實現透過標籤來生成可控模擬資料的效果。

在輸入端增加標籤時，一般是透過一個全連接層的變換將得到的結果連接到原始輸入，在解碼階段也將標籤作為樣本輸入，與高斯分佈的隨機值一併運算，生成模擬樣本。其結構如圖 8-9 所示。

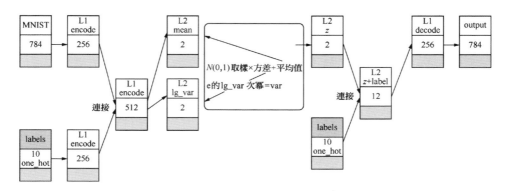

▲ 圖 8-9　條件變分自編碼神經網路結構

8.5.2　程式實現：定義條件變分自編碼神經網路模型的正向結構

引入 "code_20_Variational_AutoEncoder.py" 程式中的部分物件。

按照 8.5.1 節的描述，定義 CondVAE 類別，使其繼承自 VAE 類別，實現條件變分自編碼神經網路模型的正向結構。該結構與圖 8-9 所示的網路模型結構一致，具體程式如下。

```
程式檔案：code_21_CondVariational_AutoEncoder.py
01  import torch
02  import torchvision
03  from torch import nn
04  import torch.nn.functional as F
05  import matplotlib.pyplot as plt
06  # 引入本地程式庫
07  from code_20_Variational_AutoEncoder import (VAE,
08                          train,device,test_loader,to_img,imshow)
09
10  class CondVAE(VAE):
11      def __init__(self,hidden_1=256,hidden_2=512,
12                  in_decode_dim=2+10,hidden_3=256):
```

```
13          super(CondVAE, self).__init__(hidden_1,hidden_2,
            in_decode_dim,hidden_3)
14          self.labfc1 = nn.Linear(10, hidden_1)
15
16      def encode(self, x,lab):
17          h1 = F.relu(self.fc1(x))
18          lab1=F.relu(self.labfc1(lab))
19          h1 =torch.cat([h1,lab1],axis=1)
20          return self.fc21(h1), self.fc22(h1)
21
22      def decode(self, z,lab):
23          h3 = F.relu(self.fc3(torch.cat([z,lab],axis=1)))
24          return self.fc4(h3)
25
26      def forward(self, x,lab):
27          mean, lg_var = self.encode(x,lab)
28          z = self.reparametrize(mean, lg_var)
29          return self.decode(z,lab), mean, lg_var
```

8.5.3 程式實現：訓練模型並輸出視覺化結果

實例化模型物件，使用 "code_20_Variational_AutoEncoder.py" 程式中的 train() 函數，迭代訓練 50 次，並視覺化訓練結果。具體程式如下。

程式檔案：code_21_CondVariational_AutoEncoder.py(續1)

```
30  if __name__ == '__main__':
31      model = CondVAE().to(device)            # 實例化模型
32      train(model,50)                         # 訓練模型
33
34      sample = iter(test_loader)              # 取出 10 個樣本，用於測試
35      images, labels = sample.next()
36
37      y_one_hots = torch.zeros(labels.shape[0], # 將標籤轉為 one_hot 編碼
38                  10).scatter_(1,labels.view(labels.shape[0],1),1)
```

```
39       # 將標籤輸入模型，生成模擬資料
40       images2 = images.view(images.size(0), -1)
41       with torch.no_grad():
42           pred, mean, lg_var = model(images2.to(device),
43                              y_one_hots.to(device))
44       pred = to_img(pred.cpu().detach())    # 將生成的模擬資料轉化為圖片
45       print(" 標籤值：",labels)              # 輸出標籤
46       # 輸出視覺化結果
47       z_sample = torch.randn(10,2).to(device)
48       x_decoded = model.decode(z_sample,y_one_hots.to(device))
49       rel = torch.cat([images,pred,to_img(x_decoded.cpu().detach())],
         axis = 0)
50       imshow(torchvision.utils.make_grid(rel,nrow=10))
51       plt.show()
```

上述程式執行後，會輸出模型的訓練過程，這裡不再詳述。

在模型訓練之後，便是最有意思的部分了：將指定的 one_hot 標籤輸入模型，便可得到該類對應的模擬資料。

上述程式的第 37 行和第 38 行取了 10 個測試樣本資料與標籤。上述程式的第 48 行將這 10 個標籤與隨機的高斯分佈取樣值 z_sample 一起輸入模型，得到與標籤對應的模擬資料，如圖 8-10 所示。

```
標籤值：tensor([9, 2, 1, 1, 6, 1, 4, 6, 5, 7])
```

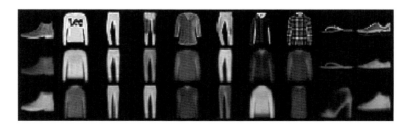

▲ 圖 8-10　根據標籤生成模擬資料

圖 8-10 中一共有 3 行圖片,第 1 行是原始圖片,第 2 行是將原始圖片輸入模型後所得到的模擬圖片,第 3 行是將原始標籤輸入模型後生成的模擬圖片。

比較第 2 行和第 3 行圖片可以看出,使用原始圖片生成的模擬圖片還會帶有一些原來的樣子,而使用標籤生成的模擬圖片已經學會了資料的分佈規則,並能生成截然不同卻帶有相同意義的資料。

8.6 對抗神經網路

對抗神經網路 (即生成式對抗網路;Generative Adversarial Network,GAN) 一般由兩個模型組成。

- 生成器模型 (generator):用於合成與真實樣本相差無幾的模擬樣本。
- 判別器模型 (discriminator):用於判斷某個樣本是來自真實世界還是模擬生成的。

生成器模型的目的是,讓判別器模型將合成樣本當成真實樣本;判別器模型的目的是,將合成樣本與真實樣本區分開。二者之間存在矛盾。若將兩個模型放在一起同步訓練,那麼生成器模型生成的模擬樣本會更加真實,判別器模型對樣本的判斷會更加精準。生成器模型可以當成生成式模型,用來獨立處理生成式任務;判別器模型可以當成分類器模型,用來獨立處理分類任務。

8.6.1 對抗神經網路的工作過程

在對抗神經網路中,生成器模型和判別器模型各自的分工如下。

- 生成器模型的輸入是一個隨機編碼向量，輸出是一個複雜樣本（如圖片）。該模型主要是從訓練資料中產生相同分佈的樣本。對於輸入樣本 x、類別標籤 y，在生成器模型中估計其聯合機率分佈，即生成與輸入樣本 x 更為相似的樣本。

- 判別器模型的作用是估計樣本屬於某類的條件機率分佈，即區分真假樣本。它的輸入是一個複雜樣本，輸出是一個機率。這個機率用來判定輸入樣本是真實樣本還是生成器輸出的模擬樣本。

生成器模型與判別器模型都採用監督學習方式進行訓練。二者的訓練目標相反，存在對抗關係。將二者結合後，所形成的網路結構如圖 8-11 所示。

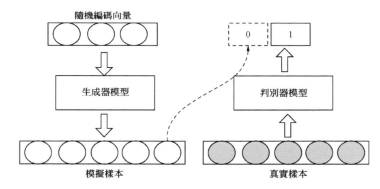

▲ 圖 8-11　對抗神經網路結構

對抗神經網路的訓練方法各種各樣，根據網路結構的不同，存在不同的訓練方法。無論什麼方法，原理都是一樣的，即在迭代訓練的最佳化過程中進行兩個網路的最佳化。有的方法會在一個最佳化步驟中對兩個網路進行最佳化，有的會對兩個網路採取不同的最佳化步驟。

經過大量的迭代訓練會使生成器模型盡可能模擬出「以假亂真」的樣本，而判別器模型會有更精確的鑑別真偽資料的能力，從而使整個對抗神經網路最終達到所謂的納什均衡，即判別器模型對於生成器模型輸出資料的鑑別結果為 50% 真、50% 假。

8.6.2 對抗神經網路的作用

一旦訓練好對抗神經網路，便會得到兩個模型：判別器模型和生成器模型。兩個模型可以分開使用。前面學習的監督學習神經網路都屬於判別器模型，下面重點介紹生成器模型的作用。

生成器模型的特性主要包括以下幾個方面。

■ 在應用數學和工程方面，能夠有效地表徵高維資料分佈。
■ 在強化學習方面，身為技術手段有效表徵強化學習模型中的狀態。
■ 在半監督學習方面，能夠在資料缺失的情況下訓練模型，並列出對應的輸出。

生成器模型還適用於一個輸入伴隨多個輸出的場景。舉例來說，在視訊中，透過場景預測下一幀的場景，而判別器模型的輸出是維度很低的判別結果和期望輸出的某個預測值，無法訓練出單輸入多輸出的模型。

在前文學習的自編碼中，編碼器部分就屬於一個生成器模型。

8.6.3 GAN 模型難以訓練的原因

在實際訓練中，GAN 存在著訓練困難，生成器和判別器的 loss 值無法指示訓練處理程序，生成樣本缺乏多樣性等問題。這與 GAN 的機制有關。

1. 現象描述

其實在 GAN 中最終達到對抗的納什均衡只是一個理想狀態，而現實情況下我們得到的結果都是中間狀態 (偽平衡)。大部分的情況是，隨著訓練次數的增多，判別器 D 的效果漸好，從而總是可以將生成器 G 的輸出與真實樣本區分開。

2. 現象剖析

因為生成器 G 是從低維空間向高維空間 (複雜的樣本空間) 的映射，其生成的樣本分佈空間 Pg 難以充滿整個真實樣本的分佈空間 Pr，即兩個分佈完全沒有重疊的部分，或它們重疊的部分可忽略，這就使得判別器 D 總會將它們分開。

為什麼可以忽略呢？這放在二維空間中會更好了解一些。在二維平面中，隨機取兩條曲線，兩條曲線上的點可以代表二者的分佈。要想讓判別器無法分辨它們，需要兩個分佈融合在一起，也就是它們之間需要存在重疊的線段，然而這樣的機率為 0。另外，即使它們很可能會存在交換點，但是相比於兩條曲線而言，交換點比曲線低一個維度 [長度 (測度) 為 0]，也就是它只是一個點，代表不了分佈情況，因此可將其忽略。

3. 原因分析

這種現象會帶來什麼後果呢？假設先將 D 訓練得足夠好，固定 D 後再來訓練 G，透過實驗會發現 G 的 loss 值無論怎麼更新也無法收斂到最小值，而是無限地接近一個特定值。這個值可以視為 Pg 與 Pr 兩個樣本分佈間的距離。對於 loss 值恒定 (即表明 G 的梯度為 0) 的情況，G 無法透過訓練來最佳化自己。

在原始 GAN 的訓練中，判別器訓練得太好，生成器梯度就會消失，生成器的 loss 值降不下去；判別器訓練得不好，生成器梯度不準，抖動較大。只有判別器訓練到中間狀態，才是最好的，但是這個尺度很難把握，甚至在同一輪訓練的不同階段這個狀態出現的時段都不一樣。這是一個完全不可控的情況。

8.6.4 WGAN 模型 -- 解決 GAN 難以訓練的問題

WGAN 的名字源於 Wasserstein GAN，Wasserstein 是指 Wasserstein 距離，又稱 Earth-Mover(EM) 推土機距離。

1. WGAN 的原理

WGAN 的原理是將生成的模擬樣本分佈 Pg 與原始樣本分佈 Pr 組合起來，並作為所有可能的聯合分佈的集合。這樣可以從中取樣得到真實樣本與模擬樣本，並計算出二者的距離，還可以算出距離的期望值。這樣就可以透過訓練模型的方式，讓網路沿著其自身分佈 (該網路所有可能的聯合分佈) 期望值的下界方向進行最佳化，即將兩個分佈的集合拉到一起。此時，原來的判別器就不再具有判別真偽的功能，而獲得了計算兩個分佈集合距離的功能。因此，將其稱為評論器會更加合適。同樣，最後一層的 Sigmoid 函數也需要去掉 (不需要將值域控制在 0~1)。

2. WGAN 的實現

使用神經網路來計算 Wasserstein 距離，可以讓神經網路直接擬合下式：

$$|f(x_1) - f(x_2)| \leqslant k|x_1 - x_2| \tag{8-18}$$

$f(x)$ 可以了解成神經網路的計算，讓判別器實現將 $f(x_1)$ 與 $f(x_2)$ 的距離變換成 x_1-x_2 的絕對值乘以 $k(k \geqslant 0)$。k 代表函數 $f(x)$ 的 Lipschitz 常數，這樣兩個分佈集合的距離就可以表示成 $D(real)$-$D(G(x))$ 的絕對值乘以 k 了。這個 k 可以了解成梯度，即在神經網路 f(x) 中乘以的梯度絕對值會小於 k。

將式 (8-18) 中的 k 忽略，經過整理後，可以得到二者分佈的距離公式：

$$L = D(\text{real}) - D(G(x)) \tag{8-19}$$

現在要做的就是將 L 當成目標來計算 loss 值。因為 G 用來將希望生成的結果 Pg 越來越接近 Pr，所以需要訓練讓距離 L 最小化。因為生成器 G 與第一項無關，所以 G 的 loss 值可以簡化為：

$$G(\text{loss}) = -D(G(x)) \tag{8-20}$$

而 D 的任務是區分它們，因為希望二者距離變大，所以 loss 值需要反轉得到：

$$D(\text{loss}) = D\big(G(x)\big) - D(\text{real}) \tag{8-21}$$

同樣，透過 D 的 loss 值也可以看出 G 的生成品質，即 loss 值越小，代表距離越近，生成的品質越高。

3. WGAN 的複習

WGAN 引入了 Wasserstein 距離，由於它相對 KL 散度與 JS 散度具有優越的平滑特性，因此理論上可以解決梯度消失問題。接著，透過數學變換將 Wasserstein 距離寫成可求解的形式，利用一個參數值範圍受限的判別器神經網路來最大化這個形式，就可以近似得到 Wasserstein 距離。在此近似最佳判別器下，最佳化生成器使得 Wasserstein 距離縮小，這能有效拉近生成分佈與真實分佈。WGAN 既解決了訓練不穩定的問題，又提供了一個可靠的訓練處理程序指標，而且該指標確實與生成樣本的品質高度相關。

在實際訓練過程中，WGAN 直接使用截斷 (clipping) 的方式來防止梯度過大或過小。但這個方式太過生硬，在實際應用中仍會出現問題，所以後來產生了其升級版 -- WGAN-gp。

8.6.5 分析 WGAN 的不足

前文介紹過，若原始 WGAN 的 Lipschitz 限制的施加方式不對，那麼使用梯度截斷 (weight clipping) 方式太過生硬。每當更新完一次判別器的參數之後，就應檢查判別器中所有參數的絕對值有沒有超過設定值 (如 0.01)，有的話就把這些參數截斷回 [-0.01, 0.01] 範圍內。

Lipschitz 限制本意是當輸入的樣本稍微變化後，判別器列出的分數不能產生太過劇烈的變化。透過在訓練過程中保證判別器的所有參數有界，可保證判別器不能對兩個略微不同的樣本列出天差地別的分數值，從而間接實現了 Lipschitz 限制。

然而，這種期望與判別器本身的目的相矛盾。在判別器中希望 loss 值盡可能大，這樣才能拉大真假樣本間的區別。但是這種情況會導致在判別器中，透過 loss 值算出來的梯度會沿著 loss 值越來越大的方向變化，然而經過梯度截斷後每一個網路參數又被獨立地限制了設定值範圍 (如 [-0.01, 0.01])。這種結果只能是，所有的參數都走向極端，不是取最大值 (如 0.01)，就是取最小值 (如 -0.01)。判別器無法充分利用自身的模型能力，經過它回傳給生成器的梯度也會跟著變差。

如果判別器是一個多層網路，那麼梯度截斷還會導致梯度消失或梯度「爆炸」問題。出現這類問題的原因是，如果我們把截斷設定值設定得稍微小一點，那麼每經過一層網路，梯度就會變小一點，多層之後就會呈指數衰減趨勢。反之，如果截斷設定值設定得稍微大了一點，每經過一層網路，梯度變大一點，多層之後就會呈指數「爆炸」趨勢。在實際應用中，很難做到設定合適，讓生成器獲得恰到好處的回傳梯度。

8.6.6 WGAN-gp 模型 -- 更容易訓練的 GAN 模型

WGAN-gp 又稱為具有梯度懲罰的 WGAN，是 WGAN 的升級版，一般可以用來全面代替 WGAN。

1. WGAN-gp 介紹

WGAN-gp 中的 gp 是梯度懲罰 (gradient penalty) 的意思，是替換 weight clipping 的一種方法。透過直接設定一個額外的梯度懲罰項來實現判別器的梯度不超過 k。其表達公式 (虛擬程式碼式) 為：

$$\text{Norm} = \text{grad}\left(D\left(\text{X\_inter}\right), \left[\text{X\_inter}\right]\right) \qquad (8\text{-}22)$$

$$\text{gradient\_penaltys} = \text{MSE}\left(\text{Norm} - k\right) \qquad (8\text{-}23)$$

其中，MSE 為平方差公式；X_inter 為整個聯合分佈空間中的 x 取樣，即梯度懲罰項 gradient_penaltys 為求整個聯合分佈空間中 x 對應 D 的梯度與 k 的平方差。

2. WGAN-gp 的原理與實現

判別器盡可能拉大真假樣本間的差距，希望梯度越大越好，變化幅度越大越好。因為判別器在充分訓練之後，其梯度 Norm 就會在 k 附近，所以可以把上面的 loss 值改成要求梯度 Norm 離 k 越近越好。k 可以是任何數，我們簡單地把 k 設為 1，再跟 WGAN 中原來的判別器的 loss 值加權合併，就得到新的判別器的 loss 值，其表達公式 (虛擬程式碼式) 為：

$$L = D\big(G(x)\big) - D(\text{real}) + \lambda \text{MSE}\big(\text{grad}\big(D(\text{X\_inter}), [\text{X\_inter}]\big) - 1\big) \tag{8-24}$$

即

$$L = D\big(G(x)\big) - D(\text{real}) + \lambda \, \text{gradient\_penaltys} \tag{8-25}$$

式 (8-24) 和式 (8-25) 中的 λ 為梯度懲罰參數，可以用來調節梯度懲罰的力度。

gradient_penaltys 需要從 Pg 與 Pr 的聯合空間裡取樣。對於整個樣本空間來講，需要抓住生成樣本集中區域、真實樣本集中區域，以及夾在它們中間的區域，即先隨機取一個 0~1 的隨機數，令一對真假樣本分別按隨機數的比例進行加和來生成 X_inter 的取樣，其表達公式 (虛擬程式碼式) 為：

$$\text{eps} = \text{torch.FloatTensor(size).uniform\_(0,1)} \tag{8-26}$$

$$\text{X\_inter} = \text{eps} \times \text{real} + (1.0 - \text{eps}) \times G(x) \tag{8-27}$$

把式 (8-27) 中的 X_inter 代入式 (8-24) 中，就得到最終版本的判別器的 loss 值。相關虛擬碼如下。

```
eps = torch.FloatTensor(real_samples.size(0),1,1,1).uniform_(0,1).to(device)
X_inter = eps*real + (1.0 - eps)* G(x)
L= D(G(x))- D(real)+λMSE(autograd.grad (D(X_inter), [X_inter])-1)
```

透過 WGAN-gp 的相關論文中的實驗表明，gradient_penaltys 能夠顯著提高訓練速度，解決原始 WGAN 生成器中梯度二值化問題 (見圖 8-12a) 與梯度消失「爆炸」問題 (見圖 8-12b)。WGAN-gp 模型效果比較如圖 8-12 所示。

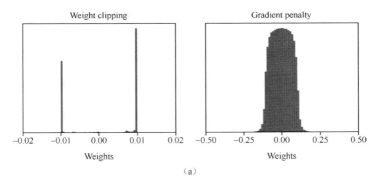

▲ 圖 8-12　WGAN-gp 模型效果比較

注意：因為要對每個樣本獨立地施加梯度懲罰，所以在判別器的模型架構中不能使用 BN 演算法，因為它會引入同一個批次中不同樣本的相互依賴關係。如果需要的話，那麼可以選擇其他歸一化辦法，如 Layer Normalization、Weight Normalization、Instance Normalization 等，　這些方法不會引入樣本之間的依賴。

8.6.7　條件 GAN

條件 GAN 與 GAN 的關係就跟變分自編碼與條件變分自編碼神經網路的關係一樣。條件 GAN 的作用是可以讓 GAN 的生成器模型按照指定的類別生成模擬樣本。

1. 條件 GAN 的實現

條件 GAN 在 GAN 的生成器和判別器基礎上各進行了一處改動：在它們的輸入部分加入了一個標籤向量 (one_hot 類型)。

2. 條件 GAN 的原理

條件 GAN 的原理與條件變分自編碼神經網路的原理一樣。這種做法可以視為給 GAN 增加一個條件，讓網路學習圖片分佈時加入標籤因素，這樣可以按照標籤的數值來生成指定的圖片。

8.6.8 帶有 W 散度的 GAN--WGAN-div

WGAN-div 模型在 WGAN-gp 的基礎上，從理論層面進行了二次深化。在 WGAN-gp 中，將判別器的梯度作為懲罰項加入判別器的 loss 值中。

在計算判別器梯度時，為了讓 X_inter 從整個聯合分佈空間的 x 中取樣，使用了在真假樣本之間隨機取樣的方式，保證取樣區間屬於真假樣本的過渡區域。然而，這種方案更像是一種經驗方案，沒有更完備的理論支撐 (使用個體取樣代替整體分佈，而無法從整體分佈層面直接解決問題)。

1. WGAN-div 模型的使用想法

WGAN-div 模型與 WGAN-gp 相比，有截然不同的使用想法：不從梯度懲罰的角度去考慮，而透過兩個樣本間的分佈距離來實現。

在 WGAN-div 模型中，引入了 W 散度用於度量真假樣本分佈之間的距離，並證明了 WGAN-gp 中的 W 距離不是散度。這表示 WGAN-gp 在訓練判別器的時候，並非總會拉大兩個分佈間的距離，從而在理論上證明了 WGAN-gp 存在的缺陷 -- 會有訓練故障的情況。

WGAN-div 模型從理論層面對 WGAN 進行了補充。利用 WGAN-div 模型的理論所實現的 loss 值不再需要取樣過程，並且所達到的訓練效果也比 WGAN-gp 更勝一籌。

2. 了解 W 散度

W 散度源於 "Partial differential equations and monge-kantorovich mass transfer" 文章中的方案。

轉換成對抗神經網路的場景，可以描述成：

$$L = D\big(G(x)\big) - D\big(\text{real}\big) + \frac{1}{2}\big\|\nabla T\big\|^2 \tag{8-28}$$

其中，代表兩個分佈的距離。如果將式 (8-28) 中的常數用符號來表示，那麼可以寫成：

$$L = D\big(G(X)\big) - D\big(\text{real}\big) + k\big\|\nabla T\big\|^p \tag{8-29}$$

3. WGAN-div 的損失函數

式 (8-29) 可進一步表示成：

$$k\big\|\nabla T\big\|^p = k\left(\frac{1}{2}\text{sum}\big(\text{real\_norm}^2,1\big)^{p/2} + \frac{1}{2}\text{sum}\big(\text{fake\_norm}^2,1\big)^{p/2}\right) \tag{8-30}$$

> **📖 提示**
>
> sum(real_norm^2,1) 表示沿著 real_norm^2 的第 1 維度求和。

式 (8-30) 中的 real_norm^2 與 fake_norm^2 可以視為 D(real) 與 D(G(x)) 導數的 L2 範數。將式 (8-30) 代入式 (8-29)，即可得到 WGAN-div 的損失函數，用虛擬碼表示如下：

```
real_norm  = grad(outputs= D(real),inputs= real)
real_L2_norm = real_norm.pow(2).sum(1) ** (p/2)
fake_norm  = grad(outputs= D(G(x)),inputs= G(x))
```

```
fake_L2_norm = fake_norm.pow(2).sum(1) ** (p/2)
div_gp = torch.mean(real_L2_norm** (p/2) + fake_L2_norm** (p/2)) * k/2
less_d = D(G(x))- D(real)+ div_gp        # 判別器的損失
less_g = -D(G(x))                        # 生成器的損失
```

可以看到，WGAN-div 模型與 WGAN-gp 的區別僅在於判別器損失的梯度懲罰項部分，生成器部分的損失演算法完全一樣。

WGAN-div 模型設計者透過實驗發現，在式 (8-29) 中，當 $k=2$、$p=6$ 時，效果最好。

在 WGAN-div 模型中，使用了理論更完備的 W 散度來替換 W 距離的計算方式。將原有的真假樣本取樣操作換成了基於分佈層面的計算。

4. W 散度與 W 距離間的關係

對式 (8-29) 稍加變化，令分佈距離減去一個常數，即可變為以下形式：

$$L = D(G(x)) - D(\text{real}) + k\|\nabla T - n\|^p \tag{8-31}$$

可以看到，當式 (8-31) 中的 $n=1$，$p=2$ 時，該式便與 WGAN-gp 模型中的判別器公式一致 (見式 (8-24))。

8.7 實例 21：用 WGAN-gp 模型生成模擬資料

本例架設一個 WGAN-gp 模型。

> **實例描述**
>
> 使用 WGAN-gp 模型模擬 Fashion-MNIST 資料的生成。

在本例中，除架設一個 WGAN-gp 模型以外，還會用到深度卷積 GAN(Deep Convolutional GAN，DCGAN) 模型、實例歸一化技術，這些都是 GAN 模型中的常用技術。讀者在學習 WGAN-gp 模型實現的同時，也需要一起掌握這些知識。

8.7.1 DCGAN 中的全卷積

WGAN-gp 模型偏重於 GAN 模型的訓練部分，而 DCGAN 是指使用卷積神經網路的 GAN，它偏重於 GAN 模型的結構部分，這裡重點介紹在 DCGAN 中使用全卷積（見 7.3.2 節）進行重構的技術。

1. DCGAN 的原理與實現

DCGAN 的原理和 GAN 類似，只是把 CNN 卷積技術用在 GAN 模式的網路裡。G（生成器）在生成資料時，使用反卷積的重構技術來重構原始圖片，D(判別器) 使用卷積技術來辨識圖片特徵，進而做出判別。

同時，DCGAN 中的卷積神經網路也進行了一些結構的改變，以提高樣本的品質和收斂的速度。

- G 網路中取消了所有池化層，使用全卷積，並且採用大於或等於 2 的步進值來進行上取樣（見 8.7.2 節）。
- 同理，D 網路中用加入下取樣（見 8.7.2 節）的卷積操作代替池化。
- 通常不會在 D 和 G 的最後一層使用歸一化處理，這樣做的目的是保證模型能夠學習到資料的正確分佈。
- G 網路中使用 ReLU 作為啟動函數，最後一層使用 tanh。
- 在 D 網路中，通常會使用 LeakyReLU 作為啟動函數，這種啟動函數可以對小於 0 的部分特徵給予保留。
- DCGAN 模型可以更進一步地學到對輸入圖型層次化的表示，尤其在生成器部分會有更好的模擬效果。在訓練中，會使用 Adam 最佳化演算法。

2. 全卷積實現

在 PyTorch 中，全卷積是透過轉置卷積介面 ConvTranspose2d() 來實現的。該介面的參數與 7.3.1 節中卷積函數參數的含義相同。(還有 1D 和 3D 的轉置卷積實現，也與該介面類別似。)

```
ConvTranspose2d(in_channels, out_channels, kernel_size, stride=1,
padding=0, output_padding=0, groups=1, bias=True, dilation=1, padding_
mode='zeros')
```

該函數先對卷積核心進行轉置，再實現全卷積處理，輸出的尺寸與卷積操作所輸出的尺寸互逆 (見 8.7.2 節中的例子)。

8.7.2 上取樣與下取樣

上取樣與下取樣是指對圖型的縮放操作。

- 上取樣是將圖型放大。
- 下取樣是將圖型縮小。

上取樣與下取樣操作並不能給圖片帶來更多的資訊，但會對圖型品質產生影響。在深度卷積網路模型的運算中，透過上取樣與下取樣操作可實現本層資料與上下層的維度匹配。

1. 上取樣和下取樣的作用

神經網路模型常使用窄卷積或池化對模型進行下取樣，使用轉置卷積對模型進行上取樣。舉例來說，在類似 NasNet、Inception Vx、ResNet 這種模型的程式中，會經常出現上取樣 (upsampling) 與下取樣 (downsampling) 這樣的函數。

除神經網路模型以外，在使用上取樣或下取樣直接對圖片操作時，常會使用一些特定的演算法以最佳化縮放後的圖片品質。

2. 上取樣和下取樣舉例

下面透過卷積和全卷積函數實現下取樣處理再上取樣還原，具體程式如下。

```
from torch import nn
import torch
input = torch.randn(1, 3, 12, 12)     # 定義輸入資料，3 通道，尺寸為 [12,12]
# 輸入和輸出通道為 3，卷積核心為 3，步進值為 2，進行下取樣
downsample = nn.Conv2d(3, 3, 3, stride=2, padding=1)
h = downsample(input)
print(h.size())        # 輸出結果：torch.Size([1, 3, 6, 6])，尺寸變為 [6,6]
# 輸入和輸出通道為 3，卷積核心為 3，步進值為 2，進行上取樣還原
upsample = nn.ConvTranspose2d(3, 3, 3, stride=2, padding=1)
output = upsample(h, output_size=input.size())
print(output.size()) # 輸出結果：torch.Size([1, 3, 12, 12])，尺寸變回 [12,12]
```

可以看到卷積和全卷積使用了同樣的卷積核心和池化尺寸，其輸入和輸出的尺寸正好相反。

8.7.3 實例歸一化

批次歸一化是對一個批次圖片中的所有像素求平均值和標準差，而實例歸一化 (Instance Normalization，IN) 是對單一圖片進行歸一化處理，即對單一圖片的所有像素求平均值和標準差。

1. 實例歸一化的使用場景

在對抗神經網路模型、風格轉換這類生成式任務中，常用實例歸一化取代批次歸一化，因為生成式任務的本質是將生成樣本的特徵分佈與目標樣本的特徵分佈進行匹配。生成式任務中的每個樣本都有獨立的風格，不應該與批次中其他樣本產生太多聯繫。因此，實例歸一化適合解決這種基於個體的樣本分佈問題。

2. 如何使用實例歸一化

PyTorch 中實例歸一化的實現介面是 nn 模組下的 InstanceNorm2d()(這裡僅以 2D 實例歸一化為例,還有 1D、3D 實例歸一化,與該介面類別似)。

該介面的定義如下:

```
InstanceNorm2d(num_features, eps=1e-5, momentum=0.1, affine=False,
                track_running_stats=False)
```

其中只有第一個參數 num_features 需要特別注意,該參數是需要傳入輸入資料的通道數。其他參數與批次歸一化介面 BatchNorm2d 中參數的含義一致。該介面會按照通道對單一資料進行歸一化,其返回的形狀與輸入形狀相同。

8.7.4 程式實現:引入模組並載入樣本

引入 PyTorch 的相關函數庫,定義基礎函數,並載入 Fashion-MNIST 的訓練測試資料集。具體程式如下。

程式檔案:code_22_WGAN.py

```
01  import torch
02  import torchvision
03  from torchvision import transforms
04  from torch.utils.data import DataLoader
05  from torch import nn
06  import torch.autograd as autograd
07  import matplotlib.pyplot as plt
08  import os
09  import numpy as np
10  import matplotlib
11
```

```
12  def to_img(x):
13      x = 0.5 * (x + 1)
14      x = x.clamp(0, 1)
15      x = x.view(x.size(0), 1, 28, 28)
16      return x
17
18  def imshow(img,filename=None):
19      npimg = img.numpy()
20      plt.axis('off')
21      array = np.transpose(npimg, (1, 2, 0))
22      if filename!=None:
23          matplotlib.image.imsave(filename, array)
24      else:
25          plt.imshow(array  )
26          plt.savefig(filename) # 保存圖片
27          plt.show()
28  img_transform = transforms.Compose([
29      transforms.ToTensor(),
30      transforms.Normalize(mean=[0.5], std=[0.5])  ])
31
32  data_dir = './fashion_mnist/'
33  train_dataset = torchvision.datasets.FashionMNIST(data_dir, train=True,
34                          transform=img_transform,download=True)
35  train_loader = DataLoader(train_dataset,batch_size=1024, shuffle=True)
36  # 測試資料集
37  val_dataset = torchvision.datasets.FashionMNIST(data_dir, train=False,
38                          transform=img_transform)
39  test_loader = DataLoader(val_dataset, batch_size=10, shuffle=False)
40  # 指定裝置
41  device = torch.device("cuda:0"if torch.cuda.is_available() else "cpu")
42  print(device)
```

Fashion-MNIST 資料集及 DataLoader 的用法已在第 6 章詳細介紹過，
這裡不再重複。

8.7.5 程式實現：定義生成器與判別器

因為複雜部分都放在 loss 值的計算方面了，所以生成器和判別器就會簡單一些。生成器和判別器各自有兩個卷積和兩個全連接層。生成器最終輸出與輸入圖片相同維度的資料作為模擬樣本。判別器的輸出不需要有啟動函數，並且輸出維度為 1 的數值用來表示結果，具體程式如下。

程式檔案：code_22_WGAN.py(續1)

```
43  class WGAN_D(nn.Module):              # 定義判別器類別
44    def __init__(self,inputch=1):
45      super(WGAN_D, self).__init__()
46      self.conv1 = nn.Sequential(
47        nn.Conv2d(inputch, 64,4, 2, 1),  # 輸出形狀為 [batch, 64, 28, 28]
48        nn.LeakyReLU(0.2, True),
49        nn.InstanceNorm2d(64, affine=True)   )
50      self.conv2 = nn.Sequential(
51        nn.Conv2d(64, 128,4, 2, 1),     # 輸出形狀為 [batch, 64, 14, 14]
52        nn.LeakyReLU(0.2, True),
53        nn.InstanceNorm2d(128, affine=True)   )
54      self.fc = nn.Sequential(
55        nn.Linear(128*7*7, 1024),
56        nn.LeakyReLU(0.2, True),   )
57      self.fc2 =nn.Sequential(
58        nn.InstanceNorm1d(1, affine=True),
59        nn.Flatten(),
60        nn.Linear(1024, 1)   )
61    def forward(self, x,*arg):          # 正向傳播
62      x = self.conv1(x)
63      x = self.conv2(x)
64      x = x.view(x.size(0), -1)
65      x = self.fc(x)
66      x = x.reshape(x.size(0),1, -1)
67      x = self.fc2(x)
```

```
68        return x.view(-1, 1).squeeze(1)
69 class WGAN_G(nn.Module):                # 定義生成器類別
70    def __init__(self, input_size,input_n=1):
71       super(WGAN_G, self).__init__()
72       self.fc1 = nn.Sequential(
73          nn.Linear(input_size*input_n, 1024),
74          nn.ReLU(True),
75          nn.BatchNorm1d(1024)   )
76       self.fc2 = nn.Sequential(
77          nn.Linear(1024,7*7*128),
78          nn.ReLU(True),
79          nn.BatchNorm1d(7*7*128)    )
80       self.upsample1 = nn.Sequential(
81          nn.ConvTranspose2d(128, 64, 4, 2, padding=1, bias=False),
82          nn.ReLU(True),
83          nn.BatchNorm2d(64)   )        # 輸出形狀為 [batch, 64, 14, 14]
84       self.upsample2 = nn.Sequential(
85          nn.ConvTranspose2d(64, 1, 4, 2, padding=1, bias=False),
86          nn.Tanh(),   )                # 輸出形狀為 [batch, 64, 28, 28]
87    def forward(self, x,*arg):          # 正向傳播
88       x = self.fc1(x)
89       x = self.fc2(x)
90       x = x.view(x.size(0), 128, 7, 7)
91       x = self.upsample1(x)
92       img = self.upsample2(x)
93       return img
```

在 GAN 模型中，生成器使用批次歸一化，判別器使用實例歸一化，這是因為生成器的初始輸入是隨機值，而判別器的輸入則是具體的樣本資料。對於判別器來講，因為要區分每個資料的分佈特徵，所以必須要使用實例歸一化。

8.7.6 啟動函數與歸一化層的位置關係

在模型的正向架設過程中，存在一種爭議：歸一化層與啟動函數，到底誰在前誰在後呢？

想要弄清楚這個問題，需要從歸一化層的機制入手，這裡以批次歸一化為例。

1. 批次歸一化的作用

在神經網路訓練的過程中，透過 BP 演算法將誤差逐層進行反向傳播，並根據每層的誤差修改參數，如圖 8-13 所示。

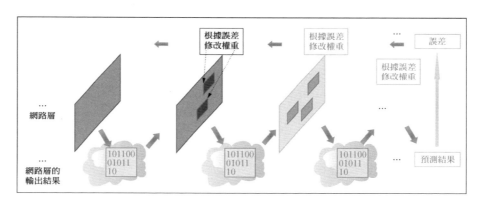

▲ 圖 8-13　批次歸一化的過程

圖 8-13 顯示了反向傳播的過程，每一層的誤差都是基於前層網路的參數進行計算的，在本層權重更新後，又會更新前層網路的權重。

這種傳播方式的問題是，前層網路的權重一旦發生變化，本層的輸入分佈也會隨之改變，這使得對本層的參數調整失去意義，如圖 8-14 所示。

而批次歸一化的作用就是將網路中每層的輸出分佈拉回統一的高斯分佈 (平均值為 0、方差為 1 的資料分佈) 中，使得前層網路的修改不會影響到本層網路的調整。

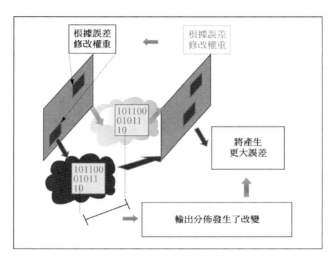

▲ 圖 8-14　批次歸一化的問題

2. 批次歸一化與啟動函數的前後關係

批次歸一化與啟動函數的前後關係本質上還是值域間的變換關係。因為不同的啟動函數各自有不同的值域，所以不能一概而論。

首先，以帶有飽和區間的啟動函數為例。

這裡以 Sigmoid 啟動函數來舉例，其函數的圖形如圖 8-15 所示。

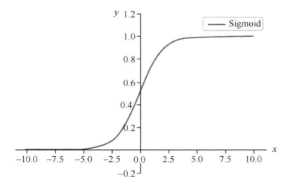

▲ 圖 8-15　Sigmoid 啟動函數

如圖 8-15 所示，當 x 值大於 7.5 或小於 -7.5 時，在直角座標系中，對應的 y 值幾乎不變，這表明 Sigmoid 啟動函數對過大或過小的數值無法產生啟動作用。這種令 Sigmoid 啟動函數故障的值域區間稱為 Sigmoid 函數的飽和區間。

如圖 8-15 所示，假設對於經過反向傳播後的網路層權重輸出的值域分佈在大於 7.5 或小於 -7.5 的區間內，則將其輸入到 Sigmoid 函數中將無法被啟動。在這種情況下，本層網路會輸出全為 1 或全為 -1 的資料，而下一層網路將無法再對全為 1 或 -1 的特徵資料進行計算，從而導致模型在訓練中無法收斂。

如果網路中有類似 Sigmoid 函數這種帶有飽和區間的啟動函數，那麼應該將 BN 處理放在啟動函數的前面。這樣，經過 BN 處理後的特徵資料設定值範圍變成 -1 ～ 1，再輸入到啟動函數裡，便可以正常實現非線性轉化的功能。

接下來，以帶有非飽和區間的啟動函數為例。

以 ReLU 啟動函數為例，該啟動函數的圖形如圖 8-16 所示。

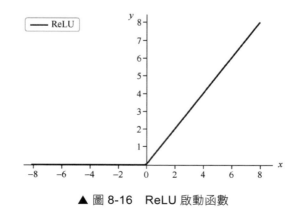

▲ 圖 8-16　ReLU 啟動函數

如圖 8-16 所示，ReLU 只對 x 大於 0 的數感興趣，凡是小於 0 的輸入都會被轉化為 0。確切地說，ReLU 屬於半飽和啟動函數 (小於 0 的部分屬於 ReLU 的飽和區間)。

這一特性使得 ReLU 對數值符號更為敏感。這也與大腦中對訊號啟動的回應機制更為相似 (大腦中的神經元只對超出某一設定值的訊號興奮，對於低於某一設定值的訊號「漠不關心」)。

本質上 BN 操作是將資料分佈拉回指定的高斯分佈中。雖然從數值角度來看，這沒有破壞原有的資料分佈特徵，但是從符號角度來看，它破壞了原有分佈的正負比例，如圖 8-17 所示。

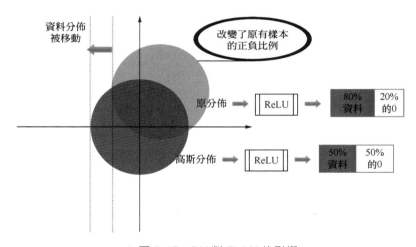

▲ 圖 8-17　BN 對 ReLU 的影響

如圖 8-17 所示，直接對網路層輸出的原分佈資料執行 BN 操作，再將 BN 後的高斯分佈資料傳入 ReLU 啟動函數。經過啟動函數 ReLU 之後的特徵資料會發生改變，這種處理對神經網路造成了影響。

圖 8-17 也可以解釋為什麼有人透過實驗發現，按照將 BN 放在啟動函數前的方式架設網路，使用 Sigmoid 啟動函數的效果要優於 ReLU 的效果。

如果將 BN 放在 ReLU 之後，那麼將不會對資料的正負比例造成影響。在保證正負比例的基礎上，再執行 BN 操作，可以使效果達到最佳。

3. 複習

批次歸一化與啟動函數的前後關係並不是固定的，這要依賴於網路層輸出的資料特徵與啟動函數的飽和區間，例如 BN 適合在 Sigmoid 函數的前面、ReLU 的後面。在安排批次歸一化與啟動函數的前後位置時，還是要明白其中的道理，具體問題具體分析。

4. 擴充：自我調整歸一化與啟動函數的前後關係

在實際開發中，所用到的大部分 API 是基於自我調整 BN 實現的。它不再強制將資料分佈歸一到高斯分佈，而是在原有 BN 的基礎上加了兩個權重，透過訓練過程來調節歸一化後的平均值和方差，讓每一層自己找到合適的分佈。其數學公式為：

$$\text{BN} = \gamma \cdot \frac{(x - \mu)}{\sigma} + \beta \tag{8-32}$$

其中，μ 代表平均值，σ 代表方差。這兩個值都是根據當前資料運算得來的。γ 和 β 是參數，代表自我調整的意思。在訓練過程中，透過最佳化器的反向求導可最佳化出合適的 γ、β 值。

有了自我調整歸一化演算法後，BN 與啟動函數間的位置要求將相對寬鬆一些。一般來講，把 BN 放在 Sigmoid 函數的前面更為通用。當然，如果 BN 是與 ReLU 進行組合的，那麼也可以將其放到 ReLU 後面。

在實際實驗中，BN 放在 ReLU 後面的效果會比放在前面的效果更好一些。

相關的實驗結果如圖 8-18 所示。

BN是該在ReLU的前面還是後面?

名字	正確率	損失值
BN在前面	0.474	2.35
BN在前並且進行縮放和偏置層處理	0.478	2.33
BN在後面	0.499	2.21
BN在後並且進行縮放和偏置層處理	0.493	2.24

▲ 圖 8-18　BN 與 ReLU 的位置關係

在使用中，還是建議將 BN 放在 ReLU 的後面。

> **提示**
>
> 在 EfficientNet 系列模型 (目前效果最好的分類模型之一) 中，BN 層也
> 是放在與 ReLU 具有相同效果的 Swish 啟動函數後面。

8.7.7　程式實現：定義函數完成梯度懲罰項

定義函數 compute_gradient_penalty() 完成梯度懲罰項的計算過程：懲罰項的樣本 X_inter 由一部分 Pg 分佈和一部分 Pr 分佈組成，同時對 D(X_inter) 求梯度，並計算梯度與 1 的平方差，最終得到 gradient_penalties。具體程式如下。

程式檔案：code_22_WGAN.py(續2)

```
94  lambda_gp = 10
95  # 計算梯度懲罰項
96  def compute_gradient_penalty(D, real_samples, fake_samples,y_one_hot):
97      # 獲取一個隨機數，作為真假樣本的取樣比例
98      eps = torch.FloatTensor(real_samples.size(0),1,1,1
99                              ).uniform_(0,1).to(device)
100     # 按照 eps 比例生成真假樣本取樣值 X_inter
```

```
101     X_inter = (eps * real_samples + ((1 - eps) * fake_samples)).
                requires_grad_(True)
102     d_interpolates = D(X_inter,y_one_hot)
103     fake = torch.full((real_samples.size(0), ), 1, device=device)
104     # 求梯度
105     gradients = autograd.grad( outputs=d_interpolates,
106             inputs=X_inter,
107             grad_outputs=fake,
108             create_graph=True,
109             retain_graph=True,
110             only_inputs=True,
111     )[0]
112     gradients = gradients.view(gradients.size(0), -1)
113     gradient_penaltys = ((gradients.norm(2, dim=1) - 1) ** 2
114                        ).mean() * lambda_gp  #計算梯度的平方差
115     return gradient_penalties
```

上述程式的第 103 行計算梯度輸出的隱藏。因為在本例中，需要對所有梯度進行計算，所以直接按照輸入樣本的個數生成全是 1 的張量。該行程式也可以使用張量的 fill() 方法生成，程式如下：

```
fake = torch.Tensor(real_samples.size(0), 1).fill(1.).to(device)
```

上述程式的第 105 行呼叫 autograd.grad() 函數手動計算了梯度。該函數需要特別注意前 3 個參數。

- 輸出值 outputs：傳入經過計算過的張量結果。
- 待求梯度的輸入值 inputs：傳入可以求導 (requires_grad=True) 的張量。
- 輸出梯度的隱藏 grad_outputs：使用由 1、0 組成的隱藏。在計算出梯度之後，會將求導結果與該隱藏相乘，得到最終的結果。

8.7.8 程式實現：定義模型的訓練函數

定義函數 train()，實現模型的訓練過程。在函數 train() 中，按照式 (8-24) 實現模型的損失函數。判別器的 loss 為 D(fake_samples)-D(real_samples) 再加上聯合分佈樣本的梯度懲罰項 gradient_penalties，其中 fake_samples 為生成的模擬資料，real_samples 為真實資料，而生成器的 loss 為 -D(fake_samples)。具體程式如下。

程式檔案：code_22_WGAN.py(續3)

```
116  def train(D,G,outdir,z_dimension ,num_epochs = 30):
117      d_optimizer = torch.optim.Adam(D.parameters(), lr=0.001)
         # 定義最佳化器
118      g_optimizer = torch.optim.Adam(G.parameters(), lr=0.001)
119
120      os.makedirs(outdir, exist_ok=True)        # 建立輸出資料夾
121
122      for epoch in range(num_epochs):           # 訓練模型
123          for i, (img, lab) in enumerate(train_loader):
124              num_img = img.size(0)
125              # 訓練判別器
126              real_img = img.to(device)
127              y_one_hot = torch.zeros(lab.shape[0],10).scatter_(1,
128                      lab.view(lab.shape[0],1),1).to(device)
129              for ii in range(5):              # 迴圈訓練 5 次
130                  d_optimizer.zero_grad()      # 梯度歸零
131                  # 對 real_img 進行判別
132                  real_out = D(real_img,y_one_hot)
133                  # 生成隨機值
134                  z = torch.randn(num_img, z_dimension).to(device)
135                  fake_img = G(z,y_one_hot)        # 生成 fake_img
136                  fake_out = D(fake_img,y_one_hot)# 對 fake_img 進行判別
137                  # 計算梯度懲罰項
138                  gradient_penalty = compute_gradient_penalty(D,
```

```
139                     real_img.data, fake_img.data,y_one_hot)
140                 # 計算判別器的 loss
141                 d_loss = -torch.mean(real_out) + torch.mean(fake_out
142                         ) + gradient_penalty
143                 d_loss.backward()
144                 d_optimizer.step()
145
146             # 訓練生成器
147             for ii in range(1):          # 訓練 1 次
148                 g_optimizer.zero_grad() # 梯度歸零
149                 z = torch.randn(num_img, z_dimension).to(device)
150                 fake_img = G(z,y_one_hot)
151                 fake_out = D(fake_img,y_one_hot)
152                 g_loss = -torch.mean(fake_out)
153                 g_loss.backward()
154                 g_optimizer.step()
155             # 輸出視覺化結果
156             fake_images = to_img(fake_img.cpu().data)
157             real_images = to_img(real_img.cpu().data)
158             rel = torch.cat([to_img(real_images[:10]),
159                 fake_images[:10]],axis = 0)
160             imshow(torchvision.utils.make_grid(rel,nrow=10),
161                 os.path.join(outdir, 'fake_images-{}.png'.
                    format(epoch+1) ))
162         # 輸出訓練結果
163         print('Epoch [{}/{}], d_loss: {:.6f}, g_loss: {:.6f} '
164             'D real: {:.6f}, D fake: {:.6f}'.format(epoch, num_epochs,
165             d_loss.data, g_loss.data, real_out.data.mean(),
166             fake_out.data.mean()))
167     # 訓練結束保存模型
168     torch.save(G.state_dict(), os.path.join(outdir, 'generator.pth') )
169     torch.save(D.state_dict(), os.path.join(outdir,
170                                     'discriminator.pth') )
```

上述程式的第 156 行～第 161 行表示每次對訓練資料集進行迭代結束後，把生成的結果用圖片的方式保存到硬碟。

在函數 train() 中，判別器和生成器是分開訓練的。讓判別器學習的次數多一些，判別器每訓練 5 次，生成器最佳化 1 次。WGAN_gp 不會因為判別器準確率太高而引起生成器梯度消失的問題，所以好的判別器會讓生成器有更好的模擬效果。

8.7.9 程式實現：定義函數，視覺化模型結果

獲取一部分測試資料並輸入模型中，顯示由模型生成的模擬樣本。具體程式如下。

程式檔案：code_22_WGAN.py(續4)

```
171  def displayAndTest(D,G,z_dimension):               # 視覺化模型結果
172      sample = iter(test_loader)
173      images, labels = sample.next()
174      y_one_hot = torch.zeros(labels.shape[0],10).scatter_(1,
175                  labels.view(labels.shape[0],1),1).to(device)
176      num_img = images.size(0)                        # 獲取樣本個數
177      with torch.no_grad():
178          z = torch.randn(num_img, z_dimension).to(device) # 生成隨機數
179          fake_img = G(z,y_one_hot)
180      fake_images = to_img(fake_img.cpu().data)      # 生成模擬樣本
181      rel = torch.cat([to_img(images[:10]),fake_images[:10]],axis = 0)
182      imshow(torchvision.utils.make_grid(rel,nrow=10))
183      print(labels[:10])
```

8.7.10 程式實現：呼叫函數並訓練模型

實例化判別器和生成器模型，並呼叫函數進行訓練。具體程式如下。

```
程式檔案：code_22_WGAN.py(續5)
184  if __name__ == '__main__':
185  z_dimension = 40                           # 設定輸入隨機數的維度
186  D = WGAN_D().to(device)                     # 實例化判別器
187  G = WGAN_G(z_dimension).to(device)          # 實例化生成器
188  train(D,G,'./w_img',z_dimension)            # 訓練模型
189  displayAndTest(D,G,z_dimension)             # 輸出視覺化結果
```

以上程式執行後，輸出以下結果：

```
Epoch [0/30], d_loss: -9.675030, g_loss: -6.734372 D real: 18.559313, D
fake: 6.094926
Epoch [1/30], d_loss: -6.141508, g_loss: -12.131375 D real: 19.587164, D
fake: 12.259677
Epoch [2/30], d_loss: -5.243162, g_loss: -17.631243 D real: 23.952541, D
fake: 18.027622
...
Epoch [27/30], d_loss: -3.047727, g_loss: -82.490952 D real: 85.478462,
D fake: 82.107704
Epoch [28/30], d_loss: -2.272143, g_loss: -86.116348 D real: 88.806793,
D fake: 86.347862
Epoch [29/30], d_loss: -2.655426, g_loss: -89.415001 D real: 92.618698,
D fake: 89.701065
完成！
```

可以看到 g_loss 的絕對值在逐漸變小，d_loss 的絕對值在逐漸變大。這表明生成的模擬樣本品質越來越高。在本地路徑的 w_img 資料夾下，可以看到 30 張圖片，這裡列出 3 張 (見圖 8-19)。

圖 8-19 中共顯示了訓練過程中的 3 張圖片 (每兩行為一張)，它們分別是第 1 次、第 18 次和第 30 次迭代訓練後的輸出結果。每張圖片的第 1 行為樣本資料，第 2 行為生成的模擬資料。可以看出，在 WGAN-gp 的判別器嚴格要求下，生成器生成的模擬資料越來越逼真。

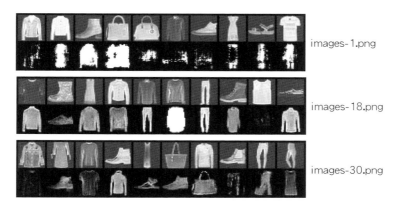

images-1.png

images-18.png

images-30.png

▲ 圖 8-19　WGAN-gp 的部分結果

從生成的結果中可以看出，樣本資料與生成的模擬資料類別並不對應，這是因為我們沒有對其加入生成類別的資訊。使用條件 GAN 可實現類別對應的效果。

8.7.11　練習題

把上面程式中的 loss 部分分別改成以下兩種情況。

第一種情況：

```
d_loss = -torch.mean(real_out) + torch.mean(fake_out) + gradient_penalty
g_loss = torch.mean(fake_out)
```

第二種情況：

```
d_loss = torch.mean(real_out) - torch.mean(fake_out) + gradient_penalty
g_loss = torch.mean(fake_out)
```

猜想一下會產生什麼樣的效果，並思考為什麼。透過實際執行程式驗證你的猜想。

8.8 實例22：用條件GAN生成可控模擬資料

條件變分自編碼神經網路使變分自編碼神經網路生成的資料可控，從而提升模型的實用性。同理，條件 GAN 也可以使 GAN 所生成的資料可控，使模型變得實用。

實例描述

架設條件 GAN 模型，實現向模型中輸入標籤，並使其生成與標籤類別對應的模擬資料的功能。

本例將對 8.7 節中的程式稍加改動，實現一個實用性更強的模型 -- 帶有條件的 WGAN-gp 模型。

8.8.1 程式實現：定義條件 GAN 模型的正向結構

條件 GAN 與條件自編碼神經網路的做法幾乎一樣，在 GAN 的基礎之上，為每個模型輸入都增加一個標籤向量。

引入 "code_22_WGAN.py" 程式中的部分物件。定義判別器類別 CondWGAN_D，使其繼承自 WGAN_D 類別。定義生成器類別 CondWGAN_G，使其繼承自 WGAN_G 類別。

在判別器和生成器類別的正向結構中，增加標籤向量的輸入，並使用全連接網路對標籤向量的維度進行擴充，同時將其連接到輸入資料。具體程式如下。

程式檔案：code_23_condWGAN.py

```
01  import torch
02  from torch import nn          # 引入 PyTorch 函數庫
```

```
03  #引入本地程式庫
04  from code_22_wGan import  device,displayAndTest,train, WGAN_G,WGAN_D
05
06  class CondWGAN_D(WGAN_D):  # 定義判別器模型
07      def __init__(self,inputch=2):
08          super(CondWGAN_D, self).__init__(inputch)
09          self.labfc1 = nn.Linear(10, 28*28)
10
11      def forward(self, x,lab):  # 增加輸入標籤
12          d_in = torch.cat((x.view(x.size(0), -1), self.labfc1(lab)), -1)
13          x = d_in.view(d_in.size(0), 2,28,28)
14          return super(CondWGAN_D, self).forward(x,lab)
15
16  class CondWGAN_G(WGAN_G): # 定義生成器模型
17      def __init__(self, input_size,input_n=2):
18          super(CondWGAN_G, self).__init__(input_size,input_n)
19          self.labfc1 = nn.Linear(10,input_size)
20
21      def forward(self, x,lab): # 增加輸入標籤
22          d_in = torch.cat((x, self.labfc1(lab)), -1)
23          return super(CondWGAN_G, self).forward(d_in,lab)
```

上述程式的第 12 行和第 13 行是判別器處理輸入標籤的部分。在使用原始基礎類別的正向傳播方法之前,將標籤資料進行維度擴充,並連接到輸入資料 x 上。

上述程式的第 22 行是生成器處理輸入標籤的部分。它與判別器的處理方式一致。

8.8.2　程式實現:呼叫函數並訓練模型

實例化判別器和生成器模型,並呼叫函數進行訓練。具體程式如下。

程式檔案：code_23_condWGAN.py(續1)

```
24  if __name__ == '__main__':
25  z_dimension = 40                                    # 設定輸入隨機數的維度
26  D = CondWGAN_D().to(device)                          # 實例化判別器
27  G = CondWGAN_G(z_dimension).to(device)               # 實例化生成器
28  train(D,G,'./condw_img',z_dimension)                 # 訓練模型
29  displayAndTest(D,G,z_dimension)                      # 輸出視覺化結果
```

以上程式執行後，輸出以下結果：

```
Epoch [0/30], d_loss: -7.663528, g_loss: -20.659430 D real: 29.109671, D
fake: 20.109625
Epoch [1/30], d_loss: -5.499170, g_loss: -26.876431 D real: 32.910019, D
fake: 26.730200
Epoch [2/30], d_loss: -4.179978, g_loss: -29.202309 D real: 34.363396, D
fake: 29.650906
Epoch [3/30], d_loss: -3.577751, g_loss: -32.518291 D real: 36.891621, D
fake: 33.004303
...
Epoch [20/30], d_loss: -1.746494, g_loss: -71.819984 D real: 74.264175,
D fake: 72.302383
...
Epoch [27/30], d_loss: -1.473519, g_loss: -80.910034 D real: 82.715790,
D fake: 81.132523
Epoch [28/30], d_loss: -2.068486, g_loss: -77.382629 D real: 79.635674,
D fake: 77.440002
Epoch [29/30], d_loss: -1.959448, g_loss: -77.772324 D real: 79.486343,
D fake: 77.380241
```

在訓練之後，模型輸出了視覺化結果，如圖 8-20 所示。

▲ 圖 8-20　條件 GAN 的輸出結果

在圖 8-20 中，第 1 行是原始樣本，第 2 行是輸出的模擬樣本。

同時，程式也輸出了圖 8-20 中樣本對應的類標籤，如下：

```
tensor([2, 5, 2, 6, 7, 6, 4, 6, 6, 5])
```

從輸出的樣本中可以看到，輸出的模擬樣本與原始樣本的類別一致，這表明生成器可以按照指定的標籤生成模擬資料。

8.9 實例 23：實現帶有 W 散度的 GAN-- WGAN-div 模型

本例將按照 8.6.8 節的內容完成 WGAN-div 模型的實現。

實例描述

使用 WGAN-div 模型模擬 Fashion-MNIST 資料的生成。

本例可以在 8.7 節介紹的 WGAN-gp 的基礎上稍加改動來實現。

8.9.1　程式實現：完成 W 散度的損失函數

WGAN-div 模型使用了 W 散度來替換 W 距離的計算方式，將原有的真假樣本取樣操作換為基於分佈層面的計算。

在實現時，可以直接引入 "code_22_WGAN.py" 程式中的部分物件。參考 8.6.8 節的介紹，重新定義損失函數的實現。具體程式如下。

程式檔案：code_24_WGANdiv.py

```
01  import torch
02  import torchvision
03  import torch.autograd as autograd
04  import os
05  # 引入本地程式庫
06  from code_22_wGan import ( train_loader,to_img,
07                              device,displayAndTest,imshow, WGAN_G,WGAN_D)
08
09  # 計算 W 散度
10  def compute_w_div(real_samples,real_out, fake_samples,fake_out):
11      # 定義參數
12      k = 2
13      p = 6
14
15      # 計算真實空間的梯度
16      weight = torch.full((real_samples.size(0), ), 1, device=device)
17      real_grad = autograd.grad(outputs=real_out,
18                               inputs=real_samples,
19                               grad_outputs=weight,
20                               create_graph=True,
21                               retain_graph=True, only_inputs=True)[0]
22      #L2 範數
23      real_grad_norm = real_grad.view(real_grad.size(0), -1).pow(2).sum(1)
24
25      # 計算模擬空間的梯度
26      fake_grad = autograd.grad(outputs=fake_out,
27                               inputs=fake_samples,
28                               grad_outputs=weight,
29                               create_graph=True,
```

```
30                                  retain_graph=True, only_inputs=True)[0]
31      #L2 範數
32      fake_grad_norm = fake_grad.view(fake_grad.size(0), -1).pow(2).
        sum(1)
33      # 計算 W 散度距離
34      div_gp = torch.mean(real_grad_norm** (p/2) + fake_grad_norm**
        (p/2)) * k/2
35      return div_gp
```

compute_w_div() 函數返回的結果可以直接充當 WGAN-gp 中的懲罰
項，用於計算判別器的損失。

8.9.2　程式實現：定義訓練函數來訓練模型

在 WGAN-div 模型的實現中，我們還需要重新定義訓練函數，以便可以
適應 compute_w_div() 函數的呼叫。在 "code_22_WGAN.py" 程式的基
礎上，重新實現訓練函數 train()，並對模型進行訓練。具體程式如下。

程式檔案：code_24_WGANdiv.py(續)

```
36  def train(D,G,outdir,z_dimension ,num_epochs = 30):
37      d_optimizer = torch.optim.Adam(D.parameters(), lr=0.001)
38      g_optimizer = torch.optim.Adam(G.parameters(), lr=0.001)
39      os.makedirs(outdir, exist_ok=True)
40      for epoch in range(num_epochs):
41          for i, (img, lab) in enumerate(train_loader):
42              num_img = img.size(0)
43              real_img = img.to(device)
44              y_one_hot = torch.zeros(lab.shape[0],10).scatter_(1,
45                          lab.view(lab.shape[0],1),1).to(device)
46              for ii in range(5):                      # 訓練判別器
47                  d_optimizer.zero_grad()
48                  real_img= real_img.requires_grad_(True)  # 求梯度
```

```
49                  real_out = D(real_img,y_one_hot)
50                  z = torch.randn(num_img, z_dimension).to(device)
51                  fake_img = G(z,y_one_hot)
52                  fake_out = D(fake_img,y_one_hot)
53                  gradient_penalty_div = compute_w_div(real_img,real_out,
54                                  fake_img,fake_out,y_one_hot)
55                  d_loss = -torch.mean(real_out) + torch.mean(fake_out)
               + gradient_penalty_div
56                  d_loss.backward()
57
58    ...
```

本節程式中的 train() 函數相對於 8.7.8 節中的 train() 函數,只修改了第 48 行和第 53 行。在第 48 行,將輸入參數 real_img 設定為可以求導; 在第 53 行,呼叫 compute_w_div() 計算梯度。

呼叫 train() 訓練模型部分的程式與 8.7.9 節一致,這裡不再贅述。上述 程式執行後的輸出圖片如圖 8-21 所示。

▲ 圖 8-21　WGAN-div 結果

從圖 8-21 中可以看出,WGAN-div 模型也會輸出非常清晰的模擬樣本。 在有關 WGAN-div 的論文中,曾拿 WGAN-div 模型與 WGAN-gp 模型進 行比較,發現 WGAN-div 模型的 FID 分數更高一些 (FID 是評價 GAN 生 成圖片品質的一種指標)。

8.10 散度在神經網路中的應用

WGAN 開創了 GAN 的新流派，使得 GAN 的理論上升到一個新高度。在神經網路的損失計算中，最大化和最小化兩個資料分佈間散度的方法，已經成為無監督模型中有效的訓練方法之一。沿著這個想法擴充，在無監督模型訓練中，不但可以使用 KL 散度、JS 散度，而且可以使用其他度量分佈的方法。f-GAN 將度量分佈的做法複習起來並找出了其中的規律，使用統一的 f 散度實現了基於度量分佈方法訓練 GAN 模型的通用框架。

8.10.1 f-GAN 框架

f-GAN 是關於經典 GAN 中一般框架的複習。它不是具體的 GAN 方法，而是一套訓練 GAN 的框架複習。使用 f-GAN 可以在 GAN 的訓練中很容易實現各種散度的應用，即 f-GAN 是一個生產 GAN 模型的「工廠」。它所生產的 GAN 模型都有一個共同特點：對要生成的樣本分佈不進行任何先驗假設，而是使用最小化差異的度量方法，嘗試解決一般性的資料樣本生成問題 (這種模型常用於無監督訓練)。

8.10.2 基於 f 散度的變分散度最小化方法

變分散度最小化 (Variational Divergence Minimization，VDM) 方法是指透過最小化兩個資料分佈間的變分距離來訓練模型中參數的方法。這是 f-GAN 所使用的通用方法。在 f-GAN 中，資料分佈間的距離使用 f 散度來度量。

1. 變分散度最小化方法的適用範圍

前文介紹過 WGAN 模型的訓練方法，其實它也屬於 VDM 方法。所有符合 f-GAN 框架的 GAN 模型都可以使用 VDM 方法進行訓練。

VDM 方法適用於 GAN 模型的訓練。前文介紹的變分自編碼的訓練方法也屬於 VDM 方法。

2. f 散度

在介紹 f 散度 (f-divergence) 之前，先來看看它的定義。

指定兩個分佈 P、Q, $p(x)$ 和 $q(x)$ 分別是 x 對應的機率函數，則 f 散度可以表示為：

$$D_f(P\|Q) = \int_x q(x) f\left(\frac{p(x)}{q(x)}\right) \mathrm{d}x \tag{8-33}$$

f 散度相當於一個散度「工廠」，在使用它之前必須為式 (8-33) 中的生成函數 $f(x)$ 指定具體內容。f 散度會根據生成函數 $f(x)$ 對應的具體內容，生成指定的度量演算法。

舉例來說，令生成函數 $f(x)=x\log(x)$，代入式 (8-33) 中，便會從 f 散度中得到 KL 散度，推導見式 (8-34)。

$$\begin{aligned} D_f(P\|Q) &= \int_x q(x) f\left(\frac{p(x)}{q(x)}\right) \mathrm{d}x \\ &= \int_x q(x) \left(\frac{p(x)}{q(x)}\right) \log\left(\frac{p(x)}{q(x)}\right) \mathrm{d}x \\ &= \int_x p(x) \log\left(\frac{p(x)}{q(x)}\right) \mathrm{d}x = D_{KL}(P\|Q) \end{aligned} \tag{8-34}$$

對於 f 散度中的生成函數 $f(x)$ 是有要求的，它必須為凸函數且 $f(1) = 0$。

這樣便可以保證當 P 和 Q 無差異時，$f\left(\frac{p(x)}{q(x)}\right) = f(1)$，使得 f 散 $D_f(P\|Q) = 0$。

類似 KL 散度的這種方式，可以使用更多的生成函數 $f(x)$ 來表示常用的分佈度量演算法，具體如圖 8-22 所示。

演算法名稱	$D_f(P\|Q)$	生成函數 $f(u)$
Total variation	$\frac{1}{2}\int \|p(x)-q(x)\|\,\mathrm{d}x$	$\frac{1}{2}\|u-1\|$
Kullback-Leibler	$\int p(x)\log\frac{p(x)}{q(x)}\,\mathrm{d}x$	$u\log u$
Reverse Kullback-Leibler	$\int q(x)\log\frac{q(x)}{p(x)}\,\mathrm{d}x$	$-\log u$
Pearson χ^2	$\int \frac{(q(x)-p(x))^2}{p(x)}\,\mathrm{d}x$	$(u-1)^2$
Neyman χ^2	$\int \frac{(p(x)-q(x))^2}{q(x)}\,\mathrm{d}x$	$\frac{(1-u)^2}{u}$
Squared Hellinger	$\int \left(\sqrt{p(x)}-\sqrt{q(x)}\right)^2\,\mathrm{d}x$	$(\sqrt{u}-1)^2$
Jeffrey	$\int (p(x)-q(x))\log\left(\frac{p(x)}{q(x)}\right)\,\mathrm{d}x$	$(u-1)\log u$
Jensen-Shannon	$\frac{1}{2}\int p(x)\log\frac{2p(x)}{p(x)+q(x)}+q(x)\log\frac{2q(x)}{p(x)+q(x)}\,\mathrm{d}x$	$-(u+1)\log\frac{1+u}{2}+u\log u$
Jensen-Shannon-weighted	$\int p(x)\pi\log\frac{p(x)}{\pi p(x)+(1-\pi)q(x)}+(1-\pi)q(x)\log\frac{q(x)}{\pi p(x)+(1-\pi)q(x)}\,\mathrm{d}x$	$\pi u\log u-(1-\pi+\pi u)\log(1-\pi+\pi u)$
GAN	$\int p(x)\log\frac{2p(x)}{p(x)+q(x)}+q(x)\log\frac{2q(x)}{p(x)+q(x)}\,\mathrm{d}x-\log(4)$	$u\log u-(u+1)\log(u+1)$
α-divergence ($\alpha\notin\{0,1\}$)	$\frac{1}{\alpha(\alpha-1)}\int\left(p(x)\left[\left(\frac{q(x)}{p(x)}\right)^\alpha-1\right]-\alpha(q(x)-p(x))\right)\,\mathrm{d}x$	$\frac{1}{\alpha(\alpha-1)}\left(u^\alpha-1-\alpha(u-1)\right)$

▲ 圖 8-22　生成函數

8.10.3　用 Fenchel 共軛函數實現 f-GAN

在 f-GAN 中使用了 Fenchel 共軛函數完成了 f 散度計算。

1. Fenchel 共軛函數的定義

Fenchel 共軛 (Fenchel conjugate) 又稱凸共軛函數，是指對於每個凸函數且滿足下半連續的 $f(x)$，都有一個共軛函數 $f^\star$。$f^\star$ 的定義為：

$$f^*(t) = \max_{x\in\mathrm{dom}(f)}\left\{xt-f(x)\right\} \tag{8-35}$$

式 (8-35) 中的 $f^*(t)$ 是關於 t 的函數，其中 t 是變數；dom(f) 為 $f(x)$ 的定義域；max 即求當水平座標取 t 時，垂直座標在多筆 xt-$f(x)$ 直線中取最大那條直線上所對應的點，如圖 8-23 所示。

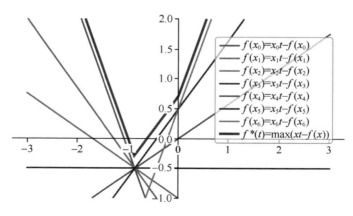

▲ 圖 8-23　Fenchel 共軛函數

2. Fenchel 共軛函數的特性

圖 8-23 中有 1 條粗線和許多條細直線，這些細直線是由隨機取樣的幾個 x 值所生成的 $f(x)$，粗線是生成函數的共軛函數 f^*。圖 8-23 中的生成函數是 $f(x)=|x-1|/2$，該函數對應的演算法是總變分 (Total Variation，TV) 演算法。TV 演算法常用於對圖型的去噪和復原。

可以看到，f 的共軛函數 f^* 仍然是凸函數，而且仍然下半連續。這表明 f^* 仍然會有它的共軛函數，即 $f^{**}=f$。因此，f 也可以表示成：

$$f\left(u\right) = \max_{t \in \mathrm{dom}\left(f^*\right)} \left\{ ut - f^*\left(t\right) \right\} \tag{8-36}$$

3. 將 Fenchel 共軛函數運用到 f 散度中

將式 (8-36) 代入式 (8-33) 的 f 散度中，可以得到：

$$\begin{aligned} D_{\mathrm{f}}\left(P \| Q\right) &= \int_x q(x) f\left(\frac{p(x)}{q(x)}\right) \mathrm{d}x \\ &= \int_x q(x)\left(\max_{t \in \mathrm{dom}\left(f^*\right)} \left(\frac{p(x)}{q(x)} t - f^*(t)\right) \right) \mathrm{d}x \end{aligned} \tag{8-37}$$

如果用神經網路的判別器模型 $D(x)$ 來代替式 (8-37) 中的 t，那麼 f 散度可以寫成：

$$
\begin{aligned}
D_{\mathrm{f}}\left(P\|Q\right) &\geqslant \int_{x} q(x)\left(\frac{p(x)}{q(x)}D(x)-f^{*}\left(D(x)\right)\right)\mathrm{d}x \\
&= \int_{x} p(x)D(x)\,\mathrm{d}x - \int_{x} q(x)f^{*}\left(D(x)\right)\mathrm{d}x
\end{aligned}
\tag{8-38}
$$

如果將式 (8-38) 中的兩個資料分佈 P、Q 分別看成對抗神經網路中的真實樣本和模擬樣本，那麼式 (8-38) 可以寫成：

$$
D_{\mathrm{f}}\left(P\|Q\right)=\max_{\mathrm{D}}\left\{E_{x\sim\mathrm{P}}\left[D(x)\right]-E_{x\sim Q}\left[f^{*}\left(D(x)\right)\right]\right\}
\tag{8-39}
$$

式 (8-39) 是判別器的損失函數。在訓練中，將判別器沿著 f 散度最大化的方向進行最佳化，而生成器則需要令兩個分佈的 f 散度最小化。於是，整個對抗神經網路的損失函數可以表示成：

$$
\mathrm{loss}_{\mathrm{GAN}}=\mathrm{argmin}_{G}\max_{D}\left\{D_{\mathrm{f}}\left(P_{\mathrm{r}}\|P_{\mathrm{G}}\right)\right\}=\mathrm{argmin}_{\mathrm{G}}\max_{\mathrm{D}}\left\{E_{x\sim P_{\mathrm{r}}}\left[D(x)\right]-E_{x\sim P_{\mathrm{G}}}\left[f^{*}\left(D(x)\right)\right]\right\}
\tag{8-40}
$$

其中，P_{r} 表示真實樣本的機率，P_{G} 表示模擬樣本的機率。按照該方法，配合圖 8-22 所示的各種分佈度量的演算法，可實現基於指定演算法的對抗神經網路。

4. 用 f-GAN 生成各種 GAN

將圖 8-22 中的具體演算法代入到式 (8-40) 中，便可以得到對應的 GAN。有趣的是，對於透過 f-GAN 計算出來的 GAN，可以找到好多已知的 GAN 模型。這種透過規律的角度來反向看待個體的模型，會使我們對 GAN 的了解更加透徹。舉例如下。

■ 原始 GAN 判別器的損失函數：將 JS 散度代入式 (8-40) 中，並令 $D(x)=\log[2D(x)]$（可以透過調整啟動函數實現），即可得到。

- LSGAN 的損失函數：將卡方散度 (圖 8-22 中的 Pearson χ^2) 代入式 (8-40) 中，便可得到。
- EBGAN 的損失函數：將總變分 (圖 8-22 中的 Total variation) 代入式 (8-40) 中，便可得到。

8.10.4　f-GAN 中判別器的啟動函數

8.10.3 節從理論上推導了計算 f-GAN 損失函數的通用公式，但在具體應用時，還需要將圖 8-22 所示的對應公式代入式 (8-40) 進行推導，並不能直接指導編碼實現。其實，還可以從公式層面對式 (8-40) 進一步推導，得到判別器最後一層的啟動函數，直接用於指導編碼實現。

為了得到啟動函數，需要對式 (8-40) 中的部分符號進行變換，具體如下。

將判別器 $D(x)$ 寫成 $g\_f(v)$，其中 g_f 代表 $D(x)$ 中最後一層的啟動函數，v 代表 $D(x)$ 中輸入 g_f 啟動函數的向量。

將生成器和判別器中的權重參數分別設為 θ、w，則訓練 θ、w 的模型可以定義為：

$$F(\theta,\omega) = E_{x \sim P_t}[g\_f(v)] - E_{x \sim P_G}[f^*(g\_f(v))] \tag{8-41}$$

在原始的 GAN 模型中，損失函數的計算方法是目標結果 (0 或 1) 之間的交叉熵公式，訓練 θ、w 的模型可以定義為 (參見的論文編號為 arXiv: 1406.2661,2014)：

$$F(\theta,w) = E_{x \sim P_t}\left[\log\left(D(x)\right)\right] + E_{x \sim P_G}\left[\log\left(1 - D(x)\right)\right] \tag{8-42}$$

式 (8-41) 是從分佈的角度來定義 $F(\theta,w)$ 的，而式 (8-42) 是從數值的角度定義 $F(\theta,w)$ 的，二者是等值的。比較式 (8-41) 與式 (8-42) 兩者右側的第一項，即可得出：

$$g\_f(v) = \log(D(x)) \tag{8-43}$$

由式 (8-43) 中可以看出，f-GAN 中最後一層的啟動函數本質上就是原始 GAN 中的啟動函數再加一個對數運算。

> **📖 提示**
>
> 式 (8-41) 與式 (8-42) 兩者的右側各有兩項，它們的第一項和第二項都是等值的。為了計算簡單，這裡直接拿第一項來比較，得出式 (8-43)。這個與直接拿第二項來比較進行推理是完全等值的。有興趣的讀者可以把第一項推導的結果再代回第二項，會發現等式仍然成立。

有了式 (8-43)，就可以為任意計算方法定義最後一層的啟動函數了。舉例來說，在原始的 GAN 中，判別器常使用 Sigmoid 作為啟動函數 (可以輸出 0~1 的數)。以這種類型的 GAN 為例，將 $Sigmoid(v) = 1/(1+e^{-v})$ 代入式 (8-43) 中，可以得到對應最後一層的啟動函數 g_f：

$$g\_f(v) = \log(D(x)) = -\log(1 + e^{-v}) \tag{8-44}$$

使用類似的這種計算方法，可以為 f-GAN 框架產生的各種模型定義最後一層的啟動函數，如圖 8-24 所示。

演算法名稱	啟動函數 g_f	$\mathrm{dom}(f^*)$	共軛函數 $f^*(t)$
Total variation	$\frac{1}{2}\tanh(v)$	$-\frac{1}{2} \leq t \leq \frac{1}{2}$	t
Kullback-Leibler (KL)	v	$\mathbb{R}$	$\exp(t-1)$
Reverse KL	$-\exp(v)$	$\mathbb{R}_-$	$-1 - \log(-t)$
Pearson χ^2	v	$\mathbb{R}$	$\frac{1}{4}t^2 + t$
Neyman χ^2	$1 - \exp(v)$	$t < 1$	$2 - 2\sqrt{1-t}$
Squared Hellinger	$1 - \exp(v)$	$t < 1$	$\frac{t}{1-t}$
Jeffrey	v	$\mathbb{R}$	$W(e^{1-t}) + \frac{1}{W(e^{1-t})} + t - 2$
Jensen-Shannon	$\log(2) - \log(1 + \exp(-v))$	$t < \log(2)$	$-\log(2 - \exp(t))$
Jensen-Shannon-weighted	$-\pi \log \pi - \log(1 + \exp(-v))$	$t < -\pi \log \pi$	$(1 - \pi)\log\frac{1-\pi}{1-\pi e^{t/\pi}}$
GAN	$-\log(1 + \exp(-v))$	$\mathbb{R}_-$	$-\log(1 - \exp(t))$
α-div. ($\alpha < 1, \alpha \neq 0$)	$\frac{1}{1-\alpha} - \log(1 + \exp(-v))$	$t < \frac{1}{1-\alpha}$	$\frac{1}{\alpha}(t(\alpha-1)+1)^{\frac{\alpha}{\alpha-1}} - \frac{1}{\alpha}$
α-div. ($\alpha > 1$)	v	$\mathbb{R}$	$\frac{1}{\alpha}(t(\alpha-1)+1)^{\frac{\alpha}{\alpha-1}} - \frac{1}{\alpha}$

▲ 圖 8-24　f-GAN 中最後一層的啟動函數 (參見的論文編號為 arXiv: 1606.00709,2016)

在前文介紹過 SoftPlus 啟動函數，其定義如下：

$$\text{SoftPlus}(x) = \frac{1}{\beta}\log(1 + e^{\beta x}) \tag{8-45}$$

將 SoftPlus 中的 β 設為 1，並代入式 (8-41) 中，可以得到：

$$F(\theta, w) = E_{x \sim P_G}[\text{SoftPlus}(v)] - E_{x \sim P_t}[\text{SoftPlus}(-v)] \tag{8-46}$$

式 (8-46) 便是可以直接指導編碼的最終表示。

> **📖 提示**
>
> 在圖 8-24 中的倒數第 5 行，可以找到與 JS 散度相關的最後一層的啟動函數，發現它比倒數第 3 項 GAN 所對應的啟動函數僅多了一個常數項。
>
> 將與 JS 散度相關的最後一層啟動函數代到式 (8-41) 中，可以得到與式 (8-46) 一樣的公式，這説明式 (8-46) 不但適用於普通的 GAN 模型，而且適用於使用 JS 散度計算的對抗神經網路。

8.10.5 相互資訊神經估計

相互資訊神經估計 (Mutual Information Neural Estimation，MINE) 是一種基於神經網路估計相互資訊的方法。它透過 BP 演算法進行訓練，對高維度的連續隨機變數間的相互資訊進行估計，可以最大化或最小化相互資訊，提升生成模型的對抗訓練，突破監督學習分類任務的瓶頸。(參見的論文編號為 arXiv: 1801.04062,2018。)

1. 將相互資訊轉化為 KL 散度

在前面介紹過相互資訊的公式。它可以表示為兩個隨機變數 X、Y 的邊緣分佈的乘積相對於 X、Y 聯合機率分佈的相對熵，即 $I(X;Y) = D_{KL}(P(x,$

$y)\|P(x)P(y))$（$P(x)$ 代表機率函數）。這表明相互資訊可以透過求 KL 散度的方法進行計算。

2. KL 散度的兩種對偶表示

在前面介紹過，KL 散度具有不對稱性，可以將其轉化為具有對偶性的表示法進行計算。基於散度的對偶表示公式有兩種。

（1）Donsker-Varadhan 表示：

$$D_{\mathrm{KL}}(P(x) \| P(y)) = \max_{T:\Omega \to R} \{E_{P(x)}[T] - \log(E_{P(y)}[\mathrm{e}^T])\} \tag{8-47}$$

（2）dual f-divergence 表示：

$$D_{\mathrm{KL}}(P(x) \| P(y)) = \max_{T:\Omega \to R} \{E_{P(x)}[T] - E_{P(y)}[\mathrm{e}^{T-1}]\} \tag{8-48}$$

式 (8-47) 和式 (8-48) 中的 T 代表任意分類函數。

其中 dual f-divergence 表示相對於 Donsker-Varadhan 表示有更低的下界，會導致估計結果更加寬鬆和不準確。因此，一般使用 Donsker-Varadhan 表示。

3. 在神經網路中應用 KL 散度

將 KL 散度的表示公式 (即式 (8-47)) 代入到相互資訊公式中，即可得到基於神經網路的相互資訊計算方式：

$$I_w(X;Y) = E_{P(x,y)[T_w]} - \log(E_{P(x)P(y)}[\mathrm{e}^{T_w}]) \tag{8-49}$$

其中，T_w 代表一個帶有權重參數 w 的神經網路，參數 w 可以透過訓練得到。根據條件機率公式可知聯合機率 $P(X,Y)$ 等於 $P(Y|X)P(X)$，假如 Y 是 X 經過函數 $G(x)$ 得來，那麼在神經網路中，式 (8-49) 的第一項可以寫成 $T(x,G(x))$。

將第一項中的聯合機率 $P(X,Y)$ 換成 $P(Y|X)P(X)$，再將條件機率 $P(Y|X)$ 換成邊緣機率 $P(Y)$，便獲得了第二項的資料分佈 $P(X)P(Y)$。邊緣機率可以了解成對聯合機率另一維度的積分。因為在空間上由曲面變成曲線，降低了一個維度，所以 Y 的邊緣分佈不再與 x 的設定值有任何關係 (大寫的 X、Y 代表集合，小寫 x、y 代表個體)。在神經網路中，y 值可以透過任取 x 並將其輸入 $G(x)$ 中得來，因此式 (8-49) 的第二項可以寫成 $T(x,G(\hat{x}))$。

> **IIV 提示**
>
> 因為無法直接獲得邊緣機率 $P(Y)$，所以採用任取一些 x 並將其輸入 $G(x)$ 的方法來獲得部分 y，從而代替邊緣機率 $P(Y)$。這種透過樣本分佈來估計整體分佈的方法稱為經驗分佈。
>
> 經典統計推斷的主要思想就是用樣本來推斷整體的狀態。因為整體是未知的，所以只能透過多次試驗的樣本 (即實際值) 來推斷整體。

本質上，$T(x,G(\hat{x}))$ 的做法是要保證輸入 G 中的 x 與輸入 T 中的 x 不同。為了計算方便，常會使用 shuffle() 函數來將由某一批次的 x 資料所生成的 y 打亂順序，一樣可以實現 $G(x)$ 中的 x 與 $T(x,G(\hat{x}))$ 中 x 不同的目標。

8.10.6 實例 24：用神經網路估計相互資訊

下面透過一個簡單的例子來實現 MINE 方法的功能。

實例描述

定義兩組具有不同分佈的模擬資料，使用 MINE 的方法計算它們的相互資訊。

本例主要是將 8.10.5 節的理論內容應用於程式實現中。使用神經網路的方法計算兩個資料分佈之間的相互資訊。

1. 準備模擬樣本

定義兩個資料生成函數 gen_x()、gen_y()。函數 gen_x() 用於生成 1 或 -1，函數 gen_y() 在此基礎上為其再加上一個符合高斯分佈的隨機值。具體程式如下。

程式檔案：code_25_MINE.py

```
01  import torch
02  import torch.nn as nn
03  import torch.nn.functional as F
04  import numpy as np
05  from tqdm import tqdm
06  import matplotlib.pyplot as plt
07
08  # 生成模擬資料
09  def gen_x():
10      return np.sign(np.random.normal(0.,1.,[data_size,1]))
11
12  def gen_y(x):
13      return x+np.random.normal(0.,0.5,[data_size,1])
14
15  data_size = 1000
16  x_sample=gen_x()
17  y_sample=gen_y(x_sample)
18  plt.scatter(np.arange(len(x_sample)), x_sample, s=10,c='b',marker='o')
19  plt.scatter(np.arange(len(y_sample)), y_sample, s=10,c='y',marker='o')
20  plt.show()
```

上述程式執行後輸出的結果如圖 8-25 所示。

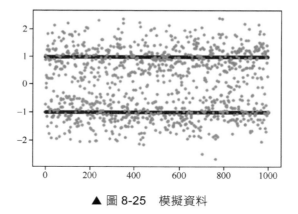

▲ 圖 8-25　模擬資料

在圖 8-25 中，兩筆橫線部分是樣本資料 x 中的點，其他部分是樣本資料 y。

2. 定義神經網路模型

定義 3 層全連接網路模型，輸入是樣本 x 和 y，輸出是擬合結果。具體程式如下。

程式檔案：code_25_MINE.py(續1)

```
21  class Net(nn.Module):
22      def __init__(self):
23          super(Net, self).__init__()
24          self.fc1 = nn.Linear(1, 10)
25          self.fc2 = nn.Linear(1, 10)
26          self.fc3 = nn.Linear(10, 1)
27
28      def forward(self, x, y):
29          h1 = F.relu(self.fc1(x)+self.fc2(y))
30          h2 = self.fc3(h1)
31          return h2
32
33  model = Net()
34  optimizer = torch.optim.Adam(model.parameters(), lr=0.01)
```

上述程式的第 34 行使用了 Adam 最佳化器並設定學習率為 0.01。

3. 用 MINE 方法訓練模型並輸出結果

MINE 方法主要用於模型的訓練階段。按照 8.10.5 節中的描述，使用以下步驟完成對 loss 的計算。

（1）呼叫 gen_x() 函數生成樣本 x_sample。x_sample 代表 X 的邊緣分佈 P(X)。

（2）將生成的 x_sample 樣本放到 gen_x() 函數中，生成樣本 y_sample。y_sample 代表條件分佈 P(Y|X)。

（3）將第 (1) 步和第 (2) 步的結果放到模型中得到聯合機率 (P(X,Y)=P(Y|X)P(X)) 關於神經網路的期望值 pred_xy(式 (8-49) 中的第一項)。

（4）將第 (2) 步的結果按照批次維度打亂順序得到 y_shuffle。y_shuffle 是 Y 的經驗分佈 , 近似於 Y 的邊緣分佈 P(Y)。

（5）將第 (1) 步和第 (4) 步的結果放到模型中，得到邊緣機率關於神經網路的期望值 pred_x_y(式 (8-49) 中的第二項)。

（6）將第 (3) 步和第 (5) 步的結果代入式 (8-49) 中，得到相互資訊 ret。

（7）在訓練過程中，因為需要將模型權重向著相互資訊最大的方向最佳化，所以對相互資訊反轉，得到最終的 loss 值。

在得到 loss 值之後，便可以進行反向傳播並呼叫最佳化器進行模型最佳化。具體程式如下。

程式檔案：code_25_MINE.py(續2)

```
35  n_epoch = 500
36  plot_loss = []
37  for epoch in tqdm(range(n_epoch)):
38      x_sample=gen_x()
39      y_sample=gen_y(x_sample)
40      y_shuffle=np.random.permutation(y_sample)
```

```
41        # 轉化為張量
42        x_sample = torch.from_numpy(x_sample).type(torch.FloatTensor)
43        y_sample = torch.from_numpy(y_sample).type(torch.FloatTensor)
44        y_shuffle = torch.from_numpy(y_shuffle).type(torch.FloatTensor)
45
46        model.zero_grad()
47        pred_xy = model(x_sample, y_sample)           # 聯合分佈的期望
48         pred_x_y = model(x_sample, y_shuffle)         # 邊緣分佈的期望
49
50        ret = torch.mean(pred_xy) - torch.log(torch.mean(torch.exp
                                               (pred_x_y)))
51        loss = - ret                                  # 最大化相互資訊
52        plot_loss.append(loss.data)                   # 收集損失值
53        loss.backward()                               # 反向傳播
54        optimizer.step()                              # 呼叫最佳化器
55
56 plot_y = np.array(plot_loss).reshape(-1,)            # 視覺化
57 plt.plot(np.arange(len(plot_loss)), -plot_y, 'r')
```

在上述程式的第 57 行中，直接將 loss 值反轉，得到最大化相互資訊的值。

上述程式執行後輸出以下結果：

```
100%|███████████████████| 500/500 [00:02<00:00, 244.66it/s]
```

生成的視覺化結果如圖 8-26 所示。

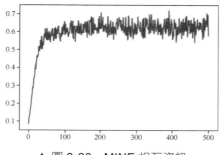

▲ 圖 8-26　MINE 相互資訊

從圖 8-26 中可以看出，最終得到的相互資訊值在 0.7 左右。

> **📖 提示**
> 本例實現了用神經網路計算相互資訊的功能。這是一個簡單的例子，目的在於幫助讀者更進一步地了解 MINE 方法。

8.10.7　穩定訓練 GAN 模型的經驗和技巧

GAN 模型的訓練是神經網路中公認的難題。對於許多訓練失敗的情況，主要分為兩種情況：模式捨棄 (mode dropping) 和模式崩塌 (mode collapsing)。

- 模式捨棄：是指模型生成的模擬樣本中，缺乏多樣性的問題，即生成的模擬資料是原始資料集中的子集。舉例來說，MNIST 資料分佈一共有 10 個分類 (0~9 共 10 個數字)，而生成器所生成的模擬資料只有其中某個數字。
- 模式崩塌：生成器所生成的模擬樣本非常模糊，品質很低。

下面提供了一些可以穩定訓練 GAN 模型的經驗和技巧。

1. 降低學習率

一般來說當使用更大的批次訓練模型時，可以設定更高的學習率。但是，當模型發生模式捨棄情況時，可以嘗試降低模型的學習率，並從頭開始訓練。

2. 標籤平滑

標籤平滑可以有效地改善訓練中模式崩塌的情況。這種方法也非常容易了解和實現，如果真實圖型的標籤設定為 1，就將它改成一個低一點的值

(如 0.9)。這個解決方案阻止判別器過於相信分類標籤，即不依賴非常有限的一組特徵來判斷圖型是真還是假。

3. 多尺度梯度

這種技術常用於生成較大 (1024 像素 ×1024 像素) 的模擬圖型。該方法的處理方式與傳統的用於語義分割的 U-Net 類似。

模型更關注的是多尺度梯度，將真實圖片透過下取樣方式獲得的多尺度圖片與生成器的中繼站連接部分輸出的多尺度向量一起送入判別器，形成 MSG-GAN 架構。(參見的論文編號為 arXiv: 1903.06048,2019。)

4. 更換損失函數

在 f-GAN 系列的訓練方法中，由於散度的度量不同，導致訓練不穩定性問題的存在。在這種情況下，可以在模型中使用不同的度量方法作為損失函數，找到更適合的解決方法。

5. 借助相互資訊估計方法

在訓練模型時，還可以使用 MINE 方法來輔助模型訓練。

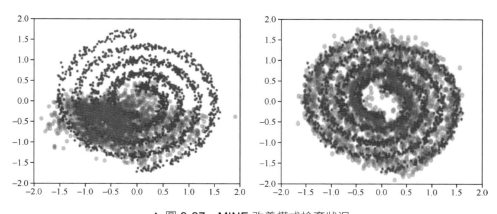

▲ 圖 8-27　MINE 改善模式捨棄狀況

MINE 方法是一個通用的訓練方法，可以用於各種模型 (自編碼神經網路、對抗神經網路)。在 GAN 的訓練過程中，使用 MINE 方法輔助訓練模型會有更好的表現，如圖 8-27 所示。

圖 8-27 左側是 GAN 模型生成的結果；右側是使用 MINE 輔助訓練後的生成結果。可以看到，圖中右側的模擬資料 (黃色的點) 所覆蓋的空間與原始資料 (藍色的點) 更一致。

MINE 改善模式崩塌狀況的例子如圖 8-28 所示。

▲ 圖 8-28　MINE 改善模式崩塌狀況的例子

圖 8-28 左側是原始圖片，中間是使用 GAN 的結果，右側是使用 GAN+MINE 之後的結果。可以看到，右側的圖片品質更接近於左側的原始圖片。

> **📖 提示**
>
> MINE 方法中主要使用了兩種技術：相互資訊轉為神經網路模型技術和使用對偶 KL 散度計算損失技術。最有價值的是這兩種技術的思想，利用相互資訊轉為神經網路模型技術，可以應用到更多的模型結構中。同時，損失函數也可以根據具體的任務而使用不同的分佈度量演算法。8.11 節的 DIM 模型就是一個將 MINE 與 f-GAN 相結合的例子。

8.11 實例 25：用最大化深度相互資訊模型執行圖片搜尋器

圖片搜尋器分為圖片的特徵提取和匹配兩部分，其中圖片的特徵提取是關鍵。特徵提取是深度學習模型中處理資料的主要環節，也是無監督模型研究的方向。本節將學習一種基於無監督方式提取特徵的方法 -- 最大化深度相互資訊 (Deep InfoMax，DIM) 方法。

實例描述

使用最大化深度相互資訊模型提取圖片資訊，並用提取出來的低維特徵製作圖片搜尋器。

在 DIM 模型中，幾乎用到了本章中的所有內容。DIM 模型的網路結構結合了自編碼和對抗神經網路，損失函數使用了 MINE 與 f-GAN 方法的結合。在此之上，DIM 模型又從全域損失、局部損失和先驗損失 3 個損失出發進行訓練。

8.11.1 DIM 模型的原理

好的編碼器應該能夠提取出樣本中最獨特、具體的資訊，而非單純地追求過小的重構誤差。而樣本的獨特資訊可以使用「相互資訊」(Mutual Information, MI) 來衡量。因此，在 DIM 模型中，編碼器的目標函數不是最小化輸入與輸出的 MSE，而是最大化輸入與輸出的相互資訊。

1. DIM 模型的主要思想

DIM 模型中的相互資訊解決方案主要來自 MINE 方法，即計算輸入樣本與編碼器輸出的特徵向量之間的相互資訊，透過最大化相互資訊來實現模型的訓練。

DIM 模型在無監督訓練中使用兩種約束來表示學習。

- 最大化輸入資訊和進階特徵向量之間的相互資訊：如果模型輸出的低維特徵能夠代表輸入樣本，那麼該特徵分佈與輸入樣本分佈的相互資訊一定是最大的。
- 對抗匹配先驗分佈：編碼器輸出的進階特徵要更接近高斯分佈，判別器要將編碼器生成的資料分佈與高斯分佈區分。

在實現時，DIM 模型使用了 3 個判別器，分別從局部相互資訊最大化、全域相互資訊最大化和先驗分佈匹配最小化 3 個角度對編碼器的輸出結果進行約束。(參見的論文編號為 arXiv: 1808.06670,2018。)

2. 局部和全域相互資訊最大化約束的原理

許多表示學習只使用已探索過的資料空間 (稱為像素等級)，當一小部分資料十分關心語義等級時，表明該表示學習將不利於訓練。

對於圖片，它的相關性更多表現在局部。圖片的辨識、分類等應該是一個從局部到整體的過程，即全域特徵更適合用於重構，局部特徵更適合用於下游的分類任務。

> **提示**
>
> 局部特徵可以視為卷積後得到的特徵圖，全域特徵可以視為對特徵圖進行編碼得到的特徵向量。

DIM 模型從局部和全域兩個角度出發對輸入和輸出執行相互資訊計算。而先驗匹配的目的是對編碼器生成向量形式進行約束，使其更接近高斯分佈。

3. 用先驗分佈匹配最小化約束的原理

8.3 節、8.4 節介紹過變分自編碼神經網路的原理，其編碼器部分的主要思想是：在對輸入資料編碼成特徵向量的同時，還希望這個特徵向量服從於標準的高斯分佈。這種做法使編碼空間更加規整，甚至有利於解耦特徵，便於後續學習。

DIM 模型的編碼器與變分自編碼中編碼器的使命是一樣的。因此，在 DIM 模型中引入變分自編碼神經網路的原理，將高斯分佈當作先驗分佈，對編碼器輸出的向量進行約束。

8.11.2 DIM 模型的結構

DIM 模型由 4 個子模型組成 --1 個編碼器、3 個判別器。其中編碼器的作用主要是對圖片進行特徵提取，3 個判別器分別從局部、全域、先驗匹配 3 個角度對編碼器的輸出結果進行約束。DIM 模型結構如圖 8-29 所示。

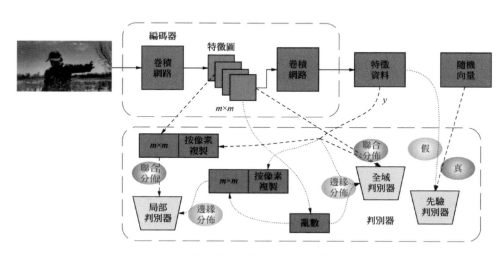

▲ 圖 8-29　DIM 模型結構

在 DIM 模型的實作方式過程中，沒有直接對原始的輸入資料與編碼器輸出的特徵資料執行最大化相互資訊計算，而使用了編碼器中間過程中的特徵圖與最終的特徵資料執行相互資訊計算。

根據 8.10.5 節介紹的 MINE 方法，利用神經網路計算相互資訊的方法可以換算成計算兩個資料集的聯合分佈和邊緣分佈間的散度，即將判別器處理特徵圖和特徵資料的結果當作聯合分佈，將亂數後的特徵圖和特徵資料登錄判別器得到邊緣分佈。

> **提示**
>
> 處理邊緣分佈的內容與 8.10.6 節實例中的處理方式不同。8.10.6 節中的實例保持原有輸入不變，亂數編碼器輸出的特徵向量作為判別器的輸入；DIM 模型打亂特徵圖的批次順序後與編碼器輸出的特徵向量一起作為判別器的輸入。
>
> 二者的本質是相同的，即令輸入判別器的特徵圖與特徵向量各自獨立 (破壞特徵圖與特徵向量間的對應關係)，詳見 8.10.5 節的原理介紹。

1. 全域判別器模型

如圖 8-29 所示，全域判別器的輸入值有兩個：特徵圖和特徵資料 y。在計算相互資訊的過程中，聯合分佈的特徵圖和特徵資料 y 都來自編碼神經網路的輸出。計算邊緣分佈的特徵圖是由改變特徵圖的批次順序得來的，而特徵資料 y 還是來自編碼神經網路的輸出，如圖 8-30 所示。

在全域判別器中，具體的處理步驟如下。

（1）使用卷積層對特徵圖進行處理，得到全域特徵。
（2）將該全域特徵與特徵資料 y 用 torch.cat() 函數連接起來。
（3）將連接後的結果輸入全連接網路，最終輸出判別結果 (一維向量)。

其中，第 (3) 步中全連接網路的作用是對兩個全域特徵進行判定。

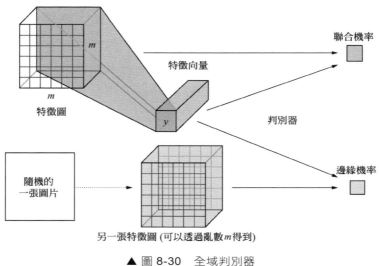

特徵向量

聯合機率

判別器

特徵圖

m

m

y

隨機的
一張圖片

邊緣機率

另一張特徵圖 (可以透過亂數 *m* 得到)

▲ 圖 8-30　全域判別器

2. 局部判別器模型

如圖 8-29 所示，局部判別器的輸入值是一個特殊的合成向量：將編碼器輸出的特徵資料 *y* 按照特徵圖的尺寸複製成 *m*×*m* 份。令特徵圖中的每個像素都與編碼器輸出的全域特徵資料 *y* 相連。這樣，判別器所做的事情就變成對每個像素與全域特徵向量之間的相互資訊進行計算。因此，該判別器稱為局部判別器。

在局部判別器中，計算相互資訊的聯合分佈和邊緣分佈方式與全域判別器一致，如圖 8-31 所示。

如圖 8-31 所示，在局部判別器中主要使用了 1×1 的卷積操作 (步進值也為 1)。因為這種卷積操作不會改變特徵圖的尺寸 (只是通道數的變換)，所以判別器的最終輸出也是大小為 *m*×*m* 的值。

局部判別器透過執行多層的 1×1 卷積操作，將通道數最終變成 1，並作為最終的判別結果。該過程可以視為，同時對每個像素與全域特徵計算相互資訊。

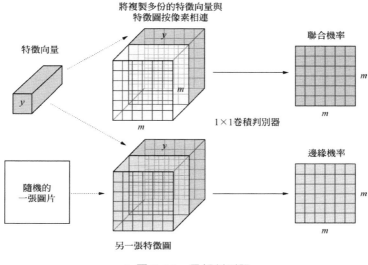

▲ 圖 8-31　局部判別器

3. 先驗判別器模型

8.11.1 節介紹過,先驗判別器模型主要是輔助編碼器生成的向量趨近於
高斯分佈,其做法與普通的對抗神經網路一致。先驗判別器模型輸出的
結果只有 0 或 1:令判別器對高斯分佈取樣的資料判定為真 (1),對編碼
器輸出的特徵向量判定為假 (0),如圖 8-32 所示。

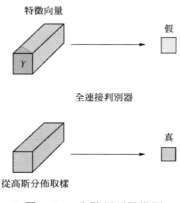

▲ 圖 8-32　先驗判別器模型

如圖 8-32 所示，先驗判別器模型的輸入只有一個特徵向量。其結構主要使用了全連接神經網路，最終會輸出「真」或「假」的判定結果。

4. 損失函數

在 DIM 模型中，將 MINE 方法中的 KL 散度換成 JS 散度來作為相互資訊的度量。這樣做的原因是：JS 散度是有上界的，而 KL 散度是沒有上界的。相比之下，JS 散度更適合在最大化任務中使用，因為它在計算時不會產生特別大的數，並且 JS 散度的梯度又是無偏的。

在 f-GAN 中可以找到 JS 散度的計算公式，見式 (8-46)(其原理在式 (8-46) 下面的提示部分進行了說明)。

先驗判別器的損失函數非常簡單，與原始的 GAN 模型 (參見的論文編號為 arXiv: 1406.2661,2014) 中的損失函數一致，見式 (8-42)。

對這 3 個判別器各自損失函數的計算結果加權求和，便得到整個 DIM 模型的損失函數。

8.11.3 程式實現：載入 CIFAR 資料集

本例使用的資料集是 CIFAR，它與前文中介紹的 Fashion-MNIST 資料集類似，也是一些圖片。CIFAR 比 Fashion-MNIST 更為複雜，而且由彩色圖型組成，相比之下，與實際場景中接觸的樣本更為接近。

1. CIFAR 資料集的版本

CIFAR 由 Alex Krizhevsky、Vinod Nair 和 Geoffrey Hinton 收集而來。

因為起初的資料集共將資料分為 10 類，分別為飛機、汽車、鳥、貓、鹿、狗、青蛙、馬、船、卡車，所以 CIFAR 的資料集常以 CIFAR-10 命名，其中包含 60000 張 32 像素 ×32 像素的彩色圖型 (包含 50000 張訓練圖片、10000 張測試圖片),沒有任何類型重疊的情況。因為是彩色圖型,所以這個資料集是三通道的,具有 R、G、B 這 3 個通道。

後來,CIFAR 又推出了一個分類更多的版本:CIFAR-100,從名字也可以看出,其將資料分為 100 類。它將圖片分得更細,當然,這對神經網路圖型辨識是更大的挑戰。有了這些資料,我們可以把精力全部投入在網路最佳化上。CIFAR 資料集的部分內容如圖 8-33 所示。

▲ 圖 8-33　CIFAR 資料集的部分內容

2. 獲取 CIFAR 資料集

CIFAR 資料集是已經打包好的檔案,分為 Python、二進位 bin 檔案套件,方便不同的程式讀取。

本例使用的資料集是 CIFAR-10 版本中的 Python 檔案套件,對應的檔案名稱為 "cifar-10-python.tar.gz"。該檔案可以在官網上手動下載,也可以使用與獲取 Fashion-MNIST 類似的方法,透過 PyTorch 的內嵌程式進行下載。

3. 載入並顯示 CIFAR 資料集

匯入 PyTorch 函數庫，透過介面模式下載資料集，並顯示部分資料樣本。具體程式如下。

程式檔案：code_26_DIM.py

```
01  import torch
02  from torch import nn
03  import torch.nn.functional as F
04  import torchvision
05  from torchvision.transforms import ToTensor
06  from torch.utils.data import DataLoader
07  from torchvision.datasets.cifar import CIFAR10
08  from torch.optim import Adam
09  from matplotlib import pyplot as plt
10  import numpy as np
11  from tqdm import tqdm
12  from pathlib import Path
13  from torchvision.transforms import ToPILImage
14  #指定運算裝置
15  device = torch.device('cuda'if torch.cuda.is_available() else 'cpu')
16  print(device)
17  #載入資料集
18  batch_size = 512
19  data_dir = r'./cifar10/'
20  train_dataset = CIFAR10(data_dir,  download=True, transform=ToTensor())
21  train_loader = DataLoader(train_dataset, batch_size=batch_size,
22                            shuffle=True, drop_last=True,
23                            pin_memory=torch.cuda.is_available())
24  print("訓練樣本個數：",len(train_dataset))
25  #定義函數用於顯示圖片
26  def imshowrow(imgs,nrow):
27      plt.figure(dpi=200)    #figsize=(9, 4),
28      _img=ToPILImage()(torchvision.utils.make_grid(imgs,nrow=nrow ))
```

```
29      plt.axis('off')
30      plt.imshow(_img)
31      plt.show()
32  # 定義標籤索引對應的字元
33  classes = ('airplane', 'automobile', 'bird', 'cat',
34              'deer', 'dog', 'frog', 'horse', 'ship', 'truck')
35  # 獲取一部分樣本用於顯示
36  sample = iter(train_loader)
37  images, labels = sample.next()
38  print(' 樣本形狀：',np.shape(images))
39  print(' 樣本標籤：',','.join('%2d:%-5s'% (labels[j],
40      classes[labels[j]]) for j in range(len(images[:10]))))
41  imshowrow(images[:10],nrow=10)
```

上述程式的第 20 行呼叫了資料集 CIFAR-10 的下載介面。該行程式執行後，系統會自動下載資料集檔案 "cifar-10-python.tar.gz" 到本地的指定路徑 "cifar10" 下，並進行解壓縮。這行程式碼執行後，會在本地的 "cifar10/cifar-10-batches-py" 目錄下找到資料集檔案，如圖 8-34 所示。

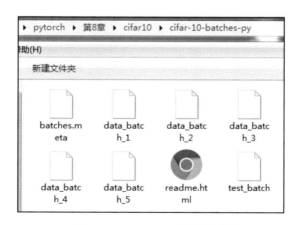

▲ 圖 8-34　CIFAR-10 資料集檔案

圖 8-34 中主要有 3 種類型檔案，具體說明如下。

- batches.meta：標籤說明文件。
- data_batch_x：訓練樣本集，一共有 5 個，每個檔案包含 10000 筆訓練樣本。
- test.batch：10000 筆測試樣本。

> **📖 提示**
>
> 如果使用程式的方式下載資料集不順暢，那麼也可以手動在官網下載資料集，然後將其放到本地目錄的 "cifar10" 下。

上述程式的第 28 行呼叫 PyTorch 的內部轉換介面，實現張量到 PILImage 類型圖片的轉換。該介面主要實現了以下幾步操作。

（1）將張量的每個元素乘以 255。

（2）將張量的資料類型由 FloatTensor 轉化成 uint8。

（3）將張量轉化成 NumPy 的 ndarray 類型。

（4）對 ndarray 物件執行 transpose(1, 2, 0) 的操作。

（5）利用 Image 下的 fromarray() 函數，將 ndarray 物件轉化成 PILImage 形式。

（6）輸出 PILImage。

程式中，傳入 PILImage 介面的是由 torchvision.utils.make_grid 介面返回的張量物件。在第 6 章介紹過，make_grid 介面會將多個張量圖片拼接在一起。

上述程式執行後，生成以下結果：

```
訓練樣本個數：50000
樣本形狀：torch.Size([512, 3, 32, 32])
樣本標籤：9:truck, 8:ship , 1:automobile, 1:automobile, 3:cat , 4:deer,
2:bird, 0:airplane,5:dog, 5:dog
```

最後一行的標籤對應的樣本圖片如圖 8-35 所示。

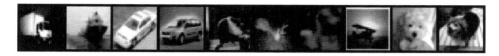

▲ 圖 8-35　CIFAR-10 樣本

8.11.4　程式實現：定義 DIM 模型

定義編碼器模型類別 Encoder 與判別器類別 DeepInfoMaxLoss。

- Encoder：透過多個卷積層對輸入資料進行編碼，生成 64 維特徵向量。
- DeepInfoMaxLoss：實現全域、局部、先驗判別器模型的結構，併合並每個判別器的損失函數，得到整體損失函數。

具體程式如下。

```
程式檔案：code_26_DIM.py(續1)
42  class Encoder(nn.Module):
43    def __init__(self):
44      super().__init__()
45      self.c0 = nn.Conv2d(3, 64, kernel_size=4, stride=1)    # 輸出尺寸
29
46      self.c1 = nn.Conv2d(64, 128, kernel_size=4, stride=1)   # 輸出尺寸
26
47      self.c2 = nn.Conv2d(128, 256, kernel_size=4, stride=1)  # 輸出尺寸
23
48      self.c3 = nn.Conv2d(256, 512, kernel_size=4, stride=1)  # 輸出尺寸
20
49      self.l1 = nn.Linear(512*20*20, 64)
50      # 定義 BN 層
51      self.b1 = nn.BatchNorm2d(128)
52      self.b2 = nn.BatchNorm2d(256)
```

```
53       self.b3 = nn.BatchNorm2d(512)
54
55   def forward(self, x):
56       h = F.relu(self.c0(x))
57       features = F.relu(self.b1(self.c1(h)))      # 輸出形狀 [b 128 26
26]
58       h = F.relu(self.b2(self.c2(features)))
59       h = F.relu(self.b3(self.c3(h)))
60       encoded = self.l1(h.view(x.shape[0], -1))  # 輸出形狀 [b 64]
61       return encoded, features
62
63 class DeepInfoMaxLoss(nn.Module):                  # 定義判別器類別
64   def __init__(self, alpha=0.5, beta=1.0, gamma=0.1):
65       super().__init__()
66       # 初始化損失函數的加權參數
67       self.alpha = alpha
68       self.beta = beta
69       self.gamma = gamma
70       # 定義局部判別器模型
71       self.local_d = nn.Sequential(
72         nn.Conv2d(192, 512, kernel_size=1),
73         nn.ReLU(True),
74         nn.Conv2d(512, 512, kernel_size=1),
75         nn.ReLU(True),
76         nn.Conv2d(512, 1, kernel_size=1))
77       # 定義先驗判別器模型
78       self.prior_d = nn.Sequential(
79         nn.Linear(64, 1000),
80         nn.ReLU(True),
81         nn.Linear(1000, 200),
82         nn.ReLU(True),
83         nn.Linear(200, 1),
84         nn.Sigmoid() )
85       # 定義全域判別器模型
```

```
86        self.global_d_M = nn.Sequential(          # 特徵圖型處理模型
87          nn.Conv2d(128, 64, kernel_size=3),      # 輸出形狀 [b 64 24 24]
88          nn.ReLU(True),
89          nn.Conv2d(64, 32, kernel_size=3),       # 輸出形狀 [b 32 22 22]
90          nn.Flatten(),)
91        self.global_d_fc = nn.Sequential(         # 全域特徵處理模型
92          nn.Linear(32 * 22 * 22 + 64, 512),
93          nn.ReLU(True),
94          nn.Linear(512, 512),
95          nn.ReLU(True),
96          nn.Linear(512, 1) )
97
98     def GlobalD(self, y, M):                      # 定義全域判別器模型的正向傳播
99       h = self.global_d_M(M)                      # 對特徵圖進行處理
100      h = torch.cat((y, h), dim=1)                # 連接全域特徵
101      return self.global_d_fc(h)
102
103    def forward(self, y, M, M_prime):
104      # 複製特徵向量
105      y_exp = y.unsqueeze(-1).unsqueeze(-1)
106      y_exp = y_exp.expand(-1, -1, 26, 26)        # 輸出形狀 [b 64 26 26]
107      # 按照特徵圖像素連接特徵向量
108      y_M = torch.cat((M, y_exp), dim=1)          # 輸出形狀 [b 192 26 26]
109      y_M_prime = torch.cat((M_prime, y_exp), dim=1) # 輸出形狀 [b 192
         26 26]
110      # 計算局部相互資訊
111      Ej = -F.softplus(-self.local_d(y_M)).mean()      # 聯合分佈
112      Em = F.softplus(self.local_d(y_M_prime)).mean()  # 邊緣分佈
113      LOCAL = (Em - Ej) * self.beta                    # 最大化相互資訊反轉
114      # 計算全域相互資訊
115      Ej = -F.softplus(-self.GlobalD(y, M)).mean()     # 聯合分佈
116      Em = F.softplus(self.GlobalD(y, M_prime)).mean() # 邊緣分佈
117      GLOBAL = (Em - Ej) * self.alpha                  # 最大化相互資訊
118      # 計算先驗損失
```

```
119      prior = torch.rand_like(y)                          # 獲得隨機數
120      term_a = torch.log(self.prior_d(prior)).mean()   # GAN 損失
121      term_b = torch.log(1.0 - self.prior_d(y)).mean()
122      PRIOR = - (term_a + term_b) * self.gamma           # 最大化目標分佈
123      return LOCAL + GLOBAL + PRIOR
```

上述程式的第 84 行在定義先驗判別器模型的結構時，最後一層的啟動函數需要用 Sigmoid 函數。這是原始 GAN 模型的標準用法 (可以控制輸出值的範圍為 0~1)，是與損失函數配套使用的。

上述程式的第 111 行 ~ 第 113 行和第 115 行 ~ 第 117 行是相互資訊的計算。它與式 (8-46) 基本一致，只不過在程式的第 113 行、第 117 行對相互資訊執行了反轉操作。將最大化問題變為最小化問題，在訓練過程中，可以使用最小化損失的方法進行處理。

上述程式的第 122 行實現了判別器的損失函數。判別器的目標是將真實資料和生成資料的分佈最大化，因此，也需要反轉，透過最小化損失的方法來實現。

在訓練過程中，梯度可以透過損失函數直接傳播到編碼器模型，進行聯合最佳化，因此，不需要對編碼器額外進行損失函數的定義。

8.11.5 程式實現：實例化 DIM 模型並進行訓練

實例化模型，並按照指定次數迭代訓練。在製作邊緣分佈樣本時，將批次特徵圖的第 1 筆放到最後以使特徵圖與特徵向量無法一一對應，實現與按批次打亂順序等同的效果。具體程式如下。

程式檔案：code_26_DIM.py(續2)

```
124  totalepoch = 100              #指定訓練的迭代次數
125  if __name__ == '__main__':
126      encoder = Encoder().to(device)
```

```
127      loss_fn = DeepInfoMaxLoss().to(device)
128      optim = Adam(encoder.parameters(), lr=1e-4)
129      loss_optim = Adam(loss_fn.parameters(), lr=1e-4)
130
131   epoch_loss = []
132   for epoch in range(totalepoch+1):
133          batch = tqdm(train_loader, total=len(train_dataset)//batch_size)
134          train_loss = []
135          for x, target in batch:      # 遍歷資料集
136              x = x.to(device)
137              optim.zero_grad()
138              loss_optim.zero_grad()
139              y, M = encoder(x)          # 呼叫編碼器生成特徵圖和特徵向量
140              # 製作邊緣分佈樣本
141              M_prime = torch.cat((M[1:], M[0].unsqueeze(0)), dim=0)
142              loss = loss_fn(y, M, M_prime)     # 計算損失
143              train_loss.append(loss.item())
144              batch.set_description(
145              str(epoch) + 'Loss:%.4f'% np.mean(train_loss[-20:]))
146              loss.backward()
147              optim.step()             # 呼叫編碼器最佳化器
148              loss_optim.step()        # 呼叫判別器最佳化器
149
150          if epoch % 10 == 0:          # 保存模型
151              root = Path(r'./DIMmodel/')
152              enc_file = root/Path('encoder'+ str(epoch) + '.pth')
153              loss_file = root/Path('loss'+ str(epoch) + '.pth')
154              enc_file.parent.mkdir(parents=True, exist_ok=True)
155              torch.save(encoder.state_dict(), str(enc_file))
156              torch.save(loss_fn.state_dict(), str(loss_file))
157          epoch_loss.append( np.mean(train_loss[-20:]) )# 收集訓練損失
158      # 視覺化訓練損失
159      plt.plot(np.arange(len(epoch_loss)), epoch_loss, 'r')
160      plt.show()
```

上述程式執行後，可以在本地路徑 "DIMmodel" 下找到生成的模型檔案：
encoder100.pth 與 loss100.pth。同時，也輸出了以下的訓練結果。

```
0 Loss:1.3836: 100%|████████████████████████████| 97/97
[04:17<00:00,  2.65s/it]
1 Loss:1.1618: 100%|████████████████████████████| 97/97
[04:16<00:00,  2.65s/it]
2 Loss:1.0565: 100%|████████████████████████████| 97/97
[04:18<00:00,  2.67s/it]
3 Loss:1.0401: 100%|████████████████████████████| 97/97
[04:18<00:00,  2.67s/it]
4 Loss:0.9228: 100%|████████████████████████████| 97/97
[04:18<00:00,  2.67s/it]
...
96 Loss:0.3070: 100%|███████████████████████████| 97/97
[04:19<00:00,  2.67s/it]
97 Loss:0.3075: 100%|███████████████████████████| 97/97
[04:19<00:00,  2.67s/it]
98 Loss:0.3061: 100%|███████████████████████████| 97/97
[04:19<00:00,  2.68s/it]
99 Loss:0.3014: 100%|███████████████████████████| 97/97
[04:19<00:00,  2.67s/it]
100 Loss:0.3010: 100%|██████████████████████████| 97/97
[04:19<00:00,  2.67s/it]
```

模型訓練的視覺化結果如圖 8-36 所示。

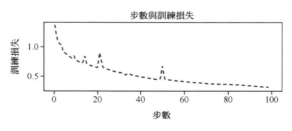

▲ 圖 8-36　模型訓練的視覺化結果

8.11.6 程式實現：載入模型搜尋圖片

撰寫程式，載入編碼器模型，對樣本集中所有圖片進行編碼。隨機選取 1 張圖片，找出與該圖片最相近的 10 張圖片和最不相近的 10 張圖片。具體程式如下。

程式檔案：code_27_DIMCluster.py

```
01  import torch
02  import torch.nn.functional as F
03  from tqdm import tqdm
04  import random
05  # 引入本地程式庫
06  from code_26_DIM import ( train_loader,train_dataset,totalepoch,
07                             device,batch_size,imshowrow, Encoder)
08
09  # 載入模型
10  model_path = r'./DIMmodel/encoder%d.pth'% (totalepoch)
11  encoder = Encoder().to(device)
12  encoder.load_state_dict(torch.load(model_path,map_location=device))
13
14  # 載入樣本，並呼叫編碼器生成特徵向量
15  Batchesimg, batchesenc = [],[]
16  batch = tqdm(train_loader, total=len(train_dataset) // batch_size)
17  for images, target in batch:                      # 遍歷所有樣本
18      images = images.to(device)
19      with torch.no_grad():
20          encoded, features = encoder(images)       # 呼叫編碼器生成特徵向量
21      batchesimg.append(images)
22      batchesenc.append(encoded)
23  # 將樣本中的圖片和生成的向量沿著第一維度展開
24  batchesenc = torch.cat(batchesenc,axis = 0)
25  batchesimg = torch.cat(batchesimg,axis = 0)
26
27  # 驗證向量的搜尋功能
```

```
28  index = random.randrange(0, len(batchesenc)) #隨機獲取一個索引，作為
       目標圖片
29  batchesenc[index].repeat(len(batchesenc),1)   # 將目標圖片的特徵向量
       複製多份
30  l2_dis = F.mse_loss(batchesenc[index].repeat(len(batchesenc),1),
31          batchesenc,
32          reduction = 'none').sum(1) #計算目標圖片與每個圖片的L2距離
33
34  findnum = 10 # 設定尋找圖片的個數
35  _,indices = l2_dis.topk(findnum,largest=False) # 尋找 10 個最相近的圖片
36  _,indices_far = l2_dis.topk(findnum,)          # 尋找 10 個最不相近的圖片
37  # 將結果顯示出來
38  indices = torch.cat([torch.tensor([index]).to(device),indices])
39  indices_far = torch.cat([torch.tensor([index]).to(device),indices_far])
40  rel = torch.cat([batchesimg[indices],batchesimg[indices_far]],axis = 0)
41  imshowrow(rel.cpu() ,nrow=len(indices))
```

上述程式的第 29 行使用張量的 repeat() 方法將目標圖片的向量複製多份。該程式還可以使用 expand() 方法來實現，二者的區別如下。

```
torch.tensor([1, 2, 3]).repeat(2,1)# 沿著第 1 維度重複 2 次，第 2 維度重複 1 次
torch.tensor([1, 2, 3]).expand(2,3)# 擴充成形狀為 [2,3] 的張量
# 輸出：tensor([[1, 2, 3], [1, 2, 3]])
```

上面兩行程式輸出的結果是一樣的，但用法卻不同：方法 repeat() 偏重於按照哪些維度進行重複；方法 expand() 偏重於最終的輸出形狀。

上述程式的第 30 行～第 32 行使用了 F.mse_loss() 函數進行特徵向量間的 L2 計算，在下面呼叫時傳入了參數 reduction ='none'，這表明不對計算後的結果執行任何操作。如果不傳入該參數，那麼函數預設會對所有結果取平均值 (常用在訓練模型場景中)。

上述程式的第 29 行 ~ 第 32 行也可以用以下程式代替：

```
list(map(lambda x:((batchesenc[index] - x)** 2).sum(), batchesenc ))
```

該程式使用迴圈一筆筆地進行特徵向量間的 L2 計算。該方法佔用記憶體較小，但執行效率會很低。而上述程式的第 29 行 ~ 第 32 行雖然比較浪費記憶體，但是執行效率會高很多，是伺服器端程式常用的一種方法。

上述程式的第 35 行和第 36 行使用了 topk() 方法獲取 L2 距離最近、最遠的圖片。該方法會返回兩個值，第一個是真實的比較值，第二個是該值對應的索引。

上述程式執行後，圖片搜尋結果如圖 8-37 所示。

▲ 圖 8-37　圖片搜尋結果

從圖 8-37 中可以看出，結果有兩行，每行的第一列是目標圖片，第一行是與目標圖片距離最近的搜尋結果，第二行是與目標圖片距離最遠的搜尋結果。

第三篇
提高 -- 圖神經網路

有了前面的鋪陳之後，本篇介紹圖神經網路。首先，透過一個基礎的圖卷積神經網路例子來介紹與圖相關的基礎知識和圖神經網路的基本原理。接著，對圖卷積模型從理論到實現進行全方位的深入剖析，從譜域和空間域兩個角度說明各自的實現原理，以及它們之間的內在聯繫。最後，介紹圖神經網路中各種主流模型在 DGL 函數庫中的具體實現。這些模型是組成圖神經網路模型的主要部分，其中包括 GCN、GAT、SGC、DfNN 和 DGL 等。

▶ 第 9 章　快速了解圖神經網路 -- 少量樣本也可以訓練模型
▶ 第 10 章　基於空間域的圖神經網路實現

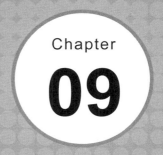

快速了解圖神經網路 --
少量樣本也可以訓練模型

深 度學習主要擅長處理結構規則的多維資料 (歐氏空間中的資料)。
現實生活中，還會有很多不規則的資料，舉例來說，在社交、電子
商務、交通等領域的資料，大多是實體之間的關聯資料。它們彼此之間
以龐大的節點基礎與複雜的互動關係形成了特有的圖結構 (或稱拓撲結構
資料)。這些資料稱為非歐氏空間資料，並不適合用深度學習的模型去分
析。

圖神經網路是為了處理結構不規則資料而產生的。它的主要作用就是利
用圖結構的資料，透過機器學習的方法進行擬合、預測。

9.1 圖神經網路的相關基礎知識

圖神經網路 (Graph Neural Network, GNN) 是一類能夠從圖結構資料中學習特徵規律的神經網路，是解決圖結構資料 (非歐氏空間資料) 機器學習問題的最重要的技術之一。

前面章節中主要介紹了神經網路的相關知識。接下來，讓我們了解一下圖神經網路相關的基礎知識。

9.1.1 歐氏空間與非歐氏空間

歐氏空間是歐幾里德空間 (Euclidean space) 的簡稱。這是一個特別的度量空間。舉例來說，音訊、圖型和視訊等都是定義在歐氏空間下的歐幾里德結構化資料。這些資料結構能夠用一維、二維或更高維的矩陣表示，其最顯著的特徵就是有規則的空間結構。

而非歐氏空間並不是平坦的規則空間，是曲面空間，即規則矩陣空間以外的結構。非歐氏空間下最有代表的結構就是圖 (graph) 結構，它常用來表示社群網站等關聯資料。

9.1.2 圖

在電腦科學中，圖是由頂點 (也稱節點) 和頂點之間的邊組成的一種資料結構。它通常表示為 G(V,E) 的形式，其中 G 表示一個圖，V 是圖 G 中頂點的集合，E 是圖 G 中邊的集合。圖結構的例子如圖 9-1 所示。

圖結構研究的是資料元素之間的多對多關係。在這種結構中，任意兩個元素之間都可能存在關係，即頂點之間的關係可以是任意的，圖中任意元素之間都可能相關。

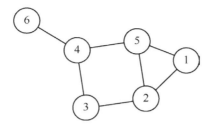

▲ 圖 9-1　圖結構

在圖結構中，不允許沒有頂點。任意兩個頂點之間都可能有關係，頂點之間的邏輯關係用邊來表示。邊可以是有向的或無向的，邊集合可以是空的。

圖結構中的每個頂點都有自己的特徵資訊。頂點間的關係可以反映出圖結構的特徵資訊。在實際的應用中，可以根據圖頂點特徵或圖結構特徵進行分類。

9.1.3　圖相關的術語和度量

使用圖結構表示關聯資料時，僅用邊和頂點是不夠的，還需要使用更多的術語來對圖結構進行精確的定量描述。下面列出了一些常用的術語。

- 無向圖和有方向圖：根據圖頂點之間的邊是否帶有方向來確定。
- 權：圖中的邊或弧上附加的數量資訊，這種可反映邊或弧的某種特徵的資料稱為權。
- 網：圖上的邊或弧帶權則稱為網，可分為有向網和無向網。
- 度：在無向圖中，與頂點 v 連結的邊的筆數稱為頂點 v 的度。在有方向圖中，則以頂點 v 為弧尾的弧的數量稱為頂點 v 的外分支度，以頂點 v 為弧頭的弧的數量稱為頂點 v 的內分支度，而頂點 v 的度即其外分支度與內分支度之和。圖中各頂點度數之和是邊 (或弧) 的數量的 2 倍。

在基於圖的計算中，常用的度量與解釋如下。

- 頂點數 (node)：節點的數量。
- 邊數 (edge)：邊或連接的數量。
- 平均度 (average degree)：表示每個頂點連接邊的平均數，如果圖是無向圖，那麼平均度的計算為 $2 \times edge \div node$。
- 平均路徑長度 (average network distance)：任意兩個頂點之間距離的平均值。它反映網路中各個頂點間的分離程度。值越小代表網路中頂點的連接度越大。
- 模組化指數 (modularity index)：衡量網路圖結構的模組化程度。一般地，該值大於 0.44 就說明網路圖達到了一定的模組化程度。
- 聚類係數 (clustering coefficient)：和平均路徑長度一起能夠展示所謂的「小世界」效應，從而列出一些節點聚類或「抱團」的整體跡象。網路的「小世界」特性是指網路節點的平均路徑小。
- 網路直徑 (diameter)：網路圖直徑的最大測量長度，即任意兩點間的最短距離組成的集合之中的最大值。

9.1.4 圖神經網路

圖神經網路 (GNN) 是一種直接在圖結構上執行的神經網路，可以對圖結構資料進行基於節點特徵或結構特徵的處理。

與神經網路中的卷積層和池化層概念類似，圖神經網路也包含多種網路模型，透過頂點間的資訊傳遞、變換和聚合來 (層級化地) 提取或處理特徵。近年來，利用圖神經網路來解決問題成為在圖、點雲和流形上進行表徵學習的主流方法。

- 在結構化場景中，GNN 被廣泛應用在社群網站、推薦系統、物理系統、化學分子預測、知識圖譜等領域。
- 在非結構化領域，GNN 可以用在圖型和文字等領域。

- 在其他領域，還有圖生成模型和使用 GNN 來解決組合最佳化問題的場景。

> **📖 提示**
>
> 結構化資料是指由二維度資料表結構來進行邏輯表達和實現的資料，嚴格地遵循資料格式與長度規範，主要透過關聯式資料庫進行儲存和管理。
>
> 非結構化資料是資料結構不規則或不完整、沒有預先定義的資料模型，不方便用資料庫二維邏輯表來表現的資料。它包括所有格式的辦公文件、文字、圖片、HTML、各類報表、圖型、音訊或視訊資訊等。

9.1.5 GNN 的動機

GNN 的第一個動機源於卷積神經網路 (CNN)，最基礎的 CNN 便是圖卷積網路 (Graph Convolutional Network，GCN)。GNN 的廣泛應用帶來了機器學習領域的突破並開啟了深度學習的新時代。CNN 只能在規則的歐氏空間資料上執行，GCN 是將卷積神經網路應用在圖 (非歐氏空間)資料上的一種圖神經網路模型。

GNN 的另一個動機來自圖嵌入 (graph embedding)，它學習圖中節點、邊或子圖的低維向量空間表示。DeepWalk、LINE、SDNE 等方法在網路表示學習領域獲得了很大的成功，然而這些方法在計算上較為複雜並且在大規模的圖上並不是最佳的。GNN 卻可以解決這些問題。

GNN 不但可以對單一頂點和整個結構進行特徵處理，而且可以對圖中由一小部分頂點所組成的結構 (子圖) 進行特徵處理。如果把圖資料當作一個網路，那麼 GNN 可以分別對網路的整體、部分和個體進行特徵處理。

GNN 將深度學習技術應用到由符號表示的圖資料上，充分融合了符號表示和低維向量表示，並發揮出兩者的優勢。

9.2 矩陣的基礎

在圖神經網路中，常會把圖結構用矩陣來表示。這一轉化過程需要很多與矩陣操作相關的知識。這裡就從矩陣的基礎知識開始介紹。

9.2.1 轉置矩陣

將矩陣的行列互換得到的新矩陣稱為原矩陣的轉置矩陣，如圖 9-2 所示。

$$\begin{bmatrix} 6 & 4 & 24 \\ 1 & -9 & 8 \end{bmatrix}^{\mathsf{T}} = \begin{bmatrix} 6 & 1 \\ 4 & -9 \\ 24 & 8 \end{bmatrix}$$

▲ 圖 9-2　轉置矩陣

如圖 9-2 所示，等式左邊的矩陣假設為 A，則等式右邊的轉置矩陣可以記作 A^{T}。

9.2.2 對稱矩陣及其特性

沿著對角線 (矩陣的「對角線」僅指從左上角到右下角連線上的資料) 分割的上下三角資料呈對稱關係的矩陣稱為對稱矩陣，如圖 9-3 所示。

圖 9-3 所示為一個對稱矩陣。它又是一個方形矩陣 (即行列數相等的矩陣)。這種矩陣的轉置矩陣與本身相等，即 $A=A^{\mathsf{T}}$。

9.2.3 對角矩陣與單位矩陣

對角矩陣是除對角線以外，其他項都為 0 的矩陣，如圖 9-4 所示。

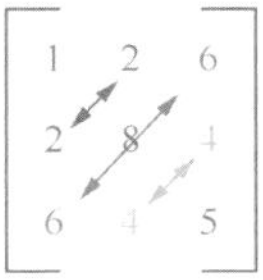

▲ 圖 9-3　對稱矩陣

$$\begin{bmatrix} 1 & 0 & 0 \\ 0 & 8 & 0 \\ 0 & 0 & 4 \end{bmatrix}$$

▲ 圖 9-4　對角矩陣

對角矩陣可以由對角線上的向量生成，程式如下：

```
v = np.array([1, 8, 4])
print( np.diag(v) )
```

該程式執行後，會生成圖 9-4 所示的對角矩陣。

單位矩陣就是對角線都為 1，且其他項都為 0 的矩陣，例如：

```
np.eye(3)
```

該程式執行後，會生成一個 3 行 3 列的單位矩陣，如圖 9-5 所示。

$$\begin{bmatrix} 1 & 0 & 0 \\ 0 & 1 & 0 \\ 0 & 0 & 1 \end{bmatrix}$$

▲ 圖 9-5　單位矩陣

9.2.4 哈達馬積

哈達馬積 (Hadamard product) 是指兩個矩陣對應位置上的元素進行相乘的結果。具體例子如下：

```
a= np.array(range(4)).reshape(2,2)       # array([[0, 1], [2, 3]])
b = np.array(range(4,8)).reshape(2,2)   # array([[4, 5], [6, 7]])
print(a*b)                               # 輸出 [[ 0  5] [12 21]]
```

9.2.5 點積

點積 (dot product) 是指兩個矩陣相乘的結果。矩陣相乘的標準方法不是將一個矩陣中的每個元素與另一個矩陣中的每個元素相乘 (這是一個一個元素的乘積)，而是計算行與列之間的乘積之和，如圖 9-6 所示。

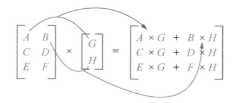

▲ 圖 9-6　矩陣點積

計算矩陣的點積時，第一個矩陣的列數必須等於第二個矩陣的行數。如果第一個矩陣的尺寸或形狀為 $[m \times n]$，那麼第二個矩陣的形狀必須是 $[n \times x]$，所得矩陣的形狀為 $[m \times x]$。

舉例來說，上接 9.2.4 節中的程式。

```
C=a@b   # 實現 a 與 b 的點積，C 的結果為 array([[ 6,  7], [26, 31]])
```

提示

還可以用以下程式實現矩陣相乘：

```
C = np.dot(a, b)         # 也可以寫成 C = a.dot(b)
```

也可以轉為矩陣類型，再進行相乘，程式如下：

```
ma = np.asmatrix(a)      # 將陣列轉為矩陣類型
mb = np.asmatrix(b)      # 將陣列轉為矩陣類型
print(ma*mb)             # 兩個矩陣相乘，即執行點積操作
```

9.2.6 對角矩陣的特性與操作方法

由於對角矩陣具有只有對角線有值的特殊性，因此在運算過程中，可以利用其自身的特性實現一些特殊功能。

1. 對角矩陣與向量的互轉

由於對角矩陣只有對角線上有值，因此可以像 9.2.3 節中的程式一樣由向量生成對角矩陣。當然，也可以將對角矩陣的向量提取出來，以下列程式：

```
import numpy as np
a=np.diag([1,2,3])               # 定義一個對角矩陣
print(a)                         # 輸出對角矩陣 [[1 0 0] [0 2 0] [0 0 3]]
v,e = np.linalg.eig(a)           # 向量和對角矩陣
print(v)                         # 輸出向量 [1. 2. 3.]
```

2. 對角矩陣冪運算等於對角線上各個值的冪運算

下列程式使用 4 種方法計算了對角矩陣的 3 次方：

```
print(a*a*a)        # 輸出：[[ 1  0  0]  [ 0  8  0]  [ 0  0 27]]
print(a**3)         # 輸出：[[ 1  0  0]  [ 0  8  0]  [ 0  0 27]]
print((a**2)*a)     # 輸出：[[ 1  0  0]  [ 0  8  0]  [ 0  0 27]]
print(a@a@a)        # 輸出：[[ 1  0  0]  [ 0  8  0]  [ 0  0 27]]
```

可以看到，對角矩陣的哈達馬積和點積的結果都是一樣的。

當指數為 -1(看起來像在取倒數) 時，計算結果又稱為矩陣的逆。求對角矩陣的逆不能直接使用 a**(-1) 這種形式，需要使用特定的函數。程式如下：

```
print(np.linalg.inv(a)) # 對矩陣求逆 (-1 次冪 )
A = np.matrix(a)        # 轉為矩陣
print(A.I)              # 輸出 [[1. 0. 0.] [0. 0.5 0.] [0. 0. 0.33333333]]
```

從程式最後一行可以看出，矩陣物件還可以透過其 A .I() 方法更方便地求逆。

3. 將一個對角矩陣與其倒數相乘便可以得到單位矩陣

一個數與自身的倒數相乘結果為 1，在對角矩陣中也有類似的規律。程式
如下：

```
print(np.linalg.inv(a)@a)        # 輸出 [[1. 0. 0.] [0. 1. 0.] [0. 0. 1.]]
```

4. 對角矩陣左乘其他矩陣，相當於其對角元素分別乘以其他矩陣對應的各行

程式如下：

```
a=np.diag([1,2,3])        # 定義一個對角矩陣
b=np.ones([3,3])          # 定義一個 3 行 3 列的矩陣
print(a@b)                # 對角矩陣左乘一個矩陣
```

該程式執行後，輸出以下結果：

```
[[1., 1., 1.],
 [2., 2., 2.],
 [3., 3., 3.]]
```

可以看到，對角矩陣的對角元素分別乘以這個矩陣對應的各行。

5. 對角矩陣右乘其他矩陣，相當於其對角元素分別乘以其他矩陣對應的各列

程式如下：

```
a=np.diag([1,2,3])        # 定義一個對角矩陣
b=np.ones([3,3])          # 定義一個 3 行 3 列的矩陣
print(b@a)                # 對角矩陣右乘一個矩陣
```

該程式執行後，輸出以下結果：

```
[[1. 2. 3.]
 [1. 2. 3.]
 [1. 2. 3.]]
```

9.2.7　度矩陣與鄰接矩陣

圖神經網路常用度矩陣 (degree matrix) 和鄰接矩陣來描述圖的結構，其中：

- 圖的度矩陣用來描述圖中每個節點所連接的邊數。
- 圖的鄰接矩陣用來描述圖中每個節點之間的相鄰關係。

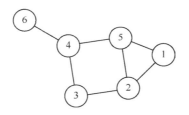

▲ 圖 9-7　無向圖結構

在圖 9-7 所示的圖結構中，一共有 6 個點。該圖的度矩陣是一個 6 行 6 列的矩陣，矩陣對角線上的數值代表該點所連接的邊數。舉例來說，1 號點有兩個邊，2 號點有 3 個邊。得到的矩陣如下：

$$\begin{bmatrix} 2 & 0 & 0 & 0 & 0 & 0 \\ 0 & 3 & 0 & 0 & 0 & 0 \\ 0 & 0 & 2 & 0 & 0 & 0 \\ 0 & 0 & 0 & 3 & 0 & 0 \\ 0 & 0 & 0 & 0 & 3 & 0 \\ 0 & 0 & 0 & 0 & 0 & 1 \end{bmatrix}$$

在公式推導中，一般習慣用符號 D 來表示圖的度矩陣。

圖 9-7 的鄰接矩陣是一個 6 行 6 列的矩陣。矩陣的行和列都代表 1 ～ 6 這 6 個點，其中第 i 行第 j 列的元素代表第 i 號點和第 j 號點之間的邊。舉例來說，第 1 行第 2 列的元素為 1，代表 1 號點和 2 號點之間有一條邊。

$$\begin{bmatrix} 0 & 1 & 0 & 0 & 1 & 0 \\ 1 & 0 & 1 & 0 & 1 & 0 \\ 0 & 1 & 0 & 1 & 0 & 0 \\ 0 & 0 & 1 & 0 & 1 & 1 \\ 1 & 1 & 0 & 1 & 0 & 0 \\ 0 & 0 & 0 & 1 & 0 & 0 \end{bmatrix}$$

在公式推導中，一般習慣用符號 A 來表示圖的鄰接矩陣。

9.3 鄰接矩陣的幾種操作

鄰接矩陣的行數和列數一定是相等的 (即為方形矩陣)。無向圖的鄰接矩陣一定是對稱的，而有方向圖的鄰接矩陣不一定對稱。

一般地，透過矩陣運算對圖中的節點資訊進行處理。常用的處理操作如下。

9.3.1 獲取有方向圖的短邊和長邊

在有方向圖中，兩個節點之間的邊數最大為 2。在計算過程中，常會遇到對圖中最大或最小邊進行篩選的需求，可以使用以下方式操作。

1. 獲取有方向圖的短邊

假設圖的鄰接矩陣為 W，則獲取有方向圖的短邊的公式為：

$$E_{\text{short}} = W \circ (W < W^{\mathrm{T}}) \tag{9-1}$$

其中 "。" 代表哈達馬積。公式中$W < W^T$的部分用於計算隱藏，矩陣 W^T 可以視為矩陣 W 中任意兩點間反方向的邊。若 $W < W^T$ 的意思是當前方向的邊小於反方向的邊，那麼返回 True，否則返回 False。用該隱藏對鄰接矩陣 W 執行哈達馬積的運算，即可得到所有短邊的矩陣。完整的計算過程如圖 9-8 所示。

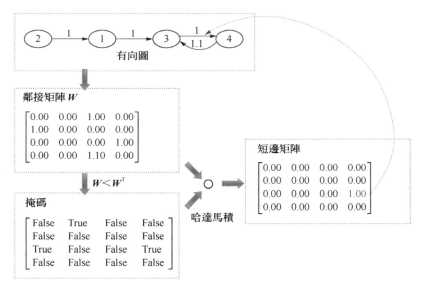

▲ 圖 9-8　短邊矩陣的計算過程

2. 獲取有方向圖的長邊

獲取有方向圖的長邊矩陣，只需要將短邊的隱藏按規則反轉。假設圖的鄰接矩陣為 W，則獲取有方向圖長邊的公式為：

$$E_{\text{long}} = W \circ (W > W^T) \tag{9-2}$$

還可以用鄰接矩陣直接減去短邊矩陣，即

$$E_{\text{long}} = W - E_{\text{short}} \tag{9-3}$$

式 (9-3) 的過程如圖 9-9 所示。

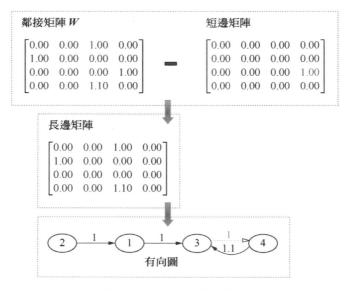

▲ 圖 9-9　長邊矩陣的計算過程

9.3.2　將有方向圖的鄰接矩陣轉成無向圖的鄰接矩陣

在圖型計算過程中，常會將有方向圖的鄰接矩陣轉成無向圖的鄰接矩陣，即保留圖中的長邊矩陣，並將其中的連接變成雙向連接。

無向圖的鄰接矩陣屬於對稱矩陣，在圖關係頂點的分析中，它可以更加靈活地參與運算。

實現有方向圖的鄰接矩陣向無向圖的鄰接矩陣轉化的方法是將長邊矩陣加上長邊矩陣的轉置：

$$W_{\text{symmetric}} = E_{\text{long}} + E_{\text{long}}^{\text{T}} \tag{9-4}$$

式 (9-4) 的計算過程如圖 9-10 所示。

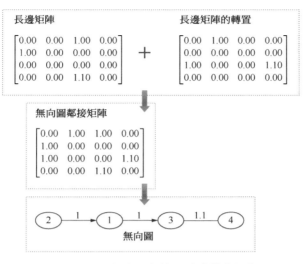

長邊矩陣

$$\begin{bmatrix} 0.00 & 0.00 & 1.00 & 0.00 \\ 1.00 & 0.00 & 0.00 & 0.00 \\ 0.00 & 0.00 & 0.00 & 0.00 \\ 0.00 & 0.00 & 1.10 & 0.00 \end{bmatrix}$$

長邊矩陣的轉置

$$\begin{bmatrix} 0.00 & 1.00 & 0.00 & 0.00 \\ 0.00 & 0.00 & 0.00 & 0.00 \\ 1.00 & 0.00 & 0.00 & 1.10 \\ 0.00 & 0.00 & 0.00 & 0.00 \end{bmatrix}$$

無向圖鄰接矩陣

$$\begin{bmatrix} 0.00 & 1.00 & 1.00 & 0.00 \\ 1.00 & 0.00 & 0.00 & 0.00 \\ 1.00 & 0.00 & 0.00 & 1.10 \\ 0.00 & 0.00 & 1.10 & 0.00 \end{bmatrix}$$

無向圖

▲ 圖 9-10 無向圖鄰接矩陣的轉化過程

式 (9-4) 中的 $E_{\text{long}}^{\text{T}}$ 也可以用隱藏的方式求出：

$$E_{\text{long}}^{\text{T}} = W^{\text{T}} \circ (W < W^{\text{T}}) \tag{9-5}$$

9.4 實例 26：用圖卷積神經網路為論文分類

圖卷積神經網路是圖神經網路中基本的模型，但該網路模型的複雜公式往往讓讀者難以了解。下面透過論文分類的例子來介紹圖卷積神經網路。

實例描述

有一個記錄論文資訊的資料集，該資料集裡面含有每一篇論文的關鍵字以及分類資訊，同時還有論文間互相引用的資訊。架設 AI 模型，對資料集中的論文資訊進行分析，使模型學習已有論文的分類特徵，從而預測出未知分類的論文類別。

論文分類是一個很典型的文字分類任務，直接使用 NLP 相關的深度學習模型也可以完成。在 NLP 相關的深度學習模型中，僅對論文字身的特徵進行處理即可實現分類，但需要有充足的樣本來支撐模型訓練。

本例使用圖神經網路來實現分類。與深度學習模型的不同之處在於，圖神經網路會利用論文字身特徵和論文間的關係特徵進行處理。這種模型僅需要少量樣本即可達到很好的效果。

9.4.1 CORA 資料集

CORA 資料集是由機器學習的論文整理而來的。在該資料集中，記錄了每篇論文用到的關鍵字，以及論文之間互相引用的關係。

1. 資料集內容

CORA 資料集中的論文共分為 7 類：基於案例、遺傳演算法、神經網路、機率方法、強化學習、規則學習、理論。

資料集中共有 2708 篇論文，每一篇論文都引用或至少被一篇其他論文所引用。整個語料庫共有 2708 篇論文。同時，又將所有論文中的詞幹、停止詞、低頻詞刪除，留下 1433 個關鍵字，作為論文的個體特徵。

2. 資料集的組成

CORA 資料集中有兩個檔案，具體說明如下。

（1）content 檔案包含以下格式的論文說明：

```
<paper-id><word-attributes><class-label>
```

每行的第一個項目包含論文的唯一字串 ID，隨後用一個二進位值指示詞彙表中的每個單字在紙張中存在 (由 1 表示) 或不存在 (由 0 表示)。行中的最後一項包含紙張的類標籤。

（2）cites 檔案包含了語料庫的引文圖，每一行用以下格式描述一個連結：

```
<id of reference paper><id of reference paper>
```

每行包含兩個紙張 ID。第一個項目是被引用論文的 ID，第二個 ID 代表包含引用的論文。連結的方向是從右向左的。如果一行用 "paper1 paper2" 表示，那麼其中的連結為 "paper2 → paper1"。

9.4.2 程式實現：引入基礎模組並設定執行環境

引入基礎模組，並將當前的運算硬體、樣本路徑輸出，以確保環境正確。具體程式如下。

程式檔案：code_28_GCN.py

```
01  from pathlib import Path            # 提升路徑的相容性
02  # 引入矩陣運算相關函數庫
03  import numpy as np
04  import pandas as pd                  # 安裝命令 conda install pandas
05  from scipy.sparse import coo_matrix,csr_matrix,diags,eye
06  # 引入深度學習框架函數庫
07  import torch
08  from torch import nn
09  import torch.nn.functional as F
10  # 引入繪圖函數庫
11  import matplotlib.pyplot as plt
12
13  # 輸出運算資源情況
14  device = torch.device('cuda') if torch.cuda.is_available() else
    torch.device('cpu')
15  print(device)
16
17  # 輸出樣本路徑
```

```
18  path = Path('data/cora')
19  print(path)
```

執行程式，輸出以下結果。

```
cuda
data\cora
```

結果中的第 1 行表明使用 GPU 進行運算，第 2 行是樣本路徑 (當前資料夾下的 data\cora 目錄)。

9.4.3 程式實現：讀取並解析論文資料

載入論文資料，並將其按照論文 ID、關鍵字標籤、分類標籤 3 段進行拆分，如圖 9-11 所示。

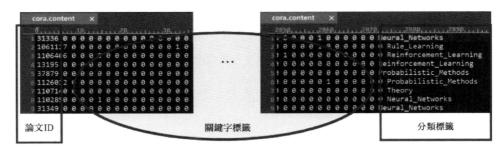

▲ 圖 9-11　樣本拆分

具體程式如下。

程式檔案：code_28_GCN.py(續1)

```
20  # 讀取論文內容資料，並將其轉化為陣列
21  paper_features_label = np.genfromtxt(path/'cora.content', dtype=np.str)
22  print(paper_features_label,np.shape(paper_features_label))
23
24  # 取出資料的第一列：論文的 ID
```

```
25  papers = paper_features_label[:,0].astype(np.int32)
26  print(papers)
27  # 為論文重新編號，格式為 {31336: 0, 1061127: 1,…}
28  paper2idx = {k:v for v,k in enumerate(papers)}
29
30  # 將資料中間部分的字標籤取出，轉化成矩陣
31  features = csr_matrix(paper_features_label[:, 1:-1], dtype=np.float32)
32  print(np.shape(features))
33
34  # 將最後一項的論文分類屬性取出，並轉化為分類索引
35  labels = paper_features_label[:, -1]
36  lbl2idx = {k:v for v,k in enumerate(sorted(np.unique(labels)))}
37  labels = [lbl2idx[e] for e in labels]
38  print(lbl2idx,labels[:5])
```

上述程式的第 21 行使用了 Path 物件的路徑構造方法。path 是 Path 類別的實例化物件，內容為 'data/cora'。path/'cora.content' 表示路徑為 'data/cora/cora.content' 的字串。

上述程式的第 28 行對論文重新編號，並將其映射到資料的論文 ID 中。這種做法可以方便對論文進行統一管理。

執行程式，輸出的結果解讀如下。

（1）將資料集 cora.content 檔案中的內容轉為陣列並顯示。

```
[['31336' '0' '0'... '0' '0' 'Neural_Networks']
 ['1061127' '0' '0'... '0' '0' 'Rule_Learning']
 ['1106406' '0' '0'... '0' '0' 'Reinforcement_Learning']
 ...
 ['1128978' '0' '0'... '0' '0' 'Genetic_Algorithms']
 ['117328' '0' '0'... '0' '0' 'Case_Based']
 ['24043' '0' '0'... '0' '0' 'Neural_Networks']]
 (2708, 1435)
```

在輸出的結果中,最後 1 行是陣列的形狀。該形狀表明資料集中共有 2708 篇論文,每篇論文共有 1435 個屬性。該結果對應上述程式的第 22 行。

(2)顯示論文屬性的第 1 列 -- 論文 ID 。

```
[   31336 1061127 1106406 ... 1128978  117328    24043]
```

該結果對應上述程式的第 26 行。

(3)讀取論文的關鍵字標籤列,並顯示其形狀。

```
(2708, 1433)
```

輸出結果是一個 2708 行、1433 列的矩陣。結果中的 2708 代表論文數量,1433 代表 1433 個關鍵字在每篇論文中的出現情況 (出現為 1,否則為 0)。該結果對應上述程式的第 32 行。張量 features 是個稀疏矩陣。

▓ 提示

在矩陣中,若數值為 0 的元素數目遠遠多於非零元素的數目,並且非零元素的分佈沒有規律,那麼稱該矩陣為稀疏矩陣。與之相反,若非零元素數目佔大多數,那麼稱該矩陣為稠密矩陣。

為了節省記憶體,在 SciPy 函數庫中,會單獨使用一種資料格式來儲存稀疏矩陣。使用後,可以再使用該物件的 todense( ) 方法將其轉換回稠密矩陣。

除使用 SciPy 以外,在 PyTorch 中也有稀疏矩陣的支援,可以使用 (torch.sparse.FloatTensor) 來定義浮點數稀疏矩陣。

(4)讀取論文分類標籤,並將其轉化為分類索引。

```
{'Case_Based': 0, 'Genetic_Algorithms': 1, 'Neural_Networks': 2,
'Probabilistic_Methods': 3, 'Reinforcement_Learning': 4, 'Rule_
Learning': 5, 'Theory': 6}
 [2, 5, 4, 4, 3]
```

輸出結果中的前兩行為分類的類別與類別索引，最後 1 行為前 5 個樣本的標籤內容。

9.4.4 程式實現：讀取並解析論文關聯資料

載入論文的關聯資料，將資料中用論文 ID 表示的關係轉化成重新編號後的關係。

將每篇論文當作一個頂點，論文間的引用關係作為邊，這樣論文的關聯資料就可以用一個圖結構來表示，CORA 資料集的圖結構如圖 9-12 所示。

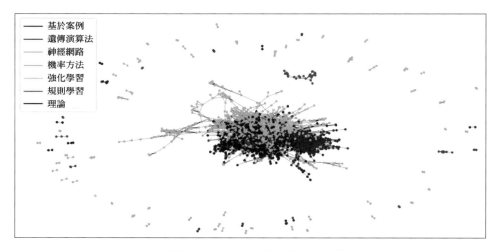

▲ 圖 9-12　CORA 資料集的圖結構

計算該圖結構的鄰接矩陣，並將其轉為無向圖鄰接矩陣。具體程式如下。

```
程式檔案：code_28_GCN.py(續2)
39   # 讀取論文關聯資料，並將其轉化為陣列
40   edges = np.genfromtxt(path/'cora.cites', dtype=np.int32)
41   print(edges,np.shape(edges))
42
43   # 轉化為新編號節點間的關係
44   edges = np.asarray([paper2idx[e] for e in edges.flatten()],
45                       np.int32).reshape(edges.shape)
46   print(edges,edges.shape)
47
48   # 計算鄰接矩陣，行和列都是論文個數
49   adj = coo_matrix((np.ones(edges.shape[0]), (edges[:, 0], edges[:, 1])),
50   shape=(len(labels), len(labels)), dtype=np.float32)
51
52   # 生成無向圖對稱矩陣
53   adj_long = adj.multiply(adj.T < adj)
54   adj = adj_long+adj_long.T
```

上述程式的第 40 行將資料集中論文的引用關係以陣列的形式讀取。

上述程式的第 44 行～第 45 行將資料集中用論文 ID 表示的關係轉化成重新編號後的關係。

上述程式的第 49 行～第 50 行針對由論文引用關係所表示的圖結構生成鄰接矩陣。

上述程式的第 53 行和第 54 行將有方向圖的鄰接矩陣轉為無向圖的鄰接矩陣 (細節見 9.3.2 節)。

本例的任務是對論文進行分類。論文間的引用關係 (圖結構資訊) 為模型提供了單一論文特徵之間的連結 (有引用關係的論文，有很大可能是同一類別的)。因為在模型處理過程中，更看重的是論文之間有沒有聯繫，所以要用無向圖表示。

執行程式，輸出的結果解讀如下。

（1）輸出資料集中的論文引用關係陣列。

```
[[      35     1033]
 [      35   103482]
 [      35   103515]
 ...
 [ 853118 1140289]
 [ 853155   853118]
 [ 954315 1155073]]  (5429, 2)
```

（2）輸出將論文 ID 換為重新編號後的引用關係陣列。

```
[[ 163   402]
 [ 163   659]
 [ 163  1696]
 ...
 [1887  2258]
 [1902  1887]
 [ 837  1686]]  (5429, 2)
```

9.4.5 程式實現：加工圖結構的矩陣資料

對圖結構的矩陣資料進行加工，使其更進一步地表現出圖結構特徵，並參與神經網路的模型計算。具體操作的步驟如下。

（1）對每個節點的特徵資料進行歸一化處理。
（2）為鄰接矩陣的對角線補 1。
（3）對補 1 後的鄰接矩陣進行歸一化處理。

第 (2) 步的操作非常重要，因為在分類任務中，鄰接矩陣主要作用是透過論文間的連結來幫助節點分類。對於對角線上的節點，表示的意義是自己與自己的連結。將對角線節點設為 1(自環圖)，表明節點本身的類別資訊也會幫助到分類任務。第 (2) 步和第 (3) 步的過程如圖 9-13 所示。

$$
\begin{bmatrix}
0 & 1 & 0 & 0 & 1 & 0 \\
1 & 0 & 1 & 0 & 1 & 0 \\
0 & 1 & 0 & 1 & 0 & 0 \\
0 & 0 & 1 & 0 & 1 & 1 \\
1 & 1 & 0 & 1 & 0 & 0 \\
0 & 0 & 0 & 1 & 0 & 0
\end{bmatrix}
\longrightarrow
\begin{bmatrix}
1/3 & 1/3 & 0 & 0 & 1/3 & 0 \\
1/4 & 1/4 & 1/4 & 0 & 1/4 & 0 \\
0 & 1/3 & 1/3 & 1/3 & 0 & 0 \\
0 & 0 & 1/4 & 1/4 & 1/4 & 1/4 \\
1/4 & 1/4 & 0 & 1/4 & 1/4 & 0 \\
0 & 0 & 0 & 1/2 & 0 & 1/2
\end{bmatrix}
$$

▲ 圖 9-13　鄰接矩陣的處理

具體程式如下。

程式檔案：code_28_GCN.py(續3)

```
55  def normalize(mx):                  # 定義函數，對矩陣資料進行歸一化處理
56      rowsum = np.array(mx.sum(1))        # 計算每一篇論文的字數
57      r_inv = (rowsum ** -1).flatten()    # 取總字數的倒數
58      r_inv[np.isinf(r_inv)] = 0.         # 將 NaN 值設為 0
59      r_mat_inv = diags(r_inv)            # 將總字數的倒數變成對角矩陣
60      mx = r_mat_inv.dot(mx)          # 左乘一個矩陣，相當於每個元素除以總數
61      return mx
62
63  # 對 features 矩陣進行歸一化處理 ( 每行的總和為 1)
64  features = normalize(features)
65
66  # 對鄰接矩陣的對角線增加 1，將其變為自循環圖表，同時再歸一化處理
67  adj = normalize(adj + eye(adj.shape[0]))
```

上述程式的第 67 行先將鄰接矩陣的對角線補 1，再呼叫函數 normalize() 將其進行歸一化處理。

在函數 normalize() 中，分為兩步對鄰接矩陣進行處理。

（1）將每篇論文總字數的倒數變成對角矩陣 (見上述程式的第 59 行)。該操作相當於對圖結構的度矩陣求逆。

（2）用度矩陣的逆左乘鄰接矩陣，相當於對圖中每個論文頂點的邊進行
　　　歸一化處理。

9.4.6 程式實現：將資料轉為張量，並分配運算資源

將加工好的圖結構矩陣資料轉為 PyTorch 支援的張量類型，並將其分成
3 份，分別用來進行訓練、測試和驗證。具體程式如下。

```
程式檔案：code_28_GCN.py(續4)
68  adj = torch.FloatTensor(adj.todense())            # 節點間的關係
69  features = torch.FloatTensor(features.todense())  # 節點自身的特徵
70  labels = torch.LongTensor(labels)                 # 每個節點的分類標籤
71
72  # 劃分資料集
73  n_train = 200
74  n_val = 300
75  n_test = len(features) - n_train - n_val
76  np.random.seed(34)
77  idxs = np.random.permutation(len(features))       # 將原有索引打亂順序
78
79  # 計算每個資料集的索引
80  idx_train = torch.LongTensor(idxs[:n_train])
81  idx_val   = torch.LongTensor(idxs[n_train:n_train+n_val])
82  idx_test  = torch.LongTensor(idxs[n_train+n_val:])
83
84  # 分配運算資源
85  adj = adj.to(device)
86  features = features.to(device)
87  labels = labels.to(device)
88  idx_train = idx_train.to(device)
89  idx_val = idx_val.to(device)
90  idx_test = idx_test.to(device)
```

上述程式的第 73 行～第 75 行分別定義了訓練資料集、驗證資料集和測試資料集的大小。

上述程式的第 80 行～第 82 行根據指定的訓練資料集、驗證資料集和測試資料集的大小劃分出對應的索引。

9.4.7 程式實現：定義 Mish 啟動函數與圖卷積操作類別

圖卷積的本質是維度變換，即將每個含有 in 維的節點特徵資料變換成含有 out 維的節點特徵資料。

圖卷積的操作與注意力機制的做法非常相似，是將輸入的節點特徵、權重參數、加工後的鄰接矩陣三者放在一起執行點積運算。

權重參數是個 in×out 大小的矩陣，其中 in 代表輸入節點的特徵維度、out 代表最終要輸出的特徵維度。讀者可以將權重參數在維度變換中的功能當作一個全連接網路的權重來了解，只不過在圖卷積中，它會比全連接網路多了執行節點關係資訊的點積運算。

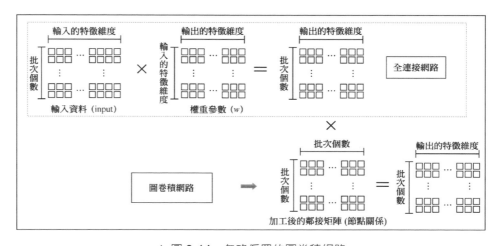

▲ 圖 9-14　忽略偏置的圖卷積網路

圖 9-14 列出了全連接網路和圖卷積網路在忽略偏置後的關係。從中可以很清晰地看出，圖卷積網路其實就是在全連接網路基礎之上增加了節點關係資訊。

定義類 GraphConvolution 完成圖卷積操作，在圖 9-14 所示的演算法基礎上，加入偏置。具體程式如下。

程式檔案：code_28_GCN.py(續5)

```
91  def mish(x):                                # Mish 啟動函數
92      return x *( torch.tanh(F.softplus(x)))
93
94  class GraphConvolution(nn.Module):          # 圖卷積類別
95      def __init__(self, f_in, f_out, use_bias=True, activation= mish):
96          super().__init__()
97          self.f_in = f_in
98          self.f_out = f_out
99          self.use_bias = use_bias
100         self.activation = activation
101         self.weight = nn.Parameter(torch.FloatTensor(f_in, f_out))
102         self.bias = nn.Parameter(torch.FloatTensor(f_out)) if use_
            bias else None
103         self.initialize_weights()
104
105     def initialize_weights(self):           # 對參數進行初始化
106         if self.activation is None:         # 初始化權重
107             nn.init.xavier_uniform_(self.weight)
108         else:
109             nn.init.kaiming_uniform_(self.weight, nonlinearity=
110                                     'leaky_relu')
111         if self.use_bias:                   # 初始化偏置
112             nn.init.zeros_(self.bias)
113
114     def forward(self, input, adj):          # 實現模型的正向處理流程
115         support = torch.mm(input, self.weight) # 節點特徵與權重點積
```

```
116        output = torch.mm(adj, support)# 將加工後的鄰接矩陣放入點積運算
117        if self.use_bias:                    # 加入偏置
118            output.add_(self.bias)
119
120        if self.activation is not None:      # 用啟動函數來處理
121            output = self.activation(output)
122        return output
```

上述程式的第 91 行定義了啟動函數 mish()。前文介紹過，mish() 的效果優於 ReLU 等其他啟動函數。

上述程式的第 115 行呼叫了 torch.mm() 函數實現矩陣相乘。該函數只支援二維矩陣相乘，如果相乘矩陣的維數大於 2，那麼需要使用 torch. matmul() 函數。

9.4.8 程式實現：架設多層圖卷積網路

定義類 GCN 將 GraphConvolution 類別完成的圖卷積層疊加起來，形成多層圖卷積網路。同時，為該網路模型實現訓練和評估函數。具體程式如下。

程式檔案：code_28_GCN.py(續6)

```
123  class GCN(nn.Module):                        # 定義多層圖卷積網路
124      def __init__(self, f_in, n_classes, hidden=[16], dropout_p=0.5):
125          super().__init__()
126          layers = []
127                                               # 根據參數建構多層網路
128          for f_in,f_out in zip([f_in]+hidden[:-1], hidden):
129              layers += [GraphConvolution(f_in, f_out)]
130
131          self.layers = nn.Sequential(*layers)
132          self.dropout_p = dropout_p
133                                               # 建構輸出層
```

```
134            self.out_layer = GraphConvolution(f_out, n_classes,
135                         activation=None)
136
137     def forward(self, x, adj):          # 實現前向處理過程
138         for layer in self.layers:
139             x = layer(x, adj)
140                                         # 函數方式呼叫 dropout()
141         F.dropout(x, self.dropout_p, training=self.training,
                    inplace=True)
142         return self.out_layer(x, adj)
143
144 n_labels = labels.max().item() + 1      # 獲取分類個數 7
145 n_features = features.shape[1]          # 獲取節點特徵維度 1433
146 print(n_labels, n_features)             # 輸出 7 和 1433
147
148 def accuracy(output,y):                 # 定義函數來計算準確率
149     return (output.argmax(1) == y).type(torch.float32).mean().item()
150
151 def step():                             # 定義函數來訓練模型
152     model.train()
153     optimizer.zero_grad()
154     output = model(features, adj)       # 將全部資料登錄模型
155                                         # 只用訓練資料計算損失
156     loss = F.cross_entropy(output[idx_train], labels[idx_train])
157     acc = accuracy(output[idx_train], labels[idx_train]) # 計算準確率
158     loss.backward()
159     optimizer.step()
160     return loss.item(), acc
161
162 def evaluate(idx):                      # 定義函數來評估模型
163     model.eval()
164     output = model(features, adj)       # 將全部資料登錄模型
165     # 用指定索引評估模型效果
166     loss = F.cross_entropy(output[idx], labels[idx]).item()
167     return loss, accuracy(output[idx], labels[idx])
```

上述程式的第 124 行～第 142 行實現了一個多層圖卷積網路。該網路的架設方法與全連接網路的架設方法完全一致，只是將全連接層換成了 GraphConvolution 類別實現的圖卷積層。

> **注意**：上述程式的第 141 行以函數的方式使用了 dropout() 方法。在以函數的方式使用 dropout() 時，必須要指定模型的執行狀態，即 training 標識，這樣可以減少很多麻煩。

上述程式的第 151 行開始，定義了函數來實現模型的訓練過程。與深度學習任務不同，圖卷積在訓練時需要傳入樣本間的關聯資料。因為該關聯資料是與節點數相等的方陣，所以傳入的樣本數也要與節點數相同。在計算 loss 值時，可以透過索引從整體運算結果中取出訓練集的結果。

> **注意**：在圖卷積任務中，無論是用模型進行預測還是訓練，都需要將全部的圖結構方陣輸入，見上述程式的第 154 行和第 164 行。

9.4.9 程式實現：用 Ranger 最佳化器訓練模型並視覺化結果

經過實驗發現，圖卷積神經網路的層數不宜過多，一般在 3 層左右即可。本例將實現一個 3 層的圖卷積神經網路，每層的維度變化如圖 9-15 所示。

▲ 圖 9-15　圖卷積網路的維度變化

將程式檔案 "ranger.py" 放到本地程式的同級目錄下，並用 import 敘述將其載入，實現 Ranger 最佳化器的載入。

使用迴圈敘述訓練模型，並將模型結果視覺化。具體程式如下。

程式檔案：code_28_GCN.py(續7)

```
168  # 生成模型
169  model = GCN(n_features, n_labels, hidden=[16, 32, 16]).to(device)
170
171  from tqdm import tqdm                # 需要用 pip install tqdm 命令來安裝
172  from ranger import *
173  optimizer = Ranger(model.parameters())   # 使用 Ranger 最佳化器
174
175  # 訓練模型
176  epochs = 1000
177  print_steps = 50
178  train_loss, train_acc = [], []
179  val_loss, val_acc = [], []
180  for i in tqdm(range(epochs)):
181      tl, ta = step()
182      train_loss += [tl]
183      train_acc += [ta]
184      if (i+1)%print_steps == 0 or i == 0:
185          tl, ta = evaluate(idx_train)
186          vl, va = evaluate(idx_val)
187          val_loss += [vl]
188          val_acc += [va]
189          print(f'{i+1:6d}/{epochs}: train_loss={tl:.4f},
190              train_acc={ta:.4f}'+f', val_loss={vl:.4f},
191              val_acc={va:.4f}')
192
193  # 輸出最終結果
194  final_train, final_val, final_test = evaluate(idx_train),
195                          evaluate(idx_val), evaluate(idx_test)
196  print(f'Train     : loss={final_train[0]:.4f},
197                  accuracy={final_train[1]:.4f}')
198  print(f'Validation: loss={final_val[0]:.4f},
```

```
199                         accuracy={final_val[1]:.4f}')
200   print(f'Test        : loss={final_test[0]:.4f},
201                         accuracy={final_test[1]:.4f}')
202
203   # 視覺化訓練過程
204   fig, axes = plt.subplots(1, 2, figsize=(15,5))
205   ax = axes[0]
206   axes[0].plot(train_loss[::print_steps] + [train_loss[-1]], label='Train')
207   axes[0].plot(val_loss, label='Validation')
208   axes[1].plot(train_acc[::print_steps] + [train_acc[-1]], label='Train')
209   axes[1].plot(val_acc, label='Validation')
210   for ax,t in zip(axes, ['Loss', 'Accuracy']): ax.legend(),
      ax.set_title(t, size=15)
211
212   # 輸出模型預測結果
213   output = model(features, adj)
214
215   samples = 10                # 取 10 個樣本
216   idx_sample = idx_test[torch.randperm(len(idx_test))[:samples]]
217   # 將樣本標籤和預測結果放在一起進行比較
218   idx2lbl = {v:k for k,v in lbl2idx.items()}
219   df = pd.DataFrame({'Real':
220         [idx2lbl[e] for e in labels[idx_sample].tolist()],
221           'Pred':
222         [idx2lbl[e] for e in output[idx_sample].argmax(1).tolist()]})
223   print(df)
```

程式執行後，輸出結果如下。

（1）訓練過程。

```
...
train_loss=0.4246, train_acc=0.9550, val_loss=0.7746, val_acc=0.7867
```

```
 99%|              | 990/1000 [00:13<00:00, 97.03it/s]  1000/1000:
train_loss=0.3258, train_acc=0.9650, val_loss=0.7346, val_acc=0.7933
100%|              | 1000/1000 [00:13<00:00, 75.65it/s]
Train     : loss=0.3258, accuracy=0.9650
Validation: loss=0.7346, accuracy=0.7933
Test      : loss=0.8095, accuracy=0.7708
```

（2）驗證結果。

```
                    Real                         Pred
00  Probabilistic_Methods           Probabilistic_Methods
01  Probabilistic_Methods           Probabilistic_Methods
02       Neural_Networks            Probabilistic_Methods
03              Theory                       Theory
04   Genetic_Algorithms             Genetic_Algorithms
05  Probabilistic_Methods           Probabilistic_Methods
06       Neural_Networks            Neural_Networks
07       Neural_Networks            Neural_Networks
08  Probabilistic_Methods           Probabilistic_Methods
09              Theory                       Theory
```

上述程式同時也生成了訓練過程中的 loss 值曲線圖，如圖 9-16 所示。

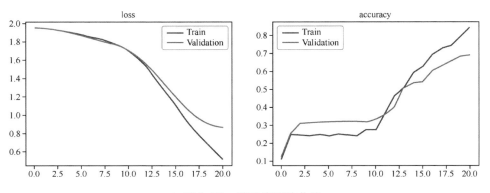

▲ 圖 9-16　模型的訓練曲線

從訓練結果中可以看出，該模型具有很好的擬合能力。值得一提的是，圖卷積模型所使用的訓練樣本非常少，只使用了 2708 個樣本中的 200 個進行訓練。因為加入了樣本間的關係資訊，所以模型對樣本數的依賴大幅下降。這也正是圖神經網路模型的優勢。

9.5 圖卷積神經網路

9.4 節中的實例簡單介紹了圖卷積神經網路的計算方式 (點積計算) 和使用方法 (加入樣本間的關係資訊)，其整體結構如圖 9-17 所示。

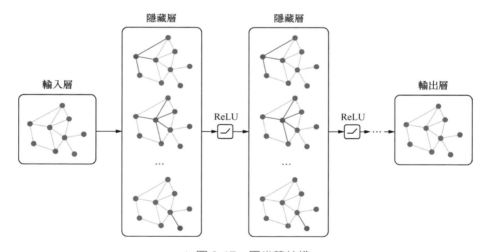

▲ 圖 9-17　圖卷積結構

在圖 9-17 中可以看到，圖卷積神經網路的輸入是一個圖，經過一層層的計算變換後輸出的還是一個圖。

如果從卷積的角度來了解，那麼可以將處理後的鄰接矩陣當作一個卷積核心，用這個卷積核心在每一個隱藏層的特徵結果上進行全尺度卷積。由於該卷積核心的內容是圖中歸一化後的邊關係，因此用這種卷積核心進行卷積處理可使隱藏層的特徵按照節點間的遠近關係資訊進行轉化，即對隱藏層的特徵進行了去噪處理。去噪後的特徵含有同類樣本間的更多資訊，從而使神經網路在沒有大量樣本的訓練條件下，也可以訓練出性能很好的模型。

圖神經網路的實質是：對節點間的圖結構關係進行計算，並將計算結果作用在每個節點的屬性特徵的擬合當中。

9.5.1 圖結構與拉普拉斯矩陣的關係

圖卷積本質上不是傳播標籤，而是傳播特徵。圖卷積將未知的標籤特徵傳播到已知標籤的特徵節點上，利用已知標籤節點的分類器對未知標籤特徵的屬性進行推理。

在 9.4 節的例子中，圖卷積模型利用節點間的關係資訊實現了特徵的傳播。而節點間的關係資訊又是透過加工後的鄰接矩陣來表現的。這個加工後的鄰接矩陣稱為拉普拉斯矩陣 (Laplacian matrix)，也稱為基爾霍夫矩陣。

圖卷積操作的步驟如下。

（1）先將圖結構的特徵用拉普拉斯矩陣表示。
（2）將拉普拉斯矩陣作用在節點特徵的計算模型中，完成節點特徵的擬合。

拉普拉斯矩陣的主要用途是表述圖結構的特徵 (對矩陣的特徵進行分解)，是圖卷積操作的必要步驟。

9.5.2 拉普拉斯矩陣的 3 種形式

在實際應用中，拉普拉斯矩陣有 3 種計算形式，它們都可以用來表示圖的特徵。指定一個有 n 個頂點的圖 $G=(V,E)$，如果用 D 代表圖的度矩陣，用 A 代表圖的鄰接矩陣，那麼拉普拉斯矩陣的 3 種計算方法具體如下。

- 組合拉普拉斯矩陣 (combinatorial Laplacian)：$L=D-A$，這種換算方式更關注圖結構中相鄰節點的差分。
- 對稱歸一化拉普拉斯矩陣 (symmetric normalized Laplacian)：$L^{sym} = \hat{D}^{-1/2}\hat{A}\hat{D}^{-1/2}$，這在圖卷積網路中經常使用。
- 隨機歸一化拉普拉斯矩陣 (random walk normalized Laplacian)：$L^{rw} = \hat{D}^{-1}\hat{A}$，這在差分卷積 (diffusion convolution) 網路中經常使用。

其中 $\hat{A}$ 代表加入自環 (對角線為 1) 的鄰接矩陣，$\hat{D}$ 代表 $\hat{A}$ 的度矩陣。

以組合拉普拉斯矩陣舉例的方式來說明。

按照公式 $L=D-A$，對圖 9-7 中的無向圖結構求其拉普拉斯矩陣。可以用該圖的度矩陣 D 減去鄰接矩陣 A，最終得到結果，如圖 9-18 所示。

$$\begin{bmatrix} 2 & -1 & 0 & 0 & -1 & 0 \\ -1 & 3 & -1 & 0 & -1 & 0 \\ 0 & -1 & 2 & -1 & 0 & 0 \\ 0 & 0 & -1 & 3 & -1 & -1 \\ -1 & -1 & 0 & -1 & 3 & 0 \\ 0 & 0 & 0 & -1 & 0 & 1 \end{bmatrix}$$

▲ 圖 9-18　矩陣結果

9.4 節所範例子中的拉普拉斯矩陣就是隨機歸一化拉普拉斯矩陣。在圖卷積中，對稱歸一化拉普拉斯矩陣也比較常用 (詳見 10.2 節)。

提示

9.4 節所範例子中的程式與隨機歸一化拉普拉斯矩陣的對應關係解讀如下。

(1) 9.4.5 節所示程式的第 67 行：adj + eye(adj.shape[0]) 實現了加入自環的鄰接矩陣 A。

（2）9.4.5 節所示程式的第 56 行：對 A 中的邊數求和，計算外分支度矩
　　陣 $\hat{D}$ 的特徵向量。

（3）9.4.5 節所示程式的第 57 行：對度矩陣 $\hat{D}$ 的特徵向量求倒數，得到
　　$\hat{D}^{-1}$ 的特徵向量。

（4）9.4.5 節所示程式的第 59 行：將 $\hat{D}^{-1}$ 的特徵向量轉化為對角矩陣，得
　　到 $\hat{D}^{-1}$。

（5）9.4.5 節所示程式的第 60 行：計算 $\hat{D}^{-1}$ 與 $\hat{A}$ 的點積，得到拉普拉斯矩
　　陣。

而對於對稱歸一化拉普拉斯矩陣，則可以視為將 $\hat{D}^{-1}$ 分解為兩個 $\hat{D}^{-1/2}$ 相
乘。

9.6 擴充實例：用 Multi-sample Dropout 最佳化模型的訓練速度

Multi-sample Dropout 是 Dropout 的變種方法，該方法比普通 Dropout
的泛化能力更好，同時又可以縮短模型的訓練時間。本例就使用 Multi-
sample Dropout 方法為圖卷積模型縮短訓練時間。

9.6.1 Multi-sample Dropout 方法

Multi-sample Dropout 方法又稱為多樣本聯合 Dropout 方法，同樣是在
Dropout 隨機選取節點捨棄的部分進行最佳化。

將 Dropout 隨機選取的一組節點變成隨機選取多組節點，並計算每組節
點的結果和反向傳播的損失值。最終，將計算多組的損失值進行平均，
得到最終的損失值，並用其更新網路，如圖 9-19 所示。

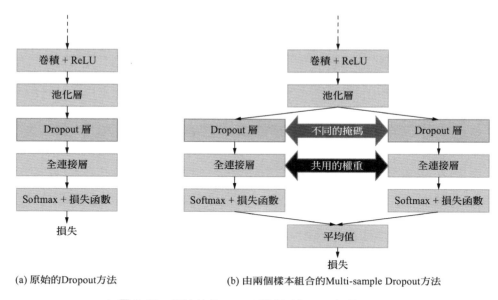

(a) 原始的Dropout方法　　　　(b) 由兩個樣本組合的Multi-sample Dropout方法

▲ 圖 9-19　原始的 Dropout 與 Multi-sample Dropout

如圖 9-19 所示，左側是原始的 Dropout 方法，右側為使用兩個樣本組合的 Multi-sample Dropout 方法。Multi-sample Dropout 在 Dropout 層使用兩套不同的隱藏選取出兩組節點進行訓練。這種做法相當於網路層只執行了一次樣本，卻輸出了多個結果，進行了多次訓練。因此，它可以大大減少訓練的迭代次數。

在深層神經網路中，大部分運算發生在 Dropout 層之前的卷積層中，Multi-sample Dropout 並不會重複這些計算，所以 Multi-sample Dropout 對每次迭代的計算成本影響不大。它可以大幅加快訓練速度。實驗表明，Multi-sample Dropout 還可以降低訓練集和驗證集的錯誤率和損失。(參見的論文編號為 arXiv: 1905.09788,2019。)

9.6.2 程式實現：為圖卷積模型增加 Multi-sample Dropout 方法

仿照 9.4.8 節程式中的 GCN 類別定義，重新定義一個帶有 Multi-sample Dropout 方法的多層圖卷積類別。具體程式如下。

程式檔案：code_28_GCN.py(續8)

```
224  class GCNTD(nn.Module):
225      def __init__(self, f_in, n_classes, hidden=[16],
226                  dropout_num=8,          # 預設使用 8 組 Dropout
227                  dropout_p=0.5):         # 每組捨棄率為 50%
228          super().__init__()
229          layers = []
230          for f_in,f_out in zip([f_in]+hidden[:-1], hidden):
231              layers += [GraphConvolution(f_in, f_out)]
232
233          self.layers = nn.Sequential(*layers)
234          # 預設使用 8 個 Dropout 分支
235          self.dropouts = nn.ModuleList([nn.Dropout(dropout_p,
             inplace=False) for _ in range(dropout_num)])
236          self.out_layer = GraphConvolution(f_out, n_classes,
             activation=None)
237
238      def forward(self, x, adj):
239          for layer,d in zip(self.layers, self.dropouts):
240              x = layer(x, adj)
241
242          if len(self.dropouts) == 0:
243              return self.out_layer(x, adj)
244          else:
245              for i,dropout in enumerate(self.dropouts): # 把每組的輸出
                                                           # 加起來
246                  if i== 0:
247                      out = dropout(x)
```

```
248                         out = self.out_layer(out, adj)
249                 else:
250                     temp_out = dropout(x)
251                     out =out+ self.out_layer(temp_out, adj)
252         return out                                    # 返回結果
```

以上程式實現了 9.6.1 節描述的 Multi-sample Dropout 結構。該結構預設使用了 8 個 Dropout 分支。在前向傳播過程中，具體步驟如下。

（1）輸入樣本統一經過多層圖卷積神經網路來到 Dropout 層。

（2）由每個分支的 Dropout 按照指定的捨棄率對多層圖卷積的結果進行 Dropout 處理。

（3）將每個分支的 Dropout 資料傳入到輸出層，分別得到結果。

（4）將所有結果加起來，生成最終結果。

9.6.3 程式實現：使用帶有 Multi-sample Dropout 方法的圖卷積模型

GCNTD 是帶有 Multi-sample Dropout 方法的圖卷積模型，它的用法與 GCN 類似，直接修改 9.4.9 節中的程式的第 169 行。具體程式如下。

程式檔案：code_28_GCN.py(續9)

```
253  model = GCNTD(n_features, n_labels, hidden=[16, 32, 16]).to(device)
254  from ranger import *
255
256  from functools import partial    #引入偏函數對 Ranger 設定參數
257  opt_func = partial(Ranger,  betas=(.9,0.99), eps=1e-6)
258  optimizer = opt_func(model.parameters())
259
260  from tqdm import tqdm  #pip install tqdm
261  # 訓練模型
262  epochs = 400
```

為了提升模型精度，重新為最佳化器 Ranger 設定參數 (見上述程式的第
257 行)，同時將訓練的迭代次數由 1000 改為 400。

執行程式後，輸出以下結果：

```
...
val_loss=0.8175, val_acc=0.7867
 99%|           ████████████         | 397/400 [00:16<00:00, 26.00it/s]  400/400:
train_loss=0.2278, train_acc=0.9650, val_loss=0.8036, val_acc=0.7867
100%|           ████████████         | 400/400 [00:16<00:00, 24.38it/s]
Train      : loss=0.2278, accuracy=0.9650
Validation: loss=0.8036, accuracy=0.7867
Test       : loss=0.8874, accuracy=0.7572
```

從結果中可以看出，模型只迭代訓練了 400 次，即可實現很好的效果。
其訓練過程的視覺化結果如圖 9-20 所示。

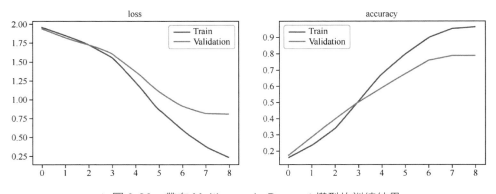

▲ 圖 9-20　帶有 Multi-sample Dropout 模型的訓練結果

9.7 從圖神經網路的角度看待深度學習

深度學習的神經網路擅長處理歐氏空間中的資料，而圖神經網路擅長處理非歐氏空間中的資料。但在圖神經網路的實際處理過程中，還是將非歐氏空間的結構轉化成矩陣來實現。用矩陣作為橋樑，就可以找到神經網路與圖神經網路之間的聯繫。

下面以神經網路中常見的影像處理任務為例說明。

圖型通常被了解為矩陣，矩陣中的每個元素是像素，像素是由 RGB 通道的 3 個數值組成的向量。

換個角度想想，矩陣也可以視為圖譜，圖譜由點和邊組成。相鄰的點之間用邊相連。而矩陣是一種特殊的圖譜，特殊性表現在以下兩個方面。

（1）矩陣中的每個點有固定個數的鄰點。從圖譜的角度來看，圖型中的像素就是圖譜中的點。圖型中的每個像素，也就是圖譜中的每個點，週邊總共有 8 個鄰點。

（2）矩陣中每條邊的權重是常數。從圖譜的角度來看，圖型中的每一個像素只與週邊 8 個鄰點之間有邊，其中邊的長短權重是常數。

圖型身為特殊的圖譜，其特殊性表現在這兩個限制上面。如果放鬆了這兩個限制，問題就更複雜了。這是深度學習演算法向圖神經網路衍化的必經之路。

9.8 圖神經網路使用拉普拉斯矩陣的原因

圖卷積的計算過程是將拉普拉斯矩陣與圖節點特徵進行點積運算,實現圖結構特徵向單一節點特徵的融合。這樣做的意義是什麼?為什麼要用拉普拉斯矩陣?為什麼要用點積的方式來融合?本節主要從圖節點之間的傳播關係方面闡釋這個問題。

9.8.1 節點與鄰接矩陣的點積作用

為了更深入地說明圖卷積的原理,先從點積的作用開始分析。

1. 重現點積計算

(1)以一個簡單的圖為例,其結構如圖 9-21 所示。

▲ 圖 9-21　無向圖

在圖 9-21 中,一共有 3 個節點,每個節點都有一個屬性值。在該圖中,由節點組成的特徵矩陣為 [0.1　0.2　0.3]。

(2)將節點特徵與加入自環後的鄰接矩陣進行矩陣相乘,生成新的節點特徵,如圖 9-22 所示。

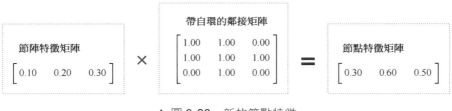

▲ 圖 9-22　新的節點特徵

2. 分析鄰居節點的聚合特徵

按照圖 9-21 所示的圖結構，將每個節點與其鄰居節點相加，完成對鄰居節點的聚合過程，如圖 9-23 所示。

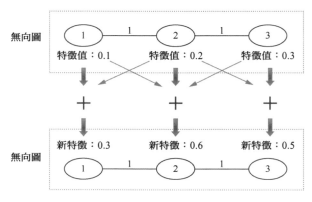

▲ 圖 9-23　節點聚合

從圖 9-23 中可以看出，鄰居節點經過聚合後，所得到的新節點特徵與圖 9-22 所示的點積結果一樣。

3. 結論：點積操作鄰居節點的加法聚合

由圖 9-22 和圖 9-23 可以得出結論，將節點特徵與帶自環的鄰接矩陣執行點積運算，本質上就是將每個節點特徵與自己的鄰居節點特徵相加，即對圖中鄰居節點特徵進行加法聚合。

9.8.2　拉普拉斯矩陣的點積作用

在 9.8.1 節的基礎上，再來了解拉普拉斯矩陣的點積作用就變得更加容易。拉普拉斯矩陣本質上是鄰接矩陣的歸一化。同理，拉普拉斯矩陣的點積作用本質上也是圖中鄰居節點特徵的加法聚合，只不過在加法聚合過程中加入了歸一化計算。

9.8.3 重新檢查圖卷積的擬合本質

了解拉普拉斯矩陣的點積作用之後，再重新檢查圖卷積的過程，就變得更加容易了。將圖結構資訊融入節點特徵的操作，本質上就是按照圖結構中節點間的關係，將周圍鄰居的節點特徵加起來。這樣，在相鄰的節點特徵中，彼此都會有其他節點的特徵資訊，實現了標籤節點的特徵傳播。

9.8.4 點積計算並不是唯一方法

本章的圖卷積例子從矩陣的操作入手，逐步啟動讀者向圖結構方面去考慮。在圖型分析過程中，應用更多的是基於節點的傳播方法，這種方法更適合圖結構資料的處理。

相比之下，使用矩陣運算方法會有較大的局限性，因為在節點特徵與拉普拉斯矩陣執行點積的計算過程中，只能對圖中鄰居節點特徵進行加法聚合。而在圖節點的鄰居特徵聚合過程中，還可以使用更多其他的數學方法 (比如取平均值、最大值)，並不侷限於加法。

在第 10 章中，會從圖傳播的角度介紹圖神經網路更為通用的處理方法，同時，也會介紹多種圖神經網路模型。它們實現的方式更靈活，實現的效果更顯著。

Chapter

10

基於空間域的圖神經
網路實現

第 9 章的 GCN 實例完成了圖神經網路中的頂點分類任務,即把樣本
個體看成圖中的頂點 (節點),並根據頂點自身的屬性特徵以及頂點
間的關係對頂點進行分類。這種模型在訓練時不再需要太多有標注的樣
本,單純使用半監督方式即可完成訓練。

本章將繼續介紹更多有關圖神經網路的模型和處理圖資料的方法。

10.1 重新認識圖卷積神經網路

圖結構資料是具有無限維的一種不規則資料,每一個頂點周圍的結構可能
都是獨一無二的,沒有平移不變性。這種結構的資料使得傳統的 CNN、
RNN 無法在上面工作。

為了使模型能夠適應圖結構資料，人們研究出了很多方法，例如 GNN、DeepWalk、node2vec 等，GCN 只是其中一種。

圖卷積網路 (Graph Convolutional Network，GCN) 是一種能對圖資料進行深度學習的方法。圖卷積中的「圖」是指數學 (圖論) 中用頂點和邊建立的有相關聯繫的拓撲圖，而「卷積」指的是「離散卷積」，其本質就是一種加權求和，加權係數就是卷積核心的權重係數。

如果説 CNN 是圖型的特徵提取器，那麼 GCN 便是圖資料的特徵提取器。在實現時，CNN 可以直接對矩陣資料操作，而 GCN 的操作方式有兩種：譜域和頂點域 (空間域)。

10.1.1 基於譜域的圖型處理

譜域是譜圖論 (spectral graph theory) 中的術語。譜圖論源於天文學，在天體觀測中，可透過觀察光譜的方式來觀察距離遙遠的天體。同樣，圖譜也是描述圖的重要工具。

譜圖論研究如何透過幾個容易計算的定量來描述圖的性質。通常的方法是將圖結構資料編碼成一個矩陣，然後計算矩陣的特徵值。這個特徵值也稱為圖的譜 (spectrum)。被編碼後的矩陣可以了解成圖的譜域。

譜是方陣特有的性質，對於任意非歐氏空間資料，必須先透過計算其定量的描述生成方陣，然後才能進一步求得譜。

第 9 章介紹的 GCN 例子就是基於譜域實現的，即使用圖結構中的度矩陣和鄰接矩陣來表示圖的譜域。而對矩陣的拉普拉斯變換，則是對圖結構提取特徵 (譜) 的一種方法。

10.1.2 基於頂點域的圖型處理

頂點域 (vertex domain) 也稱空間域 (spatial domain) 是指由圖的本身結構所形成的空間。圖結構基於頂點域的處理是一種非常直觀的方式。它直接按照圖的結構，根據相鄰頂點間的關係以及每個頂點自己的屬性，一個一個頂點地進行計算。

10.1.3 基於頂點域的圖卷積

基於頂點域的圖卷積處理會比譜域的方式更加直觀，也容易了解。

1. 圖卷積公式

圖卷積的核心是定義一個函數，該函數作用在中心頂點的鄰居集上，並且保留權重共用的屬性。對第 l 層的第 i 個頂點進行的圖卷積操作，可以定義為：

$$h_i^{l+1} = \sigma \left(\sum_{j \in N_i} \frac{1}{c_{ij}} h_j^l w_{R_j}^l \right) \tag{10-1}$$

其中，h_i^{l+1} 代表頂點 i 在第 l 層的特徵表達；c_{ij} 代表歸一化因數，比如取頂點度的倒數；N_i 代表頂點 i 的鄰居，包含自身；R_j 代表頂點 j 的類型；$w_{R_j}^l$ 代表第 l 層頂點 j 類型的變換參數。

式 (10-1) 描述的操作如圖 10-1 所示。

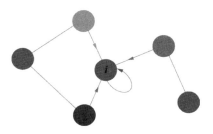

▲ 圖 10-1　單一頂點的圖卷積

2. 圖卷積的操作步驟

圖卷積的操作就是在整個圖上對每個頂點都按照式 (10-1) 的描述執行一遍。從頂點的角度來看，主要可以分成以下 3 個步驟。

（1）發射 (send)：每一個頂點將自身的特徵資訊經過變換後發送給鄰居頂點。這一步是對頂點的特徵資訊進行取出變換，如圖 10-2 所示。

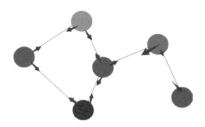

▲ 圖 10-2　頂點的發射

（2）接收 (receive)：每個頂點將鄰居頂點的特徵資訊聚合。這一步是對頂點的局部結構資訊進行融合，如圖 10-3 所示。

（3）變換 (transform)：把前面的資訊聚合之後進行非線性變換，增加模型的表達能力，如圖 10-4 所示。

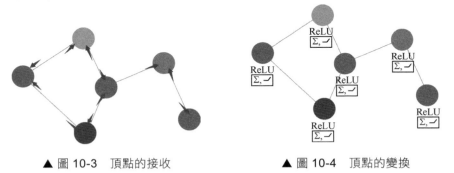

▲ 圖 10-3　頂點的接收　　　　　▲ 圖 10-4　頂點的變換

使用 GCN 從圖資料中提取的特徵可以用於對圖資料執行多種任務，如頂點分類、圖分類 (graph classification) 和邊預測 (link prediction)，還可以順便得到圖的嵌入表示。

10.1.4 圖卷積的特性

圖卷積神經網路具有卷積神經網路的以下性質。

- 局部參數共用：運算元是適用於每個頂點 (圓圈代表運算元) 的，處處共用。
- 感受域與層數成正比：最開始的時候，每個頂點包含了直接鄰居的資訊，在計算第二層時，就能把鄰居頂點的資訊包含進來，這樣參與運算的資訊就更多、更充分。層數越多，感受域就更廣，參與運算的資訊就更多 (特徵一層層地取出，每多一層就會更抽象、更進階)。
- 端對端訓練：不需要再去定義任何規則，只要給圖中的頂點一個標記，讓模型自己學習，就可以融合特徵資訊和結構資訊。

10.2 實例 27：用圖注意力神經網路為論文分類

注意力機制多用於基於序列的任務中。注意力機制的特點是，它的輸入向量長度可變，透過將注意力集中在最相關的部分來做出決定。注意力機制結合 RNN 或 CNN 的方法，在許多工上獲得了不錯的成績 (詳見 7.9 節)。

本例將注意力機制用在圖神經網路中，實現圖注意力神經網路，再次完成 9.4 節中的任務。

> **實例描述**
>
> 有一個記錄論文資訊的資料集，資料集裡面含有每一篇論文的關鍵字以及分類資訊，同時還有論文間互相引用的資訊。架設 AI 模型，對資料集中的論文資訊進行分析，使模型學習已有論文的分類特徵，以便預測出未知分類的論文類別。

本例的主要目的為完成圖注意力神經網路的結構和架設，部分實例和程式與 9.4 節中的一致。

10.2.1 圖注意力網路

圖注意力網路 (Graph Attention Network，GAT) 在 GCN 的基礎上增加了一個隱藏的自注意力 (self-attention) 層。透過疊加 self-attention 層，在卷積過程中可將不同的重要性分配給鄰域內的不同頂點，同時處理不同大小的鄰域。其結構如圖 10-5 所示。

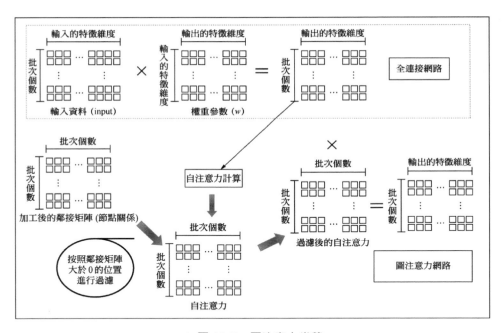

▲ 圖 10-5　圖注意力卷積

在實際計算時，自注意力機制可以使用多套權重同時進行計算，並且彼此之間不共用權重。堆疊這樣的一些層，能夠使頂點注意其鄰近頂點的特徵，確定哪些知識是相關的，哪些知識可以忽略。

10.2.2 專案部署

參考 9.4 節的實例,將 CORA 資料集、Ranger 最佳化器程式檔案複製到本地。本例只對程式檔案 "code_28_GCN.py" 中的圖卷積模型進行替換,檔案的其他部分全部重複使用。

10.2.3 程式實現:對鄰接矩陣進行對稱歸一化拉普拉斯矩陣轉化

在程式檔案 "code_28_GCN.py" 中,定義 normalize_adj() 函數,實現對鄰接矩陣進行對稱歸一化拉普拉斯矩陣的轉化。具體程式如下。

```
程式檔案:code_29_GAT.py(部分1)
65  def normalize_adj(mx):
66  rowsum = np.array(mx.sum(1))
67  r_inv = np.power(rowsum, -0.5).flatten()
68  r_inv[np.isinf(r_inv)] = 0.
69  r_mat_inv = diags(r_inv)
70  return mx.dot(r_mat_inv).transpose().dot(r_mat_inv)
71  # 對鄰接矩陣對角線增加1,將其變為自循環圖表,同時再歸一化處理
72  adj = normalize_adj(adj + eye(adj.shape[0]))
```

上述程式的第 70 行按照 9.5.2 節中的對稱歸一化拉普拉斯矩陣公式實現了鄰接矩陣的轉化。

上述程式的第 72 行呼叫定義好的函數 normalize_adj() 對鄰接矩陣進行轉化。

> **注意**:9.4 節對鄰接矩陣進行了隨機歸一化拉普拉斯矩陣轉化,而本例則對鄰接矩陣進行對稱歸一化拉普拉斯矩陣轉化。二者本無太大差別,這裡使用對稱歸一化拉普拉斯矩陣只是為了介紹其實現方法。

10.2.4 程式實現：架設圖注意力神經網路層

將程式檔案 "code_28_GCN.py" 中的圖卷積類別 Graph Convolution 替換為圖注意力類別。具體程式如下。

程式檔案：code_29_GAT.py(部分2)

```
94   class GraphAttentionLayer(nn.Module):        # 定義圖注意力層
95       # 初始化
96       def __init__(self, in_features, out_features, dropout=0.6):
97           super(GraphAttentionLayer, self).__init__()
98           self.dropout = dropout
99           self.in_features = in_features        # 定義輸入特徵維度
100          self.out_features = out_features      # 定義輸出特徵維度
101          self.W = nn.Parameter(torch.zeros(size=(in_features,
102                                                   out_features)))
103          nn.init.xavier_uniform_(self.W)       # 初始化全連接權重
104          self.a = nn.Parameter(torch.zeros(size=(2*out_features, 1)))
105          nn.init.xavier_uniform_(self.a)       # 初始化注意力權重
106
107      def forward(self, input, adj):            # 定義正向傳播過程
108          h = torch.mm(input, self.W)           # 全連接處理
109          N = h.size()[0]
110          # 將頂點特徵兩兩搭配，並連接到一起，生成資料的形狀
             [N,N,2 self.out_features]
111          a_input = torch.cat([h.repeat(1, N).view(N * N, -1),
                                  h.repeat(N, 1)],
112                   dim=1).view(N, -1, 2 * self.out_features)
113          e = mish(torch.matmul(a_input, self.a).squeeze(2))# 計算注意力
114
115          zero_vec = -9e15*torch.ones_like(e)   # 初始化最小值
116          attention = torch.where(adj > 0, e, zero_vec) # 過濾注意力
117          attention = F.softmax(attention, dim=1)# 對注意力分數進行歸一化
118          attention = F.dropout(attention, self.dropout,
119                        training=self.training)
```

```
120              h_prime = torch.matmul(attention, h)        # 用注意力處理特徵
121              return mish(h_prime)
```

上述程式的第 111 行～第 112 行對全連接後的特徵資料分別進行基於批次維度和特徵維度的複製，並將複製結果連接在一起。這種操作使得頂點中的特徵資料進行了充分的排列組合，結果中的每行資訊都包含兩個頂點特徵。接下來的注意力機制便是基於每對頂點特徵進行計算的。

上述程式的第 116 行按照鄰接矩陣中大於 0 的邊對注意力結果進行過濾，使注意力按照圖中的頂點配對範圍進行計算。

> **注意**：上述程式的第 115 行定義了最小值 -9e15，該值用於填充被過濾掉的特徵物件 attention。如果在過濾時，直接對過濾掉的特徵設定值為 0，那麼模型會無法收斂。

上述程式的第 117 行使用 F.softmax() 函數對最終的注意力機制進行歸一化，得到注意力分數 (總和為 1)。

上述程式的第 120 行將最終的注意力作用到全連接後的結果上以完成計算。

讀者還可以參考圖 10-5 來了解本小節的程式實現過程。

10.2.5 程式實現：架設圖注意力模型類別

將程式檔案 "code_28_GCN.py" 中的圖卷積模型類別 GCN 替換為圖注意力模型類別。具體程式如下。

程式檔案：code_29_GAT.py(部分3)

```
122  class GAT(nn.Module): # 定義圖注意力模型類別
123     def __init__(self, nfeat,  nclass,nhid, dropout,  nheads):
124         super(GAT, self).__init__()
```

```
125            # 注意力層
126            self.attentions = [GraphAttentionLayer(nfeat, nhid,dropout)
                                for in range(nheads)]
127        for i, attention in enumerate(self.attentions): # 增加到模型中
128        self.add_module('attention_{}'.format(i), attention)
129                                                # 輸出層
130        self.out_att = GraphAttentionLayer(nhid * nheads, nclass, dropout)
131
132    def forward(self, x, adj):                        # 定義正向傳播方法
133        # 依次呼叫注意力層，將結果連接起來
134        x = torch.cat([att(x, adj) for att in self.attentions], dim=1)
135        return self.out_att(x, adj)
```

上述程式的第 123 行是圖注意力模型類別的初始化方法。該方法支援多套注意力機制同時運算，其參數 nheads 用於指定注意力的計算套數。

上述程式的第 126 行按照指定的注意力套數生成多套注意力層。

上述程式的第 127 行將注意力層增加到模型。

10.2.6 程式實現：實例化圖注意力模型，並進行訓練與評估

將程式檔案 "code_28_GCN.py" 中實例化 GCN 的程式改成實例化 GAT 的程式，即可實現圖注意力模型的訓練與評估。具體程式如下。

程式檔案：code_29_GAT.py(部分4)
```
169  # 生成模型
170  model = GAT(n_features, n_labels, 16,0.1,8).to(device)
```

在上述程式的第 170 行中，向 GAT 傳入的後 3 個參數分別代表輸出維度 (16)、Dropout 的捨棄率 (0.1)、注意力的計算套數 (8)。最終形成的 GAT 結構如圖 10-6 所示。

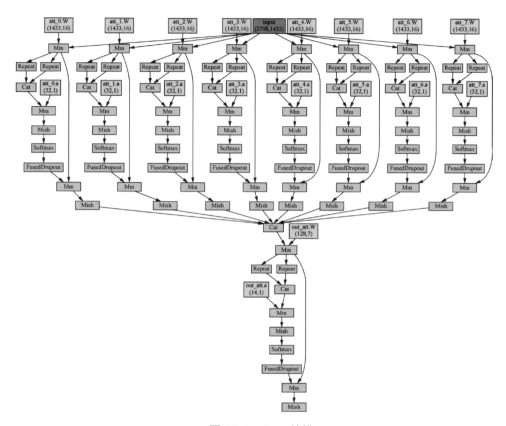

▲ 圖 10-6　GAT 結構

將迭代次數設為 3000，程式執行後，輸出以下結果：

```
98%|████████████████████████████████████████████        |
2949/3000 [1:13:46<01:16,  1.50s/it]  2950/3000: train_loss=0.0070,
train_acc=1.0000, val_loss=0.7167, val_acc=0.7767
100%|████████████████████████████████████████████████████|
| 2999/3000 [1:15:00<00:01,  1.43s/it]  3000/3000: train_loss=0.0066,
train_acc=1.0000, val_loss=0.7173, val_acc=0.7800
100%|████████████████████████████████████████████████████|
3000/3000 [1:15:02<00:00, 1.50s/it]
Train    : loss=0.0066, accuracy=1.0000
```

```
Validation: loss=0.7173, accuracy=0.7800
Test      : loss=0.8035, accuracy=0.7754
```

```
                    Real                  Pred
00           Case_Based                Theory
01       Neural_Networks                Theory
02    Genetic_Algorithms   Genetic_Algorithms
03       Neural_Networks      Neural_Networks
04    Genetic_Algorithms   Genetic_Algorithms
05  Probabilistic_Methods     Neural_Networks
06    Genetic_Algorithms   Genetic_Algorithms
07       Neural_Networks      Neural_Networks
08           Case_Based           Case_Based
09       Neural_Networks      Neural_Networks
```

從結果中可以看出，該 GAT 模型同樣可以達到很好的效果。

注意：由於上述程式在建構注意力機制時，對張量進行了複製，因此整個模型佔用的顯示記憶體比較多。如果讀者的電腦難以執行上述程式，那麼可以減小輸出維度和注意力執行的套數。舉例來說，上述程式的第 170 行可以寫成：

```
model = GAT(n_features, n_labels, 8,0.1,4).to(device)
```

該程式表明輸出維度為 8，只執行 4 套注意力機制。

10.2.7 常用的圖神經網路函數庫

本例只是從原理角度介紹了 GAT 的模型結構。在實際應用，一般會使用第三方圖型計算函數庫來實現。常用的圖型計算函數庫有 DGL、PyG、Spektral、StellarGraph 等，其中 DGL 與 PyG 支援 PyTorch 框架，Spektral 和 StellarGraph 支援 Keras 語法，可以在 TensorFlow 框架上使用。DGL 既支持 PyTorch 框架又支持 TensorFlow 框架。

本書主要介紹 DGL 函數庫的具體使用方法。

10.3 圖神經網路常用函數庫 -- DGL 函數庫

DGL 函數庫是由紐約大學和亞馬遜聯手推出的圖神經網路框架。它不但支援對異質圖的處理,而且開放原始碼了相關異質圖神經網路的程式,在 GCMC、RGCN 等業內知名的模型實現上也獲得了很好的效果。

10.3.1 DGL 函數庫的實現與性能

實現 GNN 並不容易,因為它需要在不規則資料上實現較高的 GPU 輸送量。

DGL 函數庫的邏輯層使用了頂點域的處理方式,使程式更容易了解。同時,又在底層的記憶體和執行效率方面做了大量的工作,使得框架可以發揮出更好的性能。具體特點如下。

- GCMC:DGL 的記憶體最佳化支援在一個 GPU 上對 MovieLens10M 資料集進行訓練 (原實現需要從 CPU 中動態載入資料),從而將原本需要 24 小時的訓練時間縮短到了 1 個多小時。
- RGCN:使用全新的異質圖介面重新實現了 RGCN。減少了記憶體負擔。
- HAN:提供的靈活介面可以將一個異質圖透過元路徑 (metapath) 轉變成同構圖。
- Metapath2vec:新的元路徑取樣實現比原實現快 2 倍。

另外,DGL 也發佈了針對分子化學的模型函數庫 DGL-Chem,提供了包括分子性質預測和分子結構生成等預訓練模型,以及訓練知識圖譜嵌入

(knowledge graph embedding) 專用套件 DGL-KE。其中 DGL-KE 的性能更是出色。

- 在單 GPU 上，DGL-KE 能在 7 分鐘內使用經典的 TransE 模型訓練出 FB15K 的圖嵌入。而 GraphVite(v0.1.0) 在 4 個 GPU 上運算需要 14 分鐘。
- DGL-KE 的首個版本發佈了 TransE、ComplEx 和 Distmult 模型，支援 CPU 訓練、GPU 訓練、CPU 和 GPU 混合訓練，以及單機多處理程序訓練。

有關 DGL 的更多內容可參考官方說明文件。

10.3.2　安裝 DGL 函數庫的方法及注意事項

安裝 DGL 的命令非常簡單，具體如下：

```
conda install -c dglteam dgl              # 安裝 CPU 版本
conda install -c dglteam dgl-cuda9.0      # 安裝 CUDA 9.0 版本
conda install -c dglteam dgl-cuda9.2      # 安裝 CUDA 9.2 版本
conda install -c dglteam dgl-cuda10.0     # 安裝 CUDA 10.0 版本
conda install -c dglteam dgl-cuda10.1     # 安裝 CUDA 10.1 版本
```

上面分別列出了幾種安裝 DGL 的命令，讀者可以根據需要執行。如果由於網路環境導致下載很慢，也可以在 Anaconda 官網搜尋 dgl，尋找對應的安裝套件，進行下載並手動安裝。

注意：在選擇 DGL 的 CUDA 版本時，儘量要與本地 PyTorch 的 CUDA 版本對應。否則執行時期有可能出現錯誤。舉例來說，當執行含有 DGL 的程式時，如果遇到以下資訊：

```
OSError: libcudart.so.10.0: cannot open shared object file: No such file
or directory
```

則表明當前版本的 DGL 找不到對應的 CUDA 函數庫，從錯誤中可以看到該 DGL 所需要的函數庫名稱為 libcudart.so.10.0。該資訊表明當前裝的 DGL 是 CUDA10.0 版本。遇到這種問題，首先要檢查本地的 CUDA 版本。

可以從當前的虛擬環境中，查看本地的 CUDA 版本，以 Linux 為例 (作者本地的路徑為：~/anaconda3/envs/pt15/lib)，假如在虛擬環境下找到了 libcudart.so.10.1 函數庫，則表明本地的 CUDA 版本是 10.1。可以先移除對應 CUDA10.0 的 DGL，再重新安裝對應 CUDA10.1 的 DGL。

移除對應 CUDA10.0 的 DGL 命令如下：

```
conda uninstall -c dglteam dgl-cuda10.0
```

10.3.3 DGL 函數庫中的資料集

DGL 函數庫提供了 15 個內建資料集，可以非常方便地用來測試圖神經網路。下面列出一些常用的資料集，並進行具體介紹。

- Sst(即 Stanford sentiment treebank，史丹佛情感樹庫) 資料集：每個樣本都是一個樹結構的句子，葉頂點表示單字；每個頂點還具有情感註釋，共分為 5 類 (非常消極、消極、中立、積極、非常積極)。

- KarateClub 資料集：資料集中只有一個圖，圖中的頂點描述了社群網站中的使用者是否是一家空手道俱樂部中的成員。

- CitationGraph 資料集：頂點表示作者，邊表示引用關係。

- CORA 資料集：頂點表示作者，邊表示引用關係，詳見 9.4.1 節。

- CoraFull 資料集：CORA 資料集的擴充，頂點表示論文，邊表示論文間的引用關係。

- AmazonCoBuy 資料集：頂點表示商品，邊表示經常一起購買的兩種商品。頂點特徵表示產品的評論，頂點的類別標籤表示產品的類別。

- Coauthor 資料集：頂點表示作者，邊表示共同撰寫過論文的關係。頂點特徵表示作者論文中的關鍵字，頂點類別標籤表示作者的研究領域。

- QM7b 資料集：該資料集由 7211 個分子組成，所有的分子可以回歸到 14 個分類目標。頂點表示原子，邊表示鍵。

- MiniGCDataset(即 mini graph classification dataset，小型圖分類資料集)：資料集包含 8 種不同類型的圖形，包括循環圖表、星形圖、車輪圖、棒棒糖圖、超立方體圖、網格圖、集團圖和圓形梯形圖。

- TUDataset：圖形分類中的圖形核心資料集。

- GINDataset(即 graph Lsomorphism network dataset， 圖 同構網路資料集)：圖核心資料集的緊湊子集。資料集包含流行的圖形核心資料集的緊湊格式，其中包括 4 個生物資訊學資料集 (MUTAG、NCI1、PROTEINS、PTC) 和 5 個社群網站資料集 (COLLAB、IMDBBINARY、IMDBMULTI、REDDITBINARY、REDDITMULTI5K)。

- PPIDataset(即 protein-protein interaction dataset，蛋白質 - 蛋白質相互作用資料集)：資料集包含 24 個圖，每個圖的平均頂點數為 2372，每個頂點具有 50 個要素和 121 個標籤。

在使用時，可以透過 dgl.data 函數庫中的資料集類別直接進行實例化。實例化的參數要根據每個資料集類別的構造函數的定義進行設定。程式如下：

```
dataset = GINDataset('MUTAG', self_loop=True)# 子資料集為 MUTAG，使用自環圖
```

該程式的作用是建立並載入一個同構圖資料集。該程式執行後，會自動從網路上下載指定的資料集並解壓縮，然後載入到記憶體，並返回資料集物件 dataset。該資料集類別與 PyTorch 的 Dataset 類別相容。

> **📖 提示**
>
> dgl.data 函數庫中的資料集類別規劃得並不是太好,有的類別直接裸露在資料下面,有的類別則被額外封裝了一層。舉例來說,CoraDataset 類別就被封裝在 citation_graph.py 檔案中,載入時需要撰寫以下程式:
>
> ```
> from dgl.data import citation_graph
> data = citation_graph.CoraDataset()
> ```
>
> 該程式在執行時會讀取指定的資料集,並生成鄰接矩陣,然後呼叫 NetWorkx 模組根據該鄰接矩陣生成圖以及訓練資料集、測試資料集。
>
> 因此,在使用 DGL 的資料集時,還需要在 dgl/data 路徑下單獨尋找,以函數庫中實際的程式為準。

10.3.4　DGL 函數庫中的圖

DGL 函數庫中有個 DGLGraph 類別,該類別封裝了一個特有的圖結構。DGLGraph 類別可以視為 DGL 函數庫的核心,DGL 函數庫中的大部分圖神經網路是基於 DGLGraph 類別實現的。

10.3.5　DGL 函數庫中的內聯函數

DGL 函數庫提供了大量的內聯 (built-in) 函數,這些函數主要用於對邊和頂點進行運算處理 (例如 u_add_v:實現兩個頂點相加),它們的效率要比普通的圖型處理函數高很多。

DGL 函數庫中的內聯函數都放在 dgl.function 模組下。在使用時,要配合 DGLGraph 圖的訊息傳播機制進行運算。

讀者對這部分知識先有個概念即可,訊息傳播機制會在 10.4.10 節介紹。訊息傳播機制屬於 DGL 函數庫的底層功能,常會在建構圖神經網路模型中使用。如果只使用 DGL 函數庫中封裝好的圖神經網路模型，那麼無須深入了解。

10.3.6 擴充：了解 PyG 函數庫

在圖神經網路領域，除 DGL 函數庫以外，還有另一個比較常用的函數庫 --PyTorch Geometric (PyG) 函數庫。

PyG 函數庫是基於 PyTorch 建構的幾何深度學習擴充函數庫，可以利用專門的 CUDA 核心實現高性能。在簡單的訊息傳遞 API 之後，它將大多數近期提出的卷積層和池化層綁定成一個統一的框架。所有的實現方法都支持 CPU 和 GPU 計算，並遵循不變的資料流程範式，這種範式可以隨著時間的演進動態改變圖結構。PyG 已在 MIT 許可證下開放原始碼，具有完備的文件、教學和範例。

10.4 DGLGraph 圖的基本操作

本節主要介紹 DGLGraph 圖的基本操作。

10.4.1 DGLGraph 圖的建立與維護

使用 DGLGraph 可以非常方便地建立圖結構資料，以及在圖中對頂點和邊進行管理。

1. 生成 DGLGraph 圖

直接呼叫 DGLGraph 的構造函數可以生成一個 DGLGraph 類型的圖。具體程式如下。

```
import dgl                                    # 引入 DGL 函數庫
import networkx as nx                         # 引入 NetWorkx 函數庫

import matplotlib.pyplot as plt               # 用於顯示
import matplotlib as mpl
mpl.rcParams['font.sans-serif']=['SimHei']    # 顯示中文字元
mpl.rcParams['font.family'] = 'STSong'
mpl.rcParams['font.size'] = 40

g_dgl = dgl.DGLGraph()                        # 生成一個空圖
g_dgl.local_var()                            # 查看圖內容
```

上述程式的最後 1 行呼叫 DGLGraph 圖物件的 local_var() 方法查看
DGLGraph 圖的內容。輸出結果如下：

```
DGLGraph(num_nodes=0, num_edges=0,
         ndata_schemes={}
         edata_schemes={})
```

結果顯示 DGLGraph 圖有 4 個屬性：頂點數、邊數、頂點屬性值、邊屬
性值。

2. 為 DGLGraph 圖增加頂點和邊

呼叫 DGLGraph 圖物件的 add_nodes() 方法可以增加頂點，呼叫
DGLGraph 圖物件的 add_edges() 方法可以增加邊。具體程式如下：

```
g_dgl.add_nodes(4)                           # 增加 4 個頂點
g_dgl.add_nodes(4)
g_dgl.add_edges(list(range(4)),  [0]*4)      # 增加 4 條邊
print('變數：',g_dgl.local_var())            # 輸出圖內部變數
```

在呼叫 add_edges() 方法增加邊時，需要指定來源頂點和目的頂點。程式中將全部的 4 個頂點與第 0 個頂點相連。程式執行後輸出以下內容：

```
變數：DGLGraph(num_nodes=4, num_edges=4, ndata_schemes={}, edata_
schemes={})
```

從輸出結果可以看出，DGLGraph 圖中有 4 個變數：頂點數和邊數是 4，頂點屬性和邊屬性是空。

> **📖 提示**
>
> add_nodes() 與 add_edges() 方法是為圖增加多個頂點和多筆邊。還可以使用 add_node() 方法為圖增加一個頂點，使用 add_edge() 方法為圖增加一條邊。

3. 獲得 DGLGraph 圖中的頂點和邊

使用 DGLGraph 圖物件的 nodes() 和 edges() 方法可以查看所有的頂點和邊。對於頂點和邊，都可以直接利用索引值進行單獨提取。

另外，邊還可以用指定來源頂點和目的頂點的方式進行提取，具體做法如下。

（1）指定來源頂點和目的頂點獲得對應邊的索引。
（2）根據邊索引進行邊提取。

具體程式如下：

```
print(' 頂點：',g_dgl.nodes())                          # 輸出圖的頂點
print(' 邊：',g_dgl.edges())                            # 輸出圖的邊
print(' 邊索引：', g_dgl.edge_id(1,0) )                 # 輸出圖的邊索引
print(' 邊屬性：',g_dgl.edges[g_dgl.edge_id(1,0)])      # 根據索引獲得屬性
```

程式執行後輸出以下結果：

```
邊：(tensor([0, 1, 2, 3]), tensor([0, 0, 0, 0]))
頂點：tensor([0, 1, 2, 3])
邊索引：1
邊屬性：EdgeSpace(data={})
```

因為只向圖中增加了頂點和邊，並沒有增加屬性，所以輸出結果的最後一行中的邊屬性為空。

4. 刪除 DGLGraph 圖中的頂點和邊

使用 DGLGraph 圖物件的 remove_nodes() 方法可以對指定頂點進行刪除，使用 DGLGraph 圖物件的 remove_edges() 方法可以對指定邊進行刪除。

在使用時，直接傳入指定索引即可。以邊為例，接著上面的程式繼續撰寫相關程式：

```
g_dgl.remove_edges(i)              # 刪除索引值為 i 的邊
print(g_dgl.number_of_edges())     # 輸出圖的邊數：3
```

5. DGLGraph 圖的清空操作

還可以使用 DGLGraph 圖物件的 clear() 方法對圖進行清空。具體程式如下：

```
g_dgl.clear()                      # 清空圖內容
```

該敘述執行完後，圖的頂點數和邊數又變成 0，可以使用 local_var() 方法來查看。

10.4.2 查看 DGLGraph 圖中的度

DGLGraph 圖按照邊的方向將度分為兩種：連接其他頂點的度 (out) 和被其他頂點連接的度 (in)。在查詢時，可以使用以下幾種方法。

- in_degree：查詢指定頂點被連接的邊數。
- in_degrees：查詢多個頂點被連接的邊數，預設查詢圖中的全部頂點。
- out_degree：查詢指定頂點連接其他頂點的邊數。
- out_degrees：查詢多個頂點連接其他頂點的邊數，預設查詢圖中的全部頂點。

具體程式如下：

```
g_dgl = dgl.DGLGraph()                  # 建立圖
g_dgl.add_nodes(4)                      # 增加頂點和邊
g_dgl.add_edges(list(range(4)),  [0]*4) # 增加邊，所有頂點都與第 0 個頂點相連

print(g_dgl.in_degree(0))               # 查詢連接 0 頂點的度，輸出：4
print(g_dgl.in_degrees([0, 1]))# 查詢連接 0、1 頂點的度，輸出：tensor([4, 0])
print(g_dgl.in_degrees())# 查詢全部頂點被連接的度，輸出：tensor([4, 0, 0, 0])
print(g_dgl.out_degrees()) # 查詢全部頂點向外連接的度，輸出：tensor([1, 1,
1, 1])
```

上述程式中的圖結構如圖 10-7 所示，讀者可以參考該圖中的結構來了解度的查詢結果。

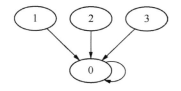

▲ 圖 10-7　DGLGraph 圖結構

10.4.3 DGLGraph 圖與 NetWorkx 圖的相互轉化

DGLGraph 類別深度綁定了 NetWorkx 模組,並在其基礎之上進行了擴充,可以更方便地應用在圖型計算領域。

1. 將 DGLGraph 圖轉成 NetWorkx 圖並顯示

將 DGLGraph 圖轉成 NetWorkx 圖後便可以借助 NetWorkx 圖的顯示功能來視覺化其內部結構。接 10.4.2 節中的程式,在為 DGLGraph 圖增加完頂點和邊之後,可以使用以下程式進行視覺化。

```
nx.draw(g_dgl.to_networkx(), with_labels=True)
```

該程式先呼叫 to_networkx() 方法,將 DGLGraph 圖轉成 NetWorkx圖,再呼叫 NetWorkx 的 draw() 方法進行顯示。程式執行後輸出的視覺化結果如圖 10-8 所示。

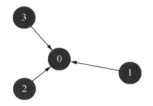

▲ 圖 10-8　視覺化圖結構

注意:比較圖 10-7 與圖 10-8 可以看出,NetWorkx 函數庫在對圖進行視覺化時,沒有自環圖功能。

2. 利用 NetWorkx 圖建立 DGLGraph 圖

DGLGraph 圖還可以從 NetWorkx 圖中轉化而來,具體程式如下:

```
g_nx = nx.petersen_graph()        # 建立一個 NetWorkx 類型的無向圖 petersen
g_dgl = dgl.DGLGraph(g_nx)        # 將 NetWorkx 類型的圖轉化為 DGLGraph
```

```
plt.figure(figsize=(20, 6))
plt.subplot(121)
plt.title('NetWorkx 無向圖 ',fontsize=20)
nx.draw(g_nx, with_labels=True)
plt.subplot(122)
plt.title('DGL 有方向圖 ', fontsize=20)
nx.draw(g_dgl.to_networkx(), with_labels=True)   # 將 DGLGraph 轉化為
                                                 # NetWorkx 類型的圖
```

在上面程式中，呼叫 dgl.DGLGraph() 將 NetWorkx 圖轉化為 DGLGraph
圖，接著又呼叫了 DGLGraph 圖物件的 to_networkx() 方法，將
DGLGraph 圖轉為 NetWorkx 圖並顯示。

該程式執行後，輸出結果如圖 10-9 所示。

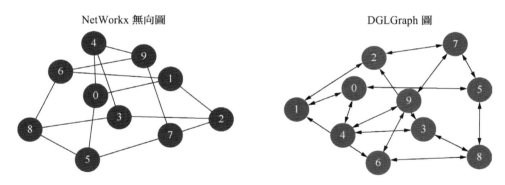

▲ 圖 10-9　NetWorkx 圖與 DGLGraph 圖

在圖 10-9 中，圖頂點和邊的結構在程式中是透過呼叫 nx.petersen_
graph() 生成的。該函數在沒有參數的情況下，會生成 10 個頂點，並且
每個頂點與周圍 3 個頂點相連，共形成 30 條邊。

使用 DGLGraph 物件的 local_var() 方法，可以看到圖中的結構，具體如
下。

```
g_dgL.local_var()
```

程式執行後，輸出以下結果：

```
DGLGraph(num_nodes=10, num_edges=30,
        ndata_schemes={},
        edata_schemes={})
```

10.4.4 NetWorkx 函數庫

NetWorkx 是一個用 Python 語言開發的圖論與複雜網路建模工具，內建了常用的圖與複雜網路分析演算法，可以方便地執行分析複雜網路資料、模擬建模等任務。

利用 NetWorkx 可以以標準化和非標準化資料格式儲存網路，生成多種隨機網路和經典網路，分析網路結構，建立網路模型，設計新的網路演算法，進行網路繪製等。

1. NetWorkx 函數庫的安裝和使用

由於 NetWorkx 函數庫預設整合在 Anaconda 軟體中，因此，如果已經安裝了 Anaconda，那麼可以直接使用 NetWorkx 函數庫。

在使用之前，可以使用以下程式查看當前 NetWorkx 函數庫的版本。

```
import networkx
print(networkx.__version__)
```

NetWorkx 函數庫支援 4 種圖結構，具體如下。

- Graph：無多重邊無向圖。
- DiGraph：無多重邊有方向圖。

- MultiGraph：有多重邊無向圖。
- MultiDiGraph：有多重邊有方向圖。

針對每種圖結構都有一套對應的操作介面，這些介面可以對圖、邊、頂點執行建立、增加、刪除、修改、檢索等操作。這些基本操作都可以在 NetWorkx 函數庫的官方說明文件中找到。

2. NetWorkx 函數庫中的圖資料物件

NetWorkx 函數庫中的圖資料物件可以透過 nx.generate_graphml 介面轉化成 graphml 檔案格式的字串。該字串是以生成器形式儲存的，每一個子圖為生成器中的元素。

```
G=nx.path_graph(4)
print( list(nx.generate_graphml(G)))
```

在該程式執行後，會輸出 graphml 檔案格式的圖資料物件，具體如下：

```
......
'  <graph edgedefault="undirected">',
'    <node id="0"/>',
'    <node id="1"/>',
'    <node id="2"/>',
'    <node id="3"/>',
'    <edge source="0"target="1"/>',
'    <edge source="1"target="2"/>',
'    <edge source="2"target="3"/>',
'  </graph>',
'</graphml>']
```

透過 graphml 檔案格式的描述，可以將圖資料以文字形式表現出來。使用者透過直接修改 graphml 檔案格式的內容，也能完成對圖資料的維護。它比使用介面函數的方式更直接，也更靈活。

NetWorkx 函數庫還可以透過讀寫 graphml 檔案的方式完成圖資料的持久
化。使用 nx.write_graphml 介面可輸出記憶體中的圖物件。待編輯好之
後，使用 nx.read_graphml 介面將檔案載入到記憶體中。

副檔名為 graphml 的檔案使用的是 XML 格式，它還可以用 yEd Graph
Editor 軟體打開。

10.4.5 DGLGraph 圖中頂點屬性的操作

在圖神經網路中，每個頂點都有自己的屬性資訊 (如果忽略頂點與頂點之
間的關係，那麼頂點的屬性便與深度學習中的樣本特徵一致)。DGLGraph
圖中的頂點屬性都放在成員變數 ndata 中，可以直接對其操作。

1. 增加頂點屬性
增加頂點屬性的範例程式如下：

```
import torch
import dgl
g_dgl=dgl.DGLGraph()
g_dgl.add_nodes(4)              # 增加 4 個頂點
g_dgl.add_edges(torch.tensor(list(range(4))),  [0]*4) # 增加 4 條邊
g_dgl.ndata['feature'] = torch.zeros((g_dgl.number_of_nodes(), 2))
# 增加頂點屬性
print(g_dgl.local_var())
print(g_dgl.ndata['feature'])
```

DGLGraph 圖物件的 ndata 成員變數是字典類型，在使用時可以任意指
定鍵 (key) 並為其增加值 (value)。程式執行後，輸出以下結果：

```
DGLGraph(num_nodes=4, num_edges=4,
         ndata_schemes={'feature': Scheme(shape=(2,), dtype=torch.float32)}
         edata_schemes={})
tensor([[0., 0.], [0., 0.], [0., 0.], [0., 0.]])
```

從輸出結果的第 2 行可以看出，DGLGraph 圖中有了頂點屬性資訊。結果最後一行顯示了 DGLGraph 圖中頂點屬性的值 (每個頂點的屬性都由兩個 0 組成)。

> **📖 提示**
>
> DGL 函數庫不但支持 Python 數數值型態，而且支持 PyTorch 類型。在開發時，可以任意使用。舉例來説，在使用 **add_edges()** 方法增加邊時，使用了 PyTorch 張量類型的方式來指定來源頂點。

2. 修改頂點屬性

可以根據頂點索引來對指定頂點的屬性進行修改，具體程式如下：

```
g_dgl.nodes[[0, 1]].data['feature'] = torch.ones(2, 2)# 將前兩個頂點屬性改成 1
print(g_dgl.ndata['feature'])
print(g_dgl.node_attr_schemes())                          # 單獨查看頂點屬性
```

程式執行後輸出以下結果：

```
tensor([[1., 1.], [1., 1.], [0., 0.], [0., 0.]])
{'feature': Scheme(shape=(2,), dtype=torch.float32)}
```

> **📖 提示**
>
> DGLGraph 圖物件的 ndata 成員本質上就是一個字典物件，也可以使用與字典相關的操作來修改值，舉例來説，使用 **update()** 方法：
>
> ```
> g_dgl.ndata.update({'feature':torch.zeros((g_dgl.number_of_nodes(),
> 2))})
> ```

3. 刪除頂點屬性

可以使用 ndata 的 pop() 方法將頂點屬性刪除，該方法會返回所刪除的屬性值。具體程式如下：

```
g_dgl.ndata.pop('feature')          # 刪除頂點屬性
print(g_dgl.node_attr_schemes())    # 單獨查看頂點屬性，輸出：{}
```

10.4.6　DGLGraph 圖中邊屬性的操作

DGLGraph 圖中邊屬性的操作與 10.4.5 節中頂點屬性的操作類似。在 10.4.5 節的基礎上，將頂點屬性 ndata 換成邊屬性 edata 即可，具體程式如下：

```
# 增加邊屬性
g_dgl.edata['feature'] = torch.zeros((g_dgl.number_of_edges(), 2))
print(g_dgl.edata['feature'])    # 輸出：tensor([[0., 0.], [0., 0.], [0.,
0.], [0., #0.]])

# 修改邊屬性
g_dgl.edges[[0, 1]].data['feature'] = torch.ones(2, 2)
g_dgl.edges[[0, 1]].data['feature'] = torch.ones(2, 2)
print(g_dgl.edata['feature'])     # 輸出：tensor([[1., 1.], [1., 1.], [0.,
0.], [0., #0.]])

# 刪除邊屬性
g_dgl.edata.pop('feature')
print(g_dgl.edge_attr_schemes())    # 單獨查看邊屬性，輸出：{}
```

10.4.7　DGLGraph 圖屬性操作中的注意事項

在函數呼叫過程中，如果在函數內部使用了 local_var() 方法對圖進行複製，那麼對複製後的圖屬性的修改將不會在原始圖中生效。這是讀者需要注意的地方。

以改變圖頂點的屬性為例，具體程式如下：

```
def foo(g):                          # 定義函數以改變圖頂點屬性
    g = g.local_var()                # 複製圖
    g.nodes[[0, 1]].data['feature'] = torch.ones(2, 2)
    print(g.ndata['feature'])        # 輸出修改的值：tensor([[1., 1.], [1.,
1.], [0., 0.], [0., 0.]])

g_dgl.ndata['feature'] =torch.zeros((g_dgl.number_of_nodes(), 2)) # 初始
化頂點屬性
print(g_dgl.ndata['feature']) # 輸出原始的值：tensor([[0., 0.], [0., 0.],
[0., 0.], [0., 0.]])
foo(g_dgl)                           # 呼叫函數，修改頂點屬性
print(g_dgl.ndata['feature']) # 發現屬性沒變，輸出：tensor([[0., 0.], [0.,
0.], [0., 0.], [0., 0.]])
```

local_var() 方法本質上是返回一個本地作用域的圖物件。利用該方法可以在函數內部對 DGLGraph 圖進行各種變換，然後直接返回變換後所計算的值。只要在函數內部使用了 local_var() 方法對原始圖物件進行複製，後續的操作就不會對原始圖物件造成影響。

📖 提示

還可以使用 local_scope() 方法建立本地作用域，修改作用域內的圖物件不會影響外部的圖物件。舉例來説，函數 foo() 也可以寫成函數 foo2()，具體程式如下：

```
def foo2(g):
    with g.local_scope():
        g.nodes[[0, 1]].data['feature'] = torch.ones(2, 2)
        print(g.ndata['feature'])
```

10.4.8 使用函數對圖的頂點和邊進行計算

Python 中的 map() 函數可以對串列中的元素按照指定的函數一個一個進行計算，在 DGLGraph 圖中也有類似的函數。

- apply_nodes()：可以對每個頂點按照指定的函數進行計算。
- apply_edges()：可以對每個邊按照指定的函數進行計算。

具體程式如下：

```
g_dgl.clear()                              # 清空圖
g_dgl.add_nodes(3)                         # 增加 3 個頂點
g_dgl.add_edges([0, 1], [1, 2])            # 增加 2 條邊 0 -> 1, 1 -> 2

def feature_fun(g):                        # 定義計算函數
    return {'feature2': g.data['feature'] +2}   # 額外增加一個屬性

g_dgl.ndata['feature'] = torch.ones(3, 1)  # 增加頂點屬性 feature，所有頂點
                                           # 的值都為 1
g_dgl.apply_nodes(func=feature_fun, v=0)   # 對索引為 0 的頂點屬性進行計算
print(g_dgl.ndata)  # 輸出：{'feature': tensor([[1.], [1.], [1.]]),
                    # 'feature2': tensor([[3.], [0.], [0.]])}

g_dgl.edata['feature'] = torch.ones(2, 1)    # 增加邊屬性 feature，所有邊的
                                             # 值都為 1
g_dgl.apply_edges(func=feature_fun, edges=0) # 對索引為 0 的邊屬性進行計算
print(g_dgl.edata)  # 輸出：{'feature': tensor([[1.], [1.]]),
                    # 'feature2': tensor([[3.], [0.]])}
```

上述程式中分別對索引值為 0 的頂點和邊進行計算。如果要對全部頂點和邊進行計算，那麼直接在參數中用列表指定即可。

10.4.9 使用函數對圖的頂點和邊進行過濾

類似 Python 中的 filter() 函數，DGLGraph 圖中也可以對邊和頂點進行
過濾。接 10.4.8 節的程式，具體如下：

```
def filter_fun(g):                               # 定義過濾函數
    return (g.data['feature2'] > 1).squeeze(1)   # 對 feature2 進行過濾，
                                                 # 找出大於 1 的索引

print(g_dgl.ndata['feature2'])   # 輸出頂點的 feature2 特徵，輸出：
tensor([[3.], [0.], [0.]])
g_dgl.filter_nodes(filter_fun)   # 對頂點進行過濾，輸出：tensor([0])

print(g_dgl.edata['feature2'])   # 輸出邊的 feature2 特徵，輸出：
tensor([[3.], [0.]])
g_dgl.filter_edges(filter_fun)   # 對邊進行過濾，輸出：tensor([0])
```

10.4.10 DGLGraph 圖的訊息傳播

在 DGLGraph 圖中，可以進行頂點與頂點間的傳播計算，傳播是以訊息
傳遞的方式實現的。假設頂點 1 與頂點 2 相連，則可以定義一個處理函
數當作頂點 1 和頂點 2 之間的邊，將頂點 1 作為輸入，結果傳給頂點 2；
頂點 2 使用接收函數對傳來的訊息進行處理，然後更新到自身頂點中。

在具體實現時，基於邊的處理函數要透過 DGLGraph 圖的 register_
message_func() 方法進行註冊，接收訊息的處理函數要透過 DGLGraph
圖的 register_reduce_func() 方法進行註冊。接收的訊息可以透過目的頂
點的 mailbox 屬性進行獲取。

1. 建立 DGLGraph 圖

```
import torch as th
import networkx as nx
g = dgl.DGLGraph()
g.add_nodes(4)                                      # 增加 4 個頂點
g.ndata['x'] = th.tensor([[1.], [2.], [3.], [4.]]) # 為每個頂點增加 x 屬性
g.add_edges([0, 1, 1, 2], [1, 2, 3, 3])            # 為圖增加 4 條邊
```

該程式建立的圖結構如圖 10-10 所示。

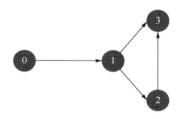

▲ 圖 10-10　圖結構

2. 邊處理函數與接收訊息處理函數的實現

```
def send_source(edges): return {'m': edges.src['x']}    # 定義邊處理函數
g.register_message_func(send_source)        # 註冊邊處理函數
def simple_reduce(nodes): return {'x': nodes.mailbox['m'].sum(1)}
                                # 定義接收訊息處理函數
g.register_reduce_func(simple_reduce)        # 註冊接收訊息處理函數
```

3. 按順序進行訊息傳播

接上面的程式，直接使用圖的 prop_nodes() 方法可以完成訊息傳播，具體程式如下。

```
g.prop_nodes([[1, 2], [3]])        # 傳播頂點
print(g.ndata['x'])          # 顯示結果，輸出：tensor([[1.], [1.], [2.], [3.]])
```

在上述程式中，呼叫了 prop_nodes() 方法完成圖傳播。該方法的參數是一個列表，在執行時會按照串列中元素的順序依次進行 send_source() 和 simple_reduce() 的呼叫。具體步驟如下。

（1）對頂點 1 進行傳播計算。將頂點 0 傳入 send_source() 函數中，send_source() 函數將訊息 m 發送給頂點 1，頂點 1 在自己的 mailbox 字典中找到訊息 m，並將訊息 m 的值更新到自己的 x 屬性裡。此時，頂點 1 的 x 屬性由 2 變成 1。

（2）對頂點 2 進行傳播計算。由於頂點 1 和頂點 2 都是參數串列中的第一個元素，因此這是與第（1）步同時進行的，即頂點 2 將頂點 1 的值更新到自身的 x 中，其 x 值由 3 變成 2。

（3）對參數串列中的第二個元素 -- 頂點 3 進行傳播計算。將第（1）步與第 (2) 步計算後的頂點 1、頂點 2 的 x 值傳入 send_source() 函數中，發送訊息給頂點 3。頂點 3 接收到兩個值 1 和 2，並呼叫 simple_reduce() 中的 sum() 函數，將這兩個值相加並更新到自身的 x 屬性中，得到 3。到此為止，完成全部傳播過程。此時，圖物件 g 中所有頂點的 x 屬性為：[[1.], [1.], [2.], [3.]]。

4. 對所有頂點進行訊息傳播

利用 DGLGraph 圖的訊息傳播機制可以很方便地對所有頂點進行運算。使用圖的 update_all() 方法可以對圖中所有的相鄰頂點進行一次訊息傳播。具體程式如下：

```
g.ndata['x'] = th.tensor([[1.], [2.], [3.], [4.]])
g.update_all()
print(g.ndata['x'])        # 輸出：tensor([[0.], [1.], [2.], [5.]])
```

對 update_all() 方法的計算步驟解讀如下。

（1）第一個頂點由 1 變成 0：在 update_all() 方法中，是從第一個頂點開始進行訊息傳播的，因為該頂點前面沒有其他頂點發送訊息，所以呼叫接收訊息時沒有收到任何值，其屬性由 1 變成 0。

（2）第二個頂點由 2 變成 1：在 update_all() 方法中，所有頂點都是同時進行訊息傳播的。因為第二個頂點被更新為第一個頂點的值，所以變成了 1。

（3）第三個頂點由 3 變成 2：與 (2) 中說明的道理一樣。

（4）第四個頂點由 4 變成 5：第四個頂點是由第二個頂點、第三個頂點傳播來的值相加而成的，即 2+3=5。

📖 提示

update_all() 方法支持 3 個參數，分別為 message_func、reduce_func 和 apply_node_func。其中 message_func 和 reduce_func 為發送訊息和接收訊息函數，apply_node_func 為應用在每個頂點上的函數。

10.4.11 DGL 函數庫中的多圖型處理

DGL 函數庫支援多圖型處理。多圖是指一個 DGLGraph 類別物件中含有多個圖結構，常用來在圖中表示頂點間的不同關係。舉例來說，在地圖應用中，兩個地點之間可能會有不同的路徑。又如，在社交關係中，兩個人之間可能有不同的關係 (從親緣、工作、興趣等角度來考慮)。

1. 多圖的建立

在實現時，只需要將 DGLGraph 的實例化參數 multigraph 設為 True，具體程式如下：

```
g_multi = dgl.DGLGraph(multigraph=True)        # 建立一個多圖
g_multi.add_nodes(4)                           # 增加 4 個頂點
g_multi.add_edges(list(range(2)), 0)           # 增加邊（頂點 0 指向頂點 0，
                                               # 頂點 1 指向頂點 0）
g_multi.add_edge(1, 0)                          # 增加重複邊（頂點 1 指向頂點 0）
print(g_multi.edges())                         # 輸出邊
eid_10 = g_multi.edge_id(1,0)                  # 計算頂點 1 指向頂點 0 的邊
print(eid_10)                                  # 輸出計算頂點 1 指向頂點 0 的邊
```

為了演示多圖的特徵，在程式中建立了一個含有兩個重複邊的多圖。執行後輸出以下結果：

```
(tensor([0, 1, 1]), tensor([0, 0, 0]))
tensor([1, 2])
```

輸出結果的第 1 行是圖中所有的邊，輸出結果的第 2 行是頂點 1 指向頂點 0 的邊。在 **DGLGraph** 物件中，有兩個圖，每個圖中都存在一條由頂點 1 指向頂點 0 的邊。

2. 按邊索引指定屬性

多圖中所有的邊也是有統一的索引編號的，這與單圖一致。直接透過索引即可指定其屬性。具體程式如下：

```
g_multi.edata['w'] = torch.randn(3, 2)              # 用隨機值為邊增加屬性
g_multi.edges[1].data['w'] = torch.zeros(1, 2)      # 修改索引值為 1 的邊屬性
print(g_multi.edata['w'] )                          # 顯示所有的邊屬性
```

程式執行後，輸出以下結果：

```
tensor([[ 0.9831, -1.3319], [ 0.0000,  0.0000], [-1.0640, -0.4091]])
```

3. 按來源到目的頂點的索引指定屬性

在多圖中，可以按照來源到目的頂點的方式找到所有子圖的邊，然後進行統一的屬性修改。具體程式如下：

```
eid_10 = g_multi.edge_id(1,0)       # 計算頂點 1 指向頂點 0 的邊
g_multi.edges[eid_10].data['w'] = torch.ones(len(eid_10), 2)
                                    # 統一修改符合條件的邊屬性
print(g_multi.edata['w'])           # 顯示所有的邊屬性
```

程式執行後，輸出以下結果：

```
tensor([[ 0.9831, -1.3319],    [ 1.0000,  1.0000], [ 1.0000,  1.0000]])
```

10.5 實例 28：用帶有殘差結構的多層 GAT 模型實現論文分類

從本節開始，將使用 DGL 函數庫實現各種圖神經網路。使用 DGL 函數庫進行圖型計算會比直接使用原生的 PyTorch API 更容易、效率更高，而且也節省了大量的開發時間。

> **實例描述**
>
> 有一個記錄論文資訊的資料集，資料集裡面含有每一篇論文的關鍵字和分類資訊，同時還有論文間互相引用的資訊。架設 AI 模型，對資料集中的論文資訊進行分析，使模型學習已有論文的分類特徵，以便預測出未知分類的論文類別。

本例是 10.2 節的擴充，透過使用 DGL 函數庫實現一個帶有殘差結構的多層 GAT 模型，從而在論文分類任務上達到更好的效果和性能。

10.5.1 程式實現：使用 DGL 資料集載入 CORA 樣本

本例使用的樣本與 9.4 節中的一致。在實現時，使用 DGL 函數庫的資料集模組可以更方便地實現 CORA 資料集中樣本的獲取和載入。

1. 下載資料集

直接使用 dgl.data 函數庫中的 citation_graph 模組即可實現 CORA 資料集的下載，具體程式如下。

程式檔案：code_30_dglGAT.py

```
01  import dgl
02  import torch
03  from torch import nn
04  from dgl.data import citation_graph
05  from dgl.nn.pytorch import  GATConv
06  data = citation_graph.CoraDataset()     # 下載並載入資料集
```

上述程式的第 6 行會自動在後台對 CORA 資料集進行下載。待資料集下載完成之後，載入並返回 data 物件。

程式執行後輸出以下內容：

```
......
#Extracting file to C:\Users\ljh\.dgl/cora
```

系統預設的下載路徑為當前使用者的 .dgl 資料夾。以作者的電腦為例，下載路徑為 C:\Users\ljh\.dgl/cora.zip。

2. 查看資料集物件

上述程式的第 6 行返回的 data 物件中含有資料集的樣本 (feature)、標籤 (label)，論文中引用關係的鄰接矩陣，以及拆分好的訓練、驗證、測試資料集隱藏。

其中，資料集的樣本已經被歸一化處理，與 9.4.5 節中程式的第 64 行的 features 物件完全一致。鄰接矩陣是以 NetWorkx 圖的形式存在的，將 9.4.4 節中程式的第 54 行的無向圖鄰接矩陣轉成了 NetWorkx 圖物件，並放到 data 物件中進行返回。

> **📖 提示**
>
> 將 adj 轉換成 NetWorkx 圖的程式如下：
>
> ```
> graph = nx.from_scipy_sparse_matrix(adj, create_using=nx.DiGraph())
> ```

撰寫程式查看 data 物件中的樣本資料，具體程式如下。

程式檔案：code_30_dglGAT.py(續1)

```
07  # 輸出運算資源情況
08  device = torch.device('cuda') if torch.cuda.is_available() else
    torch.device('cpu')
09  print(device)
10
11  features = torch.FloatTensor(data.features).to(device)  # 獲得樣本特徵
12  labels = torch.LongTensor(data.labels).to(device)        # 獲得標籤
13
14  train_mask = torch.BoolTensor(data.train_mask).to(device) # 獲得訓練集
                                                              # 隱藏
15  val_mask = torch.BoolTensor(data.val_mask).to(device) # 獲得驗證集隱藏
16  test_mask = torch.BoolTensor(data.test_mask).to(device)# 獲得測試集隱藏
17
18  feats_dim = features.shape[1]                  # 獲得特徵維度
```

```
19  n_classes = data.num_labels                # 獲得類別個數
20  n_edges = data.graph.number_of_edges()     # 獲得鄰接矩陣邊數
21  print("""---- 資料統計 ------
22  # 邊數 %d
23  # 樣本特徵維度 %d
24  # 類別數 %d
25  # 訓練樣本 %d
26  # 驗證樣本 %d
27  # 測試樣本 %d""" % (n_edges, feats_dim,n_classes,
28      train_mask.int().sum().item(),val_mask.int().sum().item(),
29      test_mask.int().sum().item()))         # 輸出結果
30
31  g = dgl.DGLGraph(data.graph)               # 將 NetWorkx 圖轉成 DGL 圖
32  g.add_edges(g.nodes(), g.nodes())          # 增加自環
33  n_edges = g.number_of_edges()
```

上述程式的第 31 行～ 33 行對鄰接矩陣進行了加工。

上述程式執行後，輸出以下內容：

```
---- 資料統計 ------
  # 邊數 10556
  # 樣本特徵維度 1433
  # 類別數 7
  # 訓練樣本 140
  # 驗證樣本 300
  # 測試樣本 1000
```

從訓練樣本所佔的比例可以看出，圖神經網路使用的訓練樣本不需要太多 (僅使用了總樣本的 10% 左右)。

10.5.2 用鄰居聚合策略實現 GATConv

直接使用 DGL 函數庫中的注意力圖卷積層 GATConv 可以很方便地架設出多層 GAT 模型。在 DGL 函數庫中，注意力圖卷積層 GATConv 的輸入參數為樣本特徵和加入自環後的鄰接矩陣圖。

1. DGL 函數庫中 GATConv 的處理過程

GATConv 類別的內部實現步驟如下。

（1）對輸入的樣本特徵進行全連接處理。
（2）採用左右注意力的方式對全連接處理後的樣本特徵進行計算，即再平行地執行兩次全連接，將結果當作注意力的特徵。
（3）按照鄰接矩陣圖的頂點關係，實現左右注意力的相加。
（4）對鄰接矩陣圖中加和後的邊執行基於邊的 Softmax 計算，得到注意力分數。
（5）對每個頂點全連接後的特徵與注意力分數相乘得到最終的圖特徵。
（6）將（1）的結果與 (5) 的結果合併形成殘差層。該層為可選項，可以透過參數來控制。

GATConv 中的注意力部分如圖 10-11 所示。

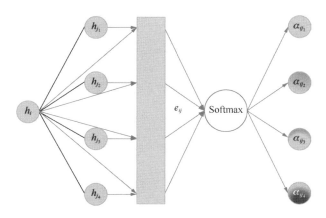

▲ 圖 10-11 注意力部分

DGL 函數庫中的注意力圖卷積層 GATConv 借助鄰接矩陣的圖結構，巧妙地實現了左右注意力按邊進行融合的方式。

2. DGL 函數庫中 GATConv 的程式實現

實現 GATConv 類別的主要程式如下。

程式檔案：gatconv.py(部分)

```
01  def forward(self, graph, feat):    # GATConv 的處理部分，需要輸入鄰接矩陣
                                        # 和頂點特徵
02     graph = graph.local_var()        # 在局部作用域下複製圖
03     h = self.feat_drop(feat)          # 進行一次 Dropout 處理
04     feat = self.fc(h).view(-1, self._num_heads, self._out_feats)
                                          # 全連接
05     el = (feat * self.attn_l).sum(dim=-1).unsqueeze(-1)
                                          # 全連接，計算左注意力
06     er = (feat * self.attn_r).sum(dim=-1).unsqueeze(-1)
                                          # 全連接，計算右注意力
07     # 將全連接特徵和左右注意力特徵放到每個頂點的屬性中
08     graph.ndata.update({'ft': feat, 'el': el, 'er': er})
09     # 用圖中訊息傳播的方式，對每個頂點的左右注意力按照邊結構進行相加，
         並更新到頂點特徵中
10     graph.apply_edges(fn.u_add_v('el', 'er', 'e'))
11     e = self.leaky_relu(graph.edata.pop('e'))   # 對頂點特徵的注意力執行
                                                     # 非線性變換
12     # 對最終的注意力特徵執行 Softmax 變換，生成注意力分數
13     graph.edata['a'] = self.attn_drop(edge_softmax(graph, e))
14     # 將注意力分數與全連接特徵相乘，並進行全圖頂點的更新
15     graph.update_all(fn.u_mul_e('ft', 'a', 'm'), fn.sum('m', 'ft'))
16     rst = graph.ndata['ft']     # 從圖中提取出計算結果
17     # 增加殘差結構
18     if self.res_fc is not None:
19       resval = self.res_fc(h).view(h.shape[0], -1, self._out_feats)
20       rst = rst + resval
```

```
21    # 對結果執行非線性變換
22    if self.activation:
23      rst = self.activation(rst)
24    return rst
```

該程式是 DGL 函數庫中 GATConv() 類別的 forward() 方法，本書了詳細解釋。讀者可以參考該程式，再配合本節前面的內容，來更進一步地了解 DGL 函數庫中 GATConv 的實現。

上述程式的第 15 行是 forward() 方法的主要實現過程，具體步驟如下。

（1）每個頂點的特徵都與注意力分數相乘，並將結果沿著邊發送到下一個頂點。

（2）接收頂點使用 sum() 函數將多個訊息加到一起，並更新到自身的特徵中，替換原有特徵。

想要詳細地了解 GATConv 的實現過程，可以參考 GATConv 類別的原始程式，具體位置在 DGL 函數庫安裝路徑下的 \nn\pytorch\conv\gatconv.py 中。舉例來說，作者的電腦中的路徑為：

```
D:\ProgramData\Anaconda3\envs\pt15\Lib\site-packages\dgl\nn\pytorch\
conv\gatconv.py
```

3. DGL 函數庫中圖神經網路的通用實現 -- 鄰居聚合策略

在 DGL 函數庫中，GATConv 的實現方式並不是個例，幾乎所有的圖神經網路是借助圖中的關係按照邊進行傳播計算的。它們都遵循鄰居聚合的策略，即透過聚合鄰居的特徵迭代地更新自己的特徵。在 k 次迭代聚合後，就可以捕捉到在 k-hop 鄰居內的結構資訊。這個聚合後的特徵資訊可以用於分類。

鄰居聚合策略對於圖卷積網路的實現也是如此。了解了這個思想之後，再來看 DGL 函數庫中圖卷積的實現便會更容易了解。具體程式在 DGL 函數庫安裝路徑下的 \nn\pytorch\conv\graphconv.py 檔案中。該程式所實現的聚合方式是沿著邊的方向將鄰居頂點與自身相加 (sum)。

鄰居聚合策略並不是只有相加 (sum) 這一種，還可以取平均值 (mean) 或取最大值 (max)。經過實驗，三者的比較如下。

- sum：可以學習全部的標籤及數量，可以學習精確的結構資訊。
- mean：只能學習標籤的比例 (比如兩個圖示籤的比例相同，但是頂點數有成倍關係)，偏向學習分佈資訊。
- max：只能學習最大標籤，忽略頂點的多樣性，偏向學習有代表性的元素資訊。

10.5.3 程式實現：用 DGL 函數庫中的 GATConv 架設多層 GAT 模型

在使用 DGL 函數庫中的 GATConv 層時，可以將 GATConv 層直接當作深度學習中的卷積層，然後架設多層圖卷積網路。具體程式如下。

程式檔案：code_30_dglGAT.py(續2)

```
34  class GAT(nn.Module): # 定義多層 GAT 模型
35      def __init__(self,
36          num_layers,      # 層數
37          in_dim,          # 輸入維度
38          num_hidden,      # 隱藏層維度
39          num_classes,     # 類別個數
40          heads,           # 多頭注意力的計算次數
41          activation,      # 啟動函數
42          feat_drop,       # 特徵層的捨棄率
43          attn_drop,       # 注意力分數的捨棄率
44          negative_slope,  #LeakyReLU 啟動函數的負向參數
```

```
45          residual):      # 是否使用殘差網路結構
46      super(GAT, self).__init__()
47      self.num_layers = num_layers
48      self.gat_layers = nn.ModuleList()
49      self.activation = activation
50      self.gat_layers.append(GATConv(in_dim, num_hidden, heads[0],
51          feat_drop, attn_drop, negative_slope, False, self.activation))
52      # 定義隱藏層
53      for l in range(1, num_layers):
54          # 多頭注意力輸出維度為 num_hidden 與 num_heads 的乘積
55          self.gat_layers.append(GATConv(
56              num_hidden * heads[l-1], num_hidden, heads[l],
57              feat_drop, attn_drop, negative_slope, residual,
                self.activation))
58      # 輸出層
59      self.gat_layers.append(GATConv(
60          num_hidden * heads[-2], num_classes, heads[-1],
61          feat_drop, attn_drop, negative_slope, residual, None))
62
63      def forward(self, g,inputs):
64          h = inputs
65          for l in range(self.num_layers): # 隱藏層
66              h = self.gat_layers[l](g, h).flatten(1)
67          # 輸出層
68          logits = self.gat_layers[-1](g, h).mean(1)
69          return logits
70  def getmodel( GAT ): # 定義函數以實例化模型
71      # 定義模型參數
72      num_heads = 8
73      num_layers = 1
74      num_out_heads =1
75      heads = ([num_heads] * num_layers) + [num_out_heads]
76      # 實例化模型
77      model = GAT( num_layers, num_feats, num_hidden= 8,
```

```
78          num_classes = n_classes,
79          heads = ([num_heads] * num_layers) + [num_out_heads],
                                              # 整體注意力頭數
80          activation = F.elu, feat_drop=0.6, attn_drop=0.6,
81          negative_slope = 0.2, residual = True) # 使用殘差結構
82      return model
```

上述程式的第 44 行設定了啟動函數 leaky_relu() 的負向參數。該啟動函數在 DGL 函數庫的 **GATConv** 類別中，在計算注意力的非線性變換時使用。

本節程式實現的多層 **GAT** 網路模型的主要結構分為兩部分，即隱藏層和輸出層。

- 隱藏層：根據設定的層數進行多層圖注意力網路的疊加。
- 輸出層：在隱藏層之後，再疊加一個單層圖注意力網路，輸出的特徵維度與類別數相同。

透過以下兩行程式即可將模型結構列印出來：

```
model = getmodel(GAT)
print(model)              # 輸出模型
```

程式執行後輸出以下結果：

```
GAT(
  (gat_layers): ModuleList(
    (0): GATConv(
      (fc): Linear(in_features=1433, out_features=64, bias=False)
      (feat_drop): Dropout(p=0.6, inplace=False)
      (attn_drop): Dropout(p=0.6, inplace=False)
      (leaky_relu): LeakyReLU(negative_slope=0.2)
    )
```

```
    (1): GATConv(
      (fc): Linear(in_features=64, out_features=7, bias=False)
      (feat_drop): Dropout(p=0.6, inplace=False)
      (attn_drop): Dropout(p=0.6, inplace=False)
      (leaky_relu): LeakyReLU(negative_slope=0.2)
      (res_fc): Linear(in_features=64, out_features=7, bias=False)
    )
  )
)
```

結果中的 "(0): GATConv" 是隱藏層部分；"(1): GATConv" 是輸出層部分。

10.5.4 程式實現：使用早停方式訓練模型並輸出評估結果

本節撰寫模型的評估函數和訓練模型的早停類別，訓練模型並輸出評估結果。具體程式如下。

程式檔案：code_30_dglGAT.py(續3)

```
83  def accuracy(logits, labels):                    # 定義函數，計算準確率
84      _, indices = torch.max(logits, dim=1)
85      correct = torch.sum(indices == labels)
86      return correct.item() * 1.0/len(labels)
87
88  def evaluate(model, labels, mask ,*modelinput):  # 定義函數，評估模型
89      model.to(device)
90      with torch.no_grad():
91          logits = model(*modelinput)
92          logits = logits[mask]
93          labels = labels[mask]
94          return accuracy(logits, labels)
95
```

```
96  class EarlyStopping:                              # 定義類，實現早停功能
97      def __init__(self, patience=10,modelname='checkpoint.pt'):
98          self.patience = patience
99          self.counter = 0
100         self.best_score = None
101         self.early_stop = False
102         self.modelname = modelname
103
104     def step(self, score, model):
105         if self.best_score is None:
106             self.best_score = score
107             torch.save(model.state_dict(), self.modelname)
108         elif score < self.best_score:
109             self.counter += 1
110             print(
111                 f'EarlyStopping counter: {self.counter} out of {self.
                    patience}')
112             if self.counter >= self.patience:
113                 self.early_stop = True
114         else:
115             self.best_score = score
116             torch.save(model.state_dict(), self.modelname)
117             self.counter = 0
118         return self.early_stop
119
120  def trainmodel(model, modelname, *modelinput, lr=0.005,
121      weight_decay=5e-4,loss_fcn = torch.nn.CrossEntropyLoss()):
122                                         # 實例化早停類別
123      stopper = EarlyStopping(patience=100,modelname=modelname)
124      model.cuda()
125
126      optimizer = torch.optim.Adam(        # 定義最佳化器
127          model.parameters(), lr=lr, weight_decay=weight_decay)
128      import time
```

```
129     import numpy as np
130     model.train()
131     dur = []
132     for epoch in range(200):          # 按照迭代次數訓練模型
133
134         if epoch >= 3:
135             t0 = time.time()
136
137         logits = model(*modelinput)    # 將樣本輸入模型以進行預測
138         loss = loss_fcn(logits[train_mask], labels[train_mask])
139
140         optimizer.zero_grad()          # 反向傳播
141         loss.backward()
142         optimizer.step()
143
144         if epoch >= 3:
145             dur.append(time.time() - t0)
146                                        # 計算準確率
147         train_acc = accuracy(logits[train_mask], labels[train_mask])
148         val_acc = accuracy(logits[val_mask], labels[val_mask])
149         if stopper.step(val_acc, model):  # 早停處理
150             break
151                                        # 輸出訓練中間過程
152         print("Epoch {:05d} | Time(s) {:.4f} | Loss {:.4f} |
                TrainAcc {:.4f} |"
153               " ValAcc {:.4f} | ETputs(KTEPS) {:.2f}".
154               format(epoch, np.mean(dur), loss.item(), train_acc,
155                   val_acc, n_edges/np.mean(dur)/1000))
156                                        # 載入模型進行評估
157     model.load_state_dict(torch.load(modelname))
158     acc = evaluate(model, labels, test_mask,*modelinput)
159     print("\nTest Accuracy {:.4f}".format(acc))
160
161 if __name__ == '__main__':
```

```
162         model = getmodel(GAT)
163         print(model)
164         trainmodel(model,'code_30_dglGAT_checkpoint.pt',g,features)
```

上述程式的第 120 行在定義訓練函數 trainmodel() 時，使用了帶星號的
形式參數 *modelinput。

程式執行後，輸出以下結果：

```
Epoch 00000 | Time(s) nan | Loss 1.9382 | TrainAcc 0.1643 | ValAcc
0.1967 | ETputs(KTEPS) nan
Epoch 00001 | Time(s) nan | Loss 1.9359 | TrainAcc 0.2143 | ValAcc
0.2300 | ETputs(KTEPS) nan
Epoch 00002 | Time(s) nan | Loss 1.9063 | TrainAcc 0.3214 | ValAcc
0.3033 | ET-

puts(KTEPS) nan
...
Epoch 00198 | Time(s) 0.0268 | Loss 0.2543 | TrainAcc 0.9643 | ValAcc
0.7700 | ETputs(KTEPS) 495.68
EarlyStopping counter: 71 out of 100
Epoch 00199 | Time(s) 0.0268 | Loss 0.2421 | TrainAcc 0.9714 | ValAcc
0.7633 | ETputs(KTEPS) 495.76

Test Accuracy 0.8350
```

可以看出，使用 DGL 函數庫架設的多層 GAT 模型的訓練速度更快，佔
用的記憶體更小。

10.6 圖卷積模型的缺陷

圖卷積模型在每個全連接網路層的結果中加入了樣本間的特徵計算。其本質是依賴深度學習中的全連接網路來實現的。因此，在說明圖卷積模型的缺陷之前，先複習一下全連接網路的特徵與缺陷。

10.6.1 全連接網路的特徵與缺陷

深度學習中的多層全連接神經網路被稱為「萬能」的擬合神經網路。它先在單一網路層中用多個神經元節點實現低維的資料擬合，再透過多層疊加的方式對低維擬合能力進行綜合，從而在理論上實現對任意資料的特徵擬合。簡單的範例如圖 10-12 所示。

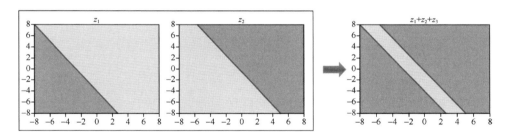

▲ 圖 10-12　全連接網路的幾何意義

圖 10-12 左側的兩幅圖表示前一層的兩個神經元節點將資料在各自的直角座標系中分成了兩類。圖 10-12 中右側的圖表示後一層神經元將前一層的兩個神經元結果融合到一起，實現最終的分類結果。

然而，這種神經網路卻存在著兩個缺陷。

（1）容易過擬合：從理論上來講，如果全連接神經網路的層數和節點足夠多，那麼可以對任意資料進行擬合。然而，這一問題又會帶來模型的過擬合問題。全連接神經網路不但會對正常的資料進行擬合，而且會對訓練中的批次、樣本中的雜訊、樣本中的非主要特徵屬性等進行擬合。這會使模型僅能使用在訓練資料集上，無法用在類似於訓練資料集的其他資料集上。

（2）模型過大且不容易訓練：目前，訓練模型的主要方法都是反向鏈式求導，這使得全連接神經網路一旦擁有過多層數，就很難訓練出來（一般只能支持 6 層以內）。即使使用 BN、分散式逐層訓練等方式保證了多層訓練的可行性，也無法承受模型中過多的參數帶來的計算壓力和對模型執行時期的算力需求。

10.6.2 圖卷積模型的缺陷

在第 9 章介紹過圖卷積的結構，圖卷積只是按照具有頂點關係資訊的卷積核心在每層的全連接網路上額外做一次過濾而已。當然，該模型也繼承了全連接神經網路的特徵與缺陷。

因為在圖卷積模型中，也使用了反向鏈式求導的方式進行訓練，所以對圖卷積模型深度的支援一般也只能到 6 層。

圖卷積模型在層數受限的同時，也會存在參數過多且容易過擬合的問題。該問題也存在於 GAT 模型中。(依賴於全連接網路的圖模型都會有這個問題。)

10.6.3 彌補圖卷積模型缺陷的方法

既然圖卷積模型繼承了全連接網路的缺陷，那麼用於彌補全連接網路缺陷的方法一樣也適用於圖卷積網路，具體如下。

（1）對於圖卷積模型的層數受限情況，可以使用與全連接網路同樣的方法來避免，即使用 BN、分散式逐層訓練等方法。

（2）對於圖卷積模型容易出現過擬合的問題，可以使用 Dropout、正則化等方法，當然，BN 也有提高泛化能力的功能。

（3）對於參數過多的情況，可以使用卷積操作代替全連接的特徵計算部分，使用參數共用來減小權重。

這些適用於深度學習的最佳化方法在圖卷積模型中同樣是有效的。另外，在圖神經網路領域，還有一些更好的模型（例如 SGC、GfNN 和 DGI 等模型）。它們利用圖的特性，從結構上對圖卷積模型進行了進一步的最佳化，在修復圖卷積模型原有缺陷的同時，又表現出了更好的性能。

📖 提示

SGC、GfNN、DGI 等模型會在下文依次介紹。

10.6.4 從圖結構角度了解圖卷積原理及缺陷

10.6.2 節介紹和分析了圖卷積模型的缺陷。其想法是將圖結構資料當作矩陣資料，在規整的矩陣資料基礎之上融合深度學習的計算方法。

而在 DGL 函數庫中實現的圖卷積方法是基於圖結構（空間域）的方式進行處理的。從效率角度來看，這樣做有更大的優勢，也更符合圖型計算的特點。

從基於圖頂點傳播的角度來看，圖神經網路的過程可以視為：基於頂點的局部鄰居資訊對頂點進行特徵聚合，即將每個頂點及其周圍頂點的資訊聚合到一起以覆蓋原頂點，如圖 10-13 所示。

圖 10-13 中描述了目標頂點 A 在圖神經網路中的計算過程。可以看到，對於每一次計算，目標頂點 A 都對周圍頂點特徵執行一次聚合操作，而且這種聚合可以實現任意深度。

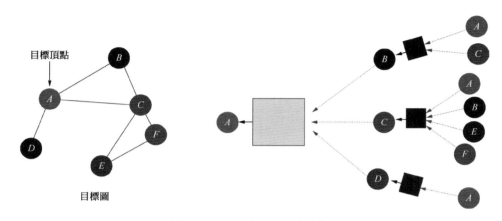

▲ 圖 10-13　圖神經網路的計算過程

圖卷積神經網路可以視為每次執行聚合操作時都要對特徵進行一次全連接的變換，並對聚合後的結果取平均值。層數過深會導致每個頂點對周圍鄰居的聚合次數過多。這種做法會導致所有頂點的值越來越相似，最終會收斂到同一個值，無法區分每個頂點的個性特徵。這也是圖卷積神經網路無法架設過多層的原因。

圖注意力機制中也同樣存在這個問題。它與圖卷積的結構幾乎一致，只不過是在頂點聚合的過程中對鄰居頂點加入了一個權重比例而已，如圖 10-14 所示。

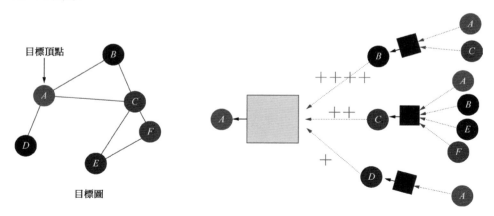

▲ 圖 10-14　圖注意力機制的計算過程

10.7 實例 29：用簡化圖卷積模型實現論文分類

簡化圖卷積 (Simple Graph Convolution，SGC) 模型透過依次消除非線性並折疊連續層之間的權重矩陣來減少複雜性，消除了圖卷積運算中的容錯計算。這些簡化不會在許多下游應用中對準確性產生負面影響，同樣可以擴充到更大的資料集。本節就來介紹一下 SGC 模型。

> **實例描述**
> 架設 SGC 模型，完成與 10.5 節同樣的任務 -- 對論文資料集進行分類。

10.6 節介紹了圖卷積模型的缺陷。SGC 模型不但彌補了這些缺陷，而且也具有很高的運算速度。它比 FastGCN 高兩個數量級的加速能力。(有關 FastGCN 模型的介紹不是本書重點。讀者若有興趣，可以自行研究。)

10.7.1 SGC 的網路結構

在 GCN 中，拋開全連接部分的計算，就可以在每一層中都將拉普拉斯矩陣與頂點特徵相乘。可以將該過程了解為對該層各頂點的鄰居特徵執行一次平均值計算，每執行一次計算代表對鄰居頂點進行 1 跳距離的資訊聚合。

這種多層疊加的圖卷積操作可以造成類似深度學習中卷積的作用 -- 透過多次卷積的疊加操作增大模型的感受視野，實現高維特徵的擬合，從而實現最終的特徵分類。

SGC 模型突破了 GCN 的層數限制，將 GCN 中每層的啟動函數去掉 (不需要非線性變換)。它利用圖中的頂點關係，可以直接計算圖中頂點間局部鄰居的平均值。透過多次計算頂點間 1 跳距離的平均值可以實現卷積疊加的效果。

這種簡化版本的圖卷積模型稱為簡化圖卷積模型。該模型主要由以下兩部分組成：

$$\bar{X} = S^K X \tag{10-2}$$

$$\hat{y} = \text{Soft max}(f_C(\bar{X})) \tag{10-3}$$

式 (10-2) 表示一個特徵提取器。S^K 表示對圖中所有頂點求 K 次 1 跳距離的平均值，X 代表頂點的特徵值。可以看到，在求的過程中，不需要參數參與。該過程可以放在樣本的前置處理環節來執行。

式 (10-3) 表示一個分類器，該過程與深度學習中的分類器完全一致。對經過特徵提取後的資料進行全連接神經網路處理，然後透過 Softmax 進行分類。

由式 (10-2) 和式 (10-3) 可以看出，SGC 將圖中頂點關係的資訊融合過程放到了樣本處理環節，而非像圖卷積那樣在模型的特徵擬合過程中再去融合，從而簡化了模型邏輯，也方便了模型訓練。

GCN 與 SGC 的結構如圖 10-15 所示。

SGC 的結構主要源於其固定的卷積核心 (圖中頂點間的關係)。在神經網路中，卷積核心的權重是需要透過訓練得到的。而在圖神經網路中，卷積核心的權重則是樣本中附帶的。這是二者最大的差異，即 SGC 使用了固定的低通濾波器，然後是線性分類器。這種結構大大簡化了原有 GCN 的訓練過程。兩者完整的網路結構如圖 10-16 所示。

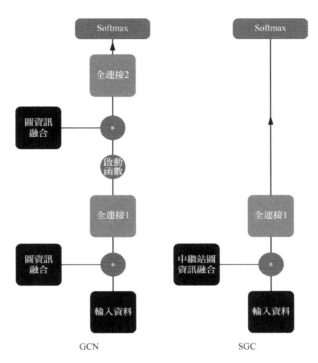

▲ 圖 10-15　GCN 與 SGC 的結構

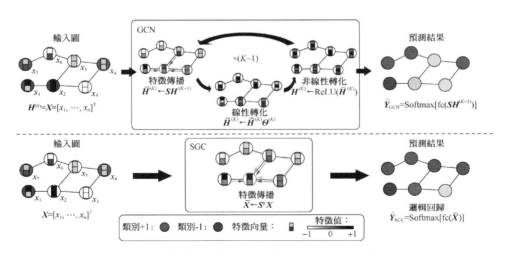

▲ 圖 10-16　GCN 與 SGC 的完整結構比較
(參見的論文編號為 arXiv: 1902.07153,2019)

10.7.2 DGL 函數庫中 SGC 模型的實現方式

直接使用 DGL 函數庫中的簡化圖卷積層 SGConv 可以很方便地架設 SGC 模型。在 DGL 函數庫中，SGC 的使用方法與注意力圖卷積層 GATConv 的相似，輸入參數同樣是樣本特徵和加入自環後的鄰接矩陣圖。

1. DGL 函數庫中 SGConv 的處理過程

SGConv 類別的內部實現步驟如下。

（1）計算圖中的度矩陣 (獲得平均值的分母)。
（2）按照指定的次數 k，迴圈計算每一次轉發頂點特徵的平均值。
（3）在每一次迴圈中，按照圖的傳播方式將每個頂點除以該頂點的邊數，得到特徵平均值。
（4）對 k 次特徵計算之後的結果進行全連接處理，輸出分類結果。

2. DGL 函數庫中 SGConv 的程式實現

實現 SGConv 類別的主要程式如下。

程式檔案：sgconv.py(部分)

```
01  def forward(self, graph, feat):   # SGConv 的處理部分，需要輸入鄰接矩陣
                                      # 和頂點特徵
02      graph = graph.local_var()     # 在局部作用域下複製圖
03      if self._cached_h is not None:
04          feat = self._cached_h
05      else:
06          degs = graph.in_degrees().float().clamp(min=1) # 獲取圖的度
07          norm = th.pow(degs, -0.5)           # 計算圖中度的 -0.5 次冪
08          norm = norm.to(feat.device).unsqueeze(1)    # 指派運算硬體
09          for _ in range(self._k):            # 按照指定跳數計算特徵平均值
10              feat = feat * norm
```

```
11                  graph.ndata['h'] = feat
12                  graph.update_all(fn.copy_u('h', 'm'),
13                                 fn.sum('m', 'h'))
14                  feat = graph.ndata.pop('h')
15                  feat = feat * norm          # 兩次與 norm 相乘，相當於除以邊長
16            if self.norm is not None:
17                  feat = self.norm(feat)
18
19            if self._cached:
20                  self._cached_h = feat
21         return self.fc(feat)                 # 對前置處理後的樣本進行全連接變換
```

該程式是 DGL 函數庫中 SGConv 類別的 forward() 方法。上述程式的第 6 行呼叫 in_degrees() 獲取圖 graph 中每個頂點的連接邊數來作為該頂點的度。此時，在圖物件 graph 中，in_degrees 與 out_degrees 的值都是相同的，這是因為在前置處理階段，已經將鄰接矩陣轉化成了無向圖對稱矩陣。

> **📖 提示**
>
> 上述程式的第 6 行中的 clamp() 函數的作用是對張量值按照指定的大小區間進行截斷。程式 clamp(min=1) 的含義是將度矩陣中邊長小於 1 的值都變為 1。利用這種方法可以很方便地為圖中頂點加入自環。clamp() 函數還可以用作梯度截斷，透過對其參數 min 與 max 進行指定，可將梯度限定在指定範圍之內。

上述程式的第 19 行對參數 _cached 進行判斷，並根據該參數是否為 True 來決定是否保存特徵取出器的處理結果。如果 _cached 為 True，那麼在多層 SGConv 中，只對初始的特徵進行一次基於圖頂點關係的特徵取出，剩下的計算與深度學習中全連接網路的計算一致。

想要更詳細地了解 SGConv 的實現過程，可以參考 SGConv 類別的原始程式，具體位置在 DGL 函數庫安裝路徑下的 \nn\pytorch\conv\sgconv.py 中。舉例來說，作者的電腦中的路徑為：

```
D:\ProgramData\Anaconda3\envs\pt15\Lib\site-packages\dgl\nn\pytorch\
conv\sgconv.py
```

10.7.3 程式實現：架設 SGC 模型並進行訓練

使用 DGL 函數庫架設 SGC 模型非常方便，在 10.5 節程式的基礎上，僅需額外幾行程式即可完成。具體程式如下。

程式檔案：code_31_dglSGC.py

```
01  from code_30_dglGAT import features,g,n_classes,feats_dim,trainmodel
02  from dgl.nn.pytorch.conv import SGConv
03
04  model = SGConv(feats_dim,              # 實例化 SGC 模型
05                 n_classes,              # 類別個數
06                 k=2,                    # 要計算的跳數
07                 cached=True,            # 是否使用快取
08                 bias=False)             # 在全連接層是否使用偏置
09
10  print(model)                          # 輸出模型
11  trainmodel(model,'code_31_dglSGC_checkpoint.pt',g,features,
12             lr=0.2, weight_decay=5e-06)  # 訓練模型
```

以上程式實現了一個單層的 SGC 模型。程式執行後，輸出的結果如下：

```
cuda
---- 資料統計 ------
  # 邊數 10556
  # 樣本特徵維度 1433
  # 類別數 7
```

```
  # 訓練樣本 140
  # 驗證樣本 300
  # 測試樣本 1000
SGConv(
  (fc): Linear(in_features=1433, out_features=7, bias=False)
)
Epoch 00000 | Time(s) nan | Loss 1.9458 | TrainAcc 0.1429 | ValAcc
0.1367 | ETputs(KTEPS) nan
Epoch 00001 | Time(s) nan | Loss 1.7936 | TrainAcc 0.6143 | ValAcc
0.4667 | ETputs(KTEPS) nan
Epoch 00002 | Time(s) nan | Loss 1.6539 | TrainAcc 0.6429 | ValAcc
0.4867 | ETputs(KTEPS) nan
Epoch 00003 | Time(s) 0.0029 | Loss 1.5262 | TrainAcc 0.6500 | ValAcc
0.5133 | ETputs(KTEPS) 4531.13
...

Epoch 00171 | Time(s) 0.0036 | Loss 0.1827 | TrainAcc 0.9929 | ValAcc
0.8133 | ETputs(KTEPS) 3730.27
EarlyStopping counter: 99 out of 100
Epoch 00172 | Time(s) 0.0036 | Loss 0.1826 | TrainAcc 0.9929 | ValAcc
0.8133 | ETputs(KTEPS) 3728.13
EarlyStopping counter: 100 out of 100
Test Accuracy 0.8120
```

結果中輸出了模型迭代訓練 200 次的日誌。相比 10.5.4 節中 GAT 模型的訓練時間 (單次迭代耗時 0.0268 秒)，SGC 每次的迭代時間只有 0.0036 秒。在保證精度的同時，SGC 大大提升了運算速度。

注意：本例在訓練模型時，使用的學習率是 0.2，這是一個很大的值。若將該值設定成與 10.5 節 GAT 模型中的學習率一致 (0.005)，則無法得到很好的效果。這是在訓練模型時需要注意的地方。

10.7.4 擴充：SGC 模型的不足

SGC 模型雖然在基準資料集上計算速度快、精度高,但需建立在頂點特徵本身是線性可分的基礎之上。如果原始的頂點特徵不是線性可分的,那麼每個頂點經過 k 次 1 跳傳播之後的特徵也不是線性可分的 (因為中間沒有非線性變換)。

SGC 只是在圖結構資訊與頂點特徵的融合部分對圖卷積進行了最佳化,而對於圖卷積的非線性學習部分沒有任何貢獻。

為了彌補 SGC 模型無法擬合非線性資料的不足,可以在網路中加入更多深度學習中的非線性擬合神經元,即使用多層 SGC,並在層與層之間加入非線性啟動函數,或使用 GfNN 模型。

10.8 實例 30：用圖濾波神經網路模型實現論文分類

圖濾波神經網路 (Graph filter Neural Network, GfNN) 模型的主要思想就是為 SGC 模型加入深度學習中的非線性擬合功能。透過這種方式,可以彌補 SGC 網路無法擬合非線性資料的不足。下面透過實例進行實現。

> **實例描述**
>
> 架設 GfNN 模型,完成與 10.5 節同樣的任務 -- 對論文資料集進行分類。

本實例先從 GfNN 結構出發,再透過程式來實現。

10.8.1 GfNN 的結構

在掌握了 SGC 和深度神經網路的基礎上，很容易了解 GfNN 的結構。
GfNN 的結構只是在 SGC 後面加了一層全連接網路而已，如圖 10-17 所
示。

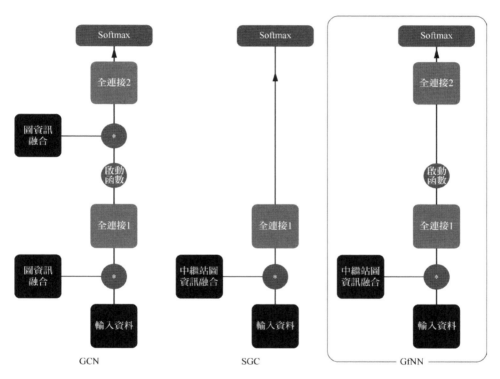

▲ 圖 10-17　GfNN 與 SGC 和 GCN 結構的比較

從圖 10-17 中可以看出，GfNN 和 GCN 具有相似的高性能。由於 GfNN
在學習階段不需要鄰接矩陣的乘法，因此比 GCN 要快得多。此外，
GfNN 對雜訊的容忍度也更高。

GfNN 模型更像是一個框架，框架中包含了兩部分。

（1）透過中繼站的方式，可將圖資訊融合到圖頂點特徵中。

（2）使用深度學習的方法，對融合後的圖頂點特徵進行擬合。

基於這個框架，可以不僅侷限於圖 10-17 所示的全連接神經網路結構。在實際應用中，可以像普通的深度學習任務一樣，根據資料的特徵和任務的特點，選用適合的神經網路來架設模型。

有 關 GfNN 的 更 多 詳 細 資 訊，可 以 參 考 的 論 文 的 編 號 為 arXiv: 1905.09550,2019。

10.8.2 程式實現：架設 GfNN 模型並進行訓練

在 10.5 節程式的基礎上實現一個帶有全連接的 GfNN 模型。具體程式如下。

```
程式檔案：code_32_dglGfNN.py

01  import torch.nn as nn
02  from code_30_dglGAT import features,g,n_classes,feats_dim,trainmodel
03  from dgl.nn.pytorch.conv import SGConv
04
05  class GfNN(nn.Module):                    # 定義 GfNN 類別
06
07      def __init__(self,in_feats, n_hidden, n_classes,
08                  k, activation, dropout, cached=True,bias=False):
09          super(GfNN, self).__init__()
10          self.activation = activation      # 啟動函數
11          self.sgc = SGConv(in_feats, n_hidden, k,cached, bias)
12          self.fc = nn.Linear(n_hidden, n_classes)
13          self.dropout = nn.Dropout(p=dropout)
14  def forward(self, g,features):
15          x = self.activation(self.sgc(g,features)) # 對 SGC 結果進行非
                                                       # 線性變換
16          x = self.dropout(x)
17          return self.fc(x)                 # 對變換後的特徵進行全連接處理
```

```
18
19   model = GfNN(feats_dim,n_hidden=512,n_classes=n_classes, # 實例化 GfNN
                                                               # 模型
20              k=2,activation= nn.PReLU(512) ,dropout = 0.2)
21
22   print(model)
23   trainmodel(model,'code_32_dglGfNN_checkpoint.pt',g,features, lr=0.2,
     weight_decay=5e-06)                    # 訓練模型
```

上述程式的第 20 行使用了啟動函數 PReLU(見 5.4.3 節) 作為 SGC 結果的非線性變換方法。

上述程式執行後,輸出結果如下:

```
Epoch 00000 | Time(s) nan | Loss 1.9510 | TrainAcc 0.1000 | ValAcc
0.1033 | ETputs(KTEPS) nan
Epoch 00001 | Time(s) nan | Loss 1.8608 | TrainAcc 0.3000 | ValAcc
0.3533 | ETputs(KTEPS) nan
Epoch 00002 | Time(s) nan | Loss 4.6083 | TrainAcc 0.5929 | ValAcc
0.4433 | ETputs(KTEPS) nan
EarlyStopping counter: 1 out of 100
Epoch 00003 | Time(s) 0.0070 | Loss 3.2884 | TrainAcc 0.5214 | ValAcc
0.3600 | ETputs(KTEPS) 1899.91
...
Epoch 00134 | Time(s) 0.0069 | Loss 0.0018 | TrainAcc 1.0000 | ValAcc
0.7700 | ETputs(KTEPS) 1919.94
EarlyStopping counter: 99 out of 100
Epoch 00135 | Time(s) 0.0069 | Loss 0.0006 | TrainAcc 1.0000 | ValAcc
0.7700 | ETputs(KTEPS) 1919.79
EarlyStopping counter: 100 out of 100
Test Accuracy 0.7720
```

GfNN 模型的思想比模型本身的意義更大。該模型提供了一個非常好的想法,可以使非歐氏資料與深度學習技術更進一步地結合到一起。

10.9 實例 31：用深度圖相互資訊模型實現論文分類

深度圖相互資訊 (Deep Graph Infomax，DGI) 模型主要使用無監督訓練的方式去學習圖中頂點的嵌入向量，其做法借鏡了神經網路中的 DIM 模型 (見 8.11 節)，即將目標函數設成最大化相互資訊。可以將該方法了解為神經網路中的 DIM 在圖神經網路上的「遷移」。有關 DGI 的更多詳細資訊可以參考 arXiv 編號為 1809.10341，2018 的論文。

實例描述

使用無監督的方法從論文資料集中提取每篇論文的特徵，並利用提取後的特徵，對論文資料集中的論文樣本進行分類。

利用深度圖相互資訊的方法可以更進一步地對圖中的頂點特徵進行提取。提取出來的頂點可以用於分類、回歸、特徵轉換等。下面就來使用深度圖相互資訊的方法對論文資料集提取特徵，並使用提取後的特徵進行論文分類。

10.9.1 DGI 模型的原理與 READOUT 函數

在第 8 章已經說明過，好的編碼器應該能夠提取出樣本中最獨特、具體的資訊，而非單純地追求過小的重構誤差。而樣本的獨特資訊可以使用「相互資訊」(MI) 來衡量。因此，在 DIM 模型中，編碼器的目標函數不是最小化輸入與輸出的 MSE，而是最大化輸入與輸出的相互資訊。

DGI 模型的主要作用是用編碼器來學習圖中頂點的高階特徵，該編碼器輸出的結果是一個帶有高階特徵的圖。其中，單一頂點的特徵 H 可以表示該頂點的局部特徵，而全部頂點的特徵組合到一起，則可以表示整個圖的全域特徵 (summary vector)，用 S 表示。

1. READOUT 函數

在圖神經網路中，主要有兩種分類：基於頂點的分類和基於整個圖的分類。

（1）基於頂點的分類一般會先對圖中鄰居頂點進行聚合，並更新到自身頂點中，再對自身的頂點特徵進行分類。

（2）基於整個圖的分類同樣也是先對圖中的鄰居頂點進行聚合，並更新到自身頂點中。不同的是，它需要對所有頂點執行聚合操作來生成一個全域特徵，最後再對這個全域特徵進行分類。其中的聚合操作過程便稱為 READOUT 函數。

DGI 模型實現使用具有求和功能的 sum() 函數作為 READOUT 函數，即將所有頂點特徵加和在一起，將所生成的新向量當作整個圖的全域特徵。

2. DGI 模型結構

在使用對抗神經網路訓練編碼器時，判別器的作用主要是令編碼器輸出的單一頂點特徵與整個圖特徵的相互資訊最大，同時令其他圖中的頂點特徵與該圖的整體特徵相互資訊最小，如圖 10-18 所示。

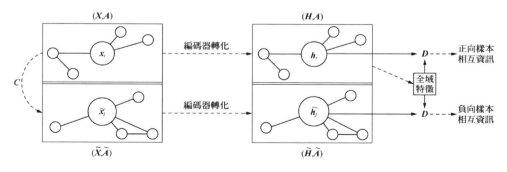

▲ 圖 10-18　DGI 結構

圖 10-18 中各個符號所代表的意義如下。

- X 和 $\tilde{X}$ 分別代表輸入圖和其他圖中的頂點，其中其他圖用於判別計算負向樣本的相互資訊。
- A 和 $\tilde{A}$ 分別代表輸入圖和其他圖的鄰接矩陣。
- C 代表將輸入圖轉化成其他圖。在實現時，可以透過一個取樣函數從原始圖中取樣頂點，並建構一張新圖。
- H 和 $\tilde{H}$ 分別代表輸入圖和其他圖經過編碼器轉化成高階特徵後的結果。
- D 代表判別器，計算輸入頂點的特徵和全域特徵的相互資訊。使輸入圖頂點的特徵與全域特徵的相互資訊接近 1，其他圖頂點的特徵與全域特徵的相互資訊接近 0。

10.9.2 程式實現：架設多層 SGC 網路

定義 MSGC 類別，架設一個多層的 SGC 網路。該網路中包括輸入層、隱藏層和輸出層，具體程式如下。

```
程式檔案：code_33_dglDGI.py
01  import math
02  import time
03  import numpy as np                      # 載入基礎函數庫
04
05  import torch
06  import torch.nn as nn
07  import torch.nn.functional as F         # 載入 PyTorch 函數庫
08
09  from dgl.nn.pytorch.conv import SGConv  # 載入 DGL 函數庫
10
11  from code_30_dglGAT import features,     # 載入本專案程式
12                  g,n_classes,feats_dim,n_edges,trainmodel
13
14  class MSGC(nn.Module):                   # 定義多層 SGC 網路
```

```
15      def __init__(self, in_feats,          # 輸入特徵的維度
16                   n_hidden,                 # 隱藏層的頂點數
17                   n_classes,                # 輸出層的維度
18                   k,                        # 每層 SGC 要計算的跳數
19                   n_layers,                 # 隱藏層數
20                   activation,               # 隱藏層的啟動函數
21                   dropout):                 # 捨棄率
22          super(MSGC, self).__init__()
23          self.layers = nn.ModuleList()      # 定義列表
24          self.activation = activation
25          self.layers.append(SGConv(in_feats, n_hidden, k, # 建構輸入層
26              cached=False, bias=False))
27          for i in range(n_layers - 1):              # 建構隱藏層
28              self.layers.append(SGConv(n_hidden, n_hidden, k,
29                              cached=False, bias=False))
30          self.layers.append(SGConv(n_hidden, n_classes, k, # 建構輸出層
31                              cached=False, bias=False))
32          self.dropout = nn.Dropout(p=dropout)
33
34      def forward(self, g,features):                    # 定義正向傳播方法
35          h = features
36          for i, layer in enumerate(self.layers):    # 按照層列表依次處理
37              if i != 0:
38                  h = self.dropout(h)# 除輸入層以外，其餘使用 Dropout 處理
39              h = layer(g,h)
40              if i != len(self.layers)-1:
41                  h = self.activation(h)      # 除輸出層以外，其餘使用啟動
                                                # 函數處理
42          return h
```

上述程式在呼叫 SGConv 建構 SGC 層時，將參數 cached 都設定成
False，表明不快取輸入頂點特徵經過鄰接矩陣轉換後的中繼站資料。因
為在多層 SGC 中，輸入的頂點特徵不再來自資料集，而是來自上層的

輸出，這就表示，每次的輸入都會發生變化。因此，每次呼叫 SGConv
時，都需要重新對輸入頂點進行中繼站計算。

10.9.3 程式實現：架設編碼器和判別器

定義 Encoder 類別用於實現 DGI 模型中的編碼器。在對抗神經網路中，
該 Encoder 類別相當於生成器的角色，主要實現兩部分功能。

（1）在原始的圖頂點中隨機取樣，生成新的圖。

（2）計算輸入圖頂點的高階特徵。

定義 Discriminator 類別用於實現對抗神經網路的判別器。判別器的輸入
包括圖頂點特徵和圖的整體摘要特徵。其計算步驟如下。

（1）用全連接網路對圖的整體摘要特徵進行一次特徵變換。

（2）將變換後的特徵與輸入的圖頂點特徵相乘，計算二者的相似度。

具體程式如下。

程式檔案：code_33_dgIDGI.py(續1)

```
43  class Encoder(nn.Module):                          # 定義編碼器類別
44      def __init__(self, in_feats, n_hidden,k, n_layers, activation,
            dropout):
45          super(Encoder, self).__init__()
46          self.conv = MSGC( in_feats, n_hidden, n_hidden, k, # 定義多層 SGC
47                  n_layers, activation, dropout)
48
49      def forward(self,g, features, corrupt=False):      # 正向傳播
50          if corrupt:                                    # 對圖頂點隨機取樣，生成新的圖
51              perm = torch.randperm(g.number_of_nodes())
52              features = features[perm]
53          features = self.conv(g,features) # 用 MSGC 計算圖頂點的高階特徵
54          return features
```

```
55
56  class Discriminator(nn.Module):            # 定義判別器類別
57      def __init__(self, n_hidden):
58          super(Discriminator, self).__init__()
59          self.FC = nn.Linear(n_hidden,n_hidden)   # 定義全連接層
60      def forward(self, features, summary):        # 定義正向傳播方法
61          features = torch.matmul(features, self.FC(summary)) # 計算相似度
62          return features
```

上述程式的第 51 行呼叫 torch.randperm() 函數得到一個索引序列。
torch.randperm() 函數的作用是，根據輸入值 n，生成一組由 0 至 n-1 的
所有整數組成的、元素不重複的、隨機順序的陣列。

上述程式的第 52 行根據索引序列在原有的圖頂點中設定值，生成一個新
圖。原圖與新圖相比，只有頂點的特徵發生了變化，頂點間的關係 (鄰接
矩陣) 並沒有變化。

注意：本例在編碼器中使用的多層 SGC 網路的方法並不是唯一的。DGI
模型的主要思想是在對抗神經網路中將圖頂點的局部特徵與圖整體特徵的
相互資訊作為判別器。計算圖頂點局部特徵的方法可以使用任意的圖神經
網路模型，如 GCN 或 GAT。

10.9.4 程式實現：架設 DGI 模型並進行訓練

定義 DGI 類別將編碼器與判別器聯合起來，並建構損失函數，實現 DGI
模型的架設。具體步驟如下。

（1）使用編碼器分別對原圖和新圖的頂點特徵進行計算，生成正負樣本
　　　特徵。
（2）根據計算後的原圖頂點特徵 (正樣本特徵)，生成圖的整體摘要特徵。

（3）分別將正負樣本特徵與圖的整體摘要特徵輸入判別器，生成相似度
特徵。

（4）使用 BCEWithLogitsLoss() 函數計算交叉熵損失。

📖 提示

BCEWithLogitsLoss() 函數會對判別器返回的相似度結果用 Sigmoid 函
數進行非線性變換，使其值域轉化為 0 ～ 1，並讓正向樣本的相似度更
接近最大值 1，負向樣本的相似度更接近最小值 0。

重複使用 10.5 節程式中的樣本處理部分，對 DGI 模型進行訓練。具體程
式如下。

程式檔案：code_33_dglDGI.py(續2)

```
63  class DGI(nn.Module):                        # 定義 DGI 模型類別
64      def __init__(self,  in_feats, n_hidden,k, n_layers,
65                  activation, dropout):
66          super(DGI, self).__init__()
67          self.encoder = Encoder( in_feats, n_hidden, k,n_layers,
68                  activation, dropout)
69          self.discriminator = Discriminator(n_hidden)
70          self.loss = nn.BCEWithLogitsLoss()     # 帶有 Sigmoid 啟動函數的
                                                    # 交叉熵損失
71
72      def forward(self, g,features):             # 正向傳播
73          positive = self.encoder(g,features, corrupt=False)
            # 計算原圖的頂點特徵
74          negative = self.encoder(g,features, corrupt=True)
            # 計算新圖的頂點特徵
75          summary = torch.sigmoid(positive.mean(dim=0))# 計算圖的整體特徵
76          # 計算相似度
77          positive = self.discriminator(positive, summary)
78          negative = self.discriminator(negative, summary)
```

```
79              # 分別對正負樣本特徵與圖整體特徵的相似度的損失進行計算
80              l1 = self.loss(positive, torch.ones_like(positive))
81              l2 = self.loss(negative, torch.zeros_like(negative))
82              return l1 + l2
83
84    dgi = DGI(feats_dim, n_hidden=512, k=2,n_layers=1, # 實例化 DGI 模型
85              activation =nn.PReLU(512), dropout=0.1)
86    dgi.cuda()
87    # 定義最佳化器
88    dgi_optimizer = torch.optim.Adam(dgi.parameters(),
89                    lr=1e-3, weight_decay=5e-06)
90    # 定義訓練參數
91    cnt_wait = 0
92    best = 1e9
93    best_t = 0
94    dur = []
95    patience = 20
96    for epoch in range(300):   # 迭代訓練 300 次
97        dgi.train()
98        if epoch >= 3:
99            t0 = time.time()
100       # 反向傳播
101       dgi_optimizer.zero_grad()
102       loss = dgi(g,features)
103       loss.backward()
104       dgi_optimizer.step()
105       # 保存最佳模型
106       if loss < best:
107          best = loss
108          best_t = epoch
109          cnt_wait = 0
110          torch.save(dgi.state_dict(), 'code_41_dglGDI_best_dgi.pt')
111       else:
112          cnt_wait += 1
```

```
113        # 是否早停
114    if cnt_wait == patience:
115        print('Early stopping!')
116        break
117
118    if epoch >= 3:    # 計算迭代訓練的時間
119        dur.append(time.time() - t0)
120    # 輸出訓練結果
121    print("Epoch {:05d} | Time(s) {:.4f} | Loss {:.4f} | "
122        "ETputs(KTEPS) {:.2f}".format(epoch, np.mean(dur), loss.item(),
123                n_edges/np.mean(dur)/1000))
```

上述程式執行後，輸出結果如下：

```
Epoch 00000 | Time(s) nan | Loss 1.3862 | ETputs(KTEPS) nan
Epoch 00001 | Time(s) nan | Loss 1.3753 | ETputs(KTEPS) nan
Epoch 00002 | Time(s) nan | Loss 1.3583 | ETputs(KTEPS) nan
Epoch 00003 | Time(s) 0.0409 | Loss 1.3379 | ETputs(KTEPS) 324.62
...
Epoch 00160 | Time(s) 0.0316 | Loss 0.0168 | ETputs(KTEPS) 419.72
Epoch 00161 | Time(s) 0.0316 | Loss 0.0139 | ETputs(KTEPS) 420.11
Epoch 00162 | Time(s) 0.0315 | Loss 0.0171 | ETputs(KTEPS) 420.49
Epoch 00163 | Time(s) 0.0315 | Loss 0.0092 | ETputs(KTEPS) 420.79
Epoch 00164 | Time(s) 0.0315 | Loss 0.0255 | ETputs(KTEPS) 420.93
Early stopping !
```

訓練結束之後，會在本地路徑下生成一個名為 "code_33_dglGDI_best_dgi.pt" 的模型檔案。使用該模型檔案可以實現對圖頂點的特徵提取。

10.9.5 程式實現：利用 DGI 模型提取特徵並進行分類

DGI 中的編碼器只有特徵提取功能。如果要用提取出的特徵進行分類，那麼還需要額外定義一個分類模型。

定義分類模型類別 Classifier，完成根據頂點特徵進行分類的功能。由於 DGI 中的編碼器已經能夠從頂點中提取到有用特徵，因此分類模型 Classifier 類別的結構不需要太複雜。直接使用一個全連接網路即可。

在訓練分類模型時，同樣可以重用 10.5 節的訓練函數 trainmodel()，具體程式如下。

程式檔案：code_33_dglDGI.py(續3)

```
124  class Classifier(nn.Module):                  # 定義分類模型
125      def __init__(self, n_hidden, n_classes):
126          super(Classifier, self).__init__()
127          self.fc = nn.Linear(n_hidden, n_classes)     # 定義全連接網路
128
129      def forward(self, features):
130          features = self.fc(features)
131          return torch.log_softmax(features, dim=-1) # 對全連接結果進行
                                                         # softmax 計算
132
133  classifier = Classifier(n_hidden=512, n_classes=n_classes)
     # 實例化分類模型
134  # 載入 DGI 模型
135  dgi.load_state_dict(torch.load('code_33_dglGDI_best_dgi.pt'))
136  embeds = dgi.encoder(g,features, corrupt=False)    # 呼叫 DGI 的解碼器
137  embeds = embeds.detach()                     # 分離解碼器，使其不參與訓練
138  # 訓練分類模型
139  trainmodel(classifier,'code_33_dglGDI_checkpoint.pt',embeds,
140          lr=1e-2, weight_decay=5e-06, loss_fcn = F.nll_loss)
```

上述程式的第 140 行使用了 F.nll_loss 損失函數，該損失函數與第 131 行的 torch.log_softmax() 結合一起相當於一個 F.cross_entropy 損失函數 (torch.nn.CrossEntropyLoss 的實例化物件)。

上述程式執行後，輸出以下結果：

```
Epoch 00000 | Time(s) nan | Loss 1.9475 | TrainAcc 0.0786 | ValAcc
0.0833 | ETputs(KTEPS) nan
Epoch 00001 | Time(s) nan | Loss 1.9334 | TrainAcc 0.4000 | ValAcc
0.4167 | ETputs(KTEPS) nan
Epoch 00002 | Time(s) nan | Loss 1.9196 | TrainAcc 0.4286 | ValAcc
0.4400 | ETputs(KTEPS) nan
Epoch 00003 | Time(s) 0.0040 | Loss 1.9061 | TrainAcc 0.4214 | ValAcc
0.4400 | ETputs(KTEPS) 3325.36
...
Epoch 00195 | Time(s) 0.0044 | Loss 1.0076 | TrainAcc 0.7643 | ValAcc
0.7567 | ETputs(KTEPS) 2995.28
Epoch 00196 | Time(s) 0.0044 | Loss 1.0053 | TrainAcc 0.7643 | ValAcc
0.7567 | ETputs(KTEPS) 2996.82
Epoch 00197 | Time(s) 0.0044 | Loss 1.0030 | TrainAcc 0.7643 | ValAcc
0.7600 | ETputs(KTEPS) 2998.33
Epoch 00198 | Time(s) 0.0044 | Loss 1.0007 | TrainAcc 0.7643 | ValAcc
0.7600 | ETputs(KTEPS) 2996.39
Epoch 00199 | Time(s) 0.0044 | Loss 0.9985 | TrainAcc 0.7643 | ValAcc
0.7600 | ETputs(KTEPS) 2997.89

Test Accuracy 0.7390
```

最終輸出的測試結果為 0.7390。該結果表明，直接使用 DGI 輸出的頂點
特徵是可以實現分類的。

> **📖 提示**
>
> 本實例使用簡單的分類器對 DGI 的解碼特徵進行擬合，僅驗證了 DGI
> 解碼器的特徵提取能力。如果想提升最終的分類結果 (0.7390)，那麼可
> 以對分類器做進一步的最佳化。

10.10 實例 32：用圖同構網路模型實現論文分類

圖同構網路 (Graph Isomorphism Network，GIN) 模型源於一篇論文 "How Powerful are Graph Neural Networks?" (論文編號為 arXiv: 1810.00826,2018)。該論文分析一些圖神經網路領域主流做法的原理，並在此基礎上推出了一個可以更進一步地表達圖特徵的結構 --GIN。

> **實例描述**
>
> 架設 GIN 模型，完成與 10.5 節同樣的任務 -- 對論文資料集進行分類。

在 DGL 函數庫中，無論是圖卷積模型還是圖注意力模型，都使用遞迴迭代的方式對圖中的頂點特徵按照邊的結構進行聚合來計算。GIN 模型在此基礎之上，對圖神經網路提出了一個更高的合理性要求 -- 同構性，即經過同構圖型處理後的圖特徵應該相同，未經過同構圖型處理後的圖特徵應該不同。

10.10.1 多重集與單射

在深入了解圖神經網路對圖的表徵能力之前，需要先了解兩個概念：多重集與單射。

1. 多重集

多重集 (multiset) 是一個廣義的集合概念。它允許有重複的元素，即將整體集合劃分為多個含有不同元素的子集，它們在圖神經網路中表示頂點鄰居的特徵向量集。

2. 單射

單射 (injective) 是指每個輸出只對應一個輸入的映射。如果經過一個單射函數的兩個輸出相等,那麼它們對應的輸入必定相等。

3. 圖神經網路的評判標準

圖神經網路工作時會對圖中的頂點特徵按照邊的結構進行聚合。如果將頂點鄰居的特徵向量集看作一個多重集,那麼整個圖神經網路可以視為多重集的匯總函數。

好的圖神經網路應當具有單射函數的特性,即圖神經網路必須能夠將不同的多重集聚合到不同的表示中。

10.10.2 GIN 模型的原理與實現

GIN 模型是根據圖神經網路的單射函數特性設計出來的。

1. GIN 模型的原理

GIN 模型在圖頂點鄰居特徵的每一次轉發執行聚合操作之後,又與圖頂點自身的原始特徵混合起來,並在最後使用可以擬合任意規則的全連接網路進行處理,使其具有單射的特性。

在特徵混合的過程中,引入了可學習參數以對自身特徵進行調節,並將調節後的特徵與聚合後的鄰居特徵進行相加。

2. GIN 模型的實現

在 DGL 函數庫中,GIN 模型是透過 GINConv 類別來實現的。該類別將 GIN 模型中的全連接網路以參數呼叫的形式實現。可以在使用時將該參數傳入任意神經網路。這樣可使模型具有更加靈活的擴充性。

具體程式在 DGL 函數庫安裝路徑下的 \nn\pytorch\conv\ginconv.py 中。
舉例來説，作者的電腦中的路徑為：

```
D:\ProgramData\Anaconda3\envs\pt15\Lib\site-packages\dgl\nn\pytorch\
conv\ginconv.py
```

GINConv 類別的實現程式如下。

程式檔案：ginconv.py(部分)

```
01  class GINConv(nn.Module):                  # 定義 GINConv 類別
02      def __init__(self, apply_func,         # 自訂模型參數
03              aggregator_type,               # 聚合類型
04              init_eps=0,                    # 可學習變數的初值
05              learn_eps=False):              # 是否使用可學習變數
06          super(GINConv, self).__init__()
07          self.apply_func = apply_func
08          if aggregator_type == 'sum':
09              self._reducer = fn.sum
10          elif aggregator_type == 'max':
11              self._reducer = fn.max
12          elif aggregator_type == 'mean':
13              self._reducer = fn.mean
14          else:
15              raise KeyError(
16              'Aggregator type {} not recognized.'.format(aggregator_type))
17
18          if learn_eps:                      # 是否使用可學習變數
19              self.eps = th.nn.Parameter(th.FloatTensor([init_eps]))
20          else:
21              self.register_buffer('eps', th.FloatTensor([init_eps]))
22
23      def forward(self, graph, feat):        # 正向傳播
24          graph = graph.local_var()
```

```
25          graph.ndata['h'] = feat
26          # 聚合鄰居頂點特徵
27          graph.update_all(fn.copy_u('h', 'm'), self._reducer('m',
                            'neigh'))
28          rst = (1 + self.eps) * feat + graph.ndata['neigh'] # 將自身特
                                                      # 徵混合
29          if self.apply_func is not None: # 使用神經網路進行單射擬合處理
30              rst = self.apply_func(rst)
31          return rst
```

在上述程式的第 28 行中，在聚合了鄰居頂點特徵之後，又將其與自身特徵進行混合。這種操作是 GIN 模型有別於其他模型的主要地方。由於模型中的圖頂點帶有自身特徵的加和操作，因此在聚合鄰居頂點特徵步驟中，匯總函數有更多的選擇 (可以使用 sum、max 或 mean 函數)。

📖 提示

上述程式的第 28 行中的特徵混合過程非常重要。它為頂點特徵預設加入了一個自身的特徵資訊。如果去掉了特徵混合過程，並且在聚合特徵中使用了 max 或 mean 函數，那麼無法捕捉到圖的不同結構。因為計算 max 或 mean 函數時，會損失單一頂點特徵。

10.10.3 程式實現：架設多層 GIN 模型並進行訓練

在 10.5 節程式的基礎上實現一個多層 GIN 模型，具體程式如下。

程式檔案：code_34_dglGIN.py

```
01  import torch.nn as nn
02  from code_30_dglGAT import features,g,n_classes,feats_dim,trainmodel
03  from dgl.nn.pytorch.conv import GINConv
04
```

```
05  class GIN(nn.Module):                           # 定義多層 GIN 模型
06      def __init__(self, in_feats, n_classes, n_hidden,
07                   n_layers, init_eps, learn_eps):
08
09          super(GIN, self).__init__()
10          self.layers = nn.ModuleList()           # 定義網路層列表
11                                                  # 增加輸入層
12          self.layers.append( GINConv( nn.Sequential(
13                          nn.Dropout(0.6),
14                          nn.Linear(in_feats, n_hidden),
15                          nn.ReLU() ),
16                      'max', init_eps, learn_eps )   )
17                                                  # 增加隱藏層
18          for i in range(n_layers - 1):
19              self.layers.append( GINConv(nn.Sequential(
20                          nn.Dropout(0.6),
21                          nn.Linear(n_hidden, n_hidden),
22                          nn.ReLU() ),
23                      'sum',   init_eps, learn_eps )  )
24                                                  # 增加輸出層
25          self.layers.append( GINConv( nn.Sequential(
26                          nn.Dropout(0.6),
27                          nn.Linear(n_hidden, n_classes) ),
28                      'mean', init_eps, learn_eps )  )
29
30      def forward(self, g,features):               # 正向傳播方法
31          h = features
32          for layer in self.layers:
33              h = layer(g, h)
34          return h
35
36                                                  # 實例化模型
37  model = GIN(feats_dim, n_classes, n_hidden=16, n_layers=1, init_eps=0,
38          learn_eps=True)
```

```
39  print(model)
40  trainmodel(model,'code_34_dglGIN_checkpoint.pt',g,features,
41          lr=1e-2, weight_decay=5e-6) # 訓練模型
```

為了演示方便，在模型 GIN 類別的輸入層、隱藏層和輸出層呼叫
GINConv 時，分別使用了 max、sum、mean 函數作為匯總函數 (分別
見程式的第 16 行、第 22 行、第 28 行)。

上述程式執行後，輸出結果如下：

```
Epoch 00000 | Time(s) nan | Loss 1.9790 | TrainAcc 0.1071 | ValAcc
0.1000 | ETputs(KTEPS) nan
Epoch 00001 | Time(s) nan | Loss 1.9507 | TrainAcc 0.1857 | ValAcc
0.1733 | ETputs(KTEPS) nan
Epoch 00002 | Time(s) nan | Loss 1.9008 | TrainAcc 0.2571 | ValAcc
0.2200 | ETputs(KTEPS) nan
EarlyStopping counter: 1 out of 100
Epoch 00003 | Time(s) 0.0159 | Loss 1.8369 | TrainAcc 0.2929 | ValAcc
0.2000 | ETputs(KTEPS) 832.04
...
EarlyStopping counter: 52 out of 100
Epoch 00199 | Time(s) 0.0138 | Loss 0.2851 | TrainAcc 0.8500 | ValAcc
0.5967 | ETputs(KTEPS) 958.19
Test Accuracy 0.7840
```

本例使用 GIN 模型在圖頂點上進行分類應用。在基於圖結構分類的任務
中，GIN 模型會有更好的表現。

10.11 實例33：用APPNP模型實現論文分類

APPNP 模型是針對圖卷積應用在網路排名演算法方向上的最佳化模型。網路排名，又稱網頁排名、Google 左側排名，是一種由搜尋引擎根據網頁之間的超連結進行計算的技術。

10.6 節提到的圖卷積模型的缺陷在網路排名的應用過程中也會出現。APPNP 模型針對自身的業務需要，對圖卷積模型進行了最佳化，同時該模型也成為一個改善圖卷積模型缺陷的通用模型。

> **實例描述**
> 架設 APPNP 模型，完成與 10.5 節同樣的任務 -- 對論文資料集進行分類。

APPNP 模型使用 GCN 與網路排名之間的關係來推導基於個性化網路排名的改進傳播方案，從個性化網路排名的角度設計了一個新穎的聚合方式來解決過平滑問題。

10.11.1 APPNP 模型的原理與實現

APPNP 模型的出發點是為了彌補 GCN 的以下兩個缺陷。

- 出現過平滑現象，即最後所有頂點趨向同一個值。
- 隨著層數的加深，參數量也呈指數級增長，同時所利用的鄰域大小難以擴充。

其解決方法的核心想法與 GIN 類似，在每個頂點的特徵聚合之後，加入該頂點的原始特徵。所實現的效果也幾乎一致，只不過在處理細節上略有不同。

- APPNP 模型在計算聚合特徵時使用了與傳統 GCN 更相近的方式，而 GIN 更多地使用了簡化方式，並可以任意選擇這些方式。
- 在加入原始特徵環節，APPNP 模型透過外部傳入的參數來調節原始特徵和聚合特徵的比例，而 GIN 的比例調節參數還支持自我學習功能，可以由訓練得到。

1. APPNP 模型的實現步驟

實現 APPNP 模型的具體步驟如下。

（1）先將原始的特徵 feat_0 保存，作為根頂點特徵。
（2）為圖的度矩陣加入自環，並計算其對稱歸一化拉普拉斯矩陣中的 $\hat{D}^{-1/2}$ 部分。
（3）將第 (2) 步的結果與原始特徵相乘，並在所有頂點中執行鄰居頂點的聚合操作。
（4）將聚合後的特徵再與第 (2) 步的結果相乘，完成基本的 GCN 操作。
（5）將第 (4) 步的結果與第（1）步的原始特徵 feat_0 按照設定的參數進行加權求和，得到最終的圖頂點特徵。

這裡增加了傳回根頂點的機會，從而確保網路排名分數對每個根頂點的局部鄰域都進行了編碼，減少了參數和訓練時間。其計算複雜度與邊數量呈線性關係。

2. APPNP 模型的實現

在 DGL 函數庫中，APPNP 模型是透過 APPNPConv 類別來實現的。該類別可以透過參數 k 來實現基於 APPNP 方式的中繼站傳播。APPNPConv 類別中不會對頂點特徵進行任何變換。在使用時，可以先用任意的神經網路對單一頂點進行特徵提取，再將提取後的特徵結果輸入 APPNPConv 類別，將其當作 APPNP 的原始特徵使用。

具體程式在 DGL 函數庫安裝路徑下的 \nn\pytorch\conv\appnpconv.py 中。舉例來說，作者的電腦中的路徑為：

```
D:\ProgramData\Anaconda3\envs\pt15\Lib\site-packages\dgl\nn\pytorch\
conv\appnpconv.py
```

APPNPConv 類別的具體實現如下。

程式檔案：appnpconv.py(部分)
```
01  class APPNPConv(nn.Module):            # 定義 APPNPConv 類別
02      def __init__(self, k,             # 定義傳播的跳數
03                  alpha,                # 定義原始特徵的加權和參數
04                  edge_drop=0.):        # 基於邊的 Dropout 捨棄率
05          super(APPNPConv, self).__init__()
06          self._k = k
07          self._alpha = alpha
08          self.edge_drop = nn.Dropout(edge_drop)
09      def forward(self, graph, feat):
10          graph = graph.local_var()
11          # 計算
12          norm = th.pow(graph.in_degrees().float().clamp(min=1), -0.5)
13          shp = norm.shape + (1,) * (feat.dim() - 1)
14          norm = th.reshape(norm, shp).to(feat.device)
15          feat_0 = feat                 # 保存原始特徵
16          for _ in range(self._k):      # 根據參數 k 實現中繼站傳播
17
18              feat = feat * norm
19              graph.ndata['h'] = feat
20              graph.edata['w'] = self.edge_drop(
21                  th.ones(graph.number_of_edges(), 1).to(feat.device))
22              graph.update_all(fn.u_mul_e('h', 'w', 'm'),
23              fn.sum('m', 'h'))
24              feat = graph.ndata.pop('h')           # 聚合傳播特徵
25              feat = feat * norm                    # 將頂點特徵右乘
```

```
26                # 將原始特徵和聚合特徵加權求和
27                feat = (1 - self._alpha) * feat + self._alpha * feat_0
28           return feat
```

上述程式的第 8 行加入了基於邊的 Dropout 層，目的是改善聚合過程中的過擬合情況。

上述程式的第 27 行實現了原始特徵和聚合特徵加權求和操作，其中 self._alpha 參數是一個範圍為 0~1 的小數，代表在頂點特徵中原始特徵所佔的比例。

10.11.2 程式實現：架設 APPNP 模型並進行訓練

在 10.5 節程式的基礎上實現一個 APPNP 模型。在 APPNP 模型中，將資料處理過程劃分為兩個明顯的步驟。

（1）使用神經網路對每個頂點單獨進行特徵處理。
（2）將處理後的特徵作為圖頂點的原始特徵，傳入 APPNP 進行中繼站傳播。

具體程式如下。

程式檔案：code_35_dglAPPNP.py

```
01 import torch.nn as nn
02 from code_30_dglGAT import features,g,n_classes,feats_dim,trainmodel
03 from dgl.nn.pytorch.conv import APPNPConv
04 import torch.nn.functional as F
05
06 class APPNP(nn.Module):                          # 定義 APPNP 模型
07     def __init__(self,in_feats,n_classes,n_hidden, n_layers,
08                  activation, feat_drop,  edge_drop, alpha,  k):
09         super(APPNP, self).__init__()
```

```
10          self.g = g
11          self.layers = nn.ModuleList()    # 定義網路層列表
12          # 神經網路的輸入層
13          self.layers.append(nn.Linear(in_feats, n_hidden))
14          # 神經網路的隱藏層
15          for i in range(1, n_layers):
16              self.layers.append(nn.Linear(n_hidden, n_hidden))
17          # 神經網路的輸出層
18          self.layers.append(nn.Linear(n_hidden, n_classes))
19          self.activation = activation
20          if feat_drop:
21              self.feat_drop = nn.Dropout(feat_drop)
22          else:
23              self.feat_drop = lambda x: x
24          # 中繼站 APPNP 傳播
25          self.propagationconv = APPNPConv(k, alpha, edge_drop)
26
27      def forward(self, g,features):              # 正向傳播
28          h = features
29          h = self.feat_drop(h)
30          h = self.activation(self.layers[0](h))
31          for layer in self.layers[1:-1]:
32              h = self.activation(layer(h))
33          h = self.layers[-1](self.feat_drop(h)) # 神經網路層的處理特徵
34          h = self.propagationconv(g, h)          # 圖神經網路層的處理特徵
35          return h
36  # 實例化模型
37  model = APPNP(feats_dim, n_classes,  n_hidden=54, n_layers=1,
38      activation=F.relu, feat_drop=0.5, edge_drop=0.5,  alpha=0.1,  k=10)
39
40  print(model)
41  trainmodel(model,'code_35_dglAPPNP_checkpoint.pt',g,features,
42          lr=1e-2, weight_decay=5e-6)  # 訓練模型
```

上述程式的第 38 行設定了 APPNP 的傳播跳數為 10。每次傳播時，頂點的聚合特徵和原始特徵的加權參數分別為 0.9 和 0.1。

上述程式執行後，輸出結果如下：

```
...
EarlyStopping counter: 95 out of 100
Epoch 00176 | Time(s) 0.5543 | Loss 0.2380 | TrainAcc 0.9643 | ValAcc
0.7800 | ETputs(KTEPS) 23.93
EarlyStopping counter: 96 out of 100
Epoch 00177 | Time(s) 0.5554 | Loss 0.1911 | TrainAcc 0.9786 | ValAcc
0.7700 | ETputs(KTEPS) 23.88
EarlyStopping counter: 97 out of 100
Epoch 00178 | Time(s) 0.5538 | Loss 0.1712 | TrainAcc 0.9929 | ValAcc
0.7367 | ETputs(KTEPS) 23.95
EarlyStopping counter: 98 out of 100
Epoch 00179 | Time(s) 0.5534 | Loss 0.1874 | TrainAcc 0.9714 | ValAcc
0.7700 | ET-

puts(KTEPS) 23.97
EarlyStopping counter: 99 out of 100
Epoch 00180 | Time(s) 0.5557 | Loss 0.1673 | TrainAcc 0.9643 | ValAcc
0.7833 | ETputs(KTEPS) 23.87
EarlyStopping counter: 100 out of 100

Test Accuracy 0.8370
```

本例的程式將神經網路和 GNN 串聯使用以進行資料處理。這並不是 APPNP 的唯一使用方式。也可以用一層神經網路、一層 GNN 的方式堆疊使用 APPNP，同時在 GNN 中還可以實現中繼站傳播。APPNP 可以將 GNN 堆疊至幾十層而不出現過平滑現象。隨著層數的增加，APPNP 的效果持續提升，並會超過經典的 GCN 和 GAT。

10.12 實例34：用JKNet 模型實現論文分類

在圖結構資料上應用的表示學習方法一般使用鄰居聚合的方式。這種方式會使頂點的表示過度依賴於鄰居頂點的範圍，導致頂點特徵與圖的結構強相關，並弱化了頂點附帶的特徵。JKNet 是一種架構 -- 跳躍知識 (Jumping Knowledge，JK) 網路。它可以靈活地為每個頂點應用不同的鄰域範圍以實現更好的結構感知表示，更適應於本地鄰域屬性和任務。

> **實例描述**
>
> 架設 JKNet 模型，完成與 10.5 節同樣的任務 -- 對論文資料集進行分類。

JKNet 模型在內部實現時，對自身頂點特徵和鄰域特徵分開處理，在鄰域特徵傳播的同時，更進一步地保留自身頂點的個性化特性。該模型直接使用原始的圖結構作為輸入，不需要對鄰接矩陣進行對稱轉化和為其增加自環圖。

10.12.1 JKNet 模型結構

JKNet 模型由兩部分結構組成：單層 JK 圖卷積、多層 JK 圖卷積。

1. 單層 JK 圖卷積

在 JKNet 模型中，第一步操作並不是對頂點特徵進行處理，而是直接將頂點的鄰居特徵進行聚合。這是 JKNet 模型與其他 GNN 模型最大的不同點。

JKNet 模型與 GNN 模型的相似之處是，二者都會將聚合後的特徵和自身的特徵進行融合。JKNet 模型的融合過程沒有使用加權參數，而是直接使用兩個全連接神經網路對聚合後的特徵和自身特徵進行變換,即將加權部分和特徵變換部分直接用全連接神經網路一步完成。

由於 JKNet 模型對聚合後的特徵和自身特徵區別對待,因此需要為輸入的圖保持原始結構,不需要對圖的鄰接矩陣進行額外的變換,也不需要為頂點加入自環。

2. 多層 JK 圖卷積

JKNet 模型中的另一個部分是將多層 JK 圖卷積結果進行殘差融合。融合過程有多種可選方式:連接、最大化、RNN 等。最終,將融合結果透過全連接網路完成分類預測,如圖 10-19 所示。

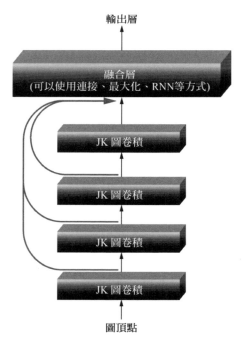

▲ 圖 10-19　JKNet 模型結構

10.12.2 程式實現：修改圖資料的前置處理部分

本例程式也是在 10.5 節程式的基礎上實現的。在 10.5 節程式中，使用了系統附帶的資料集前置處理介面，該介面預設對 CORA 資料集的鄰接矩陣進行轉化。

因為本例需要使用原始的圖結構作為輸入，所以需要將轉化部分去掉。具體做法如下：

（1）找到處理資料集的程式檔案 dgl\data\citation_graph.py。舉例來說，作者的電腦中的本地程式路徑如下：

```
C:\ProgramData\Anaconda3\lib\site-packages\dgl\data\citation_graph.py
```

（2）將 citation_graph.py 中 CoraDataset 類別的 _load() 方法中的以下程式改為註釋。

```
adj = adj + adj.T.multiply(adj.T > adj) - adj.multiply(adj.T > adj)
```

該程式的作用是將圖的鄰接矩陣變為無向圖的對稱矩陣。

10.12.3 程式實現：架設 JKNet 模型並進行訓練

定義 JKGraphConvLayer 類別完成單層 JK 圖卷積層。然後，將多個 JK 圖卷積組合起來並封裝成 JKNet 類別，實現 JKNet 模型的架設。

在 JKNet 模型中，實現了對多層 JK 圖卷積層的連接、最大化兩種融合過程。

具體程式如下。

程式檔案：code_36_dglJknet.py

```python
01 import torch.nn as nn
02 import torch.nn.functional as F
03 import dgl.function as fn
04 import torch
05 from code_30_dglGAT import features,g,n_classes,feats_dim,trainmodel
06 AGGREGATIONS = {'sum': torch.sum, 'mean': torch.mean, 'max': torch.max}
07 class JKGraphConvLayer(torch.nn.Module): # 定義 JK 圖卷積層
08     def __init__(self, in_features, out_features, aggregation='sum'):
09         super(JKGraphConvLayer, self).__init__()
10         if aggregation not in AGGREGATIONS.keys():
11             raise ValueError("'aggregation' argument has to be one of "
12                              "'sum', 'mean' or 'max'.")
13         self.aggregate = lambda nodes: AGGREGATIONS[aggregation]
14                                                 (nodes, dim=1)
15         self.linear = nn.Linear(in_features, out_features)
16         self.self_loop_w = nn.Linear(in_features, out_features)
17         self.bias = nn.Parameter(torch.zeros(out_features))
18
19     def forward(self, graph, x):   # 正向過程，先傳播，再融合
20         graph = graph.local_var()
21         graph.ndata['h'] = x
22         graph.update_all(
23             fn.copy_src(src='h', out='msg'),
24             lambda nodes: {'h': self.aggregate(nodes.mailbox['msg'])})
25         h = graph.ndata.pop('h')
26         h = self.linear(h)                        # 處理聚合特徵
27         return h + self.self_loop_w(x) + self.bias   # 融合特徵
28
29 class JKNet(torch.nn.Module):             # 定義 JKNet 模型
30     def __init__(self, in_features, out_features, n_layers=6, n_units=16,
31             aggregation='sum',mode = 'Max'):
32         super(JKNet, self).__init__()
33         self.mode = mode
```

```
34            self.dropout = nn.Dropout(p=0.5)
35            self.layers = nn.ModuleList()
36            self.layers.append(JKGraphConvLayer(in_features, n_units,
                                                  aggregation))
37        # 定義隱藏層
38        for i in range(n_layers - 1):
39            self.layers.append( JKGraphConvLayer(n_units, n_units,
                                                    aggregation) )
40        # 定義輸出層
41        if mode == 'Cat':
42            self.last_linear = torch.nn.Linear(
                                  n_layers * n_units, out_features)
43
44        elif mode == 'Max':
45            self.last_linear = torch.nn.Linear( n_units, out_features)
46        else:
47            raise ValueError("'mode' argument has to be one of
                                'Cat'or'Max' .")
48
49    def forward(self, graph, x):
50        layer_outputs = []
51        for i, layer in enumerate(self.layers):
52            x = self.dropout(F.relu(layer(graph, x)))
53            layer_outputs.append(x)
54        if self.mode == 'Cat':
55            h = torch.cat(layer_outputs, dim=1)
56        else:
57            h = torch.stack(layer_outputs, dim=0)
58            h = torch.max(h, dim=0)[0]
59        return self.last_linear(h)
60
61 model = JKNet(feats_dim, n_classes )   # 實例化模型
62 print(model)
63 trainmodel(model,'code_36_dglJknet_checkpoint.pt',
64         g,features, lr=0.005, weight_decay=0.0005)
```

上述程式執行後，輸出以下結果：

```
...
Epoch 00194 | Time(s) 0.3270 | Loss 0.4355 | TrainAcc 0.8571 | ValAcc
0.6433 | ETputs(KTEPS) 24.88
EarlyStopping counter: 2 out of 100
Epoch 00195 | Time(s) 0.3276 | Loss 0.4255 | TrainAcc 0.8643 | ValAcc
0.6133 | ETputs(KTEPS) 24.84
EarlyStopping counter: 3 out of 100
Epoch 00196 | Time(s) 0.3280 | Loss 0.4360 | TrainAcc 0.8357 | ValAcc
0.6267 | ETputs(KTEPS) 24.80
EarlyStopping counter: 4 out of 100
Epoch 00197 | Time(s) 0.3281 | Loss 0.3858 | TrainAcc 0.8571 | ValAcc
0.6400 | ETputs(KTEPS) 24.80
EarlyStopping counter: 5 out of 100
Epoch 00198 | Time(s) 0.3279 | Loss 0.4808 | TrainAcc 0.8571 | ValAcc
0.6200 | ETputs(KTEPS) 24.82
EarlyStopping counter: 6 out of 100
Epoch 00199 | Time(s) 0.3283 | Loss 0.4526 | TrainAcc 0.8286 | ValAcc
0.6200 | ETputs(KTEPS) 24.79
Test Accuracy 0.6620
```

本例中只實現了 JKNet 模型的兩種多層融合操作。在實際應用時，還可以在融合部分使用 RNN、注意力等其他方法來實現更好的擬合效果。

> **提示**
>
> 本例在執行時期，修改了 DGL 函數庫中資料集處理介面，為了不影響其他程式的使用，在執行完之後，還需要將 10.12.2 節的操作還原，即還原 citation_graph.py 中被註釋起來的程式。

10.13 複習

到此，本書關於圖神經網路的基礎內容就結束了，這也是本書的最後一部分內容。基於圖神經網路的模型和知識還有很多，本章並未完全覆蓋。本章的大量篇幅還是偏重於說明圖神經網路的原理和想法。讀者只有將這些知識了解透徹，才會在未來的學習路上走得更遠。

本書著眼於圖神經網路相關的系統知識和基礎原理，並使用目前應用廣泛的 **PyTorch** 框架實現了不同的實例，可以在入門階段加快讀者學習的步伐，幫助讀者順利跨過圖神經網路的入門門檻。但這只是開始，建議讀者在掌握本書的內容之後，還要繼續跟進前端技術，多閱讀相關的論文。